カラー図解　アメリカ版　新・大学生物学の教科書

第１巻　細胞生物学

D・サダヴァ他　著

石崎泰樹
中村千春　監訳・翻訳

小松佳代子　翻訳

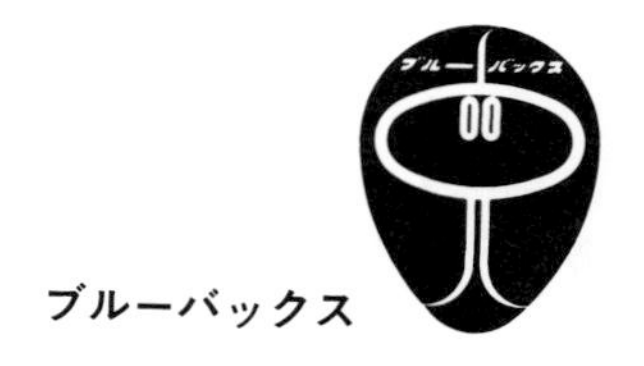

ブルーバックス

Japanese translation published by arrangement with
Bedford, Freeman and Worth Publishing Group LLC
through The English Agency (Japan) Ltd.

●カバー装幀／芦澤泰偉・児崎雅淑
●カバー写真／©SCIEPRO/gettyimages
●目次デザイン／児崎雅淑
●本文 DTP ／ブルーバックス

監訳者まえがき

本シリーズのブルーバックス旧版、すなわち『カラー図解　アメリカ版　大学生物学の教科書』第１～３巻は、アメリカの生物学教科書『LIFE』（第８版）から「細胞生物学」、「分子遺伝学」、「分子生物学」の３つの分野を抽出して翻訳したものであった。『LIFE』のなかでも、この３つの分野は出色のできであり、その図版の素晴らしさは筆舌に尽くしがたい。図版を眺めるだけでも生物学の重要事項をおおよそ理解することができるが、その説明もまことに要領を得たもので、なおかつ奥が深い。我々はこの３分野を『LIFE』の精髄と考え訳出し、幸いにして望外に多くの読者に恵まれた。

しかしながら生物学の進歩は速く、特にこの３分野の進歩は目覚ましいものがある。第１巻の刊行から11年が経過し、内容をアップデートする必要性を痛感し、この度『LIFE』第11版を訳出し、『カラー図解　アメリカ版　新・大学生物学の教科書』として出版することにした。例えば『LIFE』第８版では山中伸弥博士のiPS細胞に関する記載はなく、ブルーバックス旧版の第３巻に訳註としてiPS細胞に関する説明を追加したが、第11版ではiPS細胞に関する簡潔にして要を得た記載がある。また2020年のノーベル化学賞を受賞したCRISPR-Cas9というゲノム編集の画期的手法についての記載もある。さらに全般的に第８版に比べてさらに図版が充実して、理解を大いに助けてくれる。

また『アメリカ版　新・大学生物学の教科書』では、『LIFE』第11版の図、「データで考える」、「学んだことを応用してみよう」に付随する質問に対する解答を訳出し巻末に掲載することにより、読者の理解を助ける一助とした。ブルーバックス旧版の読者も是非この『アメリカ版　新・大学生物学の教科書』を手に取っていただきたい。本書を読んで生物学に興味を持った方々は、大部ではあるが是非原著に「挑戦」してほしい。

『LIFE』第11版は全58章からなる教科書で、生物学で用いられる基本的な研究方法からエコロジーまで幅広く網羅している。世界的に名高い執筆陣を誇り、アメリカの大学教養課程における生物学の教科書として、最も信頼されていて人気が高いものである。例えばスタンフォード大学、ハーバード大学、マサチューセッツ工科大学（MIT）、コロンビア大学などで、教科書として採用されている。MITでは、一般教養の生物学入門の教科書に指定されており、授業はこの教科書に沿って行われているという。

MITでは生物学を専門としない学生も全てこの教科書の内容を学ばなければならない。生物学を専門としない学生が生物学を学ぶ理由は何であろうか？　１つは一般教養を高めて人間としての奥行きを拡げるということがあろう。また、その学生が専門とする学問に生物学の考え方・知識を導入して発展させるということもある。さらには、文系の学生が生物学の考え方・知識を学んでおけば、その学生が将来官界・財界のトップに立ったときに、最先端のバイオテクノロジー研究者との意思疎通が容易になり、バイオテクノロジー分野の発展が大いに促進されることも期待できる。すなわち技術立国の重要な礎となる可能性がある。また、一般社会常識として、様々な研究や新薬を冷静に評価できるようになるだろう。

本シリーズを手に取る読者はおそらく次の四者であろう。第一は生物学を学び始めて学校の教科書だけでは満足できない高校生。彼らにとって本書は生物学のより詳細な俯瞰図を提供してくれるだろう。第二は中学生・高校生に生物学を教える先生方。彼らにとって、生物学を教える際の頼りになる道標となるだろう。第三は大学で生物学・医学を専門として学び始めた学生。彼らにとっては、生物学・医学の大海に乗り出す際の良い羅針盤となるに違いない。第四は現在のバイオテクノロジーに関心を持つが、生物学を本格的に学んだことのない社会人。彼らにとっては、本書は世に氾濫するバイオテクノロジー関連の情報を整理・理解するための良い手引書になるだろう。

本シリーズは以下の構成となっている。

- 第１巻（細胞生物学）：生物学とは何か、生命を作る分子、細胞の基本構造、情報伝達
- 第２巻（分子遺伝学）：細胞分裂、遺伝子の構造と機能
- 第３巻（生化学・分子生物学）：細胞の代謝、遺伝子工学、発生と進化

まず第１巻で、生命（生物）とは何か、生命を研究する学問である生物学とは何か、生命を作る分子、生命の機能単位である細胞の構造、細胞の機能にとって必要不可欠な情報伝達について説明し、第２巻では、細胞の分裂と機能を司る遺伝子の構造と機能、それを研究する分子遺伝学について説明し、第３巻では細胞の代謝、遺伝子工学、発生と分化について概説する。

第１巻は、第１章から第７章までとなる。まず第１章では生命（生物）とは何かを考え、生物を研究する学問である生物学で用いられる研究方法と、生物学で得られる知見の意義について説明する。第２章では生命を作る低分子について説明する。第３章では生物を構成する高分子であるタンパク質、糖質、脂質について説明する。第４章では生物を作るもう１つの重要な高分子である核酸と生命の起源について説明する。第５章では

生命の機能単位としての細胞の構造と機能について説明する。第6章では細胞を包み込む細胞膜の構造と機能について説明する。第7章では細胞の機能にとって必須の情報伝達と多細胞生物における情報伝達について説明する。

近年、生命科学・医学分野における日本の研究力低下が問題となっている。その原因は多様であり、即効性の対策を講じることは困難であるが、若い世代が生物学の面白さに気付き、多くの若者が生物学研究に参入することが、この分野における日本の研究力復活にとって不可欠であると考える。本書が、若い世代をはじめとする広い層の人々が生物学の面白さを発見し、生物学研究を支える一助となることを願ってやまない。

2020年12月　　　　　　　　監訳・翻訳者を代表して　石崎泰樹

付記：本書翻訳過程における髙月順一氏ら講談社学芸部ブルーバックス編集チームの学問的チェックを含めた多大の貢献に深く感謝する。

カラー図解 アメリカ版
新 大学生物学の教科書
第1巻
細胞生物学
目次

解答

第２巻・第３巻の構成内容

第2巻 分子遺伝学（第8章〜第13章）

第8章 細胞周期と細胞分裂
第9章 遺伝、遺伝子と染色体
第10章 DNAと遺伝におけるその役割
第11章 DNAからタンパク質へ：遺伝子発現
第12章 遺伝子変異と分子医学
第13章 遺伝子発現の制御

第3巻 生化学・分子生物学（第14章〜第19章）

第14章 エネルギー、酵素、代謝
第15章 化学エネルギーを獲得する経路
第16章 光合成：日光からのエネルギー
第17章 ゲノム
第18章 組換えDNAとバイオテクノロジー
第19章 遺伝子、発生、進化

【各章の翻訳担当】

第１章〜第２章 …… 中村千春、小松佳代子
第３章〜第７章 …… 石崎泰樹
第８章〜第13章 …… 中村千春、小松佳代子
第14章〜第16章 …… 石崎泰樹
第17章〜第18章 …… 中村千春、小松佳代子
第19章 …… 石崎泰樹

第1章　生命を学ぶ

科学者は地球規模の気候変動がサンゴ礁に与える影響を研究している

▶ キーコンセプト

1.1　生物は共通の特性と起源を持つ
1.2　生物学者は仮説の検証によって生命を研究する
1.3　生物学の理解は健康、福祉と社会政策の決定に欠かせない

生命を研究する

温かい海のサンゴ

サンゴ礁は海洋における最大の生物多様性を支えている。数十億の人々に漁場と嵐からの防波堤を提供するだけでなく、驚嘆すべき自然美の源でもある。ところが今、このサンゴ礁が危険に曝（さら）されている。過去20年間で、世界のサンゴ礁のおよそ半分が海水温の上昇や他の要因によって破壊された。高温はサンゴの魅力的な生態を破壊している。サンゴは動物（訳注：刺胞動物門に属する）だが、ほとんどのサンゴには細胞内に藻類（*渦鞭毛藻類過鞭毛虫門 Dinoflagellata*（ディノフラジェラータ））が共生している。渦鞭毛藻類は太陽光のエネルギーを利用して糖質を合成する。サンゴは渦鞭毛藻類に棲（す）み処（か）を与え、その見返りに渦鞭毛藻類はサンゴに栄養を提供している。高温が渦鞭毛藻類の生長を阻害すると、サンゴはそれを吐き出す。これが白化（色落ち）である。渦鞭毛藻類からの栄養が不足すると、より高温に耐性のある新しい渦鞭毛藻類を取り込まない限り、サンゴは死滅する。

サンゴに対する高温の効果を解明すべく、スタンフォード大学ホプキンス海洋研究所のスティーヴ・パルンビ教授の研究室に属する大学院生だったレイチェル・ベイらは研究を始めた。アメリカ領サモアの小さな干潟の潮間帯でサンゴを研究していたとき、干潮時にはいくつかの潮溜まりで海水温が高くなることに研究者たちは気づいた。彼らは、温度の高い潮溜まりのサンゴは白化に耐えうる機構を持っているだろうと予測した。この予測を確かめるために、彼らはサンゴを実験室へ持ち込み、温度変化を与えて、温かい潮溜まりのサンゴは白化への耐性が高いことを示した。さらに彼らは、異なる自然環境下にもサンゴを移植してみた。

こうした実験の結果を踏まえて、レイチェルらは2つの異なるプロセスが高温ストレスに耐えるサンゴの能力に違いをもたらしている可能性を提唱した。すなわち第一は、高温の潮溜まりに生育するサンゴは高温耐性に寄与する遺伝形質を持っている可能性、第二は、個々のサンゴは同じ遺伝的構成を持つが、特定の遺伝子の発現レベルを変えることで環境に適応する能力が異なっている可能性である。サンゴにおける高温ストレスとそれに対する耐性の仕組みに関するより多くの知識を集めれば、環境変化によってサンゴが失われる危険を低減するための新たな戦略が生まれるだろう。

サンゴの高温ストレスに関する実験結果をどう使えば、
地球温暖化に対するサンゴの反応を予測できるだろうか？

1.1 生物は共通の特性と起源を持つ

「生命とは何か」は直観的に分かっても、定義するとなると容易ではない。身の回りのものを生きているものと生きていないものに区別することは容易(たやす)いが、それらの本質的な違いは何だろう？　我々は生きているものを生物と呼ぶ。生物は、非生物とは対照的に、自らを維持し再生する。自らを維持・再生する能力を失うことは生命を失うことであり、死んだ生物は非生物の世界の一部となる。**生物学**は、生きている生物と死後の生物（化石の研究など）の両方に関する科学的な学問であり、生命の多様性とそれを形づくる複雑なプロセスを明らかにし理解することを目的としている。

学習の要点

・主要な性質は全ての生物に共通している。
・生物は地球という惑星の歴史に影響を及ぼしてきた。
・生物集団は時間とともに変化している。

地球上の生命はきわめて多様であるが（**図1.1**）、それらの多様な形態には共通の性質がある。生物は非生物とは異なるどのような性質を共有しているのだろうか？　ほとんどの生物は以下の共通点を持つ。

・共通する一群の化学物質（主として糖質、脂肪酸、核酸やアミノ酸）からなる。
・細胞からなる。
・環境から得た分子を用いて新たな生体分子を合成する。
・環境からエネルギーを得て、生命活動に用いる。

・発生し、自らを維持し、機能し、自己を複製するための遺伝情報（ゲノム）を持つ。
・遺伝情報に基づいてタンパク質を合成するために、普遍的な分子暗号を用いる。
・自らの内部環境を制御する。
・時間とともに進化する集団として存在する。

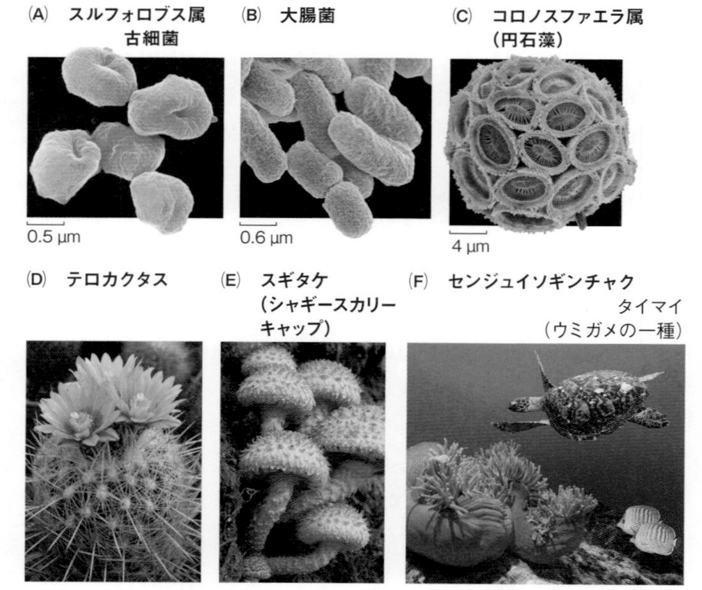

図1.1　生命の多様な姿
進化のプロセスによって現在地球に生息する何百万もの多様な生物が生み出された。原核生物の古細菌(A)と真正細菌（細菌）(B)は、全て単一の細胞からなる生物である。原生生物(C)も多くが単細胞であるが、その細胞構造は原核生物よりもずっと複雑である。この原生生物は炭酸カルシウムからなる殻板を形成して、その単一の細胞を取り囲んで保護している。緑色植物(D)、真菌(E)、動物(F)など地球上の目に見える生命の多くは、多数の細胞からなる。

全ての生物がこうした共通点を持つようになったのはどうしてだろうか？　もし生命がいくつもの起源から生じたのだとすれば、生物界全体にわたって化学組成、細胞構造、細胞機能や遺伝暗号などに驚くべき共通性が見られるはずがない。こうした共通性から論理的に考えれば、全ての生命は共通の起源を持っており、現存する多様な生物はどれもある1つの生命体に由来していると結論できるだろう。例えば別の惑星のような異なる起源を持つ生命体は、見かけ上は地球の生命の様態と似ているかもしれないが、地球上の生物に広く共通する遺伝暗号、化学組成、あるいは細胞構造や機能を持ってはいないだろう。全ての証拠が、地球上の現存生物はおよそ40億年前に共通の祖先から生じたことを示唆している。

全ての生命が上に挙げた全ての性質を常に現しているとは限らない。例えば、砂漠の植物種子は何年間も環境からエネルギーを取得することも、分子を変換することも、内部環境を制御することも、繁殖することもなく、種子のままであるが、間違いなく生きている。ウイルスも特別な事例である。ウイルスは細胞を持たず、それ自身では生理機能を担えない。ウイルスがこうした機能を発揮するには宿主の細胞が必要である。しかし、ウイルスは遺伝情報を持ち、時とともに進化する。このことは流行する度にインフルエンザウイルスが変化することからも容易に分かる。ウイルスは独立した細胞を持たず、その存在に宿主細胞を必要とするが、細胞を持った生物から進化した可能性が高い。そのため多くの生物学者は、ウイルスもまた生命の一部であると考えている。

本書を通読することで読者は、生命が持つ共通の性質を詳しく学び、それらがどのようにして生まれたのか、そして生物が生存し子孫を残すためにそれらがどのような仕組みで相互作用しているのかについて理解できるようになるだろう。生物は全てが等しく生存し子孫を残すことに成功しているわけではない。生物集団はそれぞれが特異的な生存と繁殖を通じて進化し、地球の様々な環境に適応していることを、読者は繰り返し学ぶことになるだろう。地球上の生命の驚くべき多様性は進化と呼ばれる過程により生まれた。進化は生物学の中心課題である。

生命は化学進化を通じて非生命から生じた

地球は46億年前から45億年前に誕生したが、そこは生命を育む場所ではなかった。地球の温度が下がって表面を水が覆うようになり、最初の生命体が進化するまでには、およそ6億年を要した。46億年の地球の歴史を1ヵ月（30日）で表すと、生命は最初の週の終わり頃に現れたことになる（図1.2）。

若い地球の大気、海洋や気候は今日のそれとは大きく異なっていたが、当時の条件を再現した模擬実験から、化学物質のランダムな物理化学的結合によって複雑な分子が生まれ得たこと、さらにはそれが不可避だったことが確認されている。生命進化を決定づける一歩となったのが**核酸**の出現であった。すなわち、自己複製し、**タンパク質**という複雑だが安定した形を持つ巨大分子を合成する鋳型となりうる分子の出現である。タンパク質はその形の多様性から、他分子との化学反応の種類と数を増やすことに寄与した。

生命の共通祖先から進化した細胞構造

生命進化の重要なステップの1つは、複雑なタンパク質やその他の生体分子を狭い内部環境内に閉じ込めて外界と隔てる生体膜の出現であった。脂肪酸分子は水に溶けないため、膜の進化に重要な役割を果たした。油と酢でできたサラダドレッシン

図1.2　生命のタイムライン
46億年の地球の歴史を1ヵ月（30日）のスケールで表すと、進化に要した時間の膨大な長さがよく分かる。

グを振ってみよう。油は小さな油滴に分かれるものの、油滴は酢には溶けず、すぐにまとまる。同様に、脂肪酸は水の表面に薄い膜を形成できる。こうした膜を攪拌(かくはん)すると、**リポソーム**と呼ばれる球形の構造物を作り出せる。それらは今日、薬剤を細胞に運ぶために使われている（図1.3(A)）。原始の海の中で、このような膜構造は複雑な生体分子の集合体を内部に閉じ込めることができたのだろう。化学反応の反応物と生成物を結集させることのできる内部環境の出現により、自己複製能力を持つ最初の細胞が生まれることになった。すなわち、細胞を持つ最

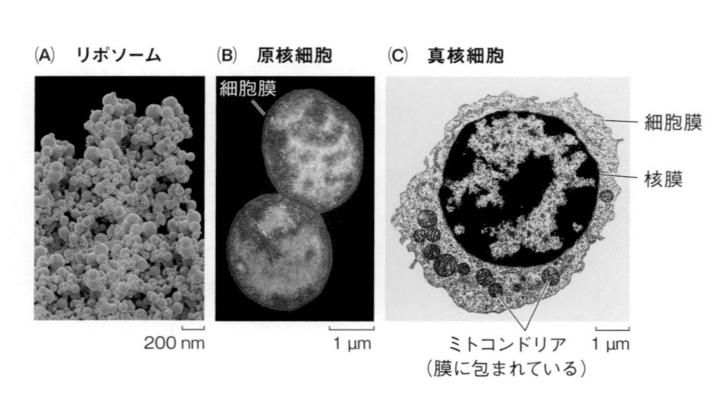

図1.3 細胞は生命の構成単位である
これらの写真は電子顕微鏡（図5.3）で撮影した後、詳細を浮き彫りにするために着色を施したものである。
(A)リポソームは、細胞膜と同じ物質からなる小胞と呼ばれる小さな球形の泡である。内部に薬剤を注入したリポソームを使えば、薬剤を細胞まで届けることができる。
(B)ヒトの消化器官に常在するエンテロコッカス属細菌の2つの原核細胞。原核生物は、遺伝物質と生化学的物質を単一の膜内に収めた単細胞生物である。
(C)ヒトの白血球細胞（リンパ球）は、多細胞真核生物を構成する多くの特殊化した細胞形態の1つである。細胞を取り囲む外膜内部にある複数の膜系において、真核細胞で生じる様々な生化学反応が個別に進行する。

初の生物の進化である。

数十億年の間、地球上に生息する生物は全て1つの外膜に囲まれた単細胞であった。みなさんの身体の表面にも内部にも、周囲のいたるところにも無数に存在する細菌のような生き物は**原核生物**と呼ばれる（図1.3(B)）。生命はその歴史の初期に、2つの主要なグループ、すなわち**真正細菌**（**細菌**）と**古細菌**に分かれた。地球に暮らす生物の第三の主要グループである**真核生物**は、古細菌のグループの1つから数十億年後に生まれた。真核細胞（図1.3(C)）は、外膜（細胞膜）の他に細胞小器官（オルガネラ）と呼ばれる特殊化した内部構造を包み込む内膜を持つ。真核生物という名称の謂（いわ）れとなった細胞小器官が**核**（**nucleus**）であり、細胞の遺伝情報を含んでいる。「真核生物」という術語は「真の種子」を意味するギリシャ語に由来する。他の細胞小器官は生体分子の合成やエネルギーの供給など特別な機能を担っている。

真核生物は原核生物からいったいどのようにして生じたのだろうか？　原核生物の細胞膜が内部に陥入することで、互いに機能を異にする細胞小器官という内部構造ができ、細胞機能の統合性と効率が高まったのかもしれない。あるいは、親密で相互依存的な関係が異なる原核細胞間で発展し、本章冒頭で説明したサンゴと渦鞭毛藻類の関係で見られるようなある種の統合をもたらした可能性もある。エネルギー変換に優れた原核生物が生体分子の合成に優れた他の原核生物に取り込まれた（だが、消化はされなかった）と仮定する。両者は互いに貴重なサービスを提供し合うものの、こうなるともはや、取り込まれた生物は取り込んだ生物内部の細胞小器官に等しいと言えよう。原核細胞と真核細胞の構造、それらの膜と進化については**第5章〜第7章**で学ぶ。

単細胞生物は、地球の生命の歴史の半分以上にわたって唯一の生命形態であった（図1.2）。しかしながら、ある時点で一部の真核生物の細胞が細胞分裂後も分かれずに互いに接着したまま残ることがあった。そのような細胞の集合で生じた細胞集団のあるものは特殊な機能を果たすことが可能になり、自己増殖機能に特化するものや栄養吸収や運動のような機能に特化するものが現れた。この**細胞機能の特殊化**により、多細胞生物としての真核生物は大きさを増し、より効率的に資源を集め、それぞれの環境によりよく適応することが可能になった。

光合成により 一部の生物は太陽エネルギーを捕捉できる

生きた細胞は機能するためにエネルギーを必要とする。最初期の原核生物は、環境から小さな分子を取り込み、それらの化学結合を切断するときに生じるエネルギーを使って細胞を働かせるという方法で、そのエネルギー需要を満たしていた、すなわち、**代謝**（**metabolism**）を行っていた。原核生物の多くは今でもこのようなやり方で、しかもきわめてうまく機能している。しかし、およそ25億年前に登場した**光合成**は、地球の生命のあり方を大きく変えることになった。

光合成は太陽の光エネルギーを、巨大分子の合成のような仕事に利用できる*化学エネルギーの形に変換する。こうしてできた巨大分子は、続いて細胞構造を作るために使用されたり、分解されて代謝エネルギーの供給源となったりする。光合成は今日、地球上のほぼ全ての生命の基礎となっている。なぜなら、光合成によってエネルギーを捕捉できるおかげで、他の生物たちは食料を得られるからである。初期の光合成細胞はおそらく、**シアノバクテリア**（図1.4）と呼ばれる現在の原核生物によく似たものだったのであろう。時間とともに光合成能を持つ原核生物の数が増し、光合成の副産物である膨大な量の酸素

(A)　シアノバクテリア（藍色細菌）

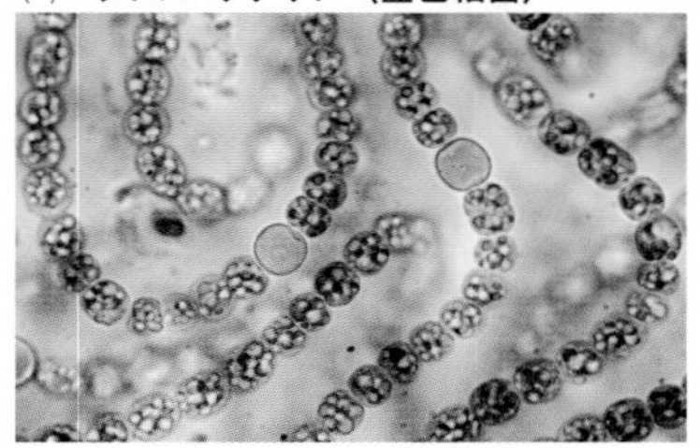

5 µm

(B)　化石化したストロマトライト

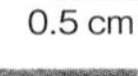

(C)　生きたストロマトライト

図1.4　光合成生物が地球の大気を変えた

(A)シアノバクテリアは光合成能を持つ水生細菌で、水中に生息し栄養を自ら合成できる。非常に小さい生物だが、目で見ることができるほどの大きさのコロニーを作ることが多い。

(B)光合成を行うシアノバクテリアなどの微生物は、古代の化石記録として残るストロマトライトと呼ばれる構造を作り出した。ここに示す化石化したストロマトライトの切片は、何世紀にもわたる成長の記録である。

(C)生きたストロマトライトは現在でも、それらの生育に適した環境で見ることができる。

ガス（O_2）が大気中に蓄積し始めた。

---

*概念を関連づける　代謝を支えるうえで必要なあらゆる種類の生物学的な働きを行うための化学エネルギーの獲得経路については、**第３巻の第15章**で取り上げる。

原核生物の歴史が始まった頃には、地球の大気中に酸素ガスはほとんどなかった。実のところ、当時の原核生物の多くにとって酸素は有毒であり、その蓄積は大規模な大量絶滅を引き起こした。そのような状況の中で、酸素に耐えうる生物が繁栄することになった。大気中の酸素は、進化へと向かう広大な道を新たに切り拓いたのだった。というのも、酸素を用いて栄養分子からエネルギーを引き出す生化学的な経路である**好気的代謝**は、酸素の消費を伴わない**嫌気的代謝**経路に比べてはるかに効率的だからである。今日では、ほとんどの生物が好気的代謝を行っている。

さらに、大気中の酸素は生命体が陸上へ進出することを可能にした。生命の歴史の大半を通じて、地表に降り注ぐ紫外線は強烈で、水で遮蔽されていないいかなる生物をも死に追いやってきた。ところが、光合成によって発生した酸素が20億年以上にわたり大気中に蓄積した結果、大気の上層部に厚いオゾン（O_3）の層が徐々に形成されていった。およそ５億年前には、オゾン層の厚さは太陽からの紫外線の多くを吸収するほどになり、生物が水による防護を離れて陸上で生活することが可能になった。

生物の情報は全ての生物に共通する遺伝暗号として保存されている

生物学という科学が生まれる前から、人間は子が親に似ることを知っており、動植物の育種家たちはこの事実を活用して、望ましい性質を持つ変わり種（変異体）を選び出していた。しかし、子孫へ伝わる性質（形質）がそれぞれ個別の単位として存在するという事実が初めて明らかにされたのは、19世紀中頃のオーストリア帝国の修道士グレゴール・メンデルによる有名な植物の育種実験によってであった（図1.5）。こうした個別の遺伝単位は1900年代初めに**遺伝子**（**genes**）と名付けられ、**遺伝学**（**genetics**）という科学が生まれた。遺伝子の化学構造が明らかになり、親から子へ伝達される情報の性質が判明する以前から、個々の遺伝子によって決まる生物の形質については大量の情報が集積されていた。遺伝子の謎が解けたのは1900年代中頃のことだった。**デオキシリボ核酸**（**DNA**）という分子が生物の構造と機能を決定する遺伝情報であるとの大発見がなされたのだ。生み出される個々の生物の「青写真（設計図）」となる遺伝情報は、生物の各細胞に含まれる全DNA分子の総体（これを**ゲノム**と呼ぶ）の中に存在する。

DNA分子は**ヌクレオチド**と呼ばれる４種類の異なるサブユニットが長くつながった鎖である。遺伝子は、細胞がタンパク質を合成するために利用する情報をコードしている特異的なDNA断片である。したがって、個々の遺伝子は４種類のヌクレオチドの特異配列として定義される。遺伝暗号は、ヌクレオチドの配列をタンパク質の構成要素であるアミノ酸の配列に転換する*翻訳（translation）のための規則である。この翻訳プロセスでは最初に、遺伝子の持つDNA情報の一部が**リボ核酸**（**RNA**）と呼ばれるDNAよりも小さな別の分子構造に**転写**（**transcription**）される（図1.6）。RNAは、タンパク質合成の鋳型として働く。タンパク質分子は、細胞内の化学反応を制御し、生体の構造の大部分を形づくる。

28ページへ→

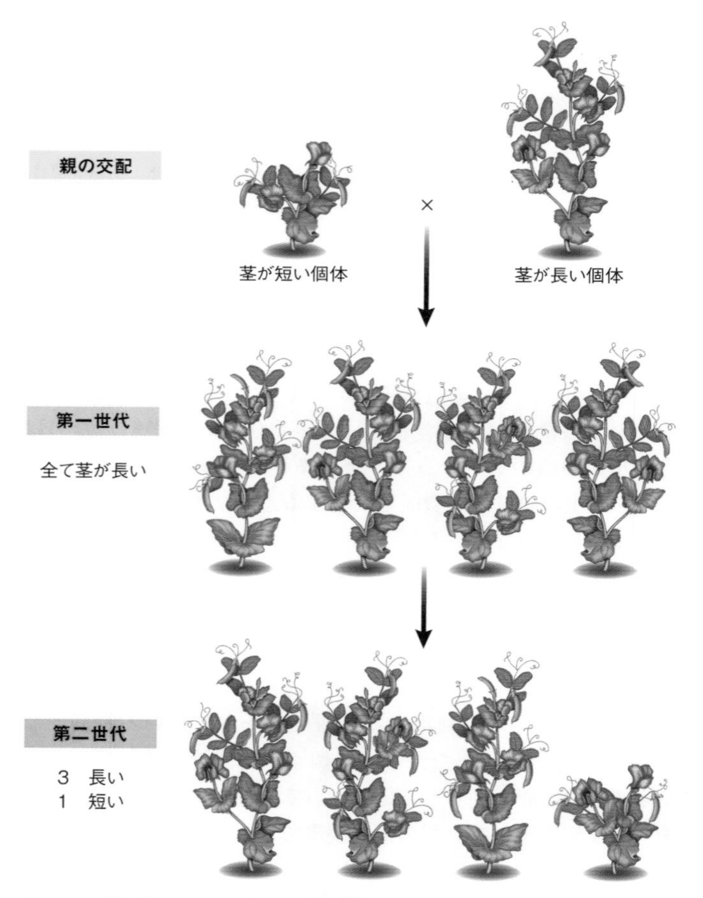

図1.5　遺伝学は個別の遺伝形質の研究から始まった
グレゴール・メンデルはエンドウの交配実験によって遺伝学の基礎を発見した。茎が長い個体と短い個体を交配すると、その子世代（第一世代）は全て茎が長い個体となった。続いて、こうしてできた子世代の次代（第二世代）を育てたところ、メンデルは茎が長い個体と短い個体を3対1の割合で得た。以上の実験により、メンデルは茎を長くする因子と短くする因子があると結論した。各個体は両親からそれぞれ1つずつ因子を受け取るが、茎が長い因子が顕性である。

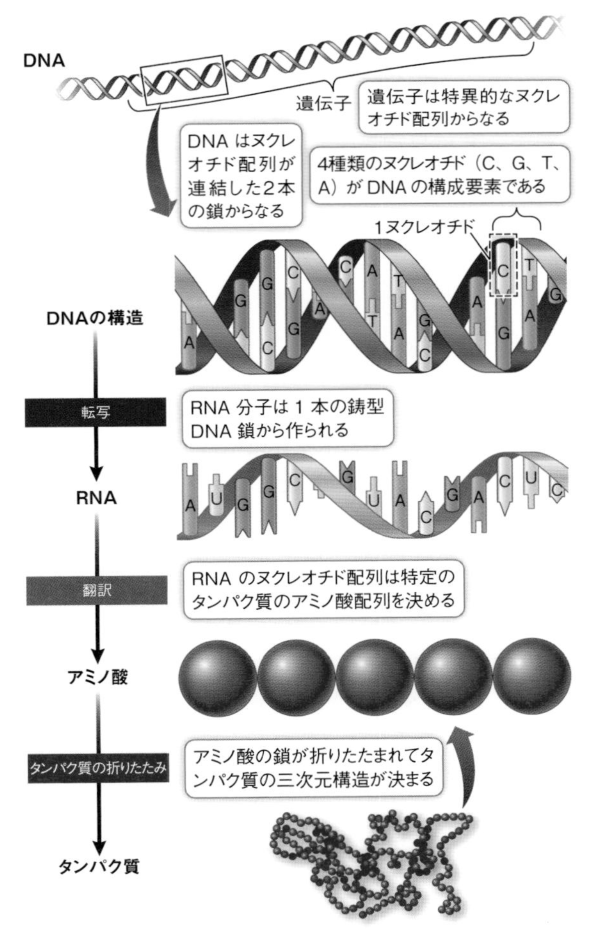

図1.6　**DNAは生命の青写真（設計図）である**
生命を作り出すための指示書（設計図）は、DNA分子中のヌクレオチド配列に含まれている。DNAの特異的なヌクレオチド配列が遺伝子を構成する。ヒトの遺伝子の長さは平均で1万6000ヌクレオチドである。各遺伝子の情報が、特定のタンパク質分子を合成するために必要な情報を細胞に与える。

*概念を関連づける　DNA構造が遺伝情報をどのようにコードしており、それがどのようにタンパク質に翻訳されているのかについてはキーコンセプト4.1で説明し、第2巻の第10章と第11章でさらに詳細に論じる。

本にたとえれば、DNAのヌクレオチド配列はアルファベット文字で、タンパク質分子は単語である。構造を作ったり特定の生化学反応を制御したりするタンパク質の組み合わせは、文章や段落である。消化や運動など特定の仕事を担ういくつもの複雑な仕組みとして組織化された構造や過程はそれぞれ1冊の本の各章であり、生物はその本全体に相当する。4つのヌクレオチドを表す4文字を使ってあなたのゲノムを書き出したなら、30億もの文字を綴ることになるだろう。進化の過程は、生命という図書館にある全ての本の著者であり編集者である。

原則的に、多細胞生物の一個体の細胞は全て同一のゲノムを保有しているが、細胞によって機能は異なり、形成する構造物も異なる。筋肉細胞では収縮タンパク質が、赤血球細胞ではヘモグロビンが、消化管細胞では消化酵素が作られるといった具合である。つまり、ある生物を形づくる様々なタイプの細胞はそれぞれ、ゲノムの異なる部分を発現していると推定される。複雑な生物が発達し機能するために、細胞はどのように遺伝子発現を制御しているのか。これは現代生物学の主要な研究課題の1つである。

生物の一個体が持つゲノムは数千以上もの遺伝子からなる。新しい細胞が作られるときには、このゲノム全体が複製されなければならない。しかし、複製の過程は完璧ではなく、ゲノムの複製に際して**突然変異**（**mutation**）と呼ばれる「エラー」が稀に起こりうる。突然変異は自然に起こるだけでなく、化学物質や放射線などの環境因子によって誘発されることもある。多くの突然変異は生物にとって有害であるか、全く何の効果も与えないかのどちらかであるが、ときとして、突然変異によって、生物が直面する環境条件に合わせて、その生物の機能が改良されることがある。

20世紀中頃にジェームズ・ワトソンとフランシス・クリックがDNAの構造を発見し、続いてこの物質がどのように情報をコードして子孫に伝達しているのかが解明されると、生物学は大きく変貌した。この重要な発見の詳細については、**第２巻**の**第８章**～**第13章**と**第３巻**の**第17章**～**第19章**で学ぶ。

全ての生物個体群は進化する

個体群（**population**）は、互いに交配が可能な同類の個体の集まりである（訳註：有性生殖による遺伝子の交換が可能なこうした集団をメンデル個体群と呼ぶ）。**進化**（**evolution**）の過程は、時間とともに個体群の遺伝的構成に変化を与える。進化は生物学における主要な統一原理である。チャールズ・ダーウィンは、1859年に出版された著書『種の起源』で進化の事実的証拠を取りまとめた。ダーウィンは、個体群を構成する個体間に存在する生存と生殖に関する差異に働く選択を**自然選択**（**natural selection**）と名付けて、これにより生物多様性の進化のほとんどが説明できると主張した。

ダーウィンは、あらゆる生物は１つの共通祖先に由来し、したがって互いに関連していると提唱したが、遺伝の仕組みについての知識は持たなかった。それでも、望ましい性質を持った動植物の子孫を入手するための選択的育種の手法は理解していた。ダーウィン自身はハトの育種家で、交配する組み合わせの選択次第で羽根の色や模様、尾の形などの異なるハトの作出が可能なことを知っていた。このような選択交配（育種）の過程は以下のように説明できる。

・個体群内の形質の多様性を観察する。
・どのような形質が望ましいのかという基準に基づいて「つがい」を選択的に交配し、その形質を持つ子を作る。
・続く世代でもこのような交配を繰り返して、望ましい形質を持つ子孫を増やす。

栽培化された植物や家畜化された動物について人間が特定の形質を選択できるのであれば、自然界でも同じ過程が起こりうることにダーウィンは気づいた。「人為（人間が課した）選択」に対立するものとしての「自然選択」という術語はここからきている。ダーウィンは、もし制限がなければ、植物や動物の生殖能力は個体群の際限なき増殖をもたらすと推論したが、自然界でそういった事実は見られない。多くの種では、一個体の生み出す子孫のうち生き延びて繁殖できるものは、そのごく一部に過ぎない。それゆえ、保有個体の生存と繁殖の確率をわずかでも増大させる形質ならどんなものでも、世代を超えて個体群内に広まることになる。

特定の環境条件下では一定の形質を持つ生物が最もうまく生存し繁殖できることから、自然選択は**適応**（**adaptation**）につながる。適応とは、ある生物が置かれた環境において生存し繁殖する可能性を増大させるような構造的・生理的な形質あるいは行動特性である（図1.7）。本章冒頭では、水温の高い環境下でのサンゴの生存を可能にしているかもしれない適応を理解するべく実施された実験について述べた。自然選択に加えて、性選択（配偶者選択に起因する淘汰）と遺伝的浮動（偶然の事象による集団内の対立遺伝子（アレル）頻度のランダムな変動）のような進化の過程も生物多様性に貢献している。進化の歴史を通じて働くこうしたプロセスが、地球上の生命の驚異的な多様性を生み出してきた。自然選択やその他の進化のプロセスは、ほとんどがここ100年の間に構築された遺伝学や分子遺伝学の膨大な知識によって裏付けられ、解明されている。

生物学の歴史の大部分を通して、生命の多様性は生物の構造的な特徴に基づいて記述・分類されてきた。近年の分子遺伝学的手法の急速な発展により、今や生物のゲノムの一部あるいは全てのDNA配列を読みとることができるようになった。現在

(A)　トマトガエル属のサビトマトガエル

(B)　トノサマガエル属の一種

(C)　アマガエル科の一種

(D)　モリアオガエル属の一種

図1.7　環境への適応
カエルの手足はそれぞれの種が異なる環境に適応していることをよく示している。
(A)この陸生のカエルは、短い肢と釘のような指を使って陸上を歩き回る。
(B)ほぼ水生のこの種のカエルでは、水かきのついた後ろ足がはっきり見て取れる。
(C)樹上生活するこの種は、木登りに適応した膨らんだ指先を持つ。
(D)樹上生活する別の種は指の間に広い水かきを持ち、その大きな表面積を活かして木から木へ飛び移ることができる。

では、DNAの設計図に基づいて生物を比較することが可能であり、そこから**ゲノム科学**（**genomics、ゲノミクス**）という研究分野が誕生している。例えば、アフリカ起源あるいはヨーロッパ起源の人々と東アジア起源の人々を区別する構造的な特徴の1つは毛髪である。ヨーロッパ人はカールする細い毛髪を持ち、これはアフリカ人も同様である。一方、東アジア人の毛髪は豊かな直毛である。この違いは*EDAR*（エクトディスプラシンA受容体）と呼ばれる遺伝子に起因していて、この遺伝子の塩基が1つ置き換わることによって、それがコードするタンパク質産物のアミノ酸が1つ変化するために、この違いが生じるのである（図1.8）。

遺伝暗号に含まれる数十億の文字配列を読み解く技術が膨大な量のデータを生み出し、データを管理し分析するための**生命**

アフリカ人　TCCACGTACAACTCTGAGAAGGCTGTTGTGAAAACGTGGCGCCACCTCGCC
東アジア人　TCCACGTACAACTCTGAGAAGGCTGCTGTGAAAACGTGGCGCCACCTCGCC

図1.8　生命の設計図
生物のゲノムを構成するヌクレオチド配列を明らかにする技術を用いると、特定の形質を生んでいる小さな変化を検出できる。*EDAR*遺伝子は毛髪の発達に関与し、1つのヌクレオチドの置換が東アジアに起源を持つ人々とアフリカ及びヨーロッパに起源を持つ人々のEDARタンパク質に1つのアミノ酸の違いをもたらす。

情報科学（**bioinformatics、バイオインフォマティクス**）と呼ばれる分野がゲノミクスと並行して進歩している。ゲノム科学と生命情報科学は、進化から人間の健康にいたる様々な研究分野を含む生物学全般に広く応用されている。そうした新しい生命科学の進歩によって、現在では精密医療（訳註：プレシジョン・メディシン。個々の患者に合わせて最適な治療を選択・実施すること）への取り組みが可能になっている。

生物学者は生命進化の系統樹をたどることができる

地理的に互いに隔絶している個体群は分化する。生物個体群が互いに枝分かれして大きく異なってくると、１つの個体群に属する個体がもう一方の個体群の個体との間で子孫を残せる確率が低下する。個体群間のこうした相違があまりにも大きくなると、やがて２つの個体群は別の種とみなされるようになる。そのため、進化的にかなり最近まで歴史を共有していた種は、遠い過去の共通祖先しか持たない種よりも互いによく似ている。種間の類似点と相違点を同定し、分析し、定量化することで、生物学者は様々な生物個体群の進化的歴史を描いた**系統樹**を作成することができる。例えば、共通祖先からどのように分かれたかを表す分岐図を使って、ヒトとヒトに最も近い近縁種の進化的な関係を示すことが可能である（**次ページ図**）。この系統樹では、現存する種は枝の先端に描かれ、各枝は時間スケールに沿ってこれらの個体群が互いに枝分かれした時点を示している。本書では慣例に従い最も古い系譜を左側に、最近の系譜を右側に置き、系統樹を横向きに描くことにする。

現在、地球上には数千万もの種が存在する。過去に存在したが既に絶滅した種の数はその何倍にもなる。生物学者はこれらの種の１つ１つに２つのラテン語を組み合わせた固有の科学的名称（学名）を与えている（カール・フォン・リンネの**二名**

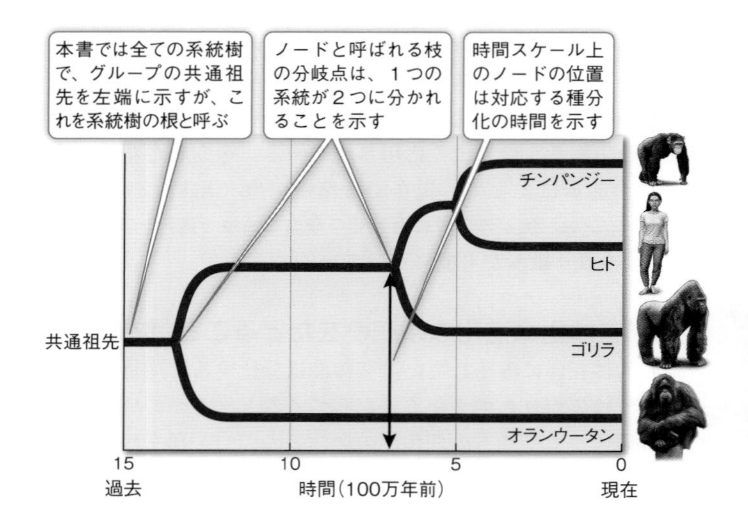

法）。学名の前半は、最近まで共通祖先を持っていた種のグループである**属**（**genus**）の名称を表す。後半はその属内の特定の種の名称である。例えば、現生人類の学名はホモ・サピエンス（*Homo sapiens*）であり、ホモが属名を、サピエンスが種名を示している。ホモは「人」を意味するラテン語で、サピエンスは「賢い」または「理性的な」を意味するラテン語に由来する。現生人類に近い絶滅種であるネアンデルタール人は、二名法ではホモ・ネアンデルタレンシス（*Homo neanderthalensis*）となる。慣例により、二名法では属名の最初を大文字にし、種名は全て小文字で、全体をイタリックで表すことに留意されたい。

生物学の大部分は種どうしの比較に基づいている。こうした比較の意味を読み解くには、それぞれの種の進化における関係を理解する必要がある。進化的関係を再構築する能力は、遺伝子の塩基配列決定技術によってここ数十年間で大幅に向上した。ゲノムの配列解析とその他の分子レベルでの解析技術のおかげで、生物学者は広範な分子的証拠を備えた化石記録に基づいて、進化に関する知識を一段と増大させている。その結果、進化的関係を記録し図解する系統樹が次々とまとめられている。最も広義に分類した生命の系統樹を図1.9に示した。

詳細の解明は今後の課題であるが、生命の系統樹の大枠は決定された。その分岐パターンは、化石や構造、代謝過程、行動、ゲノムの分子解析の結果といった豊富な証拠に基づいている。生命の最初の分岐（古細菌と細菌の分岐）は、初期の単細胞原核生物の間で起こったことを思い出してほしい。この2つのグループに属する生物群は互いに根本的に異なっており、生命の歴史の初期に別々の進化的系譜に分かれたと考えられている。古細菌の1つの系譜は、核と膜に囲まれた細胞小器官を取り込んで、主要な生物グループとなる真核生物を誕生させた。

植物、真菌（訳註：糸状菌、酵母、キノコの総称）、動物はどれも身近な多細胞真核生物であるが、**原生生物（protists）**として知られる単細胞真核生物の異なるグループから別々に進化してきた。図1.9の分岐パターンから見て取れるように、植物と真菌と動物という3つのグループは、それぞれ別々の原生生物グループと最も近縁であることから、これらがそれぞれ独立した起源を持つ多細胞生物であることが分かる。

細胞の分化と特異化が多細胞生命の基礎である

単細胞生物は生存に必要な全てを自ら賄わなければならないが、多細胞生物の細胞は、他の機能を他の細胞に任せることができるから、特定の機能だけを効率的に実行する特殊化を進化させることができた。したがって、多細胞生物の細胞は発達して様々な役目を担うことができる。よく似たタイプの細胞はともに発達して、単一細胞では行い得ない役割を担う**組織**にな

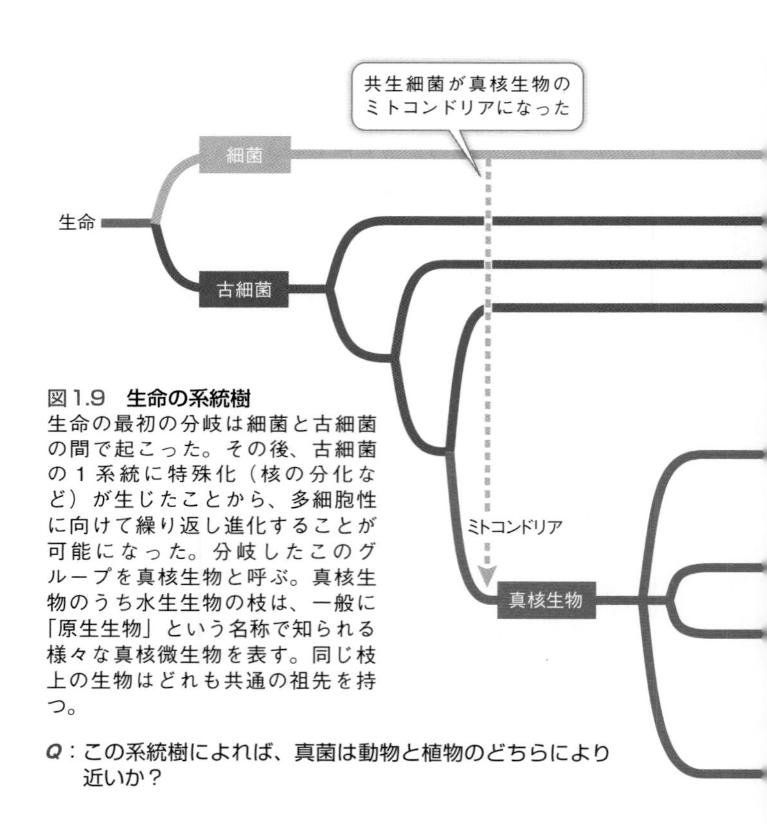

図1.9　生命の系統樹
生命の最初の分岐は細菌と古細菌の間で起こった。その後、古細菌の１系統に特殊化（核の分化など）が生じたことから、多細胞性に向けて繰り返し進化することが可能になった。分岐したこのグループを真核生物と呼ぶ。真核生物のうち水生生物の枝は、一般に「原生生物」という名称で知られる様々な真核微生物を表す。同じ枝上の生物はどれも共通の祖先を持つ。

Q：この系統樹によれば、真菌は動物と植物のどちらにより近いか？

る。例えば、筋肉細胞は力を生み出す細胞装置を形成する。筋肉細胞は単独ではたいした力を発揮できないが、筋肉組織を構成する多くの細胞が共同すれば大きな力を生み出せるし、骨などの構造組織とともに働いて大きな運動をすることも可能である。

さらに異なる組織は共同で発達して、特定の機能を果たす**器官**になる。動物の心臓、脳、胃などは、複数のタイプの組織から構成されており、それは植物の根や葉も同様である。互いに

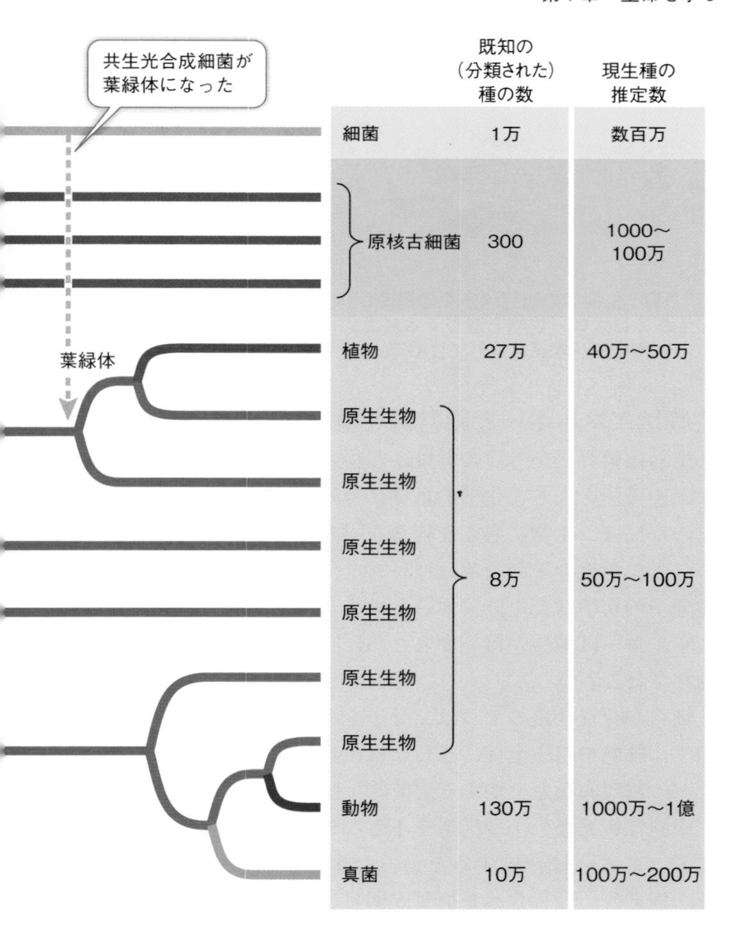

関連した機能を持つ器官は**器官系**として分類できる。例えば、食道、胃と腸はどれも消化器系の一部である。原子から生物までを網羅した生物システムの階層構造を図1.10(A)に示す。

(A) 原子から生物個体へ

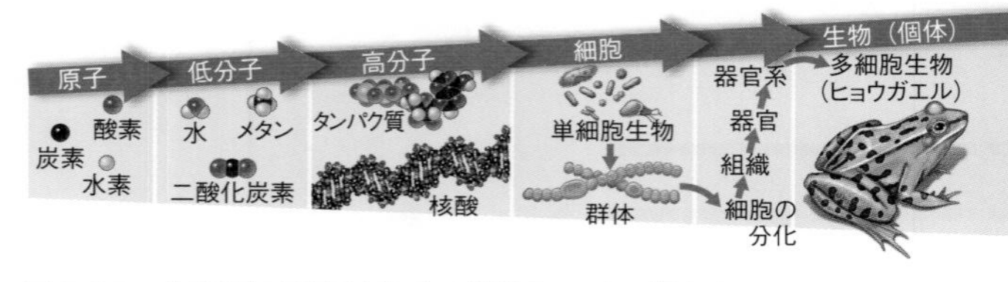

図1.10　生物学の研究は多くの構造レベルで行われる
(A)生命の特性は、生物を形づくる基本的単位である細胞中でDNAなどの生体分子が組織化されて生じる。

生物はエネルギーと原材料を環境から取り出している

生物は栄養素を外界の環境から得ている。生化学反応が複雑な栄養分子を小さな化学的単位に分解する。こうした小さな単位の一部は、生物に必要な構造を組み立てる構成要素として使われる。栄養分子の分解は原材料を供給するだけではない。栄養分子の化学結合を分解するとエネルギーが取り出され、そのエネルギーは細胞が機能するために必要な高エネルギー分子に転移される。

細胞が行う仕事の１つは、分子をある場所から他の場所へ動かす、細胞や組織全体、さらには生物体そのものを移動させるなどの物理的な力を要する機械的な仕事である（図1.11(A)）。

細胞は複雑な分子や構造を小さな分子単位から新たに組み立てる、あるいは合成するといった生化学的な仕事も担っている。例えば、今日食べた糖質が明日には脂肪として体に蓄積されうることは誰でも知っているだろう（図1.11(B)）。さらに、神経系における情報処理に欠かせない電気的な仕事もある。

細胞内で行われる多くの生化学反応は一体化しており、１つの反応の産物が次の反応の原材料となる。こうした複雑な反応

(B)生物個体は個体群として存在し、他の個体群との相互作用を通じて生物群集を形成する。生物群集は物理的な環境との相互作用を通じて、生物圏に多くの生態系を作る。

ネットワークは統合され、正確に制御されていなければならない。そうでなければ、機能不全に陥ったり病気になったりするだろう。

(A)　ニシブッポウソウ

(B)　ホッキョクジリス

図1.11　エネルギーはただちに使うことも蓄えることもできる
(A)動物細胞は食物に含まれる分子を分解し、分子の化学結合に内包されていたエネルギーを走る、飛ぶ、ジャンプするなどの機械的運動に用いる。写真は獲物の哺乳動物を嘴でくわえて飛ぶニシブッポウソウ。
(B)北極圏に棲むリスの細胞は食べた植物に含まれる複合糖質を分解し、それらの分子を脂肪に変換する。脂肪は体に蓄えられ、寒い時期のエネルギー供給源となる。

生物は内部環境を制御しなくてはならない

特殊化した多様な細胞、組織や器官がそれぞれ多細胞生物の異なる機能を担うとすれば、こうした特化された働きは生物全体の細胞でどのように共有されているのだろうか？　体の全ての細胞は細胞外の体液からなる単一の**内部環境**を共有している。細胞はこうした細胞外体液から栄養素を得て、そこへ老廃物を排出する。この内部環境は体の全細胞の必要に応えているので、その物理的・化学的組成は生存と機能を支えるために狭い生理的条件の範囲内に維持されていなければならない。この狭い領域での条件維持は**恒常性**（**ホメオスタシス、homeostasis**）として知られている。比較的安定した内部環境のおかげで、外部環境が個々の細胞の生存を支えられない場合でさえ、細胞は効率的に機能できるのである。

恒常性は、体の細胞とシステムの活性が制御下にあることを必要とする。制御には情報、すなわち内部状態と外部状態並びにそれぞれの最適な条件についての情報が必須である。したがって、生物は状態を監視する**信号受容系**（**センサー系**）、状態を変更する**信号実行系**（**エフェクター系**）、情報を統合してセンサーとエフェクターの間の情報交換を可能にする**信号伝達系**（**シグナル系**）を持たなければならない。神経系、ホルモン系、免疫系からなる動物の主要な情報システムでは、情報処理過程で化学的シグナルと電気的シグナルが用いられる。

恒常性の概念は細胞内環境にも当てはまる。単細胞生物であれ多細胞生物であれ、細胞内環境の構成要素を細胞が生存し機能できる範囲内に制御しなければならない。個々の細胞は膜の作用を通じて、真核生物であればさらに細胞小器官を通じても、こうした特性を制御している。そのため、ほぼ一定の内部環境を維持する自己制御は全ての生命に備わる一般的な属性となっている。

生物は相互作用する

生物は単独で生きてはいない。各個体の内部に階層があるのと同じく、生物界にも外部的な階層が存在する（図1.10(B)）。特定の地域に生息し相互作用している全ての種からなる集団を**生物群集**（**コミュニティ**）と呼ぶ。生物群集と非生物的あるいは物質的環境がまとまって**生態系**（**エコシステム**）を構成する。

生物群集内の個体は様々に相互作用する。動物は植物や他の動物を食べ、食物その他の資源を他の種と争う。同種の他個体と、食物、営巣地や交尾相手などの資源を巡って争う動物も多い。同種の他個体と共同して、シロアリのコロニーや鳥の群れのような社会的単位を作る動物もいる。こうした相互作用は、コミュニケーションや求愛行動のような社会的行動の進化をもたらした。

植物も外部の生物的・非生物的環境と相互作用する。陸上植物は真菌、ウイルス、細菌、動物との協調関係に依存して生きている。協調関係は、栄養摂取のため、また稔性（有性生殖によって種子を生じること）のある種子の産生のため、あるいは種子の飛散のために必要である。植物は光と水を互いに争い、食害する動物との進化的相互作用を絶えず続けている。長い時間の中で、植物には捕食動物から身を守る棘や毒素など多くの適応機能が進化した。また、花や果実などの適応は、植物の生殖を助ける昆虫などの動物を引き寄せるのに役立っている。生物群集内部における植物種や動物種の個体群間の相互作用は、特異な適応を生み出す進化の主要な原動力である。

際立った物理的特徴と生物群集を持ち、広大な領域に及ぶ地球の主要な生態系は、**生物群系**（**バイオーム**）として知られる。バイオームの例には、北極地方のツンドラ、サンゴ礁や熱帯雨林がある。地球上の全てのバイオームの総体が**生物圏**（**バ**

イオスフィア）である。個体群、生物群集、生態系内部における生物種どうし及び環境との相互作用こそが生態学の研究課題である。

ここまで生命の主要な性質を概観してきた。これらの性質については、本書の後の章でより深く掘り下げることにしよう。しかし、生命について現在分かっていることの詳細へと進む前に、生物学者がどのように情報を入手し、その情報をどのように利用して生命の理解を広げ、その理解を応用して実際に役立てるのかを知ることが重要である。

1.2 生物学者は仮説の検証によって生命を研究する

科学研究は観察、実験、データ分析、及び論理的考察に基礎を置く。科学者は多くの異なる手段や方法を用いて観察を行い、データを集め、実験し、データを分析し、それらに論理を当てはめる。

学習の要点

・科学的方法が生物学の知識を生む。

観察と定量は重要な技術である

生物学者は自分を取り巻く世界を観察する。我々の観察能力は、電子顕微鏡、高速ゲノム配列決定装置（シークエンサー）、核磁気共鳴画像法（MRI）、全地球測位衛星システム（GPS）などの技術のおかげで大きく進歩した。これらの技術によって、体内の分子の分布から大陸や大洋をまたいだ動物の移動にいたるまで、あらゆる観察が可能になった。

観察は生物学の基本的手段であるが、集めて観察する情報、すなわち**データ**を、我々科学者は定量化できなくてはならない。新しい薬剤を試験するにしろ、クジラの回遊路の地図を作るにしろ、収集したデータには必ず数学的、統計的な手法を適用しなくてはならない。サンゴの温度反応に関する本章冒頭の議論で、レイチェルが異なる温度条件へのサンゴの反応を比較し、その差異が単なる偶然以上のものであると結論するためには、温度条件を正確に計測し、白化を物理的に測定することは必須であった。

科学的方法は観察、実験と論理の組み合わせである

教科書には「科学的方法」について、あたかも全ての科学者が従う1つの単純な流れ図（フローチャート）があるかのように記述されていることが多い。だがこれは、あまりに単純化しすぎた説明である。**図1.12**に示したようなフローチャートには科学者が行う手順の大半が含まれてはいるが、科学者は必ずしもそこに組み込まれたプロセスの全段階を順序どおりに実践しているわけではない。

観察は新たな疑問を生む。こうした疑問に答えるために科学者はさらなる観察を行い、答えの選択肢を考案して、それらの可能性を検証するための実験を実施する。この研究法は伝統的に次の5つの段階からなる。（1）観察する、（2）問題を提起する、（3）問題に対する暫定的な答えである仮説を立てる、（4）仮説に基づき予測する、（5）さらなる観察あるいは実験の実施により予測を検証する。

問題を設定した後、科学者はしばしば**帰納法**を用いて暫定的な答えを提示する。帰納法とは、観察や事実に基づき、それらと矛盾しない新たな推論を導き出すことを意味する。そのよう

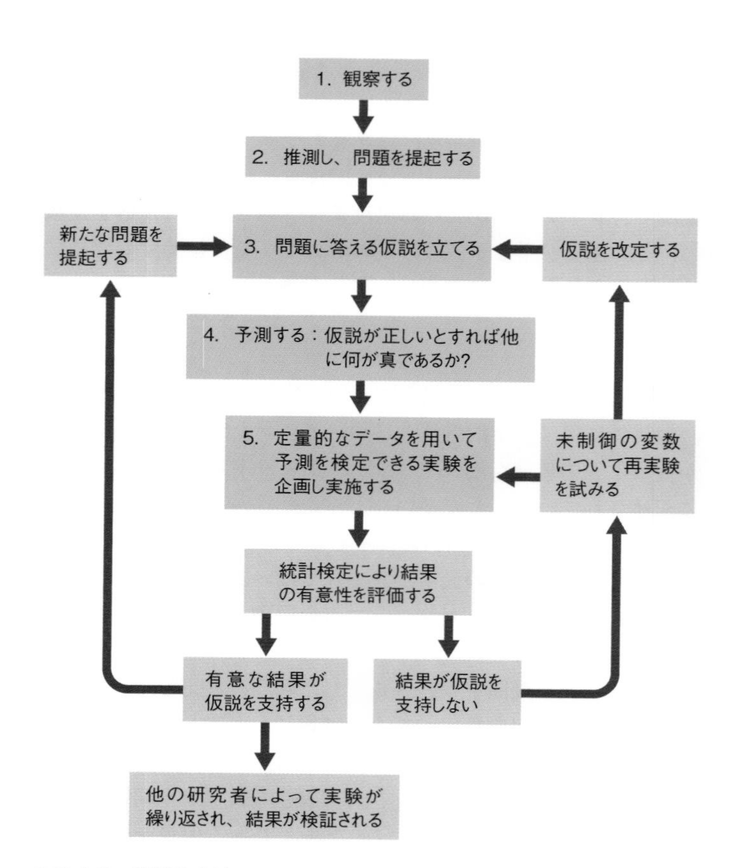

図1.12　**科学的方法**

研究者はいくつもの異なる観点から研究を開始するが、観察、推測、仮説、予測、実験というプロセスは現代科学の基礎である。実験から得られた答えが新たな疑問を生み、さらなる仮説と実験を重ねて、知識が広がっていく。

な暫定的な推論を**仮説**（**作業仮説**）と呼ぶ。例えば本章冒頭では、死滅することが知られている温度に達する潮溜まりに生息するサンゴに対してレイチェル・ベイが行った観察について学んだ。彼女は２つの仮説を立てた。

1．温かい潮溜まりのサンゴの個体群は、高温ストレスに耐えうる遺伝的な差異を進化させた（適応）。

　または、

2．サンゴの個体はそれぞれ、異なる温度条件に生理的に順応する能力を持っている（順化）。

レイチェルらは実験を実施し、仮説を検証するための観察を行った。仮説を検証するために、彼女たちはどんな実験を計画したのだろうか？

科学的方法の次の段階では、別の種類の論法が採用される。それは**演繹法**と呼ばれ、真であると信じる所説（仮説）から始めて、その仮説に矛盾しない事実もまた真であると予測する。レイチェルらは、温かい潮溜まりでときおり起こる高温ストレス条件を再現した模擬実験を行い、温かい潮溜まりと冷たい潮溜まりから採取したサンゴの反応を測定して、仮説を検証した。彼女たちは、冷たい潮溜まりで生育したサンゴのほうが温かい潮溜まりで生育したサンゴよりも、実験条件下では白化が速く進むと予測した。実験から２つの個体群に違いがあることは明らかになったが、その相違が個体群全体の長期にわたる進化的変化の結果（適応）なのか、そのときどきの環境に応じた個体による短期的な順化の結果なのかは分からなかった。

そこで研究者たちは、温かい潮溜まりと冷たい潮溜まりで育ったサンゴの遺伝的な差異（適応）を探すことにした。それと同時に、サンゴを異なる環境に移植したときの遺伝子発現パターンの違い（順化）も調べた。2つの個体群には本質的な遺伝的差異があったのだろうか、それとも、サンゴが生息する環境が異なる遺伝子発現パターンを刺激し、生理的な順化を引き起こしたのだろうか？

良い実験は仮説の誤りを検証しうる

仮説から予測が得られたら、その予測を検証する実験が計画される。最も有益な実験は、予測が誤りであると示すことのできるような実験である。予測が間違っていた場合、仮説は問い直されるか、修正されるか、あるいは棄却されなければならない。

実験は大きく2つのタイプに分けられ、どちらでも異なる集団あるいはサンプルから得たデータが比較される。

1．**対照実験**では、注目する1つの因子（変数）に異なる処理を施し、他の変数は固定して、処理した変数の影響を調べる。
2．**比較実験**では、いくつかの未知の点において異なる様々な集団からデータを集めて比較する。

レイチェル・ベイらは、両方の実験を実施して、異なる温度環境に対するサンゴの順化能力の違いや集団間の遺伝的差異を明らかにした。

対照実験では、何らかの重要な因子あるいは変数が現在研究している現象に効果を持つという仮説に基づいて予測を立てる。そのために「実験」群でその変数だけを操作する適切な方法を考案し、それにより得た結果を無操作の「対照」群と比較する。もし予測した差異が観察されたら、次に統計検定によって、その操作が差異を引き起こした確率（偶然の結果として生じた差異ではない確率）を求める。「**生命を研究する：温かい海のサンゴ**」では、パルンビ教授の研究室のレイチェル・ベイらによる対照実験について解説した。そこでは、生育していた採取元の潮溜まりが高温ストレスに対するサンゴの反応に与える効果が調べられた。良い対照実験を設計するのは容易ではない。というのも、生物学的な変数は互いに密接に関連しているため、１つの変数だけを動かすのは難しいことが多いからである。この実験の対照変数は、実験に用いたサンゴが冷たい潮溜まりから採取されたのか、それとも温かい潮溜まりから採取されたのかという点であった。それらのサンゴは続いて同一の高温ストレスを与えられ、その反応が白化の程度によって測定された。また、対照群として高温ストレスを与えないサンゴも用意された。

比較実験は、仮説に基づいてサンプルやグループ間に差異があるだろうと予測することから始まる。対照実験とは違って、比較実験では全ての変数を制御することはできないし、関与する変数の全てを同定することもできない。異なるサンプル群からデータを集めて比較するだけである。レイチェルらは「**生命を研究する：温かい海のサンゴ**」で解説した対照実験に加えて、比較実験も行っている。彼らは、温かい潮溜まりと冷たい潮溜まりから採取したサンゴの遺伝的組成を解析し比較した。

統計手法は欠かすことのできない科学的手段である

対照実験でも比較実験でも、研究対象のサンプル、個体、グループあるいは集団間に真の差異があるか否かを判定する必要がある。測定された差異が仮説を支持する、あるいは棄却するのに十分かどうかを見極めるためにはどうしたらいいだろうか？　換言すれば、測定した差異が有意であると先入観を持たずに、客観的に判定するにはどのような方法があるだろうか？

51ページへ→

生命を研究する　温かい海のサンゴ

実験

原著論文：Palumbi, S. R., D. J. Barshis, N. Traylor-Knowles and R. A. Bay. 2014. Mechanisms of reef coral resistance to future climate change. *Science* 344: 895-898.

レイチェル・ベイらは、温かい潮溜まりと冷たい潮溜まりからそれぞれサンゴを採取して実験室へ持ち込み、温かい潮溜まりでときおり起こる条件を再現した高温ストレスを周期的に与えるという実験を行った。するとサンゴの集合体から光合成を行う共生体（渦鞭毛藻類）が失われて色落ち（白化）が生じた。

仮説▶　高温ストレスはサンゴを白化させるが、温かい潮溜まりから採取したサンゴは冷たい潮溜まりから採取したサンゴよりも高温ストレスによる白化が顕著でない。

方法

1．温かい潮溜まりと冷たい潮溜まりからそれぞれ採取したサンゴを実験室の適温に維持した水槽へ移植する。
2．温かい潮溜まりにおける温度の日周変化を再現した高温ストレスを実験群のサンゴにかける（実験条件）。
3．高温ストレスをかけたサンゴと非ストレス下に置いた対照群のサンゴのクロロフィル含量（共生体の光合成色素量）の比としてサンゴの白化（条件依存変数）を測定する。その比が1を下回ると、ストレスをかけたサンゴで対照群のサンゴより白化が進んでいることになる。

結果　温かい潮溜まりと冷たい潮溜まりから採取したサンゴはともに、高温ストレスを受けて対照群のサンゴより白化が進んだが、冷たい潮溜まりで採取したサンゴは温かい潮溜まりから採取したサンゴより白化の平均値が高かった（この白化に関する

統計的な有意性については、次の「データで考える」で算出してみよう）。

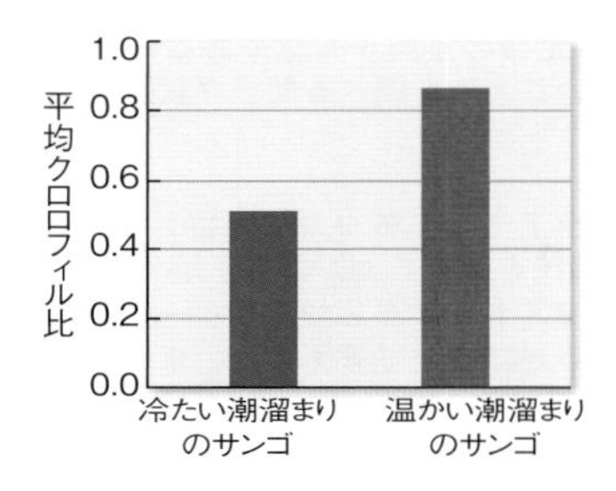

結論▶　どちらのグループでも高温ストレスによる白化が見られたが、温かい潮溜まりのサンゴには冷たい潮溜まりのサンゴほどには高温ストレスの効果が現れなかった。グループ間で観察されたこの違いは、温かい潮溜まりのサンゴの高温ストレスに対する遺伝的適応としても、温かい潮溜まりを模した条件に曝された各個体の生理的な順化としても、あるいはその両方の効果としても説明できるだろう。

データで考える

実験結果の欄に示した棒グラフは、温かい潮溜まりから採取したサンゴも冷たい潮溜まりからのサンゴもともに、対照群と比べて、高温ストレスにより白化レベルが上昇したことを示している。さらに、冷たい潮溜まりのサンゴは温かい潮溜まりのサンゴと比べて、高温スト

平均クロロフィル比	冷たい潮溜まりからのサンゴの数	温かい潮溜まりからのサンゴの数
0.0	0	0
0.1	0	0
0.2	1	0
0.3	1	0
0.4	4	0
0.5	7	0
0.6	1	0
0.7	1	1
0.8	2	3
0.9	0	3
1.0	0	1

*訳者註：平均クロロフィル比が小さいほど、白化したサンゴの数が多い。

レス下で白化が相対的に顕著だった。しかしこれらの違いが、サンプル内とサンプル間で観察された変動がランダムな変動に過ぎない場合に期待される違いを超えていることを、どうしたら確かめられるだろうか？ ここで、測定値の差異が有意であること（ランダムな変動ではない可能性が高いこと）を調べる簡単な試験をしてみよう。

質問▶

1．これらのデータをもとに棒グラフを描け。x軸にクロロフィル比を、y軸にその比を呈したサンゴ数を示せ。
2．はじめに、高温ストレスが2つのグループのそれぞれに有意な効果を与えているかについて考えよう。まずはどちらのグループでも高温ストレスは効果がないと仮定する。これが帰無仮説（H_0）となる。統計検定によって、帰無仮説を棄却して高温ストレスの効果があると結論できるかどうかを確かめる。もし、帰無仮説が正しいとすれば、実験群と対照群のクロロフィルレベルの違いはランダムな変動による、すなわちクロロフィル比が1より大きい場合が1より小さい場合とほぼ同頻度で起こると期待される。換言すれば、1より小さい値と大きい値の確率分布は、コインを投げたときに期待される表が出るか裏が出るかの確率分布と同程度である。最初に冷たい潮溜まりで採取したサンゴについて考えてみよう。17個のサンプルがあり、その全てでクロロフィル比は1以下であった。これが無作為に起こる確率は、公正なコイン（1回のコイントスで表が出る確率が0.5であるコインを意味する）を17回投げたときに17回とも表が出る確率に等しい。この判断基準に基づき、2つのグループのそれぞれについて帰無仮説（H_0：高温ストレスは白化に何ら効果を持たない）が成り立つ確率を求めなさい。
3．次に、冷たい潮溜まりから採取したサンゴと温かい潮溜まりから採取したサンゴで白化のレベルに有意な違いがあるかどうかについて考えてみよう。両グループ間の白化のレベルに違いはないというのが、この場合の帰無仮説となる。帰無仮説が正しければ、両グループから得たサンプルのクロロフィル比は平均して同一の分布を示すことが期待できる。実験結果の欄に示された棒グラフを見ると、冷たい潮溜まりのサンプルで観察された平均クロロフィル比は0.5であり、一方の温かい潮溜まりのサンプルで観察された平均クロロフィル比は0.85である。もし2つのサンプルの分布が、変動値の分布が等しい集団から導かれたものだとすると、これほど大きな違いを期待できるだろうか。これを調べるには、まず両グループから得た25のクロロフィル比の観察値をそれぞれインデックスカードに書き出し、それらをよく混ぜてシャッフルして順番をバラバラにしてから、冷たい潮溜まりのサンプル（17）と温かい潮溜まりのサンプル（8）の数と同じ２つのグループに分ける。次に、こうして無作為に分けたサンプルの平均比を求める。この無作為化検定の手順を自分で繰り返すか、自分の結果をクラスメートの結果と組み合わせるかしてみよう。２つのサンプルで観察した差（0.85－0.5、すなわち0.35）ほどの違いが生じる頻度はどれほどか？

4．以上のような結果は、異なる環境で育ったサンゴの個体群が海洋温暖化に対して示しうる反応について、何を示唆しているか？

有意性は統計手法で検定される。どのような測定データにも確率に支配されるランダムな変動が必ず存在する。統計検定は、実験で観察された違いがランダムな変動に起因する確率を計算する。したがって、統計検定の結果は確率で表される。統計検定は**帰無仮説**、すなわち、観察した差異は同一の集団から２つの有限のサンプルを抜き出したせいで生じるランダムな変動の結果であるとの前提から始める。定量的な観察からデータを集め、そうしたデータに統計手法を適用して、帰無仮説を棄却する十分な証拠があるかどうかを確かめるのである。

より厳密に言えば、統計手法とは、帰無仮説が正しいときでさえ偶然に同じ結果を得る確率を算出してくれるものである。*データに現れた差異が試験対象のサンプルに存在する単なるランダムな変動である可能性を、我々はできる限り排除する必要がある。*科学者は一般に、確率誤差、すなわち観察されたほどの大きさの差異がただの偶然によって得られる確率が５％以下であるとき、測定した差異は有意であると結論する。しかしながら、誤った仮説の採用がもたらす結果の重大さに応じて、帰無仮説を棄却するにはより厳格な基準が用いられることが多い。

生物学の発見は一般化が可能である

全ての生命は共通祖先に発する系譜によってつながっており、共通の遺伝暗号を持ち、同じような生化学的基本成分から構成されている。したがって、１つの生物種の観察から得られた知識は、熟慮と注意を経て他の生物にも一般化しうる。生物学者は研究のために**モデル生物系**を用いるが、それは彼らがそのような系から得た発見は他の生物にも敷衍できることを承知しているからである。例えば、細胞における化学反応の基本的理解は細菌の研究から得られたが、ヒトの細胞を含むあらゆる細胞にも当てはまる。同様に、全ての緑色植物が太陽光を利用して生体物質を合成するプロセスである光合成の生化学の大筋は、単細胞の緑色藻であるクロレラを用いた実験で明らかにされた。植物の発生を制御する遺伝子に関する知識の多くは、野菜のカラシナの近縁野生種であるシロイヌナズナ（*Arabidopsis thaliana*）の実験結果に由来する。ヒトを含む動物の発生に関する知識も、ウニ、カエル、ニワトリ、線虫、マウスやショウジョウバエの研究から来ている。モデル生物系からの一般化が可能であるということは、生物学の大きな強みである。

全ての疑問が科学の対象であるとは限らない

科学は人間に固有の取り組みであり、その実施には一定の標準が存在する。観察し問題を提起する点では他の研究分野も科学も共通だが、観察結果をどう扱うか、どのように問題を組み立てるのか、さらにその問題への回答をどのように見出すかという点において、科学は他とは異なっている。仮説の検証には、適切な統計解析の対象となる定量的なデータが必要である。本書の全章にある「**生命を研究する**」と演習項目の「**データで考える**」は、こうした思考法を強化する目的で作成されている。*科学的観察、仮説の設定、実験的試験は、世界とその仕組みを知るために人間が編み出した最も強力な手法である。*

自然現象の科学的説明は客観的で信頼できる。というのも、*仮説は検証可能*で直接の観察と実験により*棄却される可能性を備えていなければならない*からである（訳註：科学的言説の必要条件としての反証可能性はカール・ポパーによって提唱された）。科学者は、他の研究者がその結果を再現できるように、仮説の検証に用いた方法を明確に記述しなければならない。全ての実験が繰り返されるわけではないが、驚くべき結果や議論の分かれる結果は、必ず独立した検証を受けることになる。世界中の科学者がこの仮説の検証と棄却の過程を共有することによって、共通の科学的知識の体系が構築されていくのである。

科学的な手法を理解すれば、科学とそうでないものを区別できる。美術、音楽、文学などは全て人間生活の質の向上に貢献するが、それらは科学ではない。それらは何が真実であるかを立証するために必要な科学的方法を用いていない。宗教は歴史的に、異常な気象傾向や穀物の不作から人間の病まで様々な自然現象を説明しようと試みてはきたが、やはり科学ではない。かつては理解できなかったこうした現象の多くも、今日では科学的原理に基づく説明が可能である。至高の神（あるいは神々）のような信仰の基本的教義は、実験で確認することも反論することもできず、したがって科学の範疇には入らない。

科学の力は、厳密な客観性と*再現可能で定量的な観察*に基づく証拠への完全な準拠からもたらされる。自然現象の宗教的あるいは霊的な説明は、そうした見解を持つ人々にとっては首尾一貫し満足のいくものかもしれないが、検証不能であるから科学ではない。全知全能の「創造主」や「叡智を備えた設計者（インテリジェント・デザイナー）」のような超自然的な説明を持ち出すことは、科学の世界から離別することに他ならない。

科学は必ずしも信仰が間違いだと主張しているわけではない。信仰は科学の世界の一部ではなく、科学的方法では検証不可能であると言っているに過ぎない。

科学は世界がどのように機能しているかを説明する。しかし、世界が「どうあるべきか」という質問には答えない。人間の福祉に貢献する科学的進歩の多くは、一方で、重大な倫理的問題も提起する。遺伝学と発生生物学における近年の進展は、子どもたちの性別を選択し、幹細胞を使って体を修復し、ゲノムを修飾することを可能にするかもしれない。科学的知識はこうしたことを実現できるかもしれないが、そうすべきか否かについて、あるいはそれを実践する場合にどのように制御し管理すべきかについて、科学が教えることはできない。そうした問題は人間社会にとって科学そのものと同じくらい重要であり、責任ある科学者ならば、こうした問題を見失ったり、それらに対する人文学と社会学による真摯な取り組みを軽視したりすることはけっしてない。

人類文明が何世紀もの間に蓄積してきた膨大な科学知識の体系によって、我々は今日、他の生物にはなし得ない方法で自然の様々な側面を理解し、操作することができるようになった。こうした能力によって我々は課題と好機を手にしている。だが何にも増して、それには責任が伴うことを忘れてはならない。

1.3 生物学の理解は健康、福祉と社会政策の決定に欠かせない

人間は生物の世界に存在し、それに依存して生きている。我々が吸い込む酸素は、植物など無数の生物個体がそれぞれに行っている光合成活動により生み出されている。我々の体のエ

ネルギー源となる食料は、他の生物の組織に由来する。自動車やトラック、飛行機などを動かす燃料は、生物が（その大半は数百万年前に）合成した炭素分子である。我々の体は内外とも、生きた単細胞生物からなる複雑な群集に覆われている。あるものは健康を支え、他のあるものは体に侵入して軽微なものから重篤なものまで様々な病を引き起こし、場合によっては死をもたらす。他生物とのこうした相互作用は、なにも人間に限ったことではない。生態系は、地球に暮らす何百万もの生物種間の幾多の複雑な相互作用に依存している。生物学的な原理を理解することは、健康で生産的な生活を送り、我々が地球号のよき乗組員であるために必要なことである。

学習の要点

・生物学は社会に多くをもたらす。

近代農業は生物学に依存している

農業は人間が生物学原理を応用した最初期の例である。およそ1万年前、人類は穀物の栽培と収穫を始めた。そのような早い時期にも、農民は最も生産的あるいは望ましい動植物の個体あるいは個体群を選抜して繁殖に用い、何世代にもわたってこの方法を繰り返して改良していたに違いない。世界の穀物収穫量は1960年には約8億トンに達したが、人口増加の速度が農業生産の増加速度を上回り、発展途上国では飢餓が蔓延した。1970年代には飢饉が壊滅的な状況に陥ることが予測された。こうした予測に対応して、遺伝的に改良された多収性の穀物品種を育成する大規模な取り組みが先進国で始まった。それらの研究プログラムは大きな成功を収め、緑の革命と称されるほどの成果を挙げた（訳註：緑の革命には日本の古いパンコムギ品種が大きく貢献した。白達磨（しろだるま）という矮性（草丈の低い）品種をもとに岩手県農事試験場の技師であった稲塚権次郎によって育種され、品種登録された農林10号である。緑の革命は、白達磨に由来する２つの矮性遺伝子*Rht1*, *Rht2*を導入した農林10号によって実現した)。2000年までには、世界の穀物生産量（人間が消費する全食物エネルギーのおよそ50％を占める）は20億トンに達した。動植物に関する生物学的知識の増加は、多くの面で農業を一変させ、食糧生産の大幅な増加をもたらした。

農業と世界の食糧供給の新たな脅威は地球規模の気候変動である。湿潤化する地域もあれば、乾燥化の進む地域もあり、こうした変化が伝統的な農業に影響を与えている。その一例が、通常は水田の浅い水中で育つイネである（図1.13）。しかし、イネ品種の多くは完全な冠水状態が数日以上続くと生き延びられず、大雨による洪水の被害を受ける。インドとバングラデシュだけで、洪水によって年間約400万トンのコメが失われている。これは3000万人を養うに足る量である。近年、カリフォルニア大学デーヴィス校のパム・ロナルド、デヴィッド・マッキルらは、古いイネ品種が持つ遺伝子（訳註：Sut1.A）を遺伝子組換えで導入した近代品種は、何日間も完全に冠水していても生存可能であることを発見した。このような進歩は、地球規模の気候変動が提起する新たな問題を解決して、緑の革命の恩恵を持続させる役に立つだろう。

過去数十年間に、多くの栽培植物や家畜などのゲノムに関する詳細な知識・情報と遺伝子を直接組み換える技術の開発のおかげで、生物学者は農業にとって価値の高い動物や植物や真菌の新しい品種や系統の開発ができるようになった。病害虫耐性、乾燥耐性、あるいはイネに関して言えば冠水（洪水）耐性を持つ新しい作物品種が開発されている。さらに、進化理論の理解に基づき、病害虫が薬剤耐性を獲得する確率を最小にする

図1.13　緑の革命
農業植物遺伝学の発展は、人類が消費する全食物エネルギーのおよそ50％を占める穀物のような作物の収穫量と栄養価を大幅に増加させた。新しい分子遺伝学の技術はさらに大きな飛躍を可能にしている。右側のイネ３系統は長期の冠水に対する耐性を増すように改変されている。左側の系統は改変していない対照系統で、長期の冠水条件下で枯死している。

ような薬剤散布の戦略を科学者が立案することも可能になっている。植物と真菌の関係についての理解が進んだおかげで、より健全な植物を育てて高い収量を得ることができるようにもなった。これらは、生物学が絶えず実際の農業に情報を与えてそれを改善している様々な成功例のほんの一部に過ぎない。

生物学は医療行為の基礎である

はるか昔から人々は病気の原因を推測し、それと闘う方法を探してきた。多くの病気が微生物に起因することが知られるずっと以前から、人々は感染症が人から人へ伝染することを認識していたし、文書記録がつけられるようになった頃からすでに患者の隔離も実施されていた。

現代的な生物学研究から、我々は生物の機能とそれらの生物がなぜ病気と呼ばれる問題や感染を起こすのかについて情報を得ることができる。感染性微生物が原因となる病気とは別に、遺伝的な病気も多くあり、我々のゲノムの遺伝子変異が特別な機能上の問題を引き起こすことが今では分かっている。病気の適切な処置や治療には、病気の原因、基礎と症状とともに、それに対して我々が加えた変更がどのような影響をもたらすのかについての理解が欠かせない。例えば近年の結核の再流行は、抗生物質に耐性を示す細菌が進化した結果である。将来の結核の流行に対処するには、分子生物学、生理学、微生物生態学や進化学などの様々な側面、換言すれば現代生物学における一般的原理の多くを正しく理解する必要がある。

人間の集団に定期的に起こる流行病の原因となる微生物の多くは、世代時間が短く突然変異率が高い。例えば、毎年、新たなインフルエンザワクチンが必要とされるのは、インフルエンザの原因となるウイルスの進化速度が速いからである。進化の原理はインフルエンザウイルスがどのように変化するかを理解する手がかりとなるだけでなく、今後どのようなインフルエンザウイルス株が流行を引き起こすかを予測する役にも立つ。分子生物学、進化理論と生態学の基礎理論の応用を統合したこうした医学的理解に基づき、医学研究者たちは主要な流行病を制御するために効果的なワクチンやその他の戦略を開発することができるのである（図1.14）。

生物学は社会政策に情報を与える

ゲノムの解読と新規に獲得したゲノムを操作する能力のおかげで、今では人間の病気を制御したり農業生産力を高めたりすることに向けて、大きな新しい可能性が生まれている。だが一

図1.14　生物学を医学に応用して人の健康を増進する
病気を予防するためのワクチン接種は生物学に基礎を置く医療処置として18世紀に始まった（訳注：1796年にエドワード・ジェンナーが開発した天然痘のワクチンが世界初であった）。今日では、進化生物学とゲノム科学が、インフルエンザや麻疹のようなウイルスによる感染症から人を守るワクチンを絶えず改善するための基礎を提供している。先進国ではワクチン接種は当たり前のこととされ、ドライブ・スルー形式で実施されることもある。

方で、こうした可能性は倫理上及び社会政策上の課題を提起している。我々はどこまで、どのような方法で、人間や他の生物の遺伝子を操作すべきなのか？　制御された育種という伝統的手法で作物と家畜のゲノムを変化させることと、遺伝子導入のバイオ技術でそれを行うことに違いはあるのか？　遺伝的に改変された生物を環境に放出する際にはどのような規則が必要か？　科学だけで全ての解答を導き出せるわけではないが、賢明な政策決定は正確な科学的情報に基づいてなされなければならない。

生物学的な理由に起因する課題が増え続ける中、社会がそれらに対処するための法律、規則、規制などに関して、科学者たちが政府委員会に意見を求められる機会が次第に多くなっている。社会政策の評価と決定における科学的知識の価値を示す一例として、以下の管理の問題を考えてみよう。科学者と漁師は昔から、タイセイヨウクロマグロ（*Thunnus thynnus*）には西部のメキシコ湾と東部の地中海という２つの繁殖場があることを知っていた（**図1.15**）。乱獲により、特に西側の水域でタイセイヨウクロマグロは激減し、絶滅の危機に直面するほどの事態となった。

当初は、科学者も漁師も政策決定者も一様に、東西の集団は繁殖場だけでなく、索餌場も異なっていると考えていた。この仮定に基づいて、国際委員会は大西洋の中間に境界線を引き、この線の西側で厳格な漁獲割当を設定して西側の集団の回復を図った。しかし最近の追跡データから、東西の集団は実際には、世界で最も漁獲高の多い海域を含む北大西洋全域に及ぶ索餌場で自由に混ざり合っていることが判明した。境界線の東側で捕獲されたタイセイヨウクロマグロは、西側の集団の個体でも東側の集団の個体でもあり得るので、既存の政策は意図した目標を達成できていなかったのである。

科学的知識は賢明な社会政策の策定に大きく貢献できるというのに、経済的・政治的要因が科学に基づく提言よりも重視されることがしばしばである。不都合であるという理由から堅固な科学的証拠が軽んじられたり無視されたりするのは、嘆かわしいことこのうえない。地球規模の気候変動を裏付ける強力な証拠や科学界の共通認識を多くの政策決定者が拒否しているのは、この代表的な例である。

生物学は生態系を理解するためにきわめて重要である

地球は誕生以来絶えず変化してきたし、それはこれからも変わらない。しかし、人間の活動の結果、世界の生態系は前例のない速度で変化している。例えば、化石燃料を採掘し消費する

図1.15　タイセイヨウクロマグロの生息域に境界はない

(A)

(A)データを記録するコンピューターを搭載した追跡タグをタイセイヨウクロマグロに取り付ける海洋生物学者のバーバラ・ブロック。この個体はこの後大西洋に戻され、その回遊経路が観察されることになる。

(B)

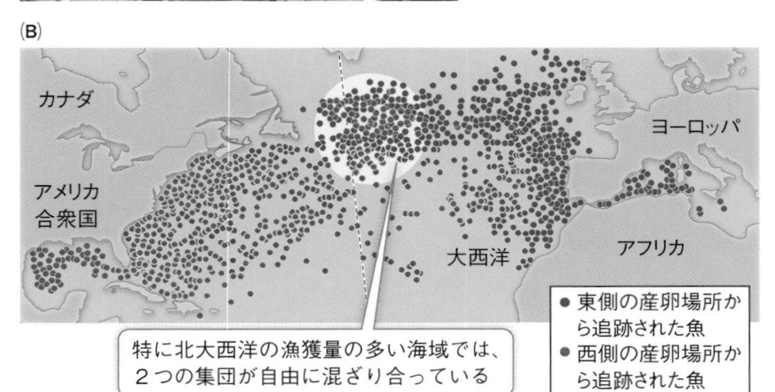

(B)東側（地中海）と西側（メキシコ湾）の繁殖場のタイセイヨウクロマグロ集団から得た追跡データ。商業漁業の規制当局は当初、西側の繁殖場と東側の繁殖場のタイセイヨウクロマグロの集団は、大西洋のそれぞれの海域で餌を得ていると考えていた。危機に瀕している西側集団の回復を早めるために、大西洋中央部に設けた境界線（破線）の両側でそれぞれ漁獲割当が設定されていた。

Q：バーバラ・ブロックのデータによれば、大西洋中央部の境界線に基づく漁獲割当が西側の繁殖場のタイセイヨウクロマグロ集団の保護につながる可能性は高いと考えられるか？

ことで膨大な量の二酸化炭素が地球の大気中に放出されている。大気中の二酸化炭素のこうした人為的な増加が、過去50年間に記録された急速な地球温暖化の主たる原因である(図1.16)。

我々の社会の基礎をなしている商品やサービスを生産し続けるために天然資源が過剰に利用され、地球生態系の能力は大きく圧迫されている。人間の活動が地球の気候をかつてない速度で変化させ、本章で紹介したサンゴ礁を形成するサンゴをはじ

図1.16 温暖化する世界
過去150年間に地球の気温は着実に上昇し続けてきた。温暖化の速度もまた上昇の一途をたどり、極地の氷冠、氷河、高山の山頂部の氷雪の急速な融解を引き起こしている。(A)と(B)の写真は、長い間存続しているアラスカの古い氷河に63年間の気候変動がどのような影響を与 ↗

め、多くの種の絶滅を招きつつある。現代の温暖な世界は新たな病気の拡大や古い病気の再来も経験している。生物学の知識はこうした変化の原因を突き止め、それに対処する政策を生み出すために欠かせない。

生物多様性はこの世界を理解し、享受し、堪能する助けとなる

政策と実用という問題は抜きにしても、人間には「知りた

えたのかを示している。ミューア氷河は約７㎞も後退し、もとの撮影ポイントからはもはや見ることができない。様々な生物個体群がこのような変化にどう反応するかを理解するためには、分子生物学から生態系生態学までを包含する生物学的原理を統合的に勘案する必要がある。

い」という欲望がある。多くの人々は生命の豊かさと多様性に魅了され、もっと生物を知りたい、生物がどのように機能し、どのように相互に関係しているかを知りたいと思っている（図1.17）。生物学者にとって生物多様性は、新たな研究と実験につながる疑問と機会を生み出す、尽きることのない源泉である。新規な発見と知識の拡大が、今まで誰も考えたことのなかった疑問を生む。科学は果てしない探究である。

生物多様性は科学的探究だけでなく、我々の生活も豊かにし

図1.17　地球の生命を探究する
カナダのバンクーバーにあるカルマナ渓谷でトウヒの樹冠に生息する昆虫を採取する生物学者。今日までに発見されている生物種の数は、地球に棲む生物種のごく一部に過ぎないと生物学者たちは推測している。我々の知識にあるこうした欠落を補うために、世界中の生物学者はあらゆるサンプリング技術と新しい遺伝学の手法を用いて、地球の生物多様性を記録し、理解しようと努力している。

ている。熱心に野鳥を観察する者もいれば、ガーデニングを楽しんだり、狩猟や釣りで特別な種を追い求めたりする人もいる。チョウやキノコやその他の動植物を観察したり集めたりする人も多い。春の野に花々が咲き乱れると、それを眺めようと多くの人々が集まってくる。何百万もの人たちが、多様な種に満ちた自然の中でハイキングやキャンプを楽しんでいる。生物学を学ぶことで、我々は周囲の世界をいっそう楽しむことができるようになる。

本章では、この本全体の「見取り図」を簡単にまとめてみた。ここに概略した原則について考えてみることは、後に続く詳細な記述を明確に理解する一助となるだろう。

生命を研究する

QA　サンゴの高温ストレスに関する実験結果をどう使えば、地球温暖化に対するサンゴの反応を予測できるだろうか？

レイチェルらが行った研究を我々はどのように利用できるだろうか？　その情報を用いて予測するのも１つの方法である。本章でも触れたように、大気中のCO_2濃度の上昇により地球の気候が温暖化していることを示す多くの証拠がある。サンゴはこの温暖化を生き抜くことができるだろうか、それとも光合成能を持つ共生藻類（渦鞭毛藻類）を失って全て死滅してしまうだろうか？　レイチェルのチームが行った実験と観察から、水温の上昇はサンゴの白化をもたらすが、個々のサンゴには短期間で順化が起こると推測される。もし地球温暖化の進展が速すぎなければ、遺伝的に適応して温かい海水に対する耐性を高めて生き延びたサンゴに、長期的な進化の過程が働くだろう。こうした選択過程は集団の遺伝的変化をもたらし、より多くのサンゴが生き延びられるようになる。順化と適応が機能してサンゴの生存をより確かなものにできるかどうかは、個々のサンゴの平均寿命、地球温暖化の速度、高温耐性を持った別の渦鞭毛藻類と共生できる可能性など多くの要因にかかっている。レイチェルのチームが行った基礎的な調査研究は、地球温暖化に対する今後のサンゴの反応を予測する最初の、だが重要な第一歩である。

今後の方向性

前述のように、レイチェルの研究で用いたサンゴの細胞内部にはある種の渦鞭毛藻類が生息している。サンゴは渦鞭毛藻類に好適な環境を、渦鞭毛藻類はサンゴに栄養を提供している。そうした互いに有益な関係を**共生**と呼ぶ。高温による白化反応は、渦鞭毛藻類が機能不全を起こしてサンゴから放出されたことを意味する。だから、サンゴの高温耐性を理解するには、共生する渦鞭毛藻類の遺伝的変化と順化のより深い理解が必要である。他の研究から、複数系統の藻類を含むサンゴがあること、異なる温度環境で育つサンゴどうしではそうした系統の含有量が異なり、その違いがおそらく高温耐性に寄与していることが判明している。渦鞭毛藻類には多くの種と系統が存在するが、サンゴは通常、特定の種と関係している。今後渦鞭毛藻類の高温耐性に焦点を当てた研究を実施すれば、高温耐性を付与する遺伝子を同定できるだろう。さらには、こうした遺伝子を他の種の藻類に導入したり、水温上昇によって危険に曝されているサンゴに高温耐性の系統を共生させたりする方法を見出すことも可能かもしれない。

▶ 学んだことを応用してみよう

まとめ

1.1　生物は地球という惑星の歴史に影響を及ぼしてきた。
1.1　主要な性質は全ての生物に共通している。
1.1　生物個体群は時間とともに変化する。
1.2　生物学的知識は科学的方法によって得られる。
1.3　生物学は社会に多くの点で寄与する。

原著論文：Lindsey, H. A., J. Gallie, S. Taylor, and B. Kerr. 2013. Evolutionary rescue from extinction is contingent on a lower rate of environmental change. *Nature* 494: 463-467.

ヒトの医療で使われる抗生物質のうち、誤って処方されていたり全く不必要だったりするものは半分にも上る。抗生物質は、食用動物にも病気を予防するために与えられている。抗生物質全般に共通して見られる過剰使用は、薬剤耐性菌の大幅な増加につながっている。食用の家畜を育てているとしよう。家畜に低濃度の抗生物質を定常的に与えるのがよいか、症状が出るまで待って高濃度で与えるのがよいかを判断するために、どのような証拠を用いることができるだろうか？

研究者たちは抗生物質リファンピシンの濃度が時間とともに上昇するような条件下で、1255集団もの大腸菌を連続的に植え継ぎ培養した。それぞれの集団は抗生物質を含まない液体培地で培養を始め、最終的にリファンピシンが同じ最大濃度になるまで培養を続けた。

連続的な植え継ぎ培養の間、集団には3つの処理のうち1つを施した。「急激な」処理に割り振られた集団には、最初の植え継ぎ後ただちに最大濃度のリファンピシンを与え、その後の植え継ぎ時にも最大濃度を与え続けた。「適度な」処理に割り振られた集団に対しては、適度にリファンピシン濃度を上げ、植え継ぎの中頃から最大濃度を与えた。「漸進的な」処理をした集団では、ゆっくりとリファンピシン濃度を上げて、最後の植え継ぎ時に最大濃度に到達するようにした。

図Aは処理条件を、図Bはそれぞれの処理で実験終了時まで生き残った集団の割合を示している。各棒グラフ上部の数値は、当初の1255集団のうちそれぞれの処理を受けたものの数を表す。

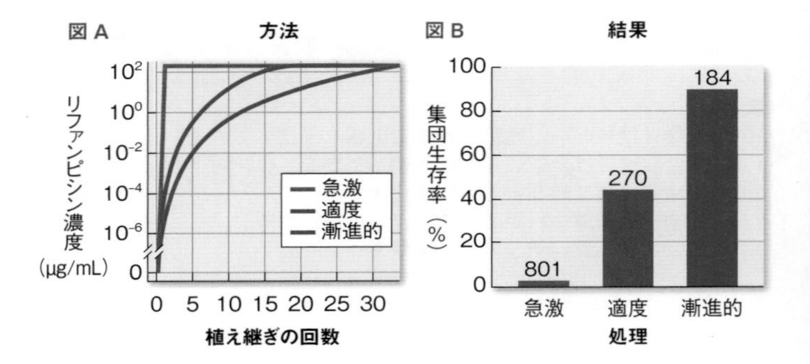

質問

1. この研究結果は、急激な環境変化と漸進的な環境変化が生物個体群の進化に及ぼす効果について何を示唆しているか？　これらの結果は、変化する環境下での個体群の死滅あるいは適応について説明する際、どのように役立つかを説明せよ。
2. この研究は、地球上の生命の歴史を形づくった出来事をどのようにモデル化しているか？
3. 植物や昆虫や哺乳動物の個体群を変化する環境に置いて同じ研究を繰り返した場合、同様の結果が観察されると予測するのが妥当である理由を説明せよ。
4. この研究は比較研究か、それとも対照研究か。生物は変化する環境に適応しうるという仮説を検証するために、もう一方の研究方法による実験を計画せよ。その論拠も併せて説明せよ。
5. ある研究機関が新しい抗生物質の開発・生産を目指した50年を超える長期研究のための資金を求めたとする。研究機関は自分たちの資金拠出要求の正当性を主張するために、ここで得られた研究結果を用いることができるだろうか。説明せよ。

第2章
生命を作る低分子とその化学

水に含まれる原子は、それを飲む動物たちの体の一部になる

キーコンセプト

生命を研究する

恐竜を追跡する

「人は食べ物で決まる——それは歯にも当てはまる」とは、我々の体の化学についてよく知られた言い回しを言い換えたものである。生体の重要な原子の１つは酸素（O）であるが、これは水（H_2O）の構成要素でもある。酸素には自然界に同位体（アイソトープ）と呼ばれる変異体が２つあって、それらは同じ化学的性質を持つが、核内の中性子の数が違うために質量が異なる。酸素の２つの同位体はどちらも水や食物中に含まれ、それらを摂取する動物の体内に取り込まれる。

エナメル質と呼ばれる歯の堅い表面は主に、酸素原子を含むリン酸カルシウムでできている。エナメル質中の酸素原子の同位体構成は、エナメル質が作られたときに動物がどこに棲んでいたかによって変化する。海洋から蒸発した水は、雲となって内陸に移動し、雨を降らせる。雲から降水が起こる際、つまり水蒸気が凝結する際は、降水には重い同位体が移動しやすいた

め、重い酸素の同位体からなる水は、軽い同位体からなる水よりも速く地上に落ちる傾向にある。その結果、世界中で海洋に近い地域ほど内陸部よりも重い水を含んだ雨が降ることになり、この違いはそこに生きる動物たちの体の組成に反映される。

この属性から、北米大陸南西部のシエラネバダ山脈とロッキー山脈との間に広がる「グレートベースン」(大いなる盆地の意)におよそ1億5000万年前に棲んでいた恐竜に関する驚異的な事実が明らかになった。カマラサウルスは、最大で体長25m、体重45トンにもなる中型の恐竜だった。コロラド大学のヘンリー・フィッケはカマラサウルスの化石を調べ、歯のエナメル質中に含まれる酸素の同位体を解析したところ、2種類の歯を見出した。グレートベースンの雨と岩に多く見られる重い酸素からなる歯があった一方で、驚くべきことに、重い酸素の割合が低い歯もあった。この発見は、この恐竜が過去に西に300kmも離れた高地に生息していた時期があったことを示唆しており、これによって恐竜が西から東へ長距離移動したことを示す初めての証拠となった。この長距離移動の理由は不明だが、カマラサウルスはおおむね草食性だから、おそらく餌となる植物を求めてやってきたのであろう(訳註:酸素原子の重い同位体^{18}Oと軽い同位体^{16}Oの比(^{18}O:^{16}O)を酸素同位体比δ^{18}Oとすると、雨水に含まれるδ^{18}Oは東に行くほどおよび高地に登るほど低くなる。カマラサウルスは、乾季には植物を求めて盆地の西に位置する高地へ、雨季には再び東の盆地へと移動を繰り返していたのであろう)。

多くの生物学的現象は化学の観点から解析され理解される。例えば本章では、巨大な分子に原子を1つ加えるだけで、その性質と機能が変わりうることを学ぶ。恐竜の歯の同位体分析は、化学分析が生物科学の前進につながったことを示すほんの一例にすぎない。

同位体分析によって
生物システムに関するどのような洞察が得られたか？

2.1 原子の構造が物質の特性を説明する

全ての物質は**原子**でできている。原子は非常に小さい——1兆（10^{12}）個の原子が集まってようやく、文末に打つピリオド1つほどの大きさである。原子とその構成粒子は特有の体積と質量を持つ。この2つは全ての物質の特徴である。**質量**は存在する物質の量の測定基準であり、質量が大きいほど物質量が大きい。原子は電荷も持つ。

学習の要点

- 生物に見出される物質のほとんどは、6つの元素（炭素、水素、酸素、窒素、リン、硫黄）でできている。
- 反応性の高い原子は、原子価殻（最外殻）を電子で満たすために、電子を得たり失ったりする。それは、原子価殻が電子で満たされると安定するからである。
- 原子の特性はその構造で決まる。

原子とは何か？

原子は高密度で正に荷電した**核**とそのまわりを動き回る負に荷電した1個以上の**電子**からなる（図2.1）。核は正に荷電した1個以上の**陽子**を保有し、電荷を持たない1個以上の**中性子**を含むものが多い。

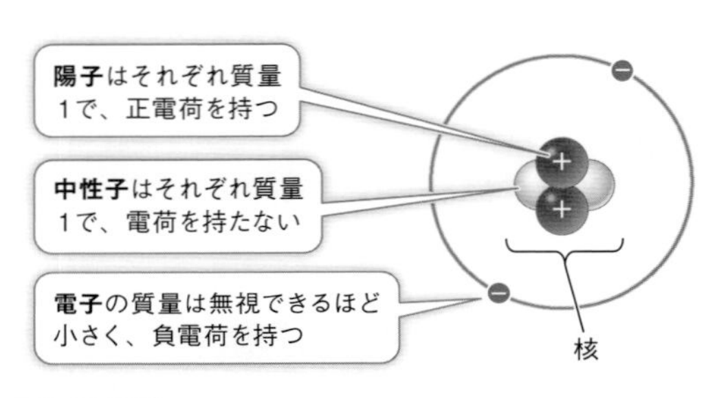

図2.1　**原子の構造**
原子は、急速で回転する電子の雲に囲まれた中性子と陽子からなる原子核1つを持つ。原子核は原子の重量のほぼ全てを占めるが、その体積は原子の全体積の約1万分の1にすぎない。ボーアモデルと呼ばれるこの原子模型は、原子核から一定の距離にある軌道上を動き回る個々の電子を描き出している。

陽子の質量は**ダルトン**（イギリスの化学者ジョン・ダルトンの名に因む）と呼ばれる標準的な測定単位として使われる。陽子あるいは中性子1個の質量は約1ダルトン（$1Da=1.7\times10^{-24}$グラム）であるが、電子はさらに小さく、その質量は9×10^{-28}グラム（0.0005 Da）である。電子の質量は陽子や中性子の質量に比べて無視できるほど小さいから、原子の質量を測定したり計算したりする場合には、電子の寄与分は通常無視することができる。とはいえ、原子がどのように他の原子と結合して安定な形をとるのかを決定するのは電子である。

陽子はそれぞれ、+1単位の電荷と定義される正電荷を持つ。電子は陽子と逆で大きさの等しい-1単位の負電荷を持つ。中性子はその名が示唆するように電気的に中性で、電荷は0である。異なる符号の電荷（+/-）は引きつけ合い、同じ符号の電荷（+/+と-/-）は互いに反発する。一般に、原子中の電子の数は陽子の数と等しいから、原子は電気的に中性である。

元素は1種類の原子のみからなる

元素は1種類の原子しか含まない純粋な物質である。水素元素は水素原子のみから、鉄元素は鉄原子のみからなる。各元素の原子は他の元素の原子と区別できる特徴や特性を持つ。こうした物理的特性や化学的特性（他の原子との反応特性）は、原子に含まれる粒子の数によって決まる。

自然界には94種類の元素が存在し、その他にも物理学の実験室で作られた少なくとも24種類の元素がある。あらゆる生物の組織（骨格を除く）のおよそ98％は、以下のわずか6種類の元素でできている。

炭素（C）　水素（H）　窒素（N）
酸素（O）　リン（P）　硫黄（S）

これらの元素の生物学的役割が本書の主要な関心事であるが、生物の体内には他の元素も存在している。例えば、ナトリウムとカリウムは神経機能に必須であり、カルシウムは生体シグナルとして機能する。また、ヨウ素は生体に不可欠なホルモンの構成要素であり、マグネシウムは植物でクロロフィルと結合している。

各元素は固有の陽子数を持っている

元素ごとに原子核に含まれる陽子の数が決まっており、その数はそれぞれ異なる。**原子番号**は陽子の数で表される。原子番号は各元素に固有で変化しない。ヘリウムの原子番号は2で、ヘリウム原子は常に2個の陽子を持つ。酸素の原子番号は8で、酸素原子は常に8個の陽子を持つ。陽子の数（と電子の数）が化学反応における元素の挙動を決定するから、よく似た化学的性質を持つ元素のグループをまとめて表に並べることが可能である。これが図2.2に示したお馴染みの**周期表**である。

水素以外の全ての元素は、核内に一定数の陽子とともに1個

図2.2　周期表

周期表では、全ての元素がその物理的特性と化学的特性に応じてグループ分けされている。原子番号1～94の元素は自然界に存在するが、原子番号が95以上の元素は実験室で作られたものである。

1 **H** 1.0079								
3 **Li** 6.941	4 **Be** 9.012							
11 **Na** 22.990	12 **Mg** 24.305							
19 **K** 39.098	20 **Ca** 40.08	21 **Sc** 44.956	22 **Ti** 47.88	23 **V** 50.942	24 **Cr** 51.996	25 **Mn** 54.938	26 **Fe** 55.847	27 **Co** 58.933
37 **Rb** 85.4778	38 **Sr** 87.62	39 **Y** 88.906	40 **Zr** 91.22	41 **Nb** 92.906	42 **Mo** 95.94	43 **Tc** (99)	44 **Ru** 101.07	45 **Rh** 102.906
55 **Cs** 132.905	56 **Ba** 137.34		72 **Hf** 178.49	73 **Ta** 180.948	74 **W** 183.85	75 **Re** 186.207	76 **Os** 190.2	77 **Ir** 192.2
87 **Fr** (223)	88 **Ra** 226.025		104 **Rf** (261)	105 **Db** (262)	106 **Sg** (266)	107 **Bh** (264)	108 **Hs** (269)	109 **Mt** (268)

同じ縦列にある元素は、最外殻に同数の電子を持つので化学反応における特性が似ている

原子量が括弧書きになっているものは、急速に崩壊して他の元素になる不安定な元素であることを示している

ランタノイド系列	57 **La** 138.906	58 **Ce** 140.12	59 **Pr** 140.9077	60 **Nd** 144.24	61 **Pm** (145)	62 **Sm** 150.36
アクチノイド系列	89 **Ac** 227.028	90 **Th** 232.038	91 **Pa** 231.0359	92 **U** 238.02	93 **Np** 237.0482	94 **Pu** (244)

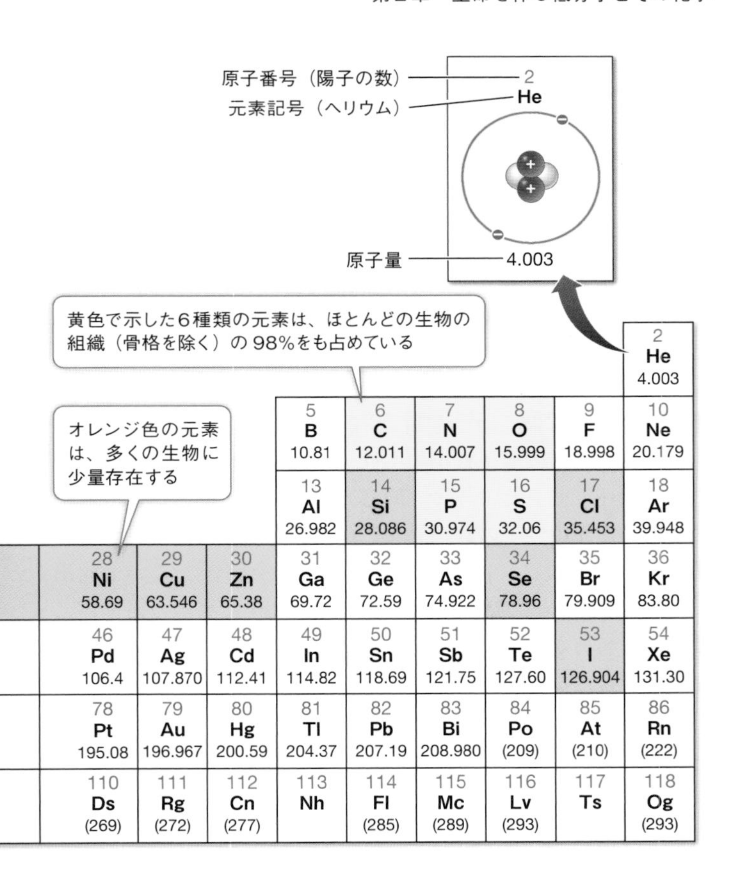

									2 **He** 4.003
				5 **B** 10.81	6 **C** 12.011	7 **N** 14.007	8 **O** 15.999	9 **F** 18.998	10 **Ne** 20.179
				13 **Al** 26.982	14 **Si** 28.086	15 **P** 30.974	16 **S** 32.06	17 **Cl** 35.453	18 **Ar** 39.948
	28 **Ni** 58.69	29 **Cu** 63.546	30 **Zn** 65.38	31 **Ga** 69.72	32 **Ge** 72.59	33 **As** 74.922	34 **Se** 78.96	35 **Br** 79.909	36 **Kr** 83.80
	46 **Pd** 106.4	47 **Ag** 107.870	48 **Cd** 112.41	49 **In** 114.82	50 **Sn** 118.69	51 **Sb** 121.75	52 **Te** 127.60	53 **I** 126.904	54 **Xe** 131.30
	78 **Pt** 195.08	79 **Au** 196.967	80 **Hg** 200.59	81 **Tl** 204.37	82 **Pb** 207.19	83 **Bi** 208.980	84 **Po** (209)	85 **At** (210)	86 **Rn** (222)
	110 **Ds** (269)	111 **Rg** (272)	112 **Cn** (277)	113 **Nh**	114 **Fl** (285)	115 **Mc** (289)	116 **Lv** (293)	117 **Ts**	118 **Og** (293)

	63 **Eu** 151.96	64 **Gd** 157.25	65 **Tb** 158.924	66 **Dy** 162.50	67 **Ho** 164.930	68 **Er** 167.26	69 **Tm** 168.934	70 **Yb** 173.04	71 **Lu** 174.97
	95 **Am** (243)	96 **Cm** (247)	97 **Bk** (247)	98 **Cf** (251)	99 **Es** (252)	100 **Fm** (257)	101 **Md** (258)	102 **No** (259)	103 **Lr** (260)

以上の中性子を持っている。原子の**質量数**とは、核に含まれる陽子と中性子の総数である。炭素原子の核は陽子６個と中性子６個を含むので、質量数は12である。酸素原子は陽子８個と中性子８個を含むので、質量数は16である。電子の質量は無視できるから、質量数は実質的にダルトンで表した原子の質量であると言える。

慣例により、元素記号の左下に原子番号を、左上に質量数を記す。したがって、水素、炭素、酸素はそれぞれ$^{1}_{1}\mathrm{H}$、$^{12}_{6}\mathrm{C}$、$^{16}_{8}\mathrm{O}$と表される。

中性子の数は同位元素間で異なる

一部の元素では原子核中の中性子の数が変化する。本章冒頭のエピソードで見たように、同じ元素の異なる**同位体**は、陽子数は同じだが中性子の数が異なる。複数の同位体が存在する元素も多い。一般に、同位体は原子が粒子を結合あるいは放出（崩壊）するときにできる。以下に示すように水素の同位体には特別な名前が付けられているが、大半の元素の同位体は特別な名前を持たない。

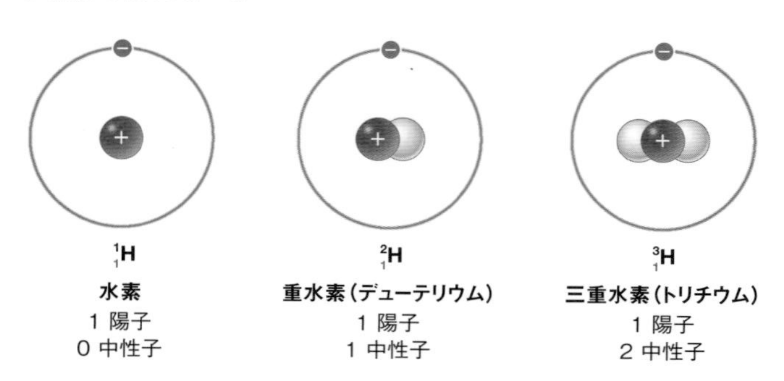

例えば、天然の炭素の同位体には$^{12}\mathrm{C}$（核中に６個の中性子）、$^{13}\mathrm{C}$（７個の中性子）、$^{14}\mathrm{C}$（８個の中性子）がある。これ

ら3種類（炭素12、炭素13、炭素14と呼ばれる）はどれも6個の陽子を持つから、全て炭素である。炭素のほとんどは^{12}Cで、約1.1%が^{13}C、それにごく微量の^{14}Cが存在する。複雑な生体分子を作る炭素原子のほとんどは^{12}Cだが、^{13}Cを含むものもある。^{13}C:^{12}Cの比は場所によって異なるから、起源不明の生物試料を同定する際に使われる「**生命を研究する：同位体分析でビッグマックの牛肉の出所を突き止める**」。炭素の同位体はどれもほぼ同じ化学反応性を持つが、この特性は実験生物学や医学に応用する際に重要な意味を持つ。

元素の**原子量**（相対原子質量）は、当該元素の全ての同位体の通常の存在比に基づいた、元素の代表的な試料の原子質量数の平均である。より正確に言えば、ある元素の原子量は、^{12}C原子の質量の12分の1を基準とした原子あたりの平均相対質量と定義される。原子量は割合だから無次元の物理量であり、特定の単位で表記されない。水素原子の原子量は、全ての同位体とそれらの典型的な存在比を考慮すれば、1.00794である。原子量はその元素を構成する全ての同位体の質量の平均値だから、端数を持つ。この定義は、地球に存在するある特定の元素に含まれる水素原子の平均的な同位体組成は、いかなる試料でも常に一定であることを示唆する。しかし本章の始めで見たように、実際には必ずしもそうではない。より多くの重い酸素同位体を持つ水もある。したがって、化学者は今では、例えば水素の原子量は1.00784～1.00811のように、原子量を一定の範囲として表示するようになっている。

多くの同位体は安定している。しかし、**放射性同位体**と呼ばれるものは不安定で、原子核からα、βあるいはγ線放射の形で自然にエネルギーを放出する。この**放射性崩壊**として知られるエネルギーの放出によってもとの原子は形を変える（変換）。放射性同位体ごとに変換の様子は異なるが、変換の中に

(A) **鬱状態にある人の脳**

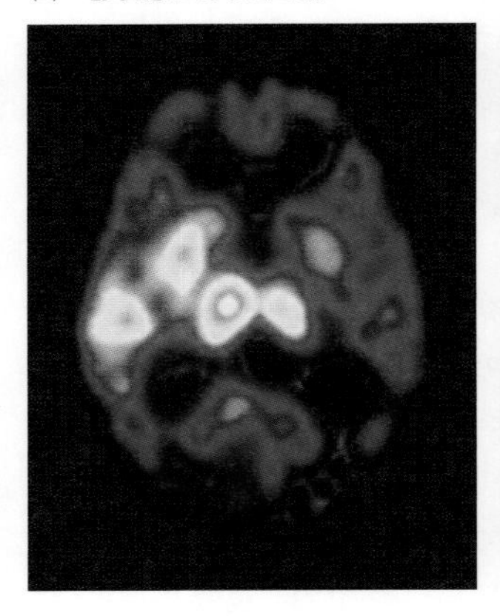

(B) **鬱状態にない人の脳**

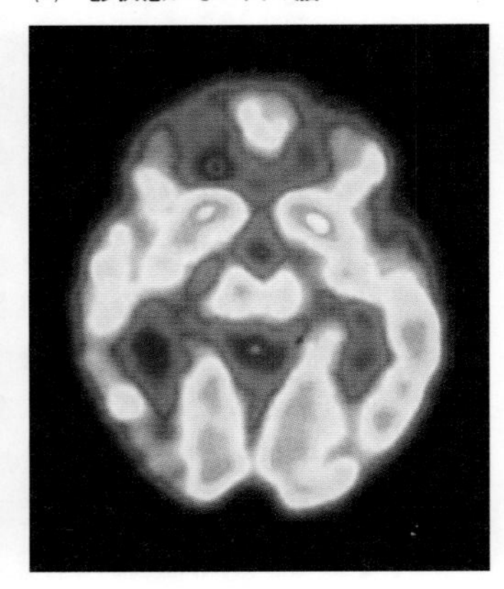

図2.3　脳を標識する
生きているヒトの脳を撮影した上の写真では、鬱状態にある人(A)とそうでない人(B)の脳の活性に見られる違いを放射性標識した糖を用いて検出している。脳の領域の活動が活発である（オレンジ色の領域として示される）ほど、より多くの糖を取り込んでいる。鬱状態の人の脳（左）はそうでない人の脳より活動性が低い。

Q：この技術は臨床の場でどのように利用できるか？

は陽子数に変化をきたし、もとの原子が別の元素になるものがある。

科学者は*放射性同位体から放出されたエネルギーを検出できる。一例を挙げると、ミミズに放射性同位体を含む餌を与えれば、ガイガーカウンターと呼ばれる検出器を使って、土壌中のミミズの通り道を辿ることができる。生きた生物の原子の大半は**分子**と呼ばれる安定した結合体として組織されている。放射性同位体が分子に取り込まれると、それらは標識や目印として働き、研究者や医者が実験や体内で分子を追跡することが可能になる（図2.3）。

*概念を関連づける　放射性同位元素は生化学経路の分析（第３巻の第16章、キーコンセプト16.3）や化石の年代決定にも利用される。

放射性同位体は研究や医療に有用であるが、放出される放射線量がごく微量であっても分子や細胞に害を与える可能性がある。しかし、こうした有害な効果をうまく活用できる場合もある。例えば、^{60}Co（コバルト60）の放射線は医療の現場で癌細胞を殺すために用いられている。

電子の振る舞いが化学結合とその形状を決める

原子の持つ電子数がその原子と他の原子との結合様式を決める。生物学者は生きた細胞中で化学変化が起こる仕組みに興味を持つ。原子について考えるとき、生物学者が最も大きな関心を示すのは電子に対してであるが、それは電子の振る舞いからどのような化学反応が起こっているのかを説明できるからである。化学反応は物質の原子組成を変え、結果的にその物質の性質を変える。化学反応では通常、原子間の電子の分布が変化する。

原子中で特定の時点に特定の電子がどの位置にあるかを突き止めるのは不可能である。我々には原子中で電子が存在する確率の高い空間の大きさを記述することしかできない。少なくとも90％の確率で電子が見出せる空間領域を電子の**軌道**という。軌道は特徴的な形と方向性を持っており、どんな軌道も最大２つの電子を持ちうる。そのため、ヘリウム（原子番号２）より大きな原子は全て、２つ以上の軌道で電子を持たなければならない。周期表で軽い原子から重い原子へ移るにつれて、各軌道は**電子殻**あるいはエネルギー準位として知られる核を取り巻く層を順に満たしていくことになる。

・K殻：最も内側の電子殻で、ただ1つの軌道（1s）からなる。水素原子（$_1H$）はK殻に1つの電子を、ヘリウム（$_2He$）は2つの電子を持つ。他の全ての元素の原子は、さらなる電子の軌道を収容するために2つ以上の殻を持つ。

・L殻：第2の殻で、4つの軌道（訳註：1つの2sと3つの2p）を持ち、最大8個の電子を持ちうる。

・その他の電子殻：10以上の電子を持つ元素は3つ以上の電子殻を持つ。核から遠い殻ほど、その殻を占める電子のためのエネルギー準位は高い。

s軌道が最初に電子で満たされるが、それらの電子は最も低いエネルギー準位にある。続く電子殻はそれぞれ異なる数の軌道を持つが、最外殻は通常8個の電子しか保持しない。どんな原子も、最外殻（**原子価殻**）がその原子の他の原子との結合、すなわち原子の化学的振る舞いを決定する。4つの軌道を持つ最外殻が8個の電子を持つときには、不対電子（訳註：最外殻軌道にあって電子対を作っていない電子）は存在せず原子は安定しているので、他の原子と反応することはほとんどない（**図2.4**）。化学的に安定した元素の例には、ヘリウム、ネオン、アルゴンなどの希元素がある。対照的に、最外殻に1個以上の不対電子を持つ原子は、他の原子と反応することが可能である。

最外殻に不対電子を持つ（つまり、電子で完全に満たされていない軌道を持つ）原子は不安定で、最外殻を満たすために反応する。*反応性の高い原子は、他の原子と電子を共有すること、あるいは1個以上の電子を失ったり得たりすることで安定性を獲得する*。どちらの場合も、当該原子は互いに結合して分子と呼ばれる安定した構造をとる。最外殻に8個の電子（最外殻電子）を持つことで安定な分子を作るという原子の傾向は、オクテット則（8電子則）として知られる。炭素（C）や窒素（N）をはじめとする生物学的に重要な原子の多くはこの法則に従う。これの重要な例外が、2個の電子が唯一の殻（1つのs軌道のみからなる）を占有することで安定する水素（H）である。

ここまでは、生化学の舞台でそれぞれの役を演じる役者、すなわち原子について紹介してきた。原子の原子価殻中の不対電子の数が「安定性の探求」への原動力であることも学んだ。次節では、原子をつなぎ合わせて様々な性質を持つ多くの分子構造を作り安定性を実現する、化学結合の種々の形について見ていこう。

87ページへ→

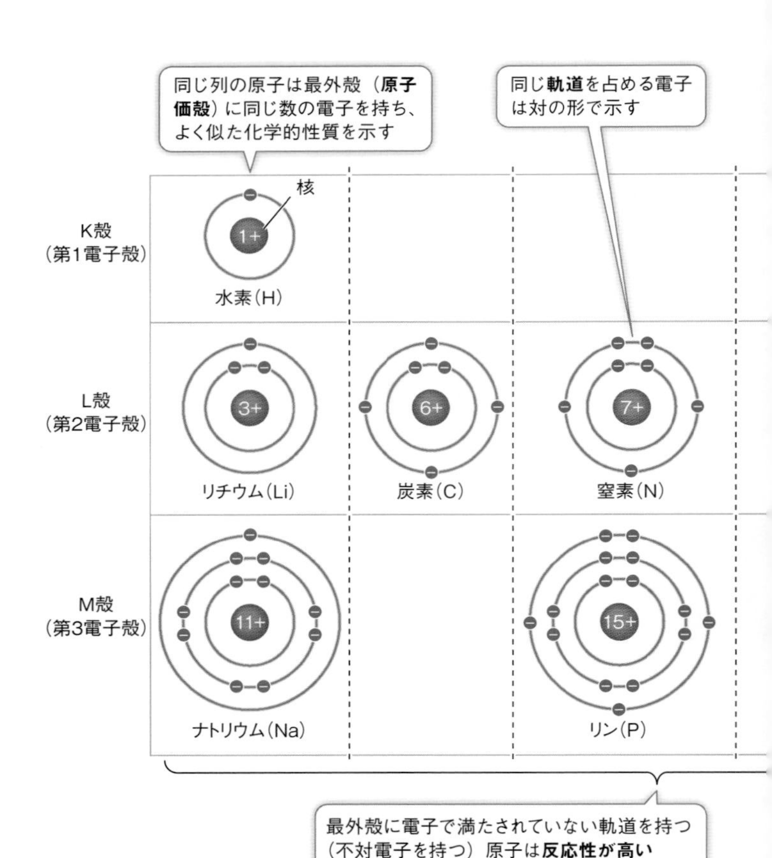

図2.4　電子殻が原子の反応性を決定する
それぞれの電子殻が持つことのできる電子の最大数は決まっている。原子核に近い順に、内側の殻が満たされると、電子は次の殻を占めることができる。電子のエネルギー準位は、原子核から外へ向かう ↗

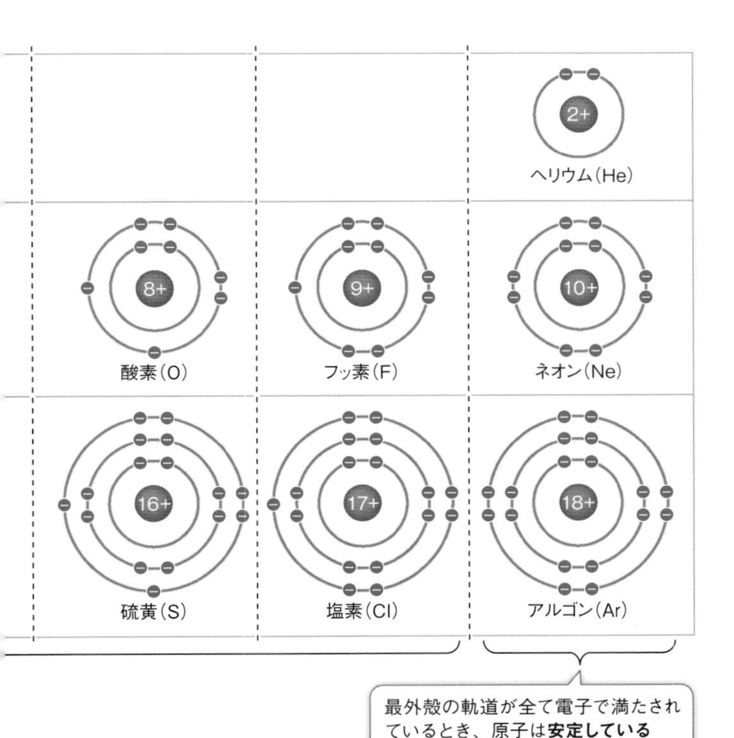

ほど高い。最外殻に不対電子を持った原子は他の原子と反応する（化学結合を作る）ことができる。図中の原子は周期表と同じ並びで配置されていることに注意せよ。

同位体分析でビッグマックの牛肉の出所を突き止める

実験

原著論文：Martinelli, L., G. Nardoto, L. Chesson, F. Rinaldi, J. P. H. B. Ometto, T. Cerling and J. Ehleringer. 2011. Worldwide stable carbon and nitrogen isotopes of Big Mac® patties: An example of a truly "glocal" food. *Food Chemistry* 127: 1712-1718.

ハンバーガーのビッグマックは120ヵ国、3万5000店で買うことができる。ビッグマックの調理法はどこでもほぼ同じで、このハンバーガーはどこで提供されようとその肉の品質と栄養価は同じであると言われる。ユタ大学のレスリー・チェッソンとジェームズ・エーレリンガーらは、この主張の信憑性を調査するため、世界中のビッグマックのパティに使われている牛肉の$^{13}C:^{12}C$比を比べて、その牛肉が各地域で調達されているのか、それとも世界共通の仕入れ先があるのかを突き止めた。肉牛は植物性の餌を食べるから、餌に由来する炭素原子が牛肉に含まれることになる。ある種の植物の$^{13}C:^{12}C$比は他より高い。どういった種類の植物を肉牛が食べたかによって、牛肉の$^{13}C:^{12}C$比は違ってくるだろう。

仮説▶ どの国で売られているビッグマックの牛肉も出所は同じである。

方法

1 中国とアメリカのビッグマックを入手する

2 ビッグマックのパティを高温で熱してCO_2ガスを発生させる

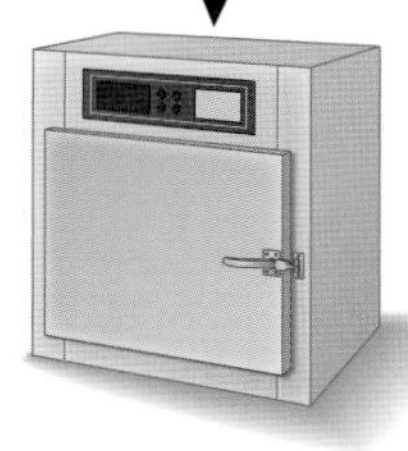

3 質量分析器（マススペクトロメーター）で炭素の同位体を分離し測定する

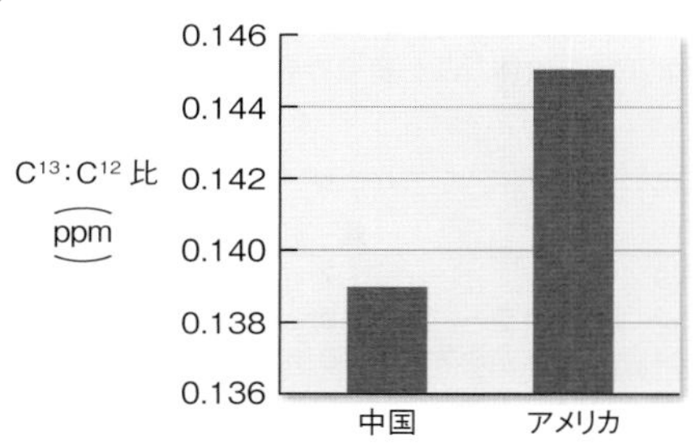

結論▶　両国のビッグマックに使われている牛肉の$^{13}C:^{12}C$比は異なり、牛肉がそれぞれの国で調達されたことを反映している。仮説は棄却される。

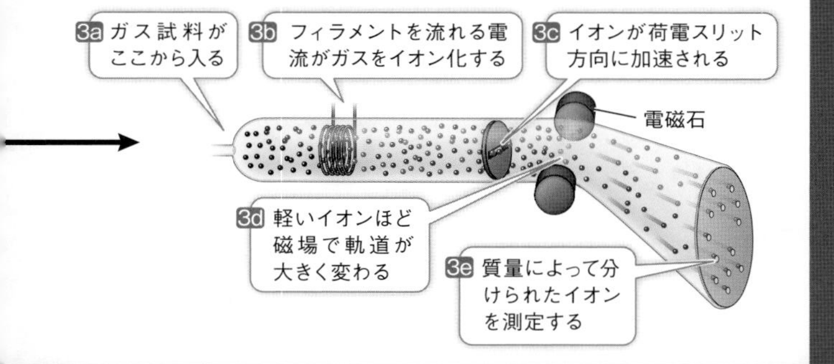

データで考える

26ヵ国で提供されているビッグマックの牛肉について、1国あたり10枚のビーフパティのサンプルに含まれる炭素の安定同位体比(^{13}C:^{12}C) を測定して比較した実験。仮説は、ビッグマックに使用されている牛肉は単一の供給源から仕入れたものであり、どこのものでも^{13}C:^{12}C比は同じであるという主張に基づく。**表A**は26ヵ国それぞれの^{13}C:^{12}C比の平均を示している。数値が大きくなるほど、はるかに一般的な^{12}C中に稀な安定同位体^{13}Cが多く存在することを意味する。

表A

国	^{13}C:^{12}C 比[α]	国	^{13}C:^{12}C 比	国	^{13}C:^{12}C 比
全て	18.9	ドイツ	21.7	ポルトガル	20.7
アルゼンチン	17.2	ハンガリー	22.0	スコットランド	25.2
オーストラリア	19.4	インドネシア	19.5	スロバキア	21.0
オーストリア	22.0	イスラエル	20.4	南アフリカ	13.0
ブラジル	11.1	日本	11.8	スペイン	21.1
カナダ	21.6	マレーシア	21.5	スウェーデン	23.2
中国	13.9	メキシコ	13.9	トルコ	20.5
イングランド	25.4	オランダ	20.7	アメリカ	14.5
フランス	21.8	パラグアイ	12.1	ウルグアイ	16.7

[α] 100万原子中の数（×100）で測定した値

質問▶

1. 国ごとの平均値は26ヵ国の平均値と異なるか？　国ごとの平均値と全世界の平均値の違いが有意であることを示すためには、どのような統計検定を実施したらよいか？
2. ハンバーガーの牛肉の分析が行われた国は、地球上の様々な地域に属している。それらの地域を比較するには、地理的な緯度を用いるのも1つの手である。ご承知のとおり、緯度0度は赤道を、90度は両極を表す。**表B**は、異なる緯度にある地域から得たビッグマックのビーフパティの平均^{13}C:^{12}C比を示している。データを用いて平均比と緯度のグラフを描け。このデータからどのような結論を下せるか？

表B

緯度	^{13}C:^{12}C比[α]
20° S-20° N	11.4
20° -40°[β]	15.3
40° -60°[β]	21.8

[α] 100万原子中の数（×100）で測定した平均値

[β] 20° S-40° Sと20° N-40° N及び40° S-60° Sと40° N-60° N

2.2 原子は結合して分子を形づくる

化学結合は1つの分子中で2個の原子をつなぐ引力である。化学結合にはいくつかの種類がある（**表2.1**）。本節ではまず、電子を共有することで生まれる強い結合である共有結合から見ていこう。次に、原子が1つ以上の電子を得たり失ったりして安定化するときに形成されるイオン結合について調べる。続いて、水素結合を含む他のより弱い相互作用について考察することにしよう。

表2.1　化学結合と相互作用

名称	相互作用の基礎	構造例	結合エネルギー[a]
共有結合	電子対の共有	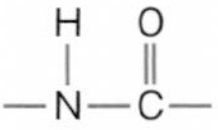 H O │ ‖ —N—C—	50–110
イオン結合	反対電荷の引力	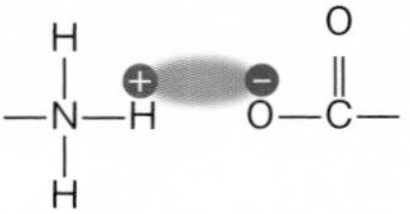 H(3個)—N—H⊕ ⊖O—C(=O)—	3–7
水素結合	共有結合した水素原子と電気陰性原子の負の電気的引力	 H—N(—H)—H(δ+)·····(δ−)O=C—	3–7
疎水性相互作用	極性物質（特に水分子）存在下における非極性物質の負の相互作用	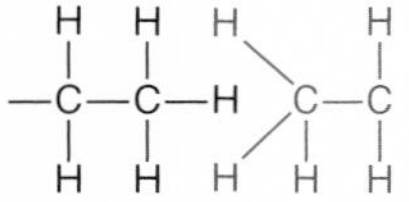 H₃C—CH₂—H … H₃C—CH₃	1–2
ファンデルワールス相互作用	非極性物質の電子間相互作用	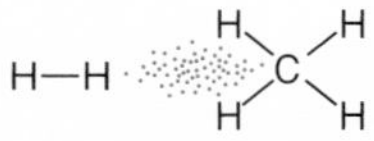 H—H ····· CH₄	1

[a] 結合エネルギーは、生理的条件下で共有結合したまたは相互作用する2つの原子を分けるのに必要なエネルギー量（kcal/mol）である

学習の要点

- 共有結合はきわめて安定しており、大きなエネルギーが加えられたときにだけ壊れる。
- 極性共有結合は２個の原子が不等価な形で結合電子を共有するときに生じ、非極性共有結合は結合電子が等価で共有されるときに生じる。
- 親水性相互作用は極性分子間で、疎水性相互作用は非極性分子間で生じる。
- ファンデルワールス力はいかなる２分子間にも生じる弱い非共有引力である。

共有結合は共有電子対からなる

２個の原子が１組以上の電子対を共有して最外殻の電子が安定する数に達したときに、**共有結合**が形成される。１つしかない電子殻に不対電子を１つずつ持つ２個の水素原子が互いに近づいたとする（図2.5）。電子が対合すると安定した結合が形成され、これにより２個の水素原子は共有結合でつながってH_2分子を作る。

化合物とは、２つ以上の異なる元素が一定の割合で結合した純粋な物質である。化合物を構成する元素は元素記号で記され、添え数字はそれぞれの元素の原子がいくつ存在するかを示す（例えば、H_2Oは２個の水素原子が１個の酸素原子と結合している）。全ての化合物は、１分子中の全原子の原子量の合計である**分子量**を持つ。図2.2の周期表を見れば、水の分子量を18.01と算出できる（この値は水素と酸素の平均原子量に基づいて計算したものであることを忘れないでほしい。本章冒頭のエピソードにあった重い水の分子量は、重い同位体で構成されているからこれより大きくなる）。生物を形づくる分子の総分子量は、最大で５億にも達する。

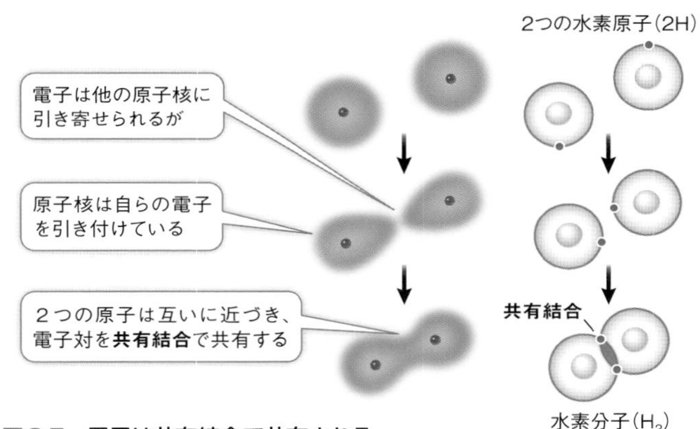

図2.5　電子は共有結合で共有される
２個の水素原子が結合して水素分子ができる。２個の原子の電子軌道がエネルギー的に安定した状態で重なり合うと共有結合が形成される。

メタンガス分子（CH_4）の共有結合はどのように形成されているのだろうか？　炭素原子は６個の電子を持ち、そのうち２つが内殻を満たし、４つの不対電子が外殻を動き回っている。外殻は８個まで電子を持てるから、炭素原子はあと４個の電子を共有できる、すなわち*４つの共有結合を形成*できる（**焦点：キーコンセプト図解　図2.6 (A)**）。１つの炭素原子が４つの水素原子と反応するとメタンができる。電子を共有することで、メタンの炭素原子の外殻は８つの電子で満たされて安定な構造となる。４つの水素原子それぞれの外殻もまた満たされる。このように４つの共有結合、すなわち４組の共有電子対がメタンを結びつけている。**焦点：キーコンセプト図解　図2.6 (B)**はメタン分子の構造を表す３種類の描き方を、**表2.2**は生物学的に重要ないくつかの元素の共有結合能力（原子価）を示している。

焦点：キーコンセプト図解

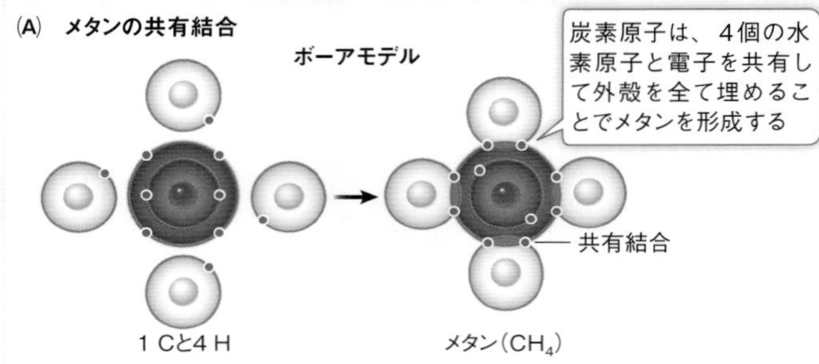

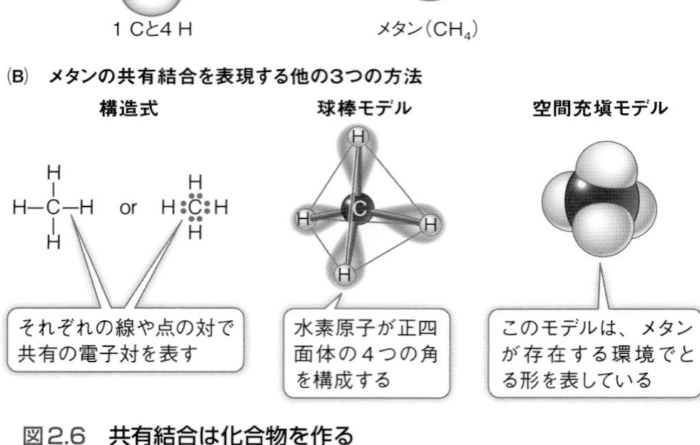

図2.6 共有結合は化合物を作る

(A) 分子式CH_4で示されるメタンの共有結合構成を表すボーアモデル。電子は原子核を取り巻く殻上に描かれる。

(B) メタンの構造を表現する他の３つの方法。構造式では、単一の線または共有する電子対を表す点で共有結合が示される。球棒モデル及び空間充填モデルでは、結合の空間配置が示される。特に、空間充填モデルからは分子の空間的形態と表面構造が分かる。以下の章では、従来の様々な表現法を用いて分子を描くことにする。これらのモデルは、原子の実際の姿を正確に写しとったものではなく、一定の性質を表現したモデルであることに注意されたい。

Q：二酸化炭素を４つの構造モデルで描け。

表2.2　生物学的に重要な元素の共有結合能力（原子価）

元素	通常の共有結合数
水素（H）	1
酸素（O）	2
硫黄（S）	2
窒素（N）	3
炭素（C）	4
リン（P）	5

強さと安定性　共有結合の結合力は強く、それを壊すには多くのエネルギーが要る。生命が存在する温度下では、生体分子の共有結合は安定しており、その三次元構造も同様である。しかしこの安定性も、これから見るように、分子の変化を妨げるものではない。

配向　特定の原子対（例えば、水素に結合した炭素など）の共有結合の長さは常に同一である。また、分子中の特定の原子が持つ各共有結合が他の共有結合と作る角度も、一般に同一である。このことは、その原子を含むより大きな分子でも変わらない。例えば、メタンの炭素原子の周囲にある電子で満たされた４本の軌道は、結合する水素原子が常に正四面体の角をなし、炭素が中心にくるように空間配置（配向）される（**図2.6（B）**）。炭素が水素以外の４個の原子と結合するときでも、この三次元配向は維持される。空間における共有結合の配向が分子の三次元配置を決め、そのような分子の形状が生物機能に寄与する（**キーコンセプト3.1**）。

各原子の周囲にある結合の配向はかなり安定しているとはいえ、分子の形状は変化しうる。１つの共有結合を軸とし、それを中心として２個の原子が他の共有結合原子とともに回転できる様子を想像してみよう。

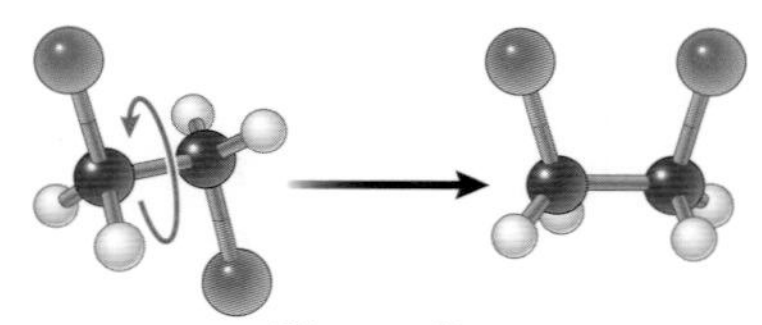

ジクロロエタン

結合の回転は、生体組織を作る大きな分子にとって計り知れない意味合いを持つ。原子（特に炭素）の長い鎖は自由に回転できるので、鎖中で原子は様々な配置を取りうる。これにより、分子は構造を変えて、例えば、他の分子とうまく接触することができる。

多重共有結合　２個の原子は２組以上の電子対を共有して多重共有結合を形成できる。多重共有結合は、つながった原子の化学記号の間に引いた線によって表される。

・一重結合では１組の電子対を共有する（例えば、H—HやC—H)。
・二重結合では４つ（２対）の電子を共有する（C═C)。
・三重結合（６つの共有電子を持つ）は稀であるが、我々が呼吸する空気の大部分（約８割）を占める窒素ガス（N≡N）に１つ存在する。

電子の不等共有　同一元素の２個の原子が共有結合する場合には、最外殻の電子対は平等に共有される。しかし、２個の原子が異なる元素であれば、電子の共有は必ずしも等価ではない。一方の核が他方の核よりも電子対に大きな引力を及ぼす場合、電子対はその原子寄りに位置する傾向がある。

原子核が電子に及ぼす引力は**電気陰性度**と呼ばれる。原子の

表2.3　電気陰性度

元素	電気陰性度
酸素（O）	3.5
塩素（Cl）	3.1
窒素（N）	3.0
炭素（C）	2.5
リン（P）	2.1
水素（H）	2.1
ナトリウム（Na）	0.9
カリウム（K）	0.8

電気陰性度はおおむね、保有する正電荷の数（より多くの陽子を持つ原子はより大きく正に荷電しているから、電子を引き寄せる力も強い）、及び核と外側の（原子価を決める）殻にある電子との距離（電子との距離が近いほど、電気陰性度に基づく引力が大きい）によって決まる。**表2.3**は、生物システムで重要ないくつかの元素の電気陰性度（無次元量として算出される）を示している。酸素（O）の電気陰性度が非常に高い点に注目されたい。事実、酸素はフッ素に次いで２番目に電気陰性度が高い元素である。多くの生物が酸素の高い電気陰性度をうまく利用しており、本書でこの後多くの例を見るように、生物システムは炭素原子と酸素原子の間を動く電子からエネルギーを得ている。

２個の原子の電気陰性度が等しい、もしくは近い場合、原子は**非極性共有結合**と呼ばれる結合様式で電子を平等に共有する。例えば、電気陰性度3.5の２個の酸素原子は電子を平等に共有する。電気陰性度2.1の２個の水素原子も同様である。

しかし、水素が酸素と結合して水を形成するときには、原子どうしをつなぐ電子は不等価に共有される。酸素原子は水素原子よりも電気陰性度が高いから、電子は酸素の原子核寄りに位

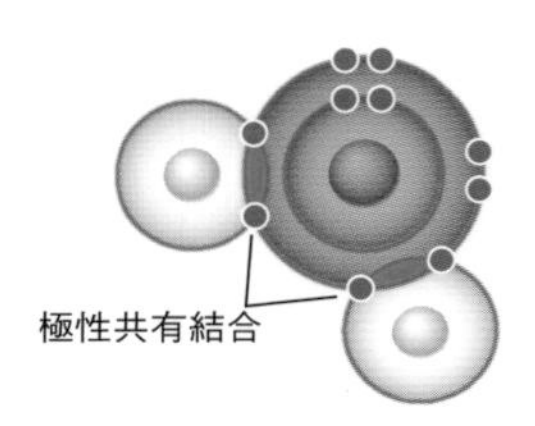

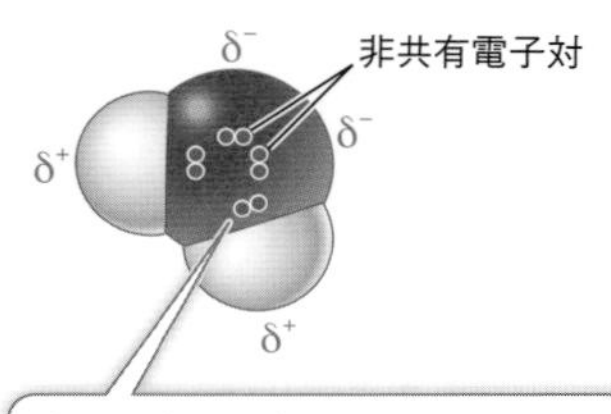

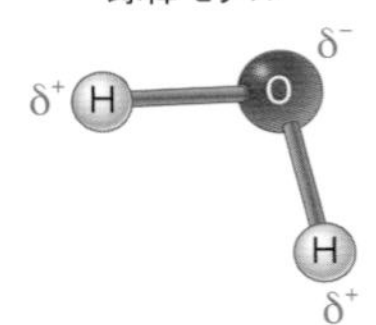

図2.7 水の共有結合は極性を持つ
上の3つの図はどれも水分子（H_2O）中の極性共有結合を描いている。酸素と水素のような異なる電気陰性度を持つ原子が共有結合を形成するとき、電子は一方の原子核により強く引き寄せられる。そのような極性共有結合で結ばれた分子は、分子の表面に場所によって異なる偏った電荷（δ^+またはδ^-）を持つ。水では、共有された電子は酸素の原子核の方へ引き寄せられている。

置する傾向にある。電子がどちらか一方の核寄りに引き付けられているときには、**極性共有結合**が生じる（図2.7）。

このように電子を不等価に共有しているため、水素－酸素結合の酸素原子の末端はわずかに負の電荷（δ^-［デルタネガティブ、電荷の偏りを示す単位］で表す）を持ち、水素原子の末端はわずかに正の電荷（δ^+）を持つ。この2つの逆の電荷は結合の両端、すなわち両極に分かれて存在するので、この結合には**極性**があると言われる。極性共有結合から生じる電荷の偏りによって、極性分子や大きな分子の極性領域が生じる。分子中の極性共有結合は、他の極性分子との相互作用に大きな影響を与える。水（H_2O）は極性化合物で、この極性は水の物理的性質と化学的反応性に重大な影響を及ぼしている。これについては、後の章で学ぶことにしよう。

電気的引力でイオン結合が生じる

相互作用している原子の一方が他方よりはるかに大きな電気陰性度を持っていると、1つ以上の電子が完全に転移することがある。ナトリウム（電気陰性度0.9）と塩素（電気陰性度3.1）を考えてみよう。ナトリウム原子は最外殻に１つしか電子を持たず、非常に不安定な状態にある。塩素原子は最外殻に７つの電子を持ち、これも不安定である。塩素の電気陰性度はナトリウムのそれよりもずっと大きいので、この２つの原子の結合に関与する電子は、ナトリウムの最外殻から塩素の最外殻へ完全に転移してしまう傾向がある（**図2.8**）。ナトリウムと塩素の間のこの反応により、生じた原子はどちらも最外殻に全て対合した８つの電子を持つことになり安定化する。こうして２個のイオンが生じる。

イオンとは、原子が１つ以上の電子を獲得あるいは喪失したときに形成される、電気的に荷電した粒子である。

・上記の例にあげたナトリウムイオン（Na^+）は、陽子より１個少ない数の電子を保有しているので+1単位の電荷を持つ。ナトリウムイオンの最外殻は８個の電子で満たされており、イオンは安定している。正に荷電したイオンは**カチオン**と呼ばれる。生物学的に重要なカチオンには、他にもCa^{2+}、H^+、Mg^{2+}、K^+などがある。
・塩素イオン（Cl^-）は、陽子より１個多い数の電子を保有しているから-1単位の電荷を持つ。このように電子が1個加わることにより、Cl^-の最外殻は８個の電子で埋まって安定する。負に荷電したイオンは**アニオン**と呼ばれる。

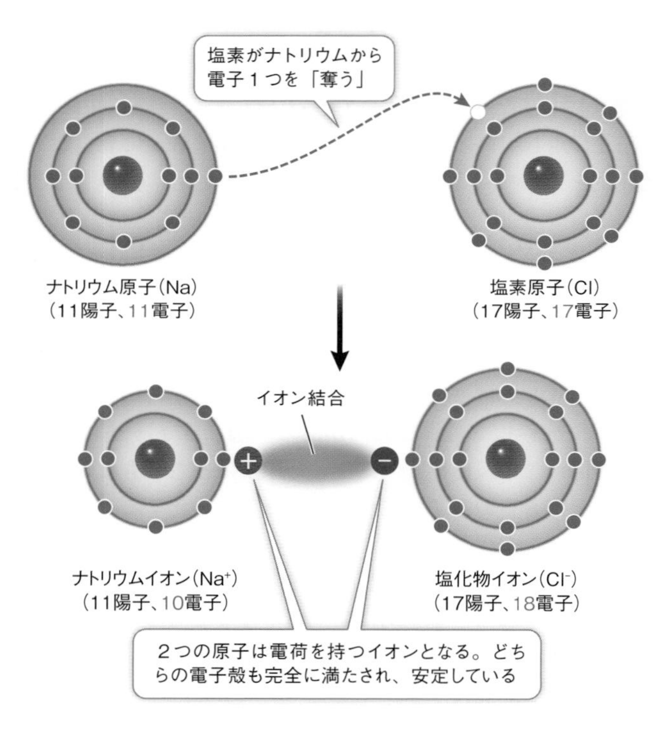

図2.8　ナトリウムイオンと塩化物イオンの形成
ナトリウム原子が塩素原子と反応するときには、より電気陰性度の高い塩素が、ナトリウムから電子を「奪って」、最外殻を満たす。その結果、塩素原子は負の電荷を持つ塩化物イオン（Cl^-）となる。一方、電子を１つ失ったナトリウム原子は、正の電荷を持つナトリウムイオン（Na^+）となる。

Q：カルシウムイオンが塩素と反応したときに作られるイオンは何か？図2.2の周期表を参照して答えよ。

２つ以上の電子を喪失あるいは獲得することで多重電荷を持つイオンを生じる元素も存在する。Ca^{2+}（カルシウムイオン、電子を２つ失ったカルシウム原子）やMg^{2+}（マグネシウムイオン）がその例である。生物学的に重要な次の２つの元素はどちらも、複数の安定したイオンを生じうる。鉄はFe^{2+}（第一鉄イオン）とFe^{3+}（第二鉄イオン）を、銅はCu^{+}（第一銅イオン）とCu^{2+}（第二銅イオン）を生じる。電荷を持つ共有結合原子のグループは**分子イオン**（**多原子イオン**）と呼ばれ、NH_4^{+}（アンモニウムイオン）、SO_4^{2-}（硫酸イオン）やPO_4^{3-}（リン酸イオン）などがある。イオンは一度形成されると通常は安定して、もはや電子の増減は生じない。

イオン結合は反対電荷を持つイオン間に電気的引力が働いた結果として生じる結合である。イオンどうしが結合すると、塩(えん)と呼ばれる安定した固体の化合物が形成される。食卓塩である塩化ナトリウム（NaCl）はよく知られた例であり、カチオンのNa^{+}とアニオンのCl^{-}がイオン結合で結び付いている。固体ではイオン間の距離が近いので、その結合は強い。しかしイオンが水中に分散すると、イオン間の距離は大きくなり、結合力が大幅に減少する。そのため、生細胞中の状態では、イオン結合は共有結合よりも結合力が弱い（**表2.1**）。

イオンと極性分子はどちらも電荷を持つから、互いに引き合うとしても驚くには当たらない。この相互作用は塩化ナトリウムのような固体の塩が水に溶けるときに起こる。水分子は個々のイオンを取り囲んでバラバラにする（**図2.9**）。負に荷電した塩化物イオンが水分子の正極を引き付ける一方、正に荷電したナトリウムイオンは水分子の負極を引き付ける。水分子の持つこの特性（極性）こそ、水が生物学的に優れた溶媒である理由の１つである（**キーコンセプト2.4**）。

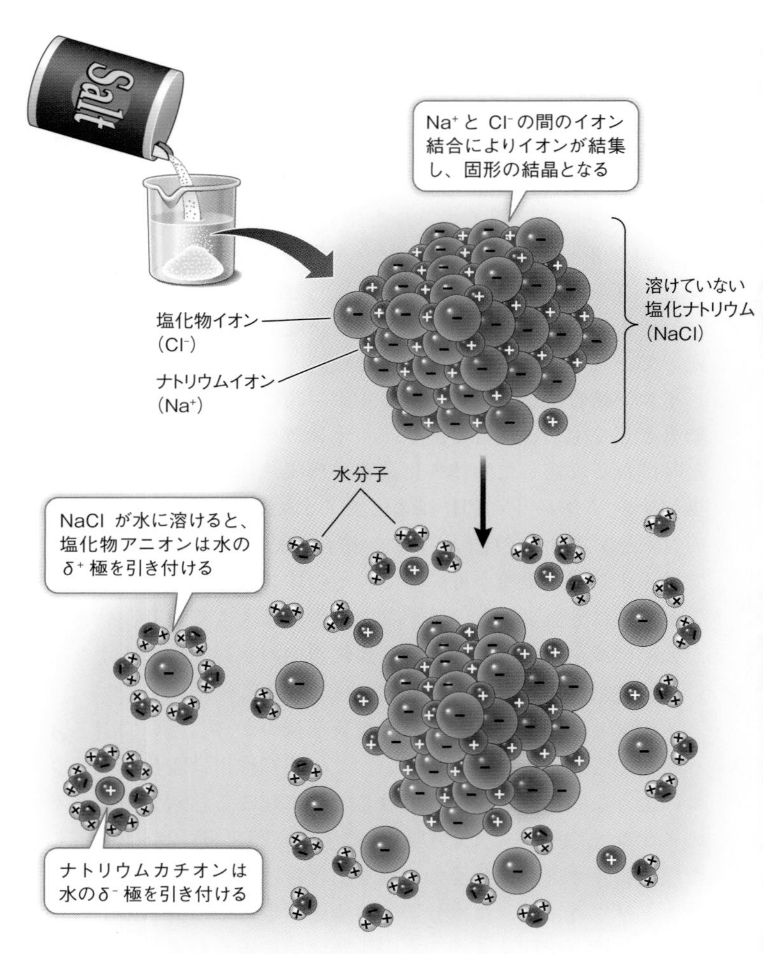

図2.9　水分子はイオンを取り囲む
イオン性固体が水に溶けると、極性を持つ水分子がカチオンとアニオンのまわりに集まり、それらの再結合を妨げる。

Q：食塩水が蒸発するとき、化学的レベル及び物理的レベルでは何が起こるか？

水素結合は極性共有結合を持つ分子間あるいは分子内部で生じる

液体の水では、水分子の負に荷電した（δ^-）酸素原子は、別の水分子の正に荷電した（δ^+）水素原子に引き付けられる（図2.10 (A)）。この相互作用から生じる結合は**水素結合**と呼ばれる。本章後半では、生物システムにとって水が非常に重要である理由となっている数々の性質に、水分子間の水素結合がどのように貢献しているかを学ぶ。水素結合は水分子に限ったものではない。ある分子中の強い負電荷を持つ電気的陰性原子と、別の分子あるいは同一分子の別の部位にある極性共有結合に含まれる水素原子の間でも、水素結合は形成される（図2.10 (B)）。

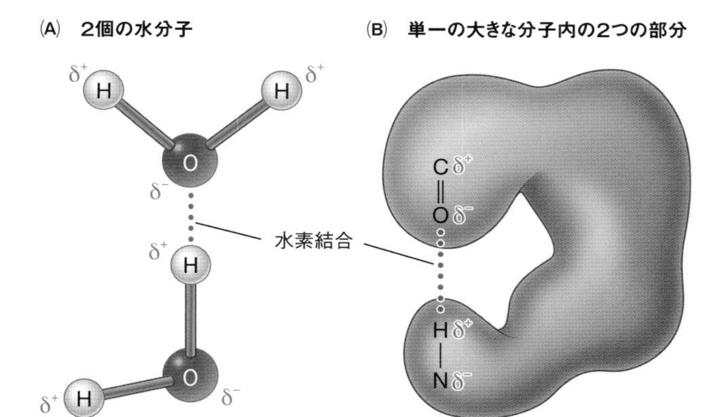

図2.10　水素結合は分子間あるいは分子内で形成されうる
(A) ２個の分子間の水素結合とは、ある分子が持つ負電荷と別の分子の水素原子が持つ正電荷の間に生じる引力である。
(B) 水素結合は、単一の大きな分子の異なる部分間でも形成されうる。

Q：次第に熱を加えていったら、大きな分子では何が起こるか？　どんな化学結合あるいは相互作用が影響を受けるか？

水素結合は部分的な電荷（δ^+とδ^-）により形成されるから、ほとんどのイオン結合より弱く、水素原子と酸素原子の間の共有結合とは比べものにならないほどである（**表2.1**）。1つ1つの結合は弱いものの、水素結合は1個の分子中あるいは2個の分子間で多数形成されうる。こうなると、水素結合は全体としてかなりの強さを持ち、物質の構造や性質に大きな影響を及ぼすことが可能になる。例えば、水素結合はDNAやタンパク質のような巨大分子の三次元構造を決定し維持するうえで重要な役割を果たしている（**キーコンセプト3.2**）。

疎水性相互作用は非極性分子を結び付ける

水分子が水素結合を介して相互に作用するように、どんな極性分子も水素結合の弱い引力（δ^+からδ^-へ）によって他の極性分子と相互作用することができる。極性分子がこのように水と相互作用する場合、それらの分子は**親水性**である（水を好む）と言われる（**図2.11 (A)**）。

非極性分子は反対に、他の非極性分子と相互作用する傾向がある。例えば、炭素（電気陰性度2.5）は水素（電気陰性度2.1）と非極性結合を形成し、水素原子と炭素原子のみを含む分子（**炭化水素**と呼ばれる）は非極性である。水中では、これらの非極性分子は極性のある水分子とではなく、同じ非極性分子どうしで凝集する傾向にある。そのため、非極性分子は**疎水性**である（水を嫌う）ことが知られ、それらの相互作用は**疎水性相互作用**と呼ばれる（**図2.11 (B)**）。もちろん、疎水性物質は本当に水を「嫌う」わけではなく、炭素と水素の電気陰性度は全く同一ではないから、水との弱い相互作用が可能である。しかし、こうした炭化水素の相互作用は水分子間の水素結合に比べてはるかに弱いので（**表2.1**）、非極性物質どうしは凝集しやすい。

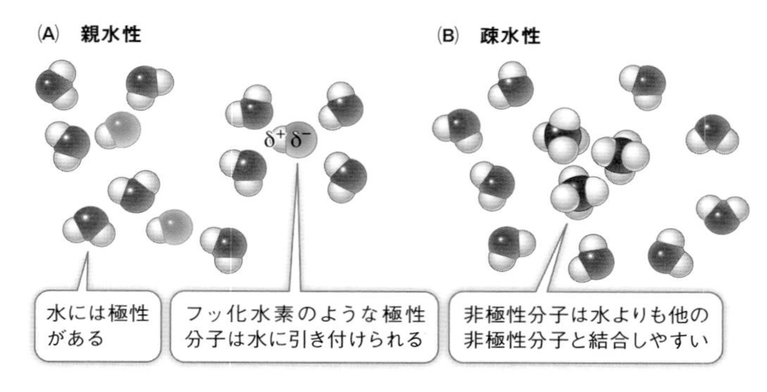

図2.11　**親水性と疎水性**
(A) 極性共有結合を持つ分子は、極性のある水に引き付けられる（親水性）。
(B) 非極性共有結合を持つ分子は、水よりも他の非極性分子に強く引き付けられる（疎水性）。

ファンデルワールス力には原子間の接触が関与する

非極性物質間の相互作用は、2つの分子中の原子が近くに位置するときに生じる**ファンデルワールス力**によって強まる。このごく短時間の相互作用は、1つの分子中の電子分布がランダムに変化することに起因し、その変化は近傍の分子中に反対向きの電荷分布を作り出すことができる。すると、δ^+からδ^-へ一時的に弱い引力が働く。ファンデルワールス力は極性分子、非極性分子のどちらでも生起する。後者の場合は、水素結合に必要なイオン引力を生じない分子どうしの凝集力を誘発できる。個々のファンデルワールス力による相互作用は束の間で弱いが、大きな非極性分子全体でこのような相互作用が数多く起これば、その総和は相当に大きな引力を生み出せる。これは酵素と基質のような異なる分子の疎水性領域が接近するときに重要である（第3巻**第14章**）。

原子が結合して分子を形成するという現象は、必ずしも永続するものではない。生命の躍動には絶え間ない変化が重要であり、それは分子レベルについても言える。次節では、分子がどのように相互作用し、どのように結合を解消し、新しい相手を見つけるのか、さらにそれらの変化がどのような結果をもたらしうるのかについて見ていこう。

2.3 原子は化学反応で結合相手を変える

生命の最大の特徴はその動的な特性にある。万物は、特に化学的レベルでは、絶えず変遷している。他の原子と結合している原子は、その結合関係から離れて新しい相手を見つけることができる。ただし、これが常に起こるとは限らない点に注意されたい。我々の皮膚は生物学的組織であり、皮膚を構成する原子は安定した構造をとっている。それでも変化は広く見られ、水に溶けた原子や分子では特によく起こる。動いている原子が衝突してその相手と結び付いたり、相手を変化させたりするとき、**化学反応**が起こる。

学習の要点
・化学反応はエネルギー保存則と質量保存則に従う。
・化学反応はエネルギー変化を伴う。

ガスコンロの焔（ほのお）で起こる燃焼反応を考えてみよう。プロパンガス（C_3H_8）が酸素ガス（O_2）と反応すると、炭素原子は水素原子に代えて酸素原子と結合し、水素原子は炭素原子に代えて酸素原子と結合する（**図2.12**）。共有結合していた原子が相手を変えるのだから、物質の組成は変化する。プロパンガス

と酸素ガスは二酸化炭素と水になる。この化学反応は以下の化学式で表される。

$$C_3H_8 + 5O_2 \rightarrow 3CO_2 + 4H_2O + \text{エネルギー}$$

反応物　→　生成物

この化学式において、プロパンと酸素は**反応物**であり、二酸化炭素と水は**生成物**である。これは**酸化還元（レドックス）反応**の一例である。酸化還元反応とは、２種類の反応物の間で電子の転移が起こる特別な形の化学反応である。

・電子受容体（すなわち酸化剤）は電子を獲得し、化学反応に

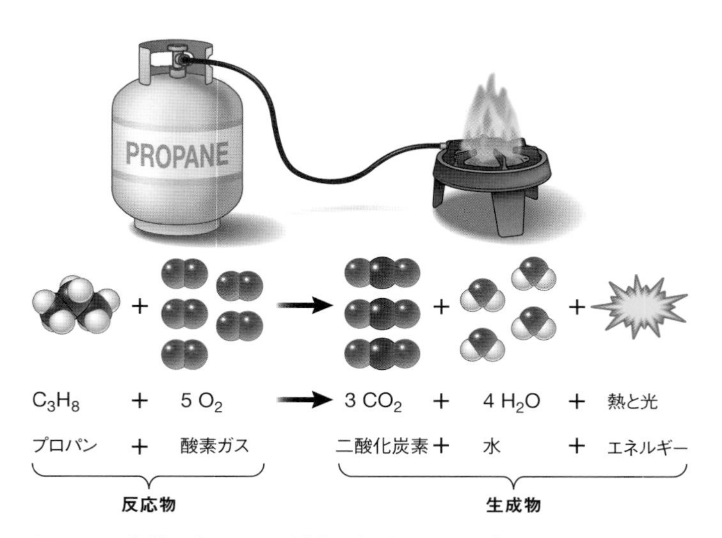

図2.12　化学反応によって結合の相手とエネルギーは変化する
コンロから出てくるプロパン（調理に用いるガス）の１分子は５分子の酸素ガスと反応して、３分子の二酸化炭素と４分子の水となる。この反応は、熱と光の形でエネルギーを放出する。

より*還元*されたと言われる。
・電子供与体（すなわち還元剤）は電子を失い、化学反応により*酸化*されたと言われる。

プロパン燃焼の例における酸化剤と還元剤はそれぞれ何だろうか？　電子と陽子（すなわち水素原子）がプロパンから転移しているからプロパンが還元剤で、水素を受容して水を作っている酸素が酸化剤である。電子と陽子の転移を含む酸化還元反応については、後の章でも多くの例を見ることになるだろう。

化学反応の生成物は反応物とは非常に異なる性質を持ちうる。**図2.12**に示した反応では、全てのプロパンと酸素が使い切られて２種類の生成物が形成されているから、反応は*完全*であると言われる。矢印は化学反応の方向を示し、分子式の前にある数はその分子がいくつ消費あるいは生成されたのかを示している。

この反応を含む全ての化学反応では、*けっして物質が新たに生じたり破壊されたりはしない*ことに注意されたい。反応式の左辺の炭素の総数（３）は右辺の炭素の総数（３）に等しい。換言すれば、式は*釣り合っている*。しかし、この反応には別の側面があり、コンロの熱と光を見れば分かるように、プロパンと酸素の反応からは多量のエネルギーが放出される。

エネルギーは仕事をする能力と定義されるが、化学反応では変化する能力と考えることができる。化学反応はエネルギーを作ったり壊したりはしないものの、化学反応には通常*エネルギー形態の変化*が伴う。

プロパンと酸素の反応では、多量の熱エネルギーが放出される。このエネルギーは、潜在的化学エネルギーと呼ばれる別の形で、プロパンガス分子と酸素ガス分子の中の共有結合に存在していた。しかし、全ての化学反応がエネルギーを放出するわけではない。事実、環境からのエネルギー供給を必要とする化学反応も多い。こうして取り込んだエネルギーの一部は、生成物中に形成される結合に潜在的化学エネルギーとして蓄えられる。エネルギーを放出する反応とエネルギーを必要とする反応がしばしば共役する（同時に起こる）ことについては、後の章で見ることにしよう。

生細胞では多くの化学反応が生じており、中にはプロパンの燃焼で見た酸化還元反応と多くの共通点を持つものもある。細胞における反応物は様々で（糖の場合もあれば脂肪の場合もある）、放出されるエネルギーを細胞が取り込んで利用できるように、反応は多くの中間段階を経ながら進行するが、生成物は常に同じで二酸化炭素と水である。

化学反応とその反応が生体内でどのように起こるのかについては、第３巻**第14 ～ 16章**で立ち戻り、中でも生物学的過程にエネルギーを供給するエネルギー変換に焦点を当てて見ていくことにしよう。しかしまずは、ほとんどの生化学反応が生起する場となる物質、すなわち水の特異な性質について調べてみよう。

2.4 水は生命にとってきわめて重要である

我々の体は、骨に含まれる無機物（ミネラル）を別にすると、重量の70％以上が水である。水はほぼ全ての生物において最大の構成要素であり、生化学反応のほとんどが水を含む環境中で起こる。水は稀有な特性を備え、際立って特異な物質である。地球の条件下では、水は固体、液体、気体の状態で存在し、その全てが生物システムに密接に関連している。水は生物内部で化学反応が起こることを可能にしているだけでなく、特定の生物構造の形成にも必要である。本節では、水が生命にとって不可欠な物質であるのは、水分子にどのような構造と相互作用があるからなのかについて検討していこう。

学習の要点

- 細胞中の生化学反応は水を含む環境中で起こる。
- 生物学的流体中の物質量を測るにはモルが用いられる。
- 細胞中の水と他の化合物が持つ酸や塩基としての性質が、生物機能に影響を与える可逆的変化を可能にする。

水は特異な構造と特別な性質を持つ

水分子H_2Oは特別な化学的性質を持つ。既に学んだように、水は極性分子であり、水素結合を形成できる。酸素原子の最外殻の4対の電子が互いに反発して、水分子は四面体構造をとる。

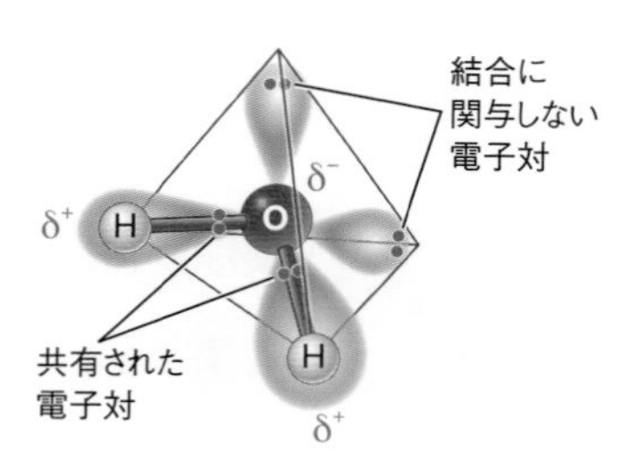

氷が水に浮く性質、水の融解・氷結する温度や熱を蓄える能力、水滴の形成、水に溶ける物質もあれば溶けない物質もあることなど、水の持つ興味深い特徴は、その化学的性質により説明できる。

氷は水に浮く　固体状態の水（氷）では、個々の水分子は水素結合で一定の場所に固定されている。各分子は他の4つの分子と結合し、強固な結晶構造をとる（図2.13）。固体の水分子

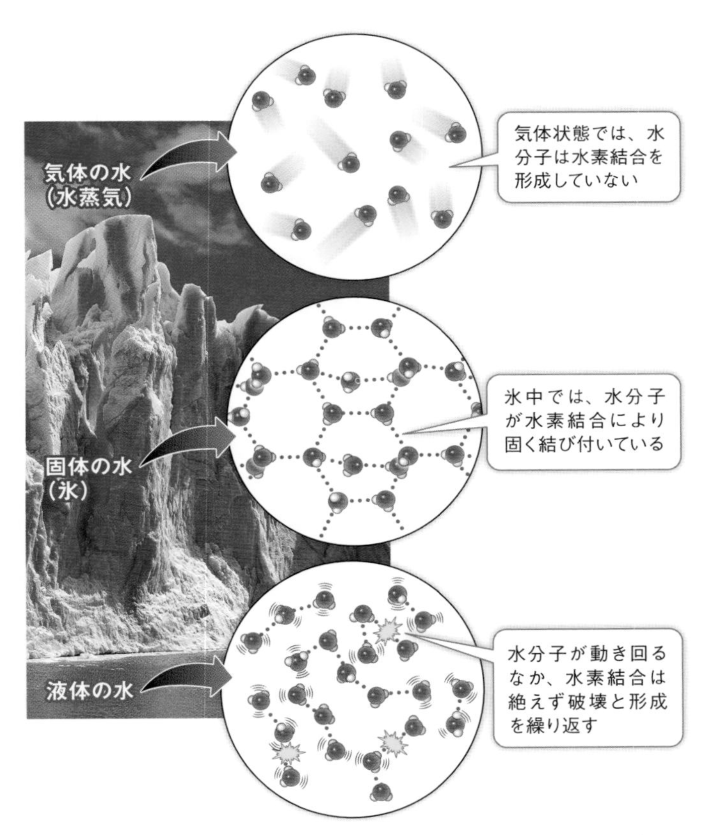

図2.13　水素結合と水の性質
水素結合は、液体と固体の状態にある水分子の間で起こる。氷は液体の水より構造的だが密度が低いため、氷は水に浮く。水は水素結合が壊れると気体になり、分子どうしの距離は遠くなる。

は一定の場所にしっかり固定されてはいるが、分子が動き回る液体のときよりも互いに離れている。氷では、各水分子の間に空隙が存在する。換言すれば、固体の水は液体の水よりも密度が低く、だからこそ氷は水に浮くのである。

もし氷が水に沈むとしたら、生物学的にどのような結果が生じるのか考えてみよう。その場合、冬になると、池の水は固い氷の塊を作りつつ底から上に向かって凍ることになるので、そこに生息する生物の大半が死滅しかねない。いったん池全体が凍れば、水の温度は氷点をはるかに下回るだろう。ところが実際には氷は水に浮くので、氷が池の表面を覆う断熱層となって、池の水から上部の冷たい空気へ熱が流失するのを抑える。そのため、池の魚や植物などの生き物は、純粋な水の凍る温度である氷点（0℃）より低い温度に曝されることはない。

融解、氷結と熱容量　同じような大きさの分子を持つ他の多くの物質に比べて、氷は融解に多くの熱エネルギーを必要とする。1gの物質の温度を1℃上げるのに必要な熱エネルギー量を**比熱**と呼ぶ。水の比熱は比較的大きい。というのは、水を固体から液体へ変化させるには、氷中の水分子を連結している多くの水素結合を破壊する必要があるためである。反対の過程である氷結では、大きなエネルギーが環境へ放出される。それゆえ、水は高い熱容量を持つと言われる。例えば、水はエチルアルコールの2倍、砂の5倍の比熱を持つ。これが、日没どきの海岸で砂のほうが海水よりもずっと早く冷える理由である。

水の物理的状態を変化させるには大きなエネルギーが必要だから、海洋など大量の水を蓄えた場の水温は1年を通じてきわめて安定している。このため沿岸地域の気温の変化は、大量の水のおかげで穏やかになる。実際、水は地球環境の気温の変動を最小化するのに役立っている。熱の影響を和らげる能力ゆえに水は断熱材として機能でき、晴れた日には生物の体温が上昇しすぎるのを抑えている。

また、水は**気化熱**（**蒸発熱**）も高く、水を液体から気体へ変化させる（気化あるいは蒸発の過程）には多くの熱が必要である。この場合にも、水分子間の多くの水素結合を破壊するのに大量の熱エネルギーが使用される。この熱は、水と接触している環境から吸収されなければならない。それゆえ、*気化（蒸発）は環境を冷却する効果を持つ。その効果は、対象となる環境が木の葉であれ、森であれ、大陸全体であれ変わらない。発汗が体温を下げる理由も同じ効果で説明できる。すなわち、皮膚から汗が気化するときに、周辺の体の熱を奪うのである（図2.14（A））。

---

*概念を関連づける　生物システムでは、水素結合を壊す水の気化を利用して熱を放出する。さもなければ、過剰な熱が問題を引き起こすだろう。

凝集力と表面張力　液体の水では個々の分子は動き回ることができ、分子間の水素結合は形成と破壊を繰り返す（図2.13）。化学者の推計によると、これが１つの水分子につき１分間になんと約１兆回も起こっているというのである！

１つの水分子は常に他の水分子と平均3.4個の水素結合を形成している。この水素結合から液体の水の結合力を説明できる。この結合力、すなわち**凝集力**は、張力を受けたときに互いに離れないよう抵抗する水分子間の力と定義される。水の*凝集力が、液体の水が細く連続した水柱となって高木の根から葉へと動くことを可能にしている。葉から水が蒸散（気孔を通じた蒸発）すると、先頭の分子の引っ張りに呼応して柱状の水全

(A)

(B)

(C)

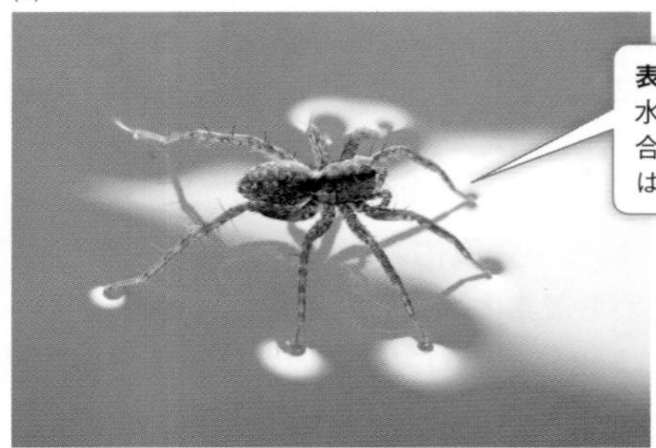

図2.14　生物学における水
水が持つこれら３つの性質は生物にとって有益である。

体が上に向かって動く（図2.14 (B)）。これに関連した性質に、水分子が種類の異なる別の分子を吸引する**粘着力**がある。例えば、水の入ったコップにストローを差すと、水はストローを「登り」、ストロー内の水柱はコップの水面より高くなる。ストローの側面に張り付くというこうした水の動きは、水柱を形成している水の粘着力を反映している。

＊概念を関連づける　根から葉への水の動きは、蒸散 − 凝集力 − 表面張力からなる機構で説明できる。水分子間の凝集力により、水は連続した細い水柱の形で上方へ引っ張られる。

空気と接する液体の水の表面に亀裂を作るのは難しい。それは表面の水分子が、その周囲やその下にある水分子と水素結合を形成しているからである。この水の**表面張力**のおかげで、容器を満たした水は縁を少し超えても溢れず、クモは池の水面を歩くことができるのである（図2.14 C）。

生命反応は液体中で起こる

溶液を作るには、物質（**溶質**）を液体（**溶媒**）に溶かせばよい。溶媒が水なら、その溶液は水溶液と呼ばれる。水が極性物質であることは既に学んだ。生物システムの重要な分子の多くは極性を持つから、水によく溶ける。しかし、水に溶けても分子の本質や性質は変わらない。分子は依然として反応可能であり、実際に多くの重要な生化学反応は水溶液中で起こる。

細胞中の生化学反応に興味を持つ生物学者は、反応物と生成物を同定したり、それらの量を測定したりするために、以下の２種類の分析法を用いる。

1. *定性分析*では、化学反応に関与する物質の同定に焦点を当てる。例えば、生体組織で炭素を含む化合物が分解されてエネルギーを放出する呼吸の代謝経路に含まれる各反応段階とその生成物を調べるためには、定性分析が用いられるだろう。

2. *定量分析*では、物質の濃度や量を測定する。例えば、ある反応で生成される特定の物質の量を測定するためには、生化学者は定量分析を用いるだろう。

以下、本書で取り上げる量的化学に関する術語のいくつかについて簡単に紹介する。化学と生物学で量について考える際の基本的な概念はモルである。**1モル**は分子量と数的に等しい物質量（グラム単位）である。したがって、水素ガス（H_2）の1モルは2g、ナトリウムイオン（Na^+）は23g、砂糖（$C_{12}H_{22}O_{11}$）は342gとなる。

定量分析は分子数を求めるものではない。1モルの物質量はその分子量に直接関係しており、1モル中の分子の数は全ての物質で等しい。だから、1モルの食卓塩には1モルの砂糖と同じ数の分子が含まれる。1モル中に含まれる分子のこの一定数は**アボガドロ定数**と呼ばれ、1モルあたり6.02×10^{23}分子である。化学者は、あまりに多すぎて数えきれない実際の分子数ではなく、モル数（実験室で測定可能）を用いて物質を扱う。34.2gの砂糖（$C_{12}H_{22}O_{11}$）を考えてみよう。これは10分の1モル、すなわちアボガドロ定数の10分の1だから、6.02×10^{22}個の分子を含んでいる（訳註：アボガドロ定数は、2018年11月の国際度量衡総会の議決を経て、2019年5月に国際学術連合会議の科学技術データ委員会（CODATA）によって$6.02214076 \times 10^{23}$と改定された。これにより、1モルはこの数の粒子を含む物質量であると再定義されている）。

化学者は、1モルには6.02×10^{23}個の分子が含まれることを知っており、水に1モルの砂糖（342g）を溶かして1ℓの溶液を作ることができる。1モルの物質を水に溶かして1ℓになるよう調製した溶液を1モル（1M）溶液と呼ぶ。医師は患者の血流に一定の容量とモル濃度の薬剤を注入するにあたり、患者の細胞と相互作用する薬剤分子のおおよその実数を計算できる。ご承知のとおり、薬剤の投与量はきわめて重要である。

生体組織中の水に溶けている分子の多くは、1Mに近い高濃度で存在しているわけではない。多くはマイクロM（水溶液1ℓあたり100万分の1モル；μM）からミリM（水溶液1ℓあたり1000分の1モル；mM）の範囲にある。ホルモン分子のように、それよりさらに低い濃度で存在するものもある。これらのモル濃度は非常に低いように思えるが、1μMの水溶液でも1ℓあたり6.02×10^{17}個の分子を含んでいることを忘れないでほしい。

水溶液は酸性あるいはアルカリ性である

物質が水に溶けると、実質的には1個の正に荷電した陽子である水素イオン（H^+）が放出される。水素イオンは他の分子と相互作用し、それらの性質を変えることができる。例えば、「酸性雨」に含まれる陽子は植物に害を与えるし、過剰な水素イオンが引き起こす「胃酸過多」を経験したことのある人も多いだろう。

ここでは、**酸**（H^+を放出する物質と定義される）と**塩基**（H^+を受け取る物質と定義される）の性質を調べていく。酸と塩基の強弱を判別して、水溶液のH^+濃度を表す量的な単位であるpHのスケールを当てはめてみよう。

酸はH^+を放出する　水に塩酸（HCl）を加えると、溶けてH^+と塩化物イオン（Cl^-）を放出する。

$HCl \rightarrow H^+ + Cl^-$

水のH^+濃度が上昇するから溶液は酸性となる。

酸は溶液中でH^+を*放出*する物質である。硫酸（H_2SO_4）はHClと同じく酸性である。硫酸1分子がイオン化すると、2つのH^+と1つの硫酸イオン（SO_4^{2-}）が生じる。また、—COOH（カルボキシ基と呼ばれる）を含む生体化合物も、イオン化して—COO^-を生じ、H^+を放出するから、酸性である。

$-COOH \rightarrow -COO^- + H^+$

HClやH_2SO_4のように溶液中で完全にイオン化する酸は強酸と呼ばれる。しかし、全ての酸が水の中で完全にイオン化するわけではない。例えば、酢酸（CH_3COOH）を水に加えると、一部は2つのイオン（CH_3COO^-とH^+）に解離するが、残りはもとのまま残る。このように反応が完全ではないため、酢酸は弱酸と呼ばれる。

塩基はH^+を受け取る　塩基は溶液中でH^+を*受け取る*物質である。酸と同様に、強塩基と弱塩基がある。水酸化ナトリウム（NaOH）を水に加えると、溶けてイオン化し、Na^+と水酸化物イオン（OH^-）を放出する。

$NaOH \rightarrow Na^+ + OH^-$

OH^-はH^+を吸収して水になるから、そのような溶液は塩基性である。この反応は完全だから、NaOHは強塩基である。

弱塩基には重炭酸イオン（HCO_3^-）があり、H^+を受け取って炭酸（H_2CO_3）になることができる。また、アンモニア（NH_3）はH^+を受け取ってアンモニウムイオン（NH_4^+）となる。—NH_2（アミノ基）を含む生体化合物は、—NH_2がH^+を受け取るから塩基である。

$-NH_2 + H^+ \rightarrow -NH_3^+$

酸と塩基の反応は可逆的でありうる　酢酸を水に溶かすと、２種類の反応が起こる。はじめに、酢酸がイオン化する。

$$CH_3COOH \rightarrow CH_3COO^- + H^+$$

イオンが形成されると、次にその一部が酢酸を再形成する。

$$CH_3COO^- + H^+ \rightarrow CH_3COOH$$

対をなすこの反応は可逆的である。**可逆反応**は、当初の反応物と生成物の相対濃度によって、左から右へまたは右から左へどちらの方向へも進行しうる。可逆反応の化学式は２本の逆向きの矢印を用いて書かれる。

$$CH_3COOH \rightleftarrows CH_3COO^- + H^+$$

酸と塩基の観点から見ると、反応は可逆性の程度によって２種類に分けられる。

1. 水中における強酸と強塩基のイオン化反応は、ほぼ不可逆的である。
2. 水中における弱酸と弱塩基のイオン化反応は、ある程度可逆的である。

水は弱酸であり弱塩基である　水分子には、わずかながらイオン化してOH^-とH^+になる傾向があり、これは重要な意味を持つ。実際には、この反応には２個の水分子が関与する。そのうち片方の水分子が他方から水素イオンを１つ「捕捉」し、水酸化物イオンとヒドロニウムイオン（H_3O^+）になる。

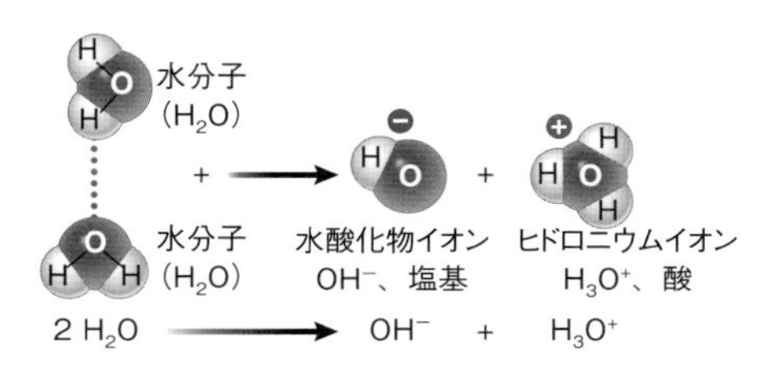

実際のヒドロニウムイオンは、水分子に水素イオンが１つ結合したものである。しかし単純化のために、生化学者はしばしば水のイオン化を次のような修正した形で表す。

$$H_2O \rightarrow H^+ + OH^-$$

全ての生物にとって水のイオン化は重要である。これは驚くべき事実のように思われる。というのも、イオン化している水分子は常に約５億個に１個にすぎないからである。しかし、生物システムに豊富な水が含まれること及びイオン化により形成される水素イオンの反応性が高いことを考慮すれば、この事実はあながち意外とも言えない。

pH: 水素イオンの濃度　既に見たように、物質は酸性であったり塩基性であったりするので、溶液も酸性や塩基性になりうる。溶液の酸性度あるいは塩基性度は、溶液１ℓ中の水素イオンのモル数を調べるという方法で測定される（モル濃度については112ページを参照）。以下にいくつかの例を示す。

・純水の水素イオン濃度は10^{-7}Mである。
・1MのHCl溶液の水素イオン濃度は1Mである（全てのHCl分子が解離してイオンになることを思い出そう）。
・1MのNaOH溶液の水素イオン濃度は10^{-14}Mである。

小数点以下の部分を見れば分かる通り、これらの数は非常に広範囲にわたり扱いづらい。そこで、水素イオン濃度を対数の形で示せば扱いやすくなる。というのは、100の$\log_{10}$（常用対数）は2、0.01の$\log_{10}$は-2というように、対数は水素イオン濃度の取りうる範囲を押し狭めるからである。生物システムにおける水素イオンの濃度はほとんどが1M以下だから、$\log_{10}$の値は負になる。そこで便宜上、水素イオンのモル濃度の負の対数をとって、こうした負の値は正の値に変換される。この値を溶液の**pH**と呼ぶ。溶液の自由水素イオン濃度を（H^+）とすれば、pH = −log（H^+）である。

純水の水素イオン濃度は10^{-7}Mだから、pHは−log（10^{-7}）＝7である。負の対数値が小さいほど、pHの値は大きくなる。実用上は、pH値が小さいほど水素イオン濃度は高く、酸性度が大きい。1MのHClの水素イオン濃度は1Mであり、pHは1の負の対数（−log10^0）だから0である。1Mの NaOHのpHは10^{-14}の負の対数（-log10^{-14}）だから14である。

pHが7より小さい溶液は酸性で、水酸化物イオンより水素イオンを多く含む。pHが7の溶液は中性、7より大きな溶液は塩基性であると言われる。**図2.15**はよく知られた物質のpH値を示している。

このようなpH値に関する議論が生物学にとって重要なのはなぜだろう？　多くの反応では１つの分子から他の分子へのイオンや荷電基の転移が起こるが、環境中に存在する正または負のイオンがそうした反応の速度に大きく影響するからである。さらに、pHは分子の形状にも影響する。生物学的に重要な分子の多くは、水の極性領域と相互作用できる荷電基（$—COO^-$など）を持っており、こうした相互作用はそれらの分子がとる三次元構造に影響する。荷電基が環境中の水素イオンや他のイオンと結合して非荷電基（—COOHなど、114ページ参照）を形成すると、水との相互作用は弱まる。こうした（疎水性の）非荷電基は、分子の折りたたみ構造を変えて、もはや水に富んだ環境と接触できない形にしてしまいかねない。生体分子の三次元構造は分子の機能に大きな影響を与えるから、生物はあらゆる方法で細胞や組織のpH変化を最小限にとどめようとする。そのための重要な手段の１つが緩衝液（バッファー）であ

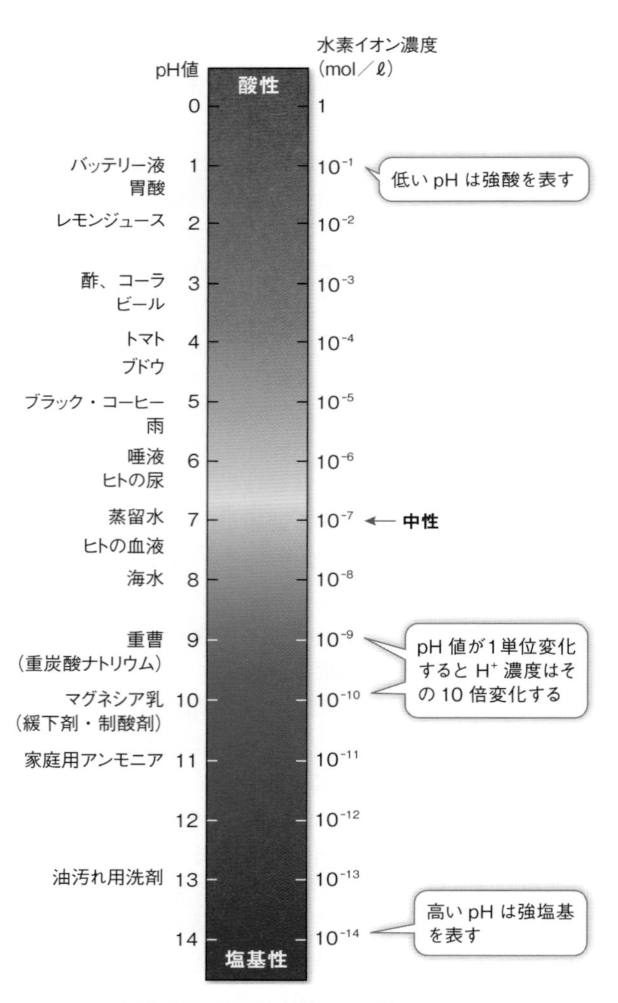

図2.15　身近な物質のpH値

る。

緩衝液（バッファー）　内部環境を一定に保つこと（恒常性）は、全ての生物に共通する顕著な特質であり、それはpHについても言える。生体分子が水素イオンを失ったり獲得したりすると、その化学的性質が変化して恒常性が乱れる。例えば、激しく運動すると筋線維内の細胞で乳酸が作られ、それがイオン化して水素イオンを生じる。組織内部の安定性は**緩衝液**（**バッファー**）によって保たれている。バッファーとは、相当量の酸や塩基を加えられても比較的安定したpHを維持する溶液である。これはどのような仕組みによるのだろうか？

バッファーは弱酸とそれに対応する塩基、もしくは弱塩基とそれに対応する酸を混合した溶液である。例えば、弱酸が炭酸（H_2CO_3）で、それに対応する塩基が重炭酸イオン（HCO_3^-）だとする。この混合物を含む溶液（バッファー）に別の酸を加えると、その酸から生じた水素イオンは全てが溶液中に残るわけではなく、多くは重炭酸イオンと結合してさらなる炭酸を作り出す。

$$HCO_3^- + H^+ \rightleftarrows H_2CO_3$$

この反応は溶液中の水素イオンの一部を用いて行われるから、加えた酸による酸化効果を減少させる。塩基を加えたときには、基本的にこの逆の反応が起こる。炭酸の一部はイオン化して重炭酸イオンと水素イオンとなり、生じた水素イオンは加えられた塩基と反応して塩基の濃度を下げる。バッファーは加えられた酸や塩基がpHに与える効果を低減する。炭酸と重炭酸からなる緩衝系は血液に存在し、生命維持に欠かせない酸素を組織に運ぶ血液の能力を妨害しかねないpHの大幅な変化を防ぐために、重要な機能を担っている。一定量の酸あるいは塩基がバッファー中で引き起こす変化は、バッファーが存在しな

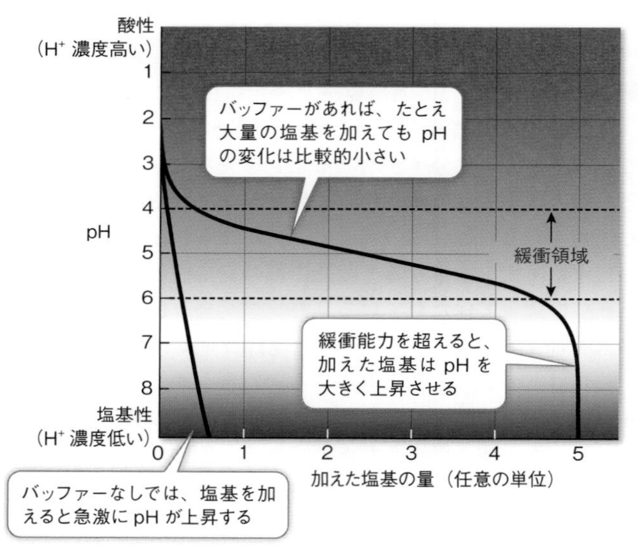

図2.16　バッファーはpHの変化を最小にとどめる
溶液に塩基を加えると、溶液のpHは上昇する。バッファーがない場合、この変化は大きく、pHを示すグラフの傾きは急である。しかしバッファーがある場合、緩衝領域ではグラフの傾きが緩くなる。

い場合に比べて小さい（図2.16）。

バッファーは、**質量作用の法則**と呼ばれる可逆反応の重要な化学法則をよく説明している。可逆反応系の一方に反応物を加えると、加えた反応物を使い果たすような方向で反応が起こる。バッファーの場合、酸の追加は一方向への反応を促進し、塩基の追加はその反対方向への反応を促進する。

みなさんもときおり、消化不良を和らげるためにバッファーを使っているだろう。胃の粘膜は常に塩酸を分泌し、胃の内容物を酸性に保っている。しかし、過剰な胃酸は不快感をもたらす。この不快感は、バッファーとして働く重炭酸ナトリウム

($NaHCO_3$、重曹）のような塩を摂取することで軽減できる。

生命を研究する

Q A　同位体分析によって生物システムに関するどのような洞察が得られたか？

本章冒頭の「**生命を研究する**」の恐竜研究（酸素原子について）と続く「**生命を研究する**」で取り上げたハンバーガーの実験（炭素原子について）は、同位体分析を活用して生物の生活史を明らかにした研究例である。最近では、人間にもこうした技術が応用されている。毛髪は、食物中に含まれる水に由来する酸素原子と水素原子を多く含む生きた組織である。生態学者ジム・エーレリンガーと化学者スーレ・セーリングは、恐竜の場合と同様、毛髪中の酸素と水素の同位体比は、その人が水を飲んだ地理的な地域を反映していることを示した。これは、人物の居住地を特定する有益な法医学的証拠となりうる。植物の組織もそれぞれ特有の同位体比を示すから、同位体比は植物の生育地の同定にも使える。例えば、同位体比を調べることで、ヘロインの原材料となったケシがどの地域で生育したものかを明らかにすることができる。同位体の検出に用いる化学分析装置である質量分析器は、生物学者にとってますます重要な道具となりつつある。

今後の方向性

降雨に含まれる酸素と水素の同位体を追跡することは、気候変動のパターンを理解するうえで役に立つ。水は地球上の暖かい熱帯地方で蒸発し、寒冷な極地方に向かって移動する。空気の塊が暖かい地域から寒冷な地域へ移動すると、水蒸気は凝縮し、雨となって地上に降る。酸素と水素の重い同位体から構成される水は、軽い同位体から構成される水に比べて雨として速く地上に降るので（69ページ参照）、水蒸気が両極へ近づくにつれて軽い同位体を多く含むようになる。両極へ到達する軽い同位体と重い同位体の比は、気候に左右される。すなわち、気候が寒冷なほど軽い同位体にくらべて重い同位体の割合は低くなる。なぜなら、水蒸気が両極へ向けて移動する間に降雨となる水蒸気が多くなるため、失われる重い同位体も増えるからである。極地の氷床コアの分析から、同位体の軽重比が地理的な時間スケールで変動することが明らかになっている。これによって、科学者は過去の気候変動の様子を再構成し、その当時に生息していた化石生物と関連づけることができる。同位体比は現在起こりつつある気候変動をモニターする際にも有効かもしれない。

▶ 学んだことを応用してみよう

まとめ

2.4　細胞中の水やその他の物質が持つ酸・塩基の特性が、生物機能に影響する可逆的な変化を可能にしている。

人の吐く息を採取して、ケトンを含む化合物の濃度が正常より高いことを検出する方法の開発が、科学者によって進められている。体にこのような物質が蓄積するのは１型糖尿病の兆候である。こうした研究は、糖尿病の早期診断を、特に子どもで可能にする携帯診断機器の開発につながる可能性がある。

インスリンは、体の細胞に血液からグルコースを取り込むよう促すホルモンである。細胞は正常な細胞機能を遂行するためのエネルギー源としてグルコースを使用する。１型糖尿病ではインスリンが生成されず、血液からグルコースが細胞中に取り込まれない。グルコースが供給されないために、細胞はエネルギー源として脂肪の分解を始める。脂肪が分解されるときには、ケトンを含む化合物が数種類作られ、それらは呼気分析装置で検出可能である。ケトンはRCOR′という一般構造を持つ（RとR′は同じあるいは別の原子グループである）。

脂肪の分解で生じるケトンを含む化合物の１つであるアセト酢酸は、以下の構造式を持つ。アセト酢酸は体内に高濃度で蓄積すると非常に有害な物質である。

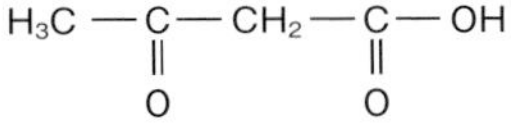

$$H_3C-\underset{\underset{O}{\|}}{C}-CH_2-\underset{\underset{O}{\|}}{C}-OH$$

質問

1. 水中では、アセト酢酸はイオン化して水素イオンとアセト酢酸イオンを生じる。この化学反応を化学構造式を用いて書きなさい。
2. 血中でバッファーとして機能する炭酸がイオン化する可逆反応式を書きなさい。組織内で通常作られる程度の少量のアセト酢酸を血液に加えたとき、血液のpHは変化するだろうか。説明せよ。
3. 未治療の糖尿病患者で見られるように、徐々にアセト酢酸が蓄積していったら血液のpHはどうなるか？　質問２の知見を用いて説明せよ。このとき、血液のpHを一定に維持する体の能力には何が起こるか？　この事実から、こうした状況にある患者が重症となる理由をどう説明できるか？
4. アセトンは脂肪の分解により作られる化合物の１つで、呼気として吐き出される。この物質を呼気分析装置で検出する。その化学構造式を下に示す。構造式を分析して、血中の炭酸と重炭酸からなる緩衝系に影響を与える可能性について述べよ。

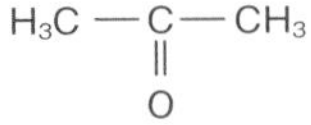

$$H_3C-\underset{\underset{O}{\|}}{C}-CH_3$$

5. 呼気中に蓄積するケトンを検出する装置の開発に研究者が成功したとする。呼気テストで、ある人物が通常より高いケトン濃度だと判定された場合、続いて行いうる血液検査として何が考えられるか？　アセト酢酸やケトンの濃度以外でインスリン欠乏を検出するために利用できる血液検査を３、４種類挙げよ。さらに、結果が陽性となった場合のそれぞれの検査結果について説明せよ。

第3章 タンパク質、糖質、脂質

*Castercantha*属のクモによって紡ぎ出された糸（紫）は複合高分子の一例である

キーコンセプト

3.1 生物の特徴は高分子によって決まる
3.2 タンパク質の機能は三次元構造に依存する
3.3 単糖が糖質の基本構造単位である
3.4 脂質は化学構造ではなく水への溶解度によって分類される

生命を研究する

クモの巣

クモの巣は驚異的な構造物である。見た目が美しいだけでなく、クモの家という建築物としても驚くべきものである。クモが交尾する場所であり、食物を確保する手段でもある。

クモの巣に引っかかったハエを考えてみよう。クモの巣の線維（糸）は飛ぶハエの速度を低下させなければならないが、破れてもいけない。そのためハエの運動エネルギーを消散させるように伸びなければならない。しかしながらハエを捕まえた糸は伸びすぎてもいけない。クモの巣を元の位置に留めておくほどに強くなければならない。クモの糸はヒトの髪の毛よりもずっと細いが、非常に強い。クモの糸は長いものもある。例えばダーウィンズバークスパイダー（訳注：ダーウィンの『種の起源』出版から150年目の2009年にマダガスカルで発見されたコガネグモ科のクモ）の糸は25 mもの長さに達する。

化学的研究により、クモの糸はタンパク質と呼ばれるたった

１つの高分子から成り立っていることが明らかになっている。タンパク質はアミノ酸と呼ばれる小単位がつながってできた長い鎖（重合体）である。クモの糸を構成するタンパク質は特徴的な構造とアミノ酸組成を持っており、その結果、特有の機能を果たせるのである。伸び縮みするクモの糸のタンパク質は、タンパク質をらせん状に巻き込ませるようなアミノ酸から成り立っており、これらのらせんが互いに滑り合って糸の長さが変わるのである。別の種類のクモの糸は引き糸（しおり糸）と呼ばれ、あまり伸び縮みはしないがクモの巣の輪郭とスポーク（輻）を形づくるのに用いられ、クモにとっては頼みの綱である。この強力な糸を構成するタンパク質は、タンパク質を歯止めがある平らなシートに折りたたませるようなアミノ酸から成り立っており、平行なシートがレゴブロックのように互いに組み合わされることによって引き伸ばすことが難しくなっている。

クモの糸はどれぐらい強いのだろうか？「スパイダーマン」という仮想ヒーローを主役とする映画シリーズが人気となっている。スパイダーマンは悪漢たちをわなにかけ、罪のない人たちを救うためにしばしばクモの糸を使う。あるシーンでは、スパイダーマンはクモの糸からなる直径１cmの10本のロープを使って列車を止めている。クモの糸の研究をしている科学者たちは１本のロープを構成しているクモの糸の数を推定し、このシーンが実際に可能であると計算した。これら全てはアミノ酸の長い鎖をつなげている共有結合とそれらの鎖の間の弱い力のおかげなのである。これらのタンパク質によって示される驚異的な強度を考えると、クモの糸を人間の活動のために有効活用しようと考えるのも驚くにあたらないだろう。

クモの糸の実際利用にはどんなものがあるだろうか？

3.1 生物の特徴は高分子によって決まる

生物を特徴付ける4種の高分子がある。タンパク質、糖質、脂質、核酸である。脂質を例外として、これらの生体分子は**ポリマー**（重合体、polymer、poly＝多数の、mer＝単位）である。ポリマーは、**モノマー**と呼ばれる低分子が共有結合により重合して構成されている。それぞれの高分子は類似の化学構造を持つモノマーから構成されている。

・タンパク質は、20種のアミノ酸の異なる組み合わせでできている。全てのアミノ酸は化学的類似性を共有している。
・糖質は化学的に類似の糖質モノマー（単糖）が共有結合してできる多糖と呼ばれる巨大分子を作る。
・核酸は4種のヌクレオチドモノマーが共有結合して長い鎖を構成したものである。
・脂質もまた限られたセットの低分子から巨大構造を作りうる。しかし脂質の場合、共有結合で作られる脂質モノマーどうしは非共有結合により結合する。

数千以上の原子から構成されるポリマーを**高分子**と呼ぶ。生体を構成するタンパク質、糖質、核酸はこのカテゴリーに入る。大きな脂質構造は厳密な意味では重合体ではないが、高分子として扱うのが便利である（**キーコンセプト3.4**）。緑色植物は、生物界で最も豊富に存在するタンパク質（ルビスコ；**第11章**）、最も豊富に存在する糖質（植物の細胞壁のセルロース）、最も豊富に存在する脂質（葉のモノガラクトシルジグリセリド）を産生する。

学習の要点

・異性体は同一の原子構成を持つが異なる構造を持つ分子である。

・モノマーは縮合反応により化学的に結合してポリマーを形成する。

化学的分類が高分子の構造を決定する

生体分子には**官能基**と呼ばれるある種の小原子団がしばしば存在する（図3.1）。それぞれの官能基には特異的な化学的性質があり、大きな分子に結合した場合には、その分子にそれぞれの特異的な性質を与える。これらの性質の1つが極性である。図3.1の構造を見てどの官能基が一番高い極性を持つか分かるだろうか？（ヒント：C—O, N—H, P—O結合を見なさい）。官能基の一貫した化学的性質のおかげで、それを含む分子の性質を理解することができる。

高分子には多くの異なる官能基が存在する。1つの大きなタンパク質が多くの非極性、極性、荷電した官能基を持ちうる。それぞれの官能基がその高分子（タンパク質）の局所で異なる特異的性質を付与する。後ほど分かるように、これらの異なる官能基はしばしば同一の高分子内で相互作用する。これらは高分子の立体構造の決定や他の高分子及び低分子との相互作用において重要な役割を果たす。

同一の原子を用いても、分子は互いに異なりうる。官能基の配置が異なるからである。**異性体**は同一の化学式（すなわち原子の種類と数が同じ）を持ちながら原子の配置が異なる分子を指す。異なる種類の異性体の中で、ここでは3つの異性体を考える。構造異性体、シス－トランス異性体、光学異性体の3つである。

官能基	分類と例	性質
ヒドロキシ基 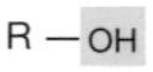 R—OH	**アルコール** 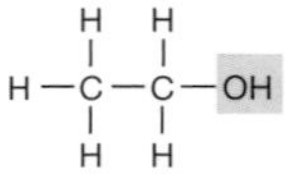 H—C(H)(H)—C(H)(H)—OH エタノール	極性。水分子と水素結合を作り分子の水溶性を高める。他の分子と縮合により結合を作ることを可能とする。
アルデヒド基 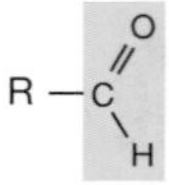 R—C(=O)—H	**アルデヒド** 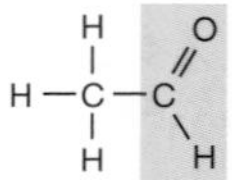 H—C(H)(H)—C(=O)—H アセトアルデヒド	極性。C=O 基は反応性が高い。高分子合成及びエネルギー放出反応において重要な役割を果たす。
ケト基 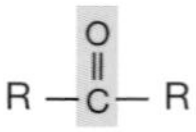 R—C(=O)—R	**ケトン** 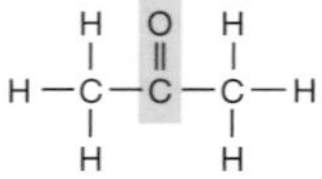 H—C(H)(H)—C(=O)—C(H)(H)—H アセトン	極性。C=O 基は糖質とエネルギー反応において重要な役割を果たす。
カルボキシ基 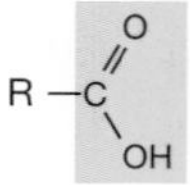 R—C(=O)—OH	**カルボン酸** 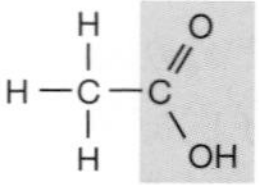 H—C(H)(H)—C(=O)—OH 酢酸	荷電。酸性。生体組織ではイオン化して—COO^- と H^+ となる。—OH を離して縮合反応に関与する。カルボン酸の中にはエネルギー放出反応において重要な役割を果たすものがある。
アミノ基 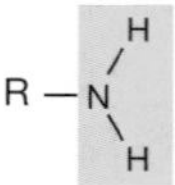 R—N(H)—H	**アミン** 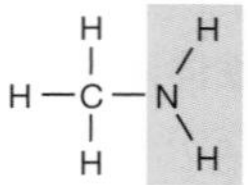 H—C(H)(H)—N(H)—H メチルアミン	荷電。塩基性。生体組織では H^+ を受け取って—NH_3^+ となる。H^+ を離して縮合反応に関与する。

図3.1　生物にとって重要な官能基の例
▒▒ で示した部分は生物学的に重要な分子に最もよく見られる8つの官能基である。“R”は変わりうる原子団である。

官能基	分類と例	性質
リン酸基 R—O—P(=O)(—O^-)—O^-	**有機リン酸** 3-ホスホグリセリン酸	荷電。酸性。—OH を離して縮合反応に関与する。別のリン酸に結合した場合、その加水分解により大きなエネルギーが放出される。
スルフヒドリル基 R—SH	**チオール** HO—CH_2—CH_2—SH メルカプトエタノール	H を離すことにより、２つの—SH がジスルフィド結合を形成し、タンパク質の構造を安定化する。
メチル基 R—CH_3	**アルキル** H_3N^+—CH(CH_3)—COO^- アラニン	非極性。他の非極性分子との相互作用やエネルギー転移において重要な役割を果たす。

1. **構造異性体**では構成する原子の結合が異なる。４個の炭素原子と10個の水素原子が共有結合している２つの単純な分子のことを考えてみよう。これらの分子の化学式はC_4H_{10}である。これらの原子は２つの異なる仕方で結合され、異なる分子ができる（図3.2(A)）。
2. **シス-トランス異性体**は典型的には２つの炭素原子の間に二重結合を持ち電子を２対共有する。これらの炭素原子のそれぞれの他の２つの結合は２つの異なる原子もしくは原子団との結合に使われる（例えば水素原子やメチル基など；図3.2(B)）。これらは二重結合分子の同じ側か反対側に位

置しうる。異なる原子あるいは原子団が同じ側にある場合、二重結合はシスと呼ばれ、反対側にある場合はトランスと呼ばれる。これらの分子は非常に異なる性質を示す場合がある。

(A) 構造異性体

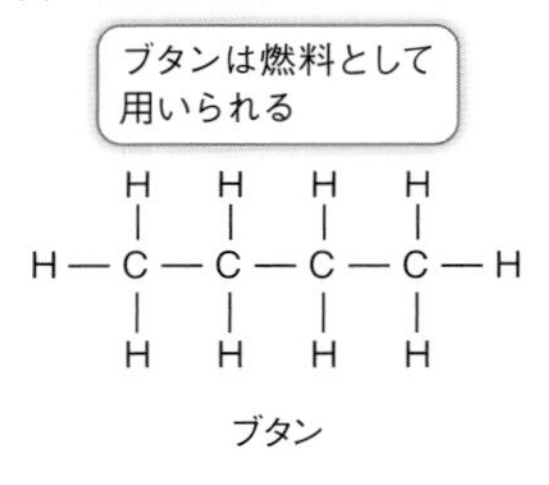

イソブタンは冷却材として用いられる

イソブタン

(B) シス-トランス異性体

シス-ブテン

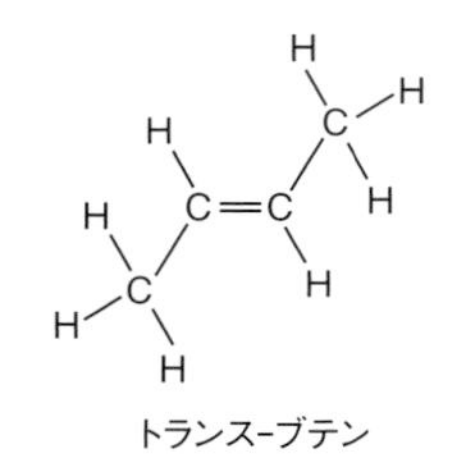

(C) 光学異性体

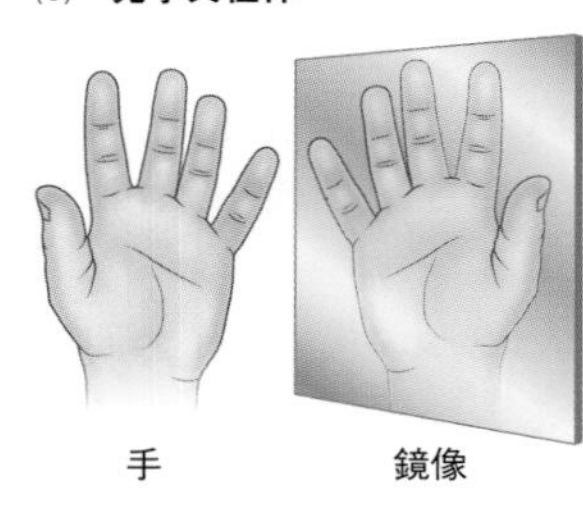

図3.2 異性体
異性体は同一の化学式を持つが、原子の配置が異なっている。異性体どうしはしばしば異なる化学特性と機能を持つ。

3. **光学異性体**はある炭素原子が４つの異なる原子あるいは原子団を結合する場合に存在する。この場合には原子あるいは原子団の結合には２つの異なる仕方があり、互いに鏡像関係となる（図3.2(C)）。このような炭素原子を不斉炭素と呼び、２つの鏡像関係にある分子は互いの光学異性体となる。自分の右手と左手を光学異性体とみなすことができる。手袋がどちらかの手にしかはめられないように、生化学分子の中には、ある炭素化合物の一方の光学異性体としか相互作用せず、もう一方とは相互作用しないものが存在する。

高分子の構造はその機能に反映される

４種の生体高分子は全ての生物においておおよそ同じ割合で存在する（図3.3）。例えばリンゴの木において、ある構造と機能を持つタンパク質は、おそらくヒトの体内においても、同様の構造と機能を持っている。というのは、タンパク質の化学はどこにあっても同一だからである。この印象的な生化学的均

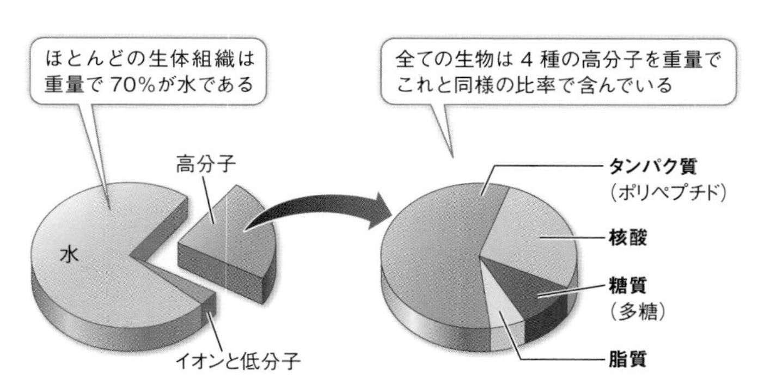

図3.3　生体組織に見られる物質
ここに示す物質が生体組織の非ミネラル成分を構成している（骨はミネラル成分の一例である）。

一性は、全ての生物が共通の祖先から遺伝により修正を受けながら進化してきたことを反映している。生化学的均一性の重要な利点は、生物は必要な原材料を他の生物を食べることによって得られるという点である。リンゴを食べるとき、ヒトが取り入れる分子の中には糖質、脂質、タンパク質が含まれ、それらは分解されてヒトが必要な様々な分子に再合成される。

高分子のそれぞれはエネルギー貯蔵、構造的支柱、触媒反応(化学反応の速度上昇)、他の分子の輸送や調節、防御、運動、情報蓄積などの機能を担っている。これらの機能は必ずしも互いに相容れないものではない。例えば糖質もタンパク質も組織・器官を支持し防御する構造的役割を果たしうる。しかしながら核酸だけは情報の蓄積と伝達に特化した高分子である。核酸は遺伝材料として機能し、世代を超えて種と個体の形質を伝えていく。

高分子を構成するモノマーの鎖の配列と化学的特性が高分子の三次元的形態と機能を決定する。高分子の中にはコンパクトな形に折りたたまれて、水溶性が高く他の分子と密接に相互作用するような表面構造をとるものがある。タンパク質や糖質の中には長い線維状の構造をとるものがあり（クモの糸や毛髪などのように)、強度と剛性を提供する。高分子の特異的構造が一定の環境下でのその分子の機能を（どの生物由来かにかかわらず）決定する。例えば、蚕（カイコガの幼虫）によって作られたクモの糸－絹糸の複合線維はクモによって作られたクモの糸と同一の特性を示す（「**生命を研究する：クモの糸を作る**」)。

ほとんどの高分子は縮合によって合成され加水分解により分解される

ポリマーは一連の**縮合反応**（この場合は脱水反応と呼ばれる。両者ともに水分子が失われることを意味する）によりモノマーから合成される。縮合反応によりモノマー間の共有結合が作られる。共有結合が１つ作られるたびに水分子１個が放出される（図3.4(A)）。異なる種類のポリマーを作る縮合反応は細部においては異なっているが、全ての例で水分子が除去されエネルギーが付加される場合にのみポリマー合成が起こる点で共

137ページへ→

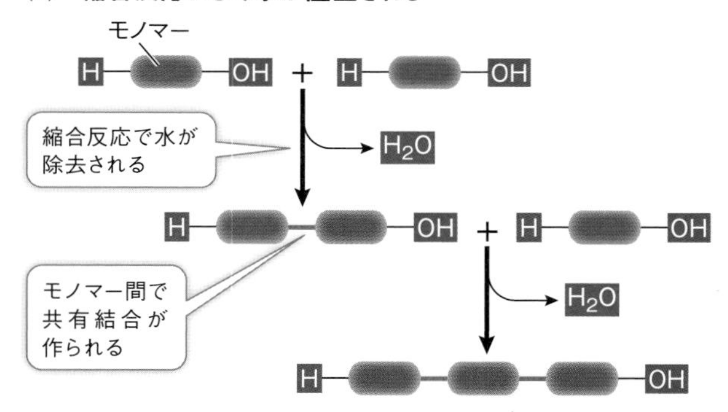

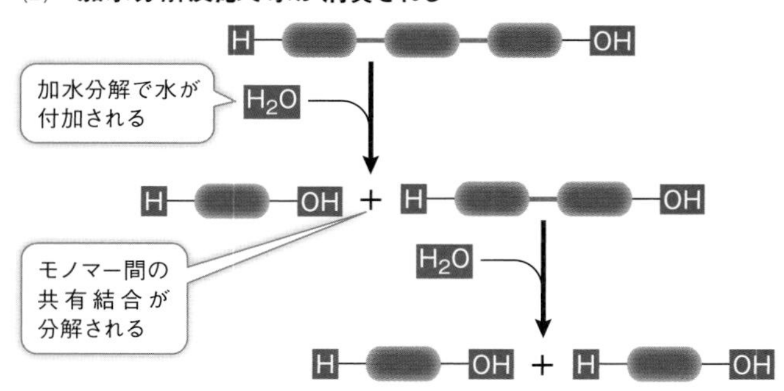

図3.4　ポリマーの縮合と加水分解
(A)縮合反応によりモノマーからポリマーが形成され水分子が生成する。
(B)加水分解反応によりポリマーは個々のモノマーへと分解され、水分子が消費される。

生命を研究する　クモの糸を作る

実験

原著論文：Teulé, F., Y.-G. Miao, B.-H. Sohn, Y.-S. Kim, J. Hull, M. J. Fraser, R. V. Lewis and D. L. Jarvis. 2012. Silkworms transformed with chimeric silkworm/spider silk genes spin composite silk fibers with improved mechanical properties. *Proceedings of the National Academy of Sciences USA* 109: 923-928.

クモの糸は知られる限り最も強い素材の１つであるが、大量に得ることはきわめて困難である。産業界の生物学者は遺伝子エンジニアリングを用いてそのタンパク線維を作っている。彼らは蚕（衣類で用いられる絹糸を作る昆虫の幼生）に、強力なクモの糸－絹糸の複合線維を作らせるのである。

仮説▶　遺伝子操作した蚕はクモによって作られた糸のような物理特性を持つ絹糸を産生することができる。

方法

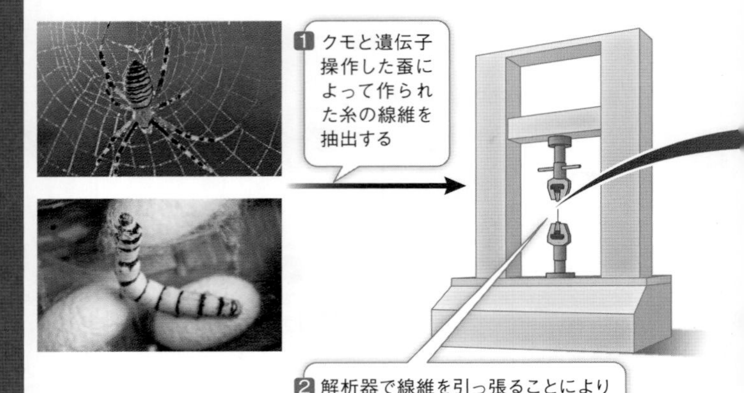

結果

両方の線維はストレス（分断するのに必要な力）とひずみ（伸び）に関して同一の物理特性を持っていた。

結論▶　蚕はクモ本来の線維タンパク質と同一の特性を持つクモの糸ー絹糸の複合線維を合成することができる。

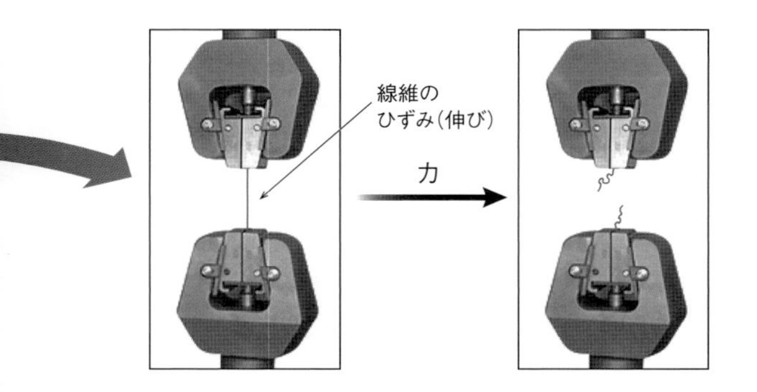

データで考える

クモの糸はその二次構造のおかげで大変強いタンパク質ベースの素材である。人間が利用するためには、この線維を大量に獲得することが望ましい。クモは巣を張るために糸を紡ぎ出すが、その量は人間が利用するのには不十分である。蚕は衣類で用いられる絹糸を豊富に産生するが、絹糸はクモの糸に比べてはるかに弱い。ワイオミング大学のランディ・ルイスによって率いられる科学者の国際チームは、クモの糸ー絹糸の複合線維を大量に作らせるべく蚕に遺伝子操作を加えた。それからこれらの線維の性質を試験し、本来のクモの糸の性質と比較した。

質問▶

1. タンパク線維の特性を評価するために、研究者は線維を引っ張り、張力と線維の伸びを測定した。これはゴムバンドをちぎれるまで引っ張ることになぞらえることができよう。ストレスは線維を分断するのに必要な力であり、ミリパスカル単位（mPa; 1Pa は単位面積m^2あたりのニュートン単位で表される力）で測定される。ひずみは線維がどの程度伸びたか（元の長さに比べて）を表す測定値である。**表A**で絹糸とクモの糸の線維と遺伝子操作した蚕の絹糸の線維の解析結果を比較している。遺伝子操作した蚕は本来のクモの糸の線維と同様の線維を作っただろうか？

表A

線維	直径（μm）	最大ひずみ（%）
絹糸	21.8 ± 1.6	22.0 ± 5.8
合成クモの糸	21.1 ± 1.4	31.8 ± 5.2
クモの糸	8.1 ± 0.4	19.7 ± 4.8

2. どうして線維の太さ（直径）がデータで報告されているのだろうか？
3. 測定された特性が有意に異なるかどうかを決定するためにはどのような統計検定が必要だろうか？
4. 科学者たちはクモの糸ー絹糸の複合線維の特性を測定し、それをケブラー（自転車のタイヤ、ヨットの帆、防弾チョッキを含む多くの用途に利用されている合成線維）及び鋼線と比較した。その結果を**表B**に示す。このデータからクモの糸ー絹糸の複合線維についてどういう結論を出すのか？

表B

素材	線維を分断するのに必要なエネルギー（ジュール／kg）	重量（g/cm^3）
合成クモの糸	120,000	1.3
ケブラー	40,000	1.4
鋼線	3,500	7.84

通である。生物においては、特異的な高エネルギー分子が必要なエネルギーを供給する。

縮合反応の逆反応が**加水分解反応**である。加水分解反応によりポリマーは構成するモノマーに分解される。水分子がポリマーを連結している共有結合と反応する。１つの共有結合が分解されるたびに、水分子は２つのイオン（H^+とOH^-）に分解され、それぞれのイオンは産物の一部となる（**図3.4(B)**）。

４種の高分子は生命の構成要素とみなすことができる。核酸のユニークな特性は**第４章**で見ていくことにする。この章の残りではタンパク質、糖質、脂質の構造と機能を記載する。

3.2 タンパク質の機能は三次元構造に依存する

タンパク質は非常に多様な役割を担っている（**表3.1**）。この本のほとんど全ての章にわたってタンパク質の多くの機能を学ぶことになる。**タンパク質**は20種のアミノ酸が異なる割合と配列で組み合わされたポリマーである。タンパク質の大きさ

表3.1　タンパク質とその機能

分類	機能
酵素	生化学反応を触媒する（反応速度を上昇させる）
構造タンパク質	物理的安定性と運動を提供する
防御タンパク質	非自己物質を認識し反応する（抗体など）
信号伝達タンパク質	生理的過程を制御する（ホルモンなど）
受容体タンパク質	化学信号を受容し反応する
膜輸送体	細胞膜を通しての物質輸送を調節する
貯蔵タンパク質	後ほど利用するためにアミノ酸を貯蔵する
輸送タンパク質	生体内で物質に結合しそれを運搬する
遺伝子調節タンパク質	遺伝子発現速度を決定する
モータータンパク質	細胞内で構造物の運動をもたらす

はヒトのホルモンであるインスリン（51個のアミノ酸からなり分子量5733）のような小さなものから筋肉のタンパク質であるタイチン（2万6926個のアミノ酸からなり分子量299万3451）のような巨大分子まで及ぶ。タンパク質は1本以上の**ポリペプチド鎖**からなる。ポリペプチド鎖とは共有結合したアミノ酸の枝分かれのない直鎖状のポリマーである。ポリペプチド鎖上のアミノ酸配列が変わることによりタンパク質の構造と機能の大きな多様性がもたらされる。ポリペプチド鎖は特定の三次元的形態へと折りたたまれるが、折りたたまれ方はポリペプチド鎖のアミノ酸配列によって決定される。

学習の要点

・タンパク質の三次元構造とはその三次元的形態であり、水素結合、疎水相互作用、イオン結合（タンパク質によってはジスルフィド結合も）によって安定化される。

・タンパク質の外側表面の官能基は他の分子やイオンと特異的に相互

作用できるような形と化学基を提供する。

・タンパク質の二次元、三次元、四次元構造を安定化する力は環境因子の影響を受けるため、タンパク質の機能も環境因子により破綻しうる。

タンパク質のモノマーは重合して高分子を形成する

アミノ酸はα（アルファ）炭素と呼ばれる同一の炭素原子にカルボキシ基とアミノ基（**図3.1**）の両者が結合している。α炭素原子には水素原子と**側鎖**（**R基**、アルファベットRで表記される）も結合している。

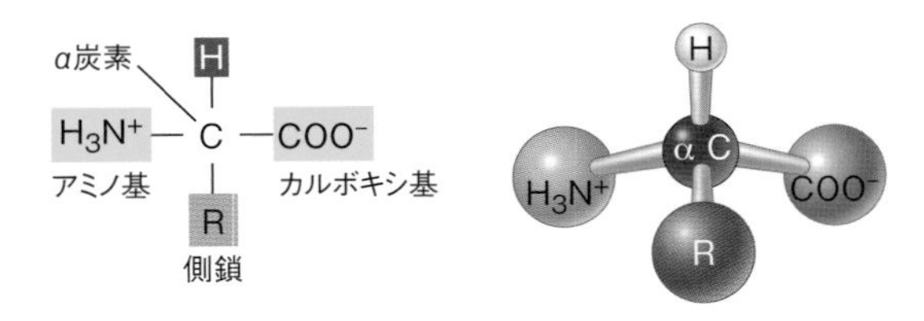

この例のα炭素は不斉（非対称）である。4つの異なる原子あるいは原子団と結合しているからである。したがってアミノ酸はD-アミノ酸もしくはL-アミノ酸と呼ばれる光学異性体になりうる。DとLはそれぞれラテン語の右（*dextro*）と左（*levo*）の略語由来である。L-アミノ酸（上図で示した立体配置）のみがほとんどの生物のタンパク質に一般的に見られるものであり、その存在は生命の重要な化学的“署名”となる。

細胞内で通常見られるpHレベル（pH 7程度）ではカルボキシ基もアミノ基もイオン化している。カルボキシ基は水素イオンを失う：

$$—COOH \rightarrow —COO^- + H^+$$

アミノ基は水素イオンを獲得する：

$$—NH_2 + H^+ \rightarrow —NH_3^+$$

このようにアミノ酸は酸であると同時に塩基でもある。

アミノ酸の側鎖（R基）は官能基を含んでおり、この官能基はタンパク質の三次元構造と機能を決定するうえで重要な役割を果たす。142ページの**表3.2**に示すように、生物に見られる20種のアミノ酸は側鎖により分類され区別される。

・5つのアミノ酸は生細胞のpHレベルで荷電（イオン化）する側鎖を持つ。これらの側鎖は水分子を引き付け（したがって親水性）反対に荷電した全ての種類のイオンを引き付ける（**表3.2(A)**）。
・5つのアミノ酸は極性側鎖を持つ。これらもまた親水性で他の極性分子や荷電分子を引き付ける（**表3.2(B)**）。
・7つのアミノ酸は非極性側鎖を持ち、疎水性である。細胞内の水性環境ではこれらの疎水性残基はタンパク質の内部に密集していることが多い（**表3.2(D)**）。

システイン、グリシン、プロリンという3つのアミノ酸は以下に記すように特殊例であるが、グリシンとプロリンの側鎖は一般的に疎水性である（**表3.2(C)**）。
・—SH基を持つシステイン側鎖は酸化反応において別のシステイン側鎖と反応して共有結合を作る（**図3.5**）。このような結合をジスルフィド結合（—S—S—）と呼び、ポリペプチド鎖の折りたたまれ方を決定する。
・グリシンの側鎖は1個の水素原子である。これは大きな側鎖が入り込めないタンパク質分子内部の狭い片隅にも十分入り込めるほど小さい。
・プロリンは水素原子の代わりに炭化水素側鎖と共有結合する特殊なアミノ基を持ち、環状構造が作られる。これにより水素結合を作る能力が制限され、α炭素のまわりでの回転も制

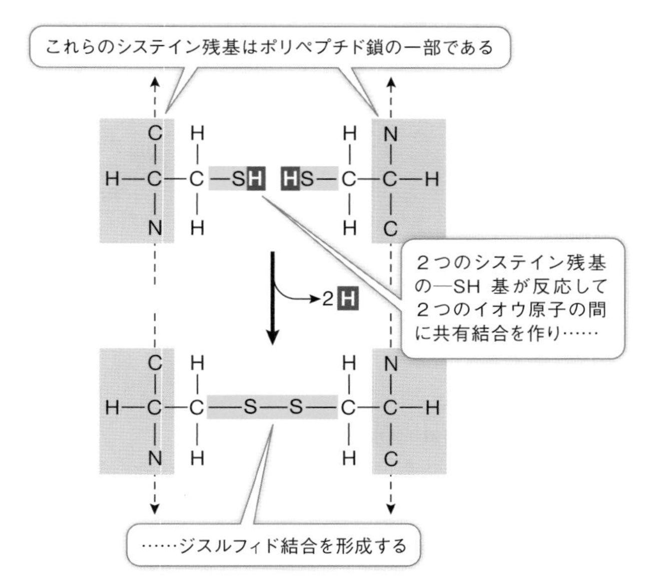

図3.5　ジスルフィド結合
１本のポリペプチド鎖中の２つのシステイン残基が酸化（H原子除去）によりジスルフィド結合を作る。

限される。このためプロリンはペプチド鎖が折れ曲がりループを作るようなところにしばしば存在する。

ペプチド結合がタンパク質の骨組みを作る

アミノ酸どうしをつなぐのは α 炭素に結合しているカルボキシ基とアミノ基の間の反応である。１つのアミノ酸のカルボキシ基が別のアミノ酸のアミノ基と反応し、縮合反応により**ペプチド結合**が作られる。**図3.6**にこの反応が示されている。

英文が大文字で始まりピリオドで終わるように、ポリペプチド鎖にも始まりと終わりがある。ポリペプチド鎖の始まりとな

表3.2　20種のアミノ酸

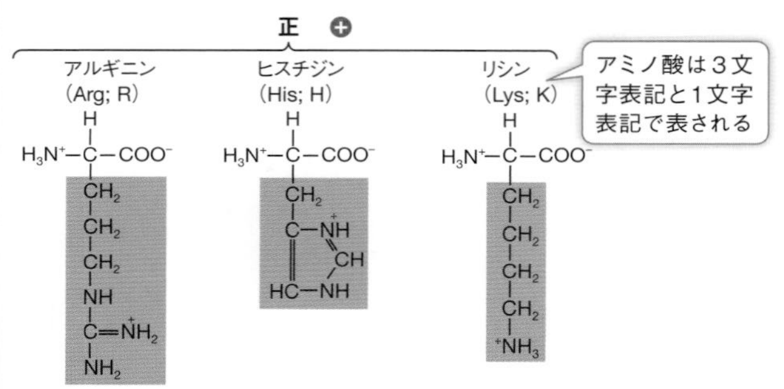

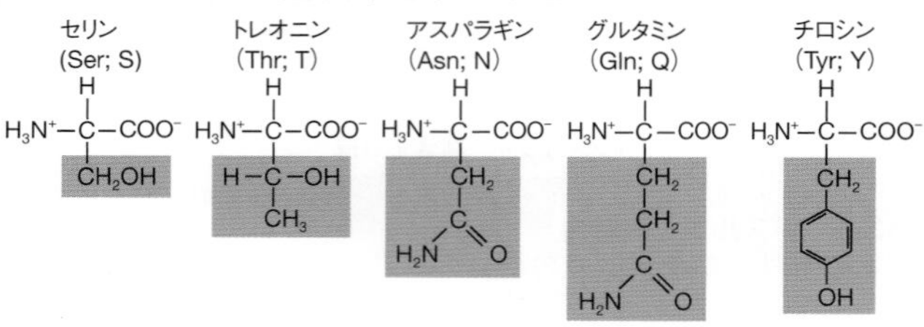

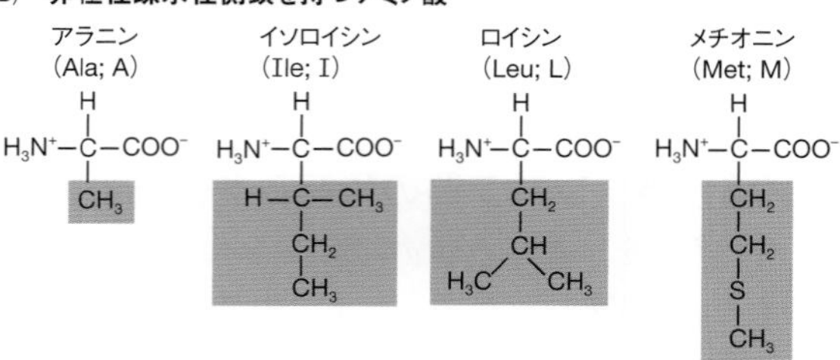

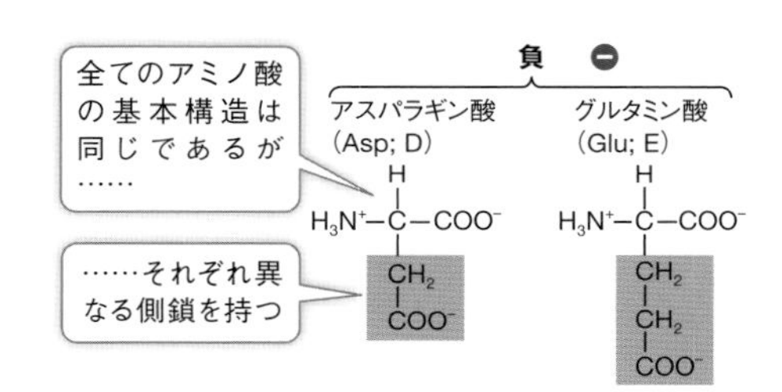
負 ⊖
アスパラギン酸
(Asp; D)
グルタミン酸
(Glu; E)
全てのアミノ酸の基本構造は同じであるが……
……それぞれ異なる側鎖を持つ
H
H_3N^+—C—COO^-
CH_2
COO^-

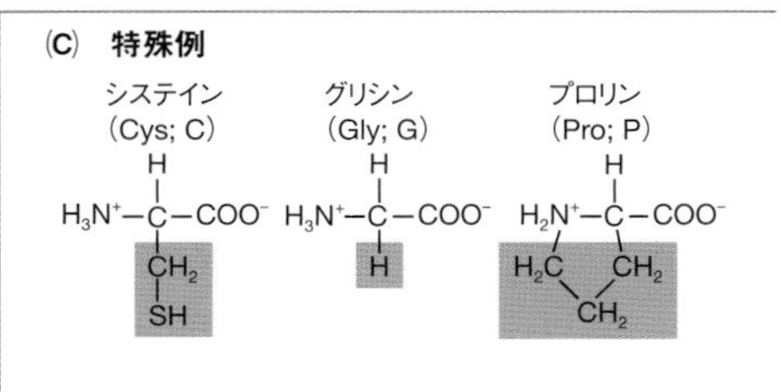
(C) 特殊例
システイン
(Cys; C)
グリシン
(Gly; G)
プロリン
(Pro; P)
H_3N^+—C—COO^-
H_2N^+—C—COO^-
CH_2
SH
H
H_2C
CH_2

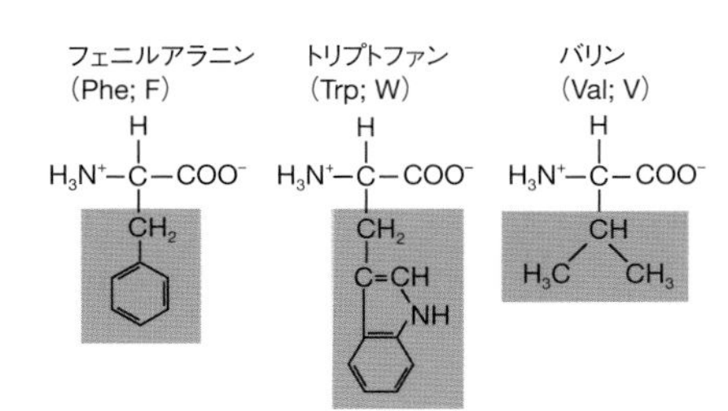
フェニルアラニン
(Phe; F)
トリプトファン
(Trp; W)
バリン
(Val; V)
H_3N^+—C—COO^-
CH_2
C=CH
NH
CH
H_3C
CH_3

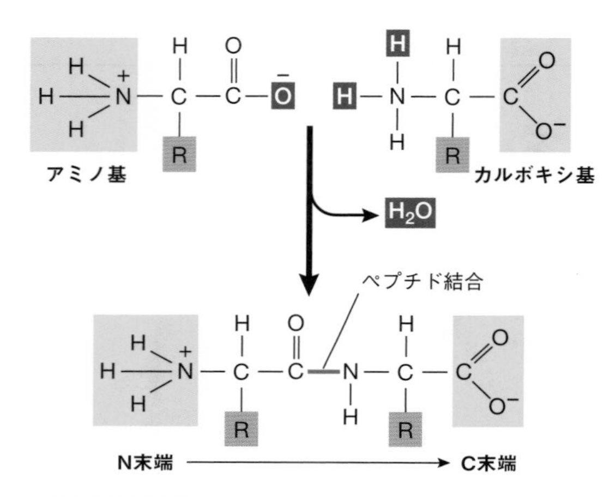

図3.6　ペプチド結合生成
生物ではペプチド結合生成にいたる脱水反応には多くの中間段階が存在するが、反応物と生成物はこの単純化された図で示されるものと同じである。

る“大文字”はポリペプチド鎖に最初に加わるアミノ酸のアミノ基でありN末端と呼ばれる。“ピリオド”は最後に加わるアミノ酸のカルボキシ基でありC末端と呼ばれる。

ペプチド結合が持つ2つの性質はタンパク質の三次元構造の決定において特に重要である：

1. C—N結合では隣り合うα炭素（αC—C—N—αC）は自由に回転できず、ポリペプチド鎖の折りたたまれ方が制限される。
2. カルボキシ基の炭素原子に結合している酸素原子（C═O）はわずかに負に荷電し（δ^-）、アミノ基の窒素原子に結合している水素原子（N—H）はわずかに正に荷電している（δ^+）。この荷電の非対称性によりタンパク質分子内あるいは分子間の水素結合が促進される。この水素結合が多くのタンパク質の構造と機能に寄与している。

ペプチド結合のこれらの性質に加えて、ポリペプチド鎖内の特定のアミノ酸（それぞれ多様な側鎖を持つ）配列もまたタンパク質の構造と機能の決定において重要な役割を果たす（図3.7）。

タンパク質の一次構造はそのアミノ酸配列である

ポリペプチド鎖内でペプチド結合により並んだアミノ酸の正確な配列をタンパク質の**一次構造**と呼ぶ（図3.7(A)）。ポリペプチド鎖の骨組みは各々のアミノ酸のアミノ基のN原子、αC原子、カルボキシ基のC原子からなる—N—C—C—の繰り返し配列から成り立っている。

アミノ酸の1文字表記（**表3.2**）がタンパク質のアミノ酸配列を記載するために用いられる。ここでは例としてウシリボヌクレアーゼタンパク質の全部で124あるうちの最初の20アミノ酸を示す：

KETAAAKFERQHMDSSTSAA

異なるタンパク質の数は理論上膨大なものとなる。20種の異なるアミノ酸が存在するので、ジペプチド（2つのアミノ酸がつながったもの）は20×20 = 400種、トリペプチド（3つのアミノ酸がつながったもの）は20×20×20 = 8000種存在しうる。この20をかける過程を100個のアミノ酸からなるタンパク質（これでも小さなタンパク質と考えられる）に当てはめてみよう。このようなタンパク質は20^{100}種（およそ10^{130}種）存在し、それぞれが異なる一次構造を持つ。20^{100}という数はどのぐらい大きいものだろうか？　物理学者によると、宇宙全体で

焦点：キーコンセプト図解

レベル	説明	安定化
(A)　**一次構造**	アミノ酸モノマーは結合してポリペプチド鎖を作る	ペプチド結合
(B)　**二次構造**	ポリペプチド鎖はαヘリックスやβ（プリーツ）シートを作る	水素結合
(C)　**三次構造**	ポリペプチド鎖は折りたたまれて特異な形をとる	水素結合； ジスルフィド結合； 疎水性相互作用
(D)　**四次構造**	２本以上のポリペプチド鎖が会合して大きなタンパク質分子を形成する	水素結合； ジスルフィド結合； 疎水性相互作用； イオン結合

図3.7　タンパク質構造の４つのレベル
タンパク質の二次構造、三次構造、四次構造は全てその一次構造に依存する。

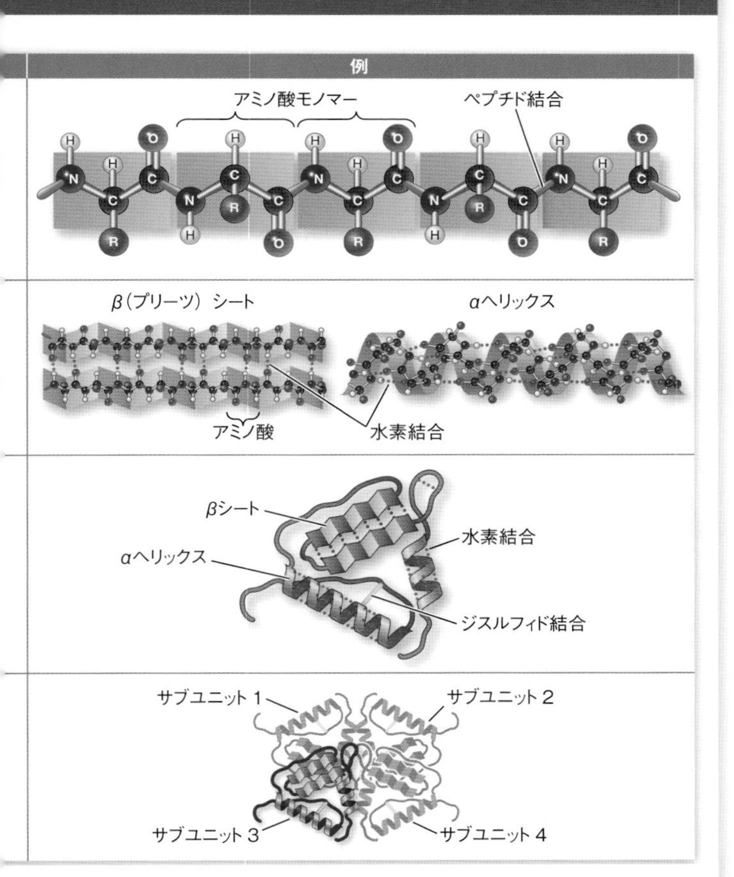

Q：タンパク質を水素結合が切れるように穏やかに熱した場合、影響を受けないのは構造のどのレベルだろうか？　その理由は？

もそれほど多くの電子はないそうである。
ポリペプチド鎖のアミノ酸配列がタンパク質の形を決める。アミノ酸の側鎖の官能基の性質（**表3.2**）が、ポリペプチド鎖がいかにねじれて折りたたまれ特異的な安定構造をとり、他のタンパク質と異なるものになるかを決定する。

タンパク質の二次構造は水素結合を必要とする

タンパク質の**二次構造**はポリペプチド鎖の異なる領域での規則的な繰り返し空間パターンから成り立っている。二次構造にはα（アルファ）ヘリックスとβ（ベータ）（プリーツ）シートという２つの基本的タイプがあり、両者ともに一次構造を作っているアミノ酸の間の水素結合によって決定されている。

αヘリックス　**αヘリックス**は普通の木ネジと同じ向きの右巻きのコイルである（**図3.7(B)**及び**図3.8**）。R基はらせんのペプチド骨格から外向きに突き出ている。らせんを巻くのは、あるアミノ酸のN—Hのδ^+水素原子と別のアミノ酸のC═Oのδ^-酸素原子との間に形成される水素結合のためである。
このタイプの水素結合がタンパク質のある部分にわたって繰り返されると、らせんが安定化される。

β（プリーツ）シート　**βシート**はほとんど完全に伸ばされ並べられた２本以上のポリペプチド鎖から構成される。シートはあるペプチド鎖のN—H基と別のペプチド鎖のC═O基との間の水素結合によって安定化される（**図3.7(B)**）。βシートは２つの異なるポリペプチド鎖間で作られることもあるし、１つのポリペプチド鎖が折れ曲がり、そのポリペプチド鎖上の異なる領域間で作られることもある。クモの引き糸（しおり糸）の歯止めがあり重ね合わされたシート（この章の冒頭及び「**生命を**

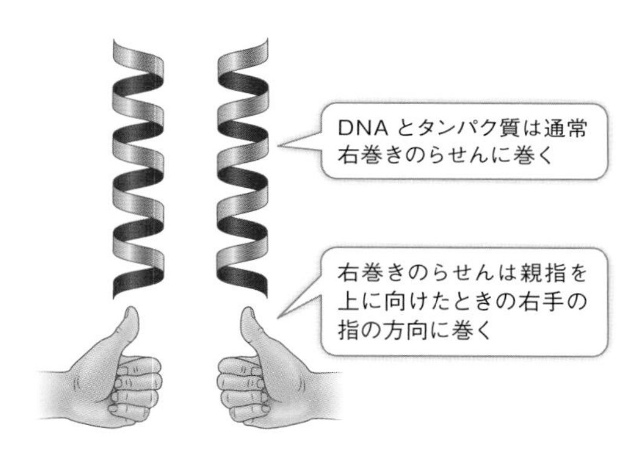

図3.8　右巻きらせんと左巻きらせん
タンパク質は二次構造の一部として１本以上の右巻きらせんを含むことが多い。

研究する：クモの糸を作る」で記載）はβシートから成り立っている。多くのタンパク質は同一のポリペプチド鎖中にαヘリックスとβシートの両者を含んでいる。

タンパク質の三次構造は折れ曲がりとたたみ込みにより形成される

多くのタンパク質において、ポリペプチド鎖は特定の場所で折れ曲がり前後に折りたたまれ**三次構造**を形成する（図3.7(C)）。αヘリックスとβシートも三次構造に寄与するが、これらの二次構造を持つのはタンパク質の一部分でしかない。大部分はタンパク質固有の三次構造からなる。例えば伸びるクモの糸（冒頭の話参照）中のタンパク質はそれがらせんに巻き込まれるようなアミノ酸配列の繰り返しを持っている。三次構造はタンパク質の最終的な三次元における形であり、埋め込まれた内部と環境に露出している表面を有している。

タンパク質の露出した外表面には細胞内の他の分子と相互作

用できる官能基が存在する。これらの分子はタンパク質、核酸、糖質、脂質など他の高分子の場合もあるし、小さな化学物質の場合もある。

ポリペプチド鎖内あるいは間のN—H基とC═O基間の水素結合が二次構造を決定することは既に説明した。三次構造ではR基どうしの相互作用及びR基と環境との相互作用が重要である。**キーコンセプト2.2**で記載した原子間の多様な強い相互作用及び弱い相互作用を思い出してほしい。ここではそれらの相互作用が三次構造の形成と維持に関わっている。

- 特定のシステイン側鎖間に共有結合であるジスルフィド結合が形成され（**図3.5**）、ポリペプチド鎖を折りたたまれた状態に保つ。
- 側鎖間の水素結合もまたタンパク質の折りたたみを安定化する。
- 疎水性側鎖がタンパク質の内部に密集し水から離れようとする。その過程でタンパク質は折りたたまれる。疎水性側鎖どうしの密接な相互作用はファンデルワールス力で安定化される。
- 正に荷電した側鎖と負に荷電した側鎖のイオン結合により、アミノ酸間に塩橋（訳註：異なる電荷を持つ解離基が近接し、イオン対で形成する結合のこと）が形成される。塩橋はタンパク質の表面近くにあることもあれば、水から離れたタンパク質内部に埋もれていることもある。これらの相互作用は負に荷電したアミノ酸、例えばグルタミン酸（負に荷電したR基を持つ）と正に荷電したアミノ酸であるアルギニンとの間に起こる（**表3.2**）。

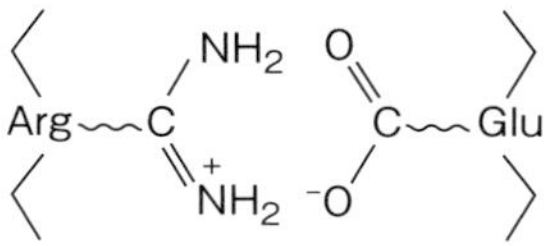

タンパク質はこれまで述べた全ての相互作用が最大化され不適切な相互作用、例えば２つの正に荷電した残基（ポリマー中のモノマーを残基と呼ぶ）が隣り合ったり疎水性残基が水に近かったりするような相互作用が最小化されるように折りたたまれ、最終的な形となる。タンパク質の三次構造を完璧に記載することは、タンパク質分子中の全ての原子の三次元空間内での他の全ての原子との相対的位置関係を特定することである。図3.9にリゾチームというタンパク質の構造を表す３つのモデルを示す。これらのモデルはそれぞれの利用法がある。空間充填モデルはタンパク質表面の特定の場所やＲ基と他の分子がどのように相互作用するかを研究するときに用いられる。スティックモデルはどこでポリペプチド鎖が折れ曲がりたたみ込まれるかを示す際に用いられる。リボンモデルは多分最もよく使われるモデルであるが、異なるタイプの二次構造を示しそれらがどのように三次構造へとたたみ込まれるかを示している。

二次構造も三次構造も一次構造に由来することを忘れてはならない。あるタンパク質をゆっくりと穏やかに加熱すると熱エネルギーは弱い相互作用のみを分断して二次構造と三次構造を破壊する。そのときタンパク質は**変性**したという。未変性のタンパク質と変性タンパク質を比較すると次のような差異がある。

- 未変性タンパク質はコンパクトである。変性タンパク質はそれに比べて容積が大きい。
- 未変性タンパク質の形は１つである。変性タンパク質は多くの形をとりうる。

・未変性タンパク質には構造を中から安定化する水素結合がある。変性タンパク質では外側に水との間の水素結合がある。

卵をいったん固ゆでするとそれを元に戻すことはできない。卵のタンパク質は不可逆的に変性してしまうからである。驚くべきことに、冷やされると正常な三次構造に戻りうるタンパク質もある。これは、タンパク質固有の形を特定するのに必要な情報は全てその一次構造に含まれていることを示している。これは生化学者クリスチャン・アンフィンゼンによってリボヌク

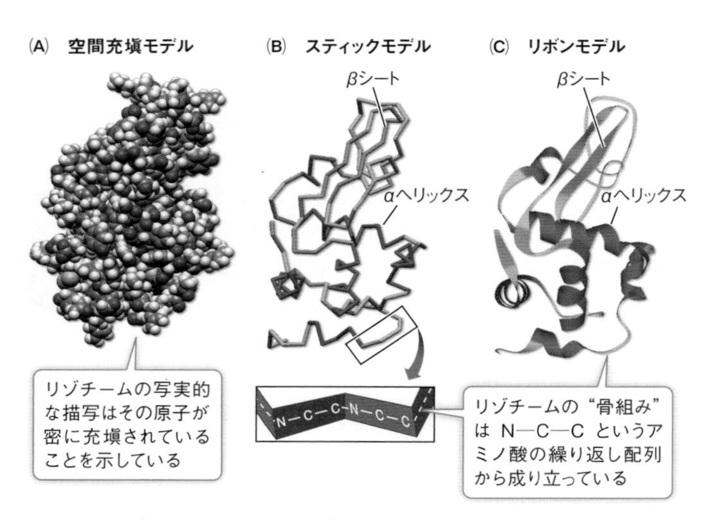

図3.9 リゾチームの3つのモデル
タンパク質の異なる分子モデルはその三次構造の異なる面を強調している。すなわち表面の特徴、ポリペプチド鎖の折れ曲がりがたたまれる場所、αヘリックスやβシートが存在する場所である。リゾチームの3つのモデルを方向をそろえて示す。

Q：タンパク質の親水性、疎水性の領域を同定することができるか？

レアーゼタンパク質に関して（タンパク質を変性させるのに熱ではなく化学物質を用いて）最初に示された（図3.10）。

タンパク質の四次構造はサブユニットから構成される

多くの機能性タンパク質は２本以上のポリペプチド鎖から構成される。それぞれのポリペプチド鎖は各々独自の三次構造へと折りたたまれている。タンパク質の**四次構造**はこれらのサブユニットが組み合わされ相互作用した結果出来上がる（図3.7(D)）。

ヘモグロビンは４つのポリペプチド鎖が相互作用して四次構造を形成している（図3.11）。疎水性相互作用、ファンデルワールス力、水素結合、イオン結合など全てが、４つのサブユニットが会合しヘモグロビン分子を形づくるのに貢献している。しかしながらこれらの力は弱いので、四次構造は微妙に変

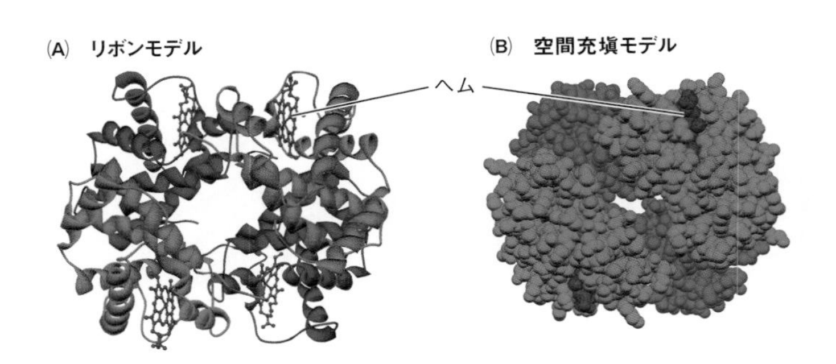

図3.11　タンパク質の四次構造
ヘモグロビンは、折りたたまれたポリペプチド鎖からなるサブユニット４個が会合して(A)リボンモデル、(B)空間充填モデルのような四次構造をとっている。どちらのモデルでもそれぞれのサブユニットのタイプは異なる色で示されている（αサブユニットは青、βサブユニットは緑）。ヘム基（赤）は鉄イオンを含んでいてここに酸素が結合する。

実験

図3.10(A)　一次構造が三次構造を決定する

原著論文：Anfinsen, C. B., E. Haber, M. Sela and F. White, Jr. 1961. The kinetics of formation of native ribonuclease during oxidation of the reduced polypeptide chain. *Proceedings of the National Academy of Sciences USA* 47: 1309-1314.
White, Jr., F. 1961. Regeneration of native secondary and tertiary structures by air oxidation of reduced ribonuclease. *Journal of Biological Chemistry* 236: 1353-1360.

リボヌクレアーゼタンパク質を用いてクリスチャン・アンフィンゼンはタンパク質が自発的に機能的に正しい三次元構造に折りたたまれることを示した。一次構造が分断されない限り、（正常な条件下で）正しく折りたたまれるための情報は保持されるのである。

仮説▶　正常な細胞環境を再現する条件下では、変性タンパク質は機能的な三次元構造を回復することができる。

方法

一次構造（引き伸ばされたポリペプチド鎖）だけが保たれるように機能を持つリボヌクレアーゼタンパク質を化学的に変性させる。

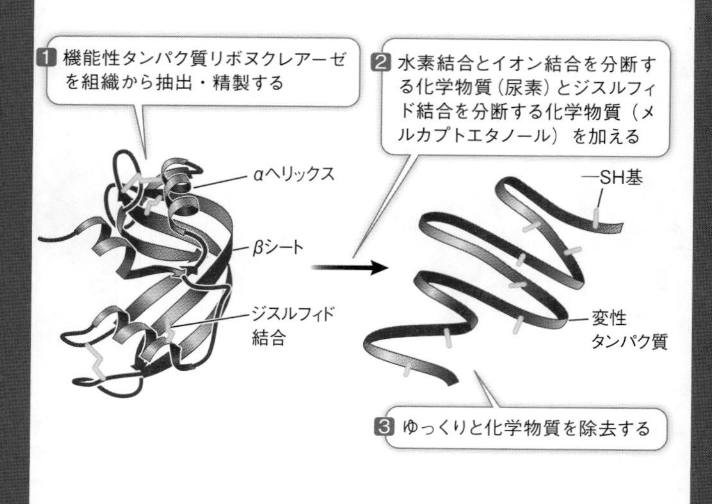

結果
　変性剤を除去すると、三次元構造が回復しタンパク質は再び機能するようになる。

結論▶　正常な細胞環境では、タンパク質の一次構造によってポリペプチド鎖が機能を持つ三次元構造に折りたたまれるように指定される。

次のページの図3.10(B)「データで考える」に続く。

化しその機能、すなわち赤血球における酸素運搬能を助けることが可能となる。ヘモグロビンがO_2分子を１個結合すると４つのサブユニットは互いの位置をわずかに変化させ、四次構造が変化する。イオン結合が分断され埋もれていた側鎖が現れてさらなるO_2分子の結合が促進される。ヘモグロビンが体の細胞にO_2分子を放出すると四次構造は元に戻る。

形と表面の化学がタンパク質の機能に寄与する

　タンパク質の形により、その露出した表面上の特異的な部位が他の分子（大きなものにせよ小さなものにせよ）と非共有結合的に結合できるようになる。この結合は通常はきわめて特異的である。ある特定の適合可能な化学基のみが互いに結合するからである。タンパク質の結合特異性はタンパク質の２つの一般的性質に依存する。１つはその形であり、もう１つは露出した表面に存在する官能基の化学的性質である。

・*形*。低分子がはるかに大きなタンパク質とぶつかって結合す

データで考える

図3.10(B)　一次構造が三次構造を決定する

原著論文：Anfinsen, C. B. et al. 1961; White, Jr., F. 1961.

タンパク質の三次構造が特異性の高いものであることが明らかになった後で、アミノ酸の配列順序がどのように三次元構造を決定するのかという疑問が起こった。２番目に構造が決定されたタンパク質がリボヌクレアーゼA（RNase A）だった。この酵素は屠場（とじょう）でウシの膵臓から容易に得ることができた。そしてウシの胃の中の強い酸性の環境で作用することから、ほとんどのタンパク質に比べて安定で精製するのが容易であった。RNase Aは124個のアミノ酸を持つ。これらの中には８つのシステイン残基があり、４つのジスルフィド結合を作っている。これらのシステイン残基間の共有結合はRNase Aの三次元構造にとって重要なものだろうか？　図3.10(A)に示したようにクリスチャン・アンフィンゼンらはこの疑問に取り組んだ。

質問▶

1. 初めはシステイン残基のイオウ原子は全て還元されている（—SH）ためにRNase Aのジスルフィド結合（S—S）は全て除かれていた。時間ゼロで再酸化が始まった。そして時間経過に従ってS—S結合再形成の量と酵素活性を化学的方法で測定した。そのデータを図Aに示す。
   どの時点でジスルフィド結合の形成は始まったのか？　どの時点で酵素活性は現れ始めたのか？　これらの時間差を説明せよ。

図A

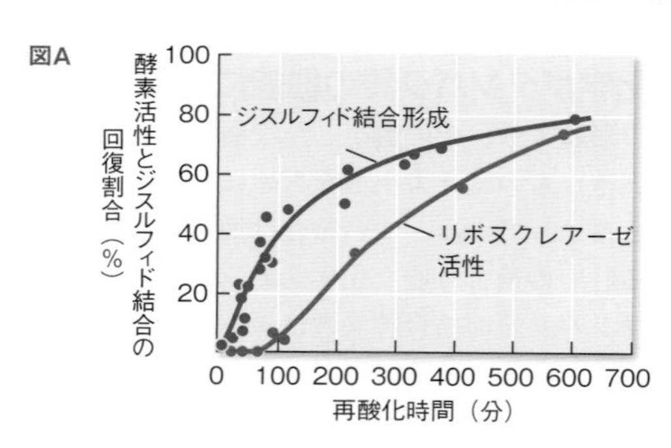

2. RNase Aの三次元構造を紫外線分光器で調べた。この技術ではタンパク質に種々の異なる波長（nmで測定）の紫外線を照射し、それぞれの波長でタンパク質によって吸収される紫外線の量を測定した（*E*）。その結果を図Bに示す。

図B

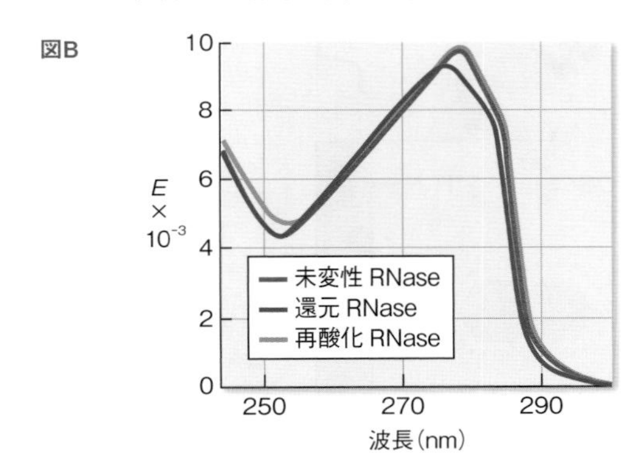

図を注意深く見よ。未変性RNase Aと変性（還元）RNase Aの吸収ピークの差異は何か？　還元RNase Aが再酸化されたときに何が起こったのか？　これらの実験からRNase Aの構造についてどんな結論が得られるだろうか？

る場合、野球のボールがキャッチャーミットに受け止められるのに似ている。ミットはボールを受け止めそれを包み込むような形をしている。ホッケーのパックや卓球の球が野球のキャッチャーミットにフィットしないように、ある分子はそれと三次元的な形がうまくフィットしないとタンパク質とは結合しない。

・*化学*。タンパク質の表面に露出したR基によって他の物質との化学的相互作用が可能となる（**図3.12**）。イオン結合、疎水性相互作用、水素結合という３つのタイプの相互作用が

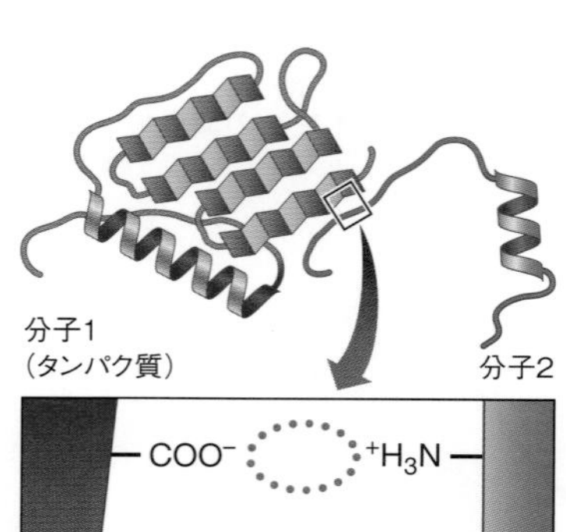

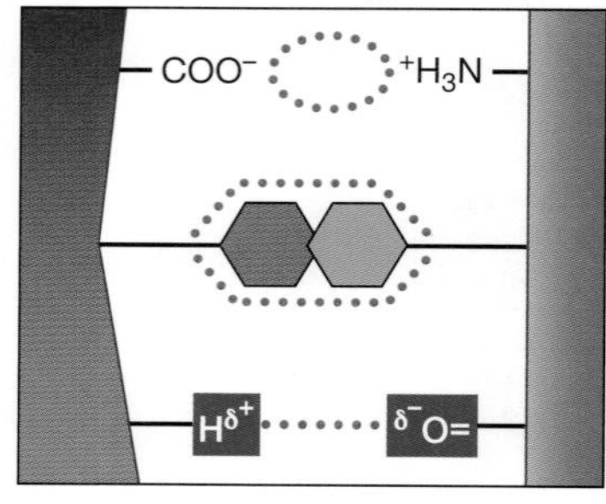

図3.12　タンパク質と他の分子との非共有結合性相互作用
非共有結合性相互作用により、タンパク質（赤）が他の分子（緑）と特異的に強く結合することが可能となる。非共有結合性相互作用により、タンパク質のある領域が同じタンパク質中の別の領域と相互作用することも可能となる。

Q：これらの相互作用はどうして熱に対して弱いのか？（ヒント：表2.1）

関連する。タンパク質の多くの重要な機能は表面のR基と他の分子との相互作用に依存している。

環境条件が酵素の構造に影響を与える

タンパク質の三次元構造は弱い力によって決定されているので、環境条件の影響を受ける。共有結合を壊すことができないような条件でも、二次構造、三次構造、四次構造を決定している弱い非共有結合性相互作用を断ち切ることはできる。そのような条件はタンパク質の形と機能に影響を与えうる。多様な条件が弱い非共有結合性相互作用に影響を及ぼしうる。

・温度を上昇させると分子の運動が速くなり水素結合や疎水性相互作用が分断されうる。
・pHの変化はアミノ酸のR基のカルボキシ基やアミノ基のイオン化パターンを変化させ、これらのイオン化された基どうしの引き付け合いや反発に影響を及ぼす。
・尿素などの極性物質を高濃度で作用させると、タンパク質の構造にとって重要な水素結合を分断しうる。尿素は**図3.10**で示した可逆的なタンパク質変性の実験で用いられた。
・タンパク質の構造維持に疎水性相互作用が重要な役割を果たしている場合には非極性物質もタンパク質の正常な構造を破壊しうる。

タンパク質の形は変わりうる

酸素を結合したときに微妙な形態変化が起こるヘモグロビンの例で見たように、タンパク質の形は他の分子との相互作用の結果、変わりうる。タンパク質は共有結合修飾を受けた場合にも変わりうる。

・*タンパク質は他の分子と相互作用する。*タンパク質は単独で存在することはない。実際のところ生化学者が特定のタンパク質を、化学的な“針”で“釣り上げよう”（精製しよう）とする場合、“釣り上げられた”タンパク質は他のものと結合していることがしばしばである。この分子間相互作用は四次構造を作り上げる相互作用（前記参照）と類似のものである。あるポリペプチド鎖が他の分子と接触する場合、表面のR基は他の分子表面の官能基と弱い相互作用（疎水性相互作用、ファンデルワールス力など）を起こす。その結果、ポリペプチド内部のR基間の相互作用が分断され、形態変化が起こりうる（図3.13(A)）。続く章で多くの実例を見ることになる。

・*タンパク質は***共有結合修飾***を受ける。*タンパク質は作られた後で、その構成アミノ酸（２個以上の場合もある）の側鎖の官能基に共有結合修飾を受けることがある。１個のアミノ酸の化学修飾だけでもタンパク質の形と機能が変わりうる。１つの例として比較的極性が低いR基への荷電したリン酸基の付加がある。これによってリン酸基付加を受けたアミノ酸

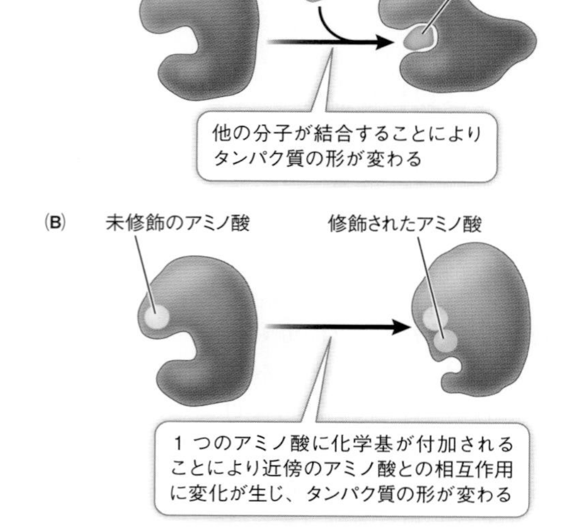

図3.13　タンパク質の構造は変わりうる
タンパク質は他の分子が結合した場合(A)や化学修飾を受けた場合(B)に三次構造が変化しうる。

がより親水性となりタンパク質の外表面へと移動し、そのアミノ酸近傍のタンパク質の形が変化する（図3.13(B))。

---

*概念を関連づける　タンパク質の共有結合修飾とそれに伴う形と機能の変化は、細胞内信号伝達（キーコンセプト7.3）から植物の成長ホルモンの作用まで多岐にわたる生物現象の基盤となっている。

分子シャペロンがタンパク質の形づくりを助ける

生きている細胞内では、ポリペプチド鎖はしばしば間違った物質を結合してしまう危険性がある。これが起こりうる状況が２つある。

1. タンパク質が作られたばかりのとき

   タンパク質が完全に折りたたまれていないときには間違った分子が結合する表面が存在しうる。

2. 変性後

   穏やかな熱処理などの条件下では、生物が死ぬことなしにその生細胞内のタンパク質の変性が起こりうる。変性タンパク質が正しく折りたたまれる前に、間違った分子が結合する表面が存在しうる。これらの例では、不適切な結合が不可逆的な場合もある。

多くの細胞が**シャペロン**という特別なタイプのタンパク質を持っている。シャペロンは他のタンパク質の三次元構造を保護する役割を果たす。シャペロンは保護すべきタンパク質が生み出されるときと変性したときに結合する。高校のダンス会におけるシャペロン（訳注：アメリカではダンス会で礼儀作法を教えるために若者に付き添う親や教師をシャペロンと呼ぶ）のように、シャペロンタンパク質は不適切な相互作用を阻止して適切な相互作用を促進する。典型的には、シャペロンタンパク質はカゴのような構造をしており、ポリペプチド鎖を引き込み、正しい形に折りたたまれるようにしてから放出する（図3.14）。がんはシャペロンタンパク質を合成するが、これはがん化において重要なタンパク質を安定化するためであろう。このためシャペロン阻害薬が化学療法において用いられている。場合によってはこれらの阻害薬による治療でがん細胞内のタンパク質の不適切な折りたたみが起こり、がんが成長するのを防ぐことができる。

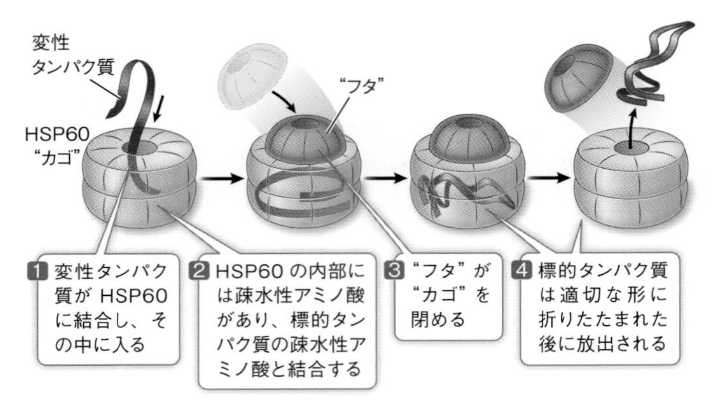

図3.14　分子シャペロン
シャペロンタンパク質は新しいタンパク質もしくは変性したタンパク質を取り込み、間違った物質と結合するのを阻止する。ここに示すHSP60のようなヒートショックタンパク質はシャペロンタンパク質の一種である。

Q：どうしてヒートショックタンパク質は細胞にとって重要なのか？

3.3 単糖が糖質の基本構造単位である

糖質は、全て似かよった原子構成を持つが、大きさ、化学的性質、生物機能において多様性が大きい、巨大な分子集団である。糖質は通常 $(C_1H_2O_1)_n$（n は個数を指す）という一般化学式によって表される。このため炭水化物（炭素の水化物）という名称でも知られている。しかしながら糖質は実際には“水化物”ではない。水分子はそのままではないからである。つながり合った炭素原子には水の構成成分である水素原子（—H）とヒドロキシ（水酸）基（—OH）が結合している。

糖質には４つの大きな生化学的役割がある。

1. 貯蔵エネルギー源であり、エネルギーを生物が利用可能な形で放出する。
2. 複雑な生物では、貯蔵されたエネルギーを輸送するのに用いられる。
3. 新しい分子を形成するための炭素骨格の役割を果たす。
4. 生物に構造を与える細胞外部品（例えば細胞壁など）を形成する。

糖質の中には分子量が100以下の比較的小さなものもあるが、他は分子量が数十万の真の高分子である。

学習の要点

・糖質は主として化学エネルギーを貯蔵・運搬する役割を持つ。また新しい高分子を合成するための材料としても機能する。

・グルコースから構成される多糖は全て、エネルギー貯蔵の役割及び構造的役割を果たすが、枝分かれパターンやグルコース間のグリコシド結合のタイプに違いがある。

生物学的に重要な糖質はモノマーの数によって4つに分類される。

1. **単糖**はグルコースのように単純な糖であり、大きな糖質を構成するためのモノマーである。
2. **二糖**は2つの単糖が共有結合でつながったものである。最も身近な二糖はスクロース（ショ糖）であり、これはグルコースとフルクトースが共有結合したものである。
3. **オリゴ糖**はいくつか（3～20）の単糖がつながったものである。
4. **多糖**はデンプン、グリコーゲン、セルロースなどのように数百・数千の単糖がつながったポリマーである。

単糖は単純な糖である

全ての生細胞は**グルコース**という単糖を含んでいる。グルコースはヒトでエネルギーを貯蔵・運搬するのに用いられる“血糖”である。細胞はグルコースをエネルギー源として利用、それを一連の反応で分解し、貯蔵されたエネルギーをより使いやすい化学エネルギーに変換し、二酸化炭素を産生する。これは**キーコンセプト2.3**で見た細胞における燃焼の形である。

グルコースは直鎖状あるいは環状構造で存在する。環状構造が事実上全ての生物学的状況で多数を占める。水中でより安定だからである。グルコース環にはα-グルコースとβ-グルコースの2種が存在する。これらは炭素1に結合している—H基と—OH基の向きが違うだけである（**図3.15**）。α型とβ型は相互変換可能で、水の中では平衡状態にある。

異なる単糖は異なる数の炭素を含む。単糖のあるものは互いに構造異性体であり、同じ種類と数の原子を含むがそれらの配置が異なっている（**図3.16**）。このような見かけ上小さな構造的差異が特性の大きな違いを生み出しうる。生物界の単糖のほとんどは光学異性体のうちD（右旋性）体である。

- **ペントース**（五炭糖）は5個の炭素を含む糖である。2つのペントースが生物学的に重要である。核酸であるRNAとDNAの骨格はそれぞれリボースとデオキシリボースを含んでいる（**キーコンセプト4.1**）。これら2つのペントースは互いに異性体ではなく、デオキシリボースでは炭素2から酸素原子1個がなくなっている（デオキシは酸素がなくなっていることを表す）。この酸素原子がなくなっていることがRNAとDNAの間の重要な差異である。
- **ヘキソース**（六炭糖）を**図3.15**と**図3.16**に示すが、化学式$C_6H_{12}O_6$で表される一群の構造異性体である。よく見られるヘキソースはグルコース、フルクトース（果糖、最初に果物で見つかったのでこの名前になった）、マンノース、ガラクトースである。

単糖はグリコシド結合によりつながる

二糖、オリゴ糖、多糖は全て単糖がグリコシド結合を形成する縮合反応により共有結合して作られる（**図3.17**）。2つの単糖の間の1つのグリコシド結合によって二糖ができる。例えば、スクロース（ショ糖）は食卓で用いる砂糖（本物、人工甘味料ではない）で植物の主要な二糖であるが、グルコース分子とフルクトース分子からなる。

マルトースとセロビオースという二糖は2個のグルコース分子からなる（**図3.17**）。マルトースとセロビオースは構造異性体であり、両者ともに$C_{12}H_{22}O_{11}$という化学式を持つ。しかしながら、両者ともに異なる化学的性質を持ち、生体組織では

170ページへ→

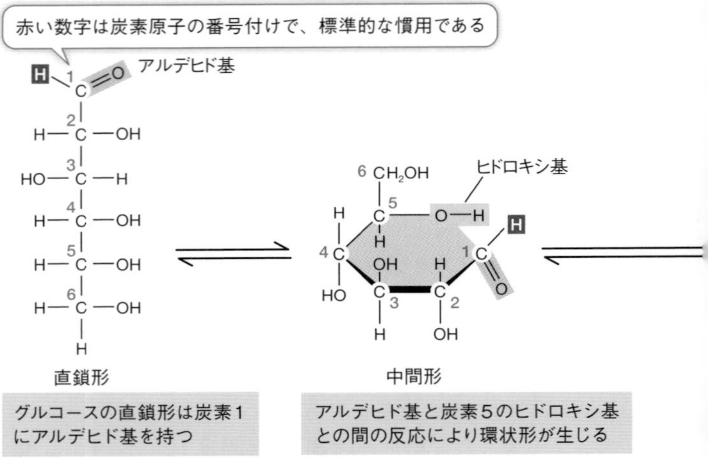

赤い数字は炭素原子の番号付けで、標準的な慣用である
アルデヒド基
ヒドロキシ基
直鎖形
中間形
グルコースの直鎖形は炭素1にアルデヒド基を持つ
アルデヒド基と炭素5のヒドロキシ基との間の反応により環状形が生じる

図3.15　グルコースの形の変換
全てのグルコース分子は$C_6H_{12}O_6$という化学式を持っているが構造は変わりうる。水溶液中では、グルコースのα環とβ環は相互変換 ↗

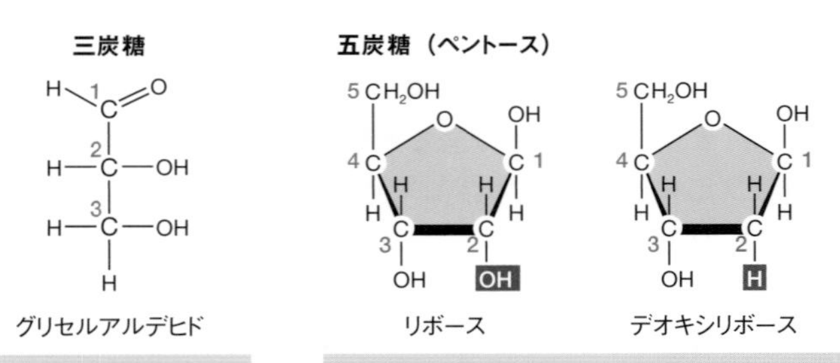

三炭糖
五炭糖（ペントース）
グリセルアルデヒド
リボース
デオキシリボース
グリセルアルデヒドは最も小さな単糖であり、直鎖形でのみ存在する
リボースとデオキシリボースはそれぞれ5個の炭素原子を持っているが、異なる化学的性質を持ち異なる生物学的役割を担っている

図3.16　単糖は単純な糖である
単糖は異なる数の炭素原子からなっている。ヘキソースのあるものは互いに同じ種類と数の原子を持つ構造異性体であるが、原子の配 ↗

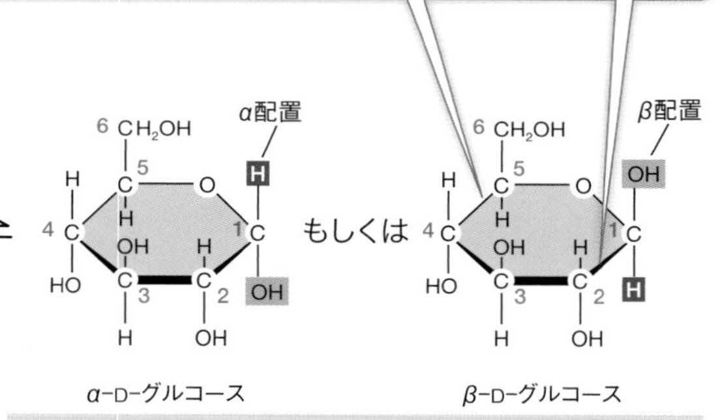

環が閉じるときのアルデヒド基の向きにより、α-D-グルコースもしくはβ-D-グルコースという２つの分子のいずれかが生じる

可能である。ここで用いた炭素原子の番号付けは生化学では標準的なものである。

六炭糖（ヘキソース）

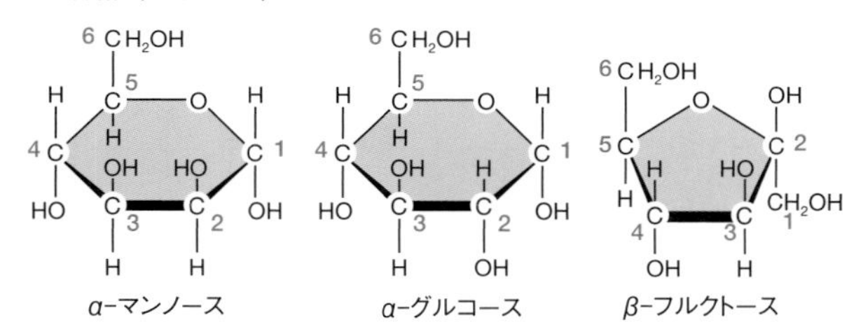

これらのヘキソースは構造異性体である。全てが $C_6H_{12}O_6$ という化学式を持っているが、それぞれ異なる生化学的性質を示す

置が異なっている。例えばフルクトースはヘキソースであるが、ペントースのように五員環を形成する（訳注：六員環も作りうる）。

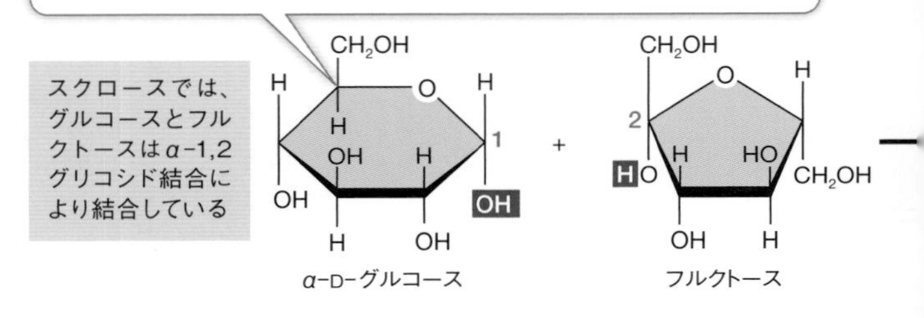

マルトースは2つのグルコース分子の間でα-1,4グリコシド結合が形成されてできる。1つのD-グルコースの炭素1のヒドロキシ基がもう1つのD-グルコースの炭素4のヒドロキシ基と反応する

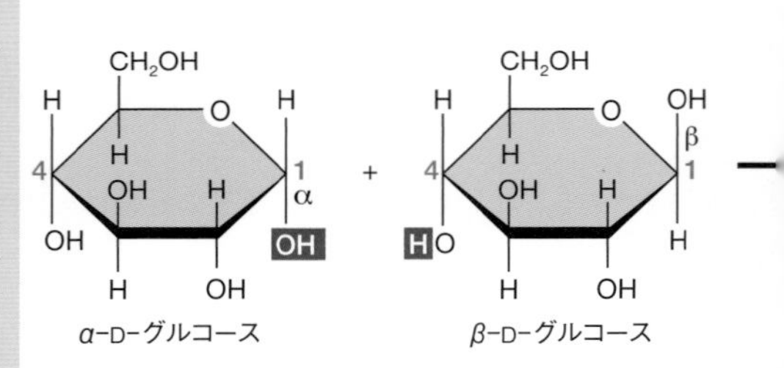

セロビオースでは2つのグルコースがβ-1,4グリコシド結合によりつながる

CH_2OH H O OH β 4 H 1 OH H OH H H OH β-D-グルコース + CH_2OH H O OH β 4 H 1 HO OH H H H OH β-D-グルコース

図3.17　二糖はグリコシド結合によって形成される

2つの単糖間のグリコシド結合により多くの異なる二糖ができる。どの二糖ができるかは、単糖の種類、結合の場所（どの炭素原子がつながるか）、結合の形（αかβか）による。

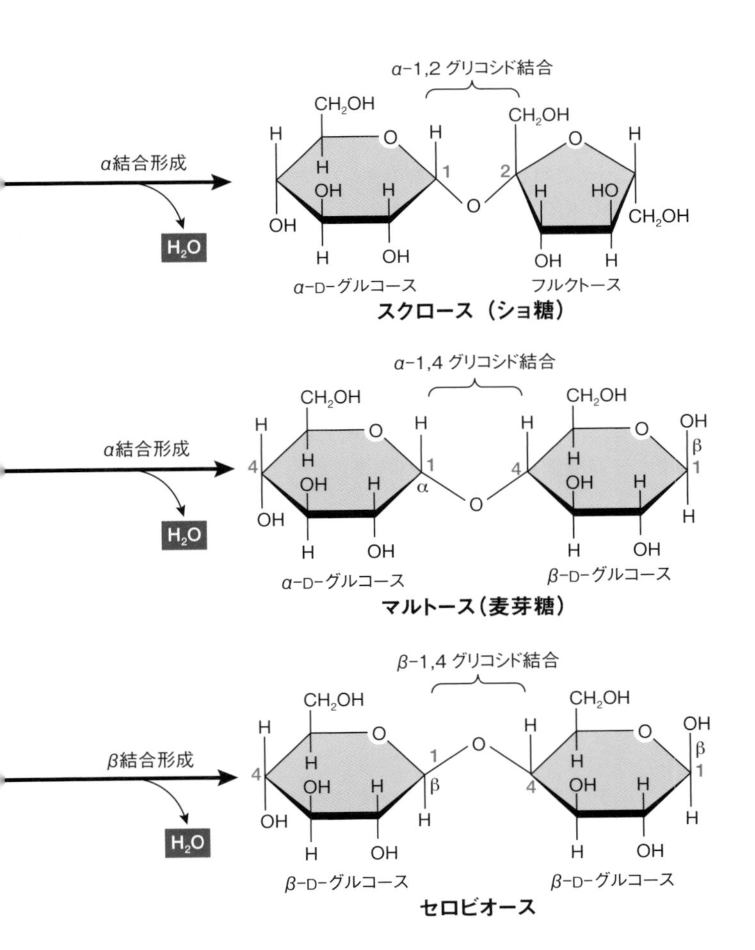
α結合形成
H_2O
α-1,2 グリコシド結合
CH_2OH
H
O
H
OH
H
OH
H
OH
1
O
2
CH_2OH
O
H
H
HO
CH_2OH
OH
H
α-D-グルコース
フルクトース
スクロース（ショ糖）
α結合形成
H_2O
α-1,4 グリコシド結合
CH_2OH
4
1
α
O
CH_2OH
OH
β
1
α-D-グルコース
β-D-グルコース
マルトース（麦芽糖）
β結合形成
H_2O
β-1,4 グリコシド結合
1
β
O
4
β-D-グルコース
β-D-グルコース
セロビオース

異なる*酵素によって認識される。例えば、マルトースは人体内で単糖へと加水分解されるが、セロビオースは分解されない。

---

*概念を関連づける　酵素は生化学反応において反応物（基質）と接触したときに形が変わる重要な一群のタンパク質である。それぞれの酵素には特異的に結合する基質が存在する。キーコンセプト8.4参照。

オリゴ糖はいくつかの単糖がグリコシド結合により多様な部位でつながったものである。多くのオリゴ糖が官能基を持っており、それによって特別な性質を示す。オリゴ糖はしばしば細胞表面のタンパク質や脂質に共有結合しており、認識のためのシグナルとして機能する。異なるヒト血液型（ABO血液型など）はオリゴ糖鎖によってその特異性がもたらされる。

多糖はエネルギーを貯蔵し構造材料を提供する

多糖は単糖がグリコシド結合でつながった大きな（しばしば巨大な）ポリマーである（**図3.18**）。ポリペプチドとは対照的に、多糖は必ずしもモノマーの直鎖ではない。それぞれのモノマーにはグリコシド結合を作りうる部位が数ヵ所あり、枝分かれも可能である。

デンプン　**デンプン**は似たような構造を持つ一群の大きな分子である。全てのデンプンはグルコースがα-グリコシド結合（α-1,4及びα-1,6グリコシド結合；**図3.18(A)**）で結合した多糖であるが、異なるデンプンは炭素1及び炭素6での枝分かれの量によって区別される（**図3.18(B)**）。デンプンは植物の主要なエネルギー貯蔵物である。植物デンプンの中にはアミロースのように枝分かれのないものもあるが（訳注：アミロースは数千のグルコースがα1,4グリコシド結合で結びついた鎖状ポリマーであり、デンプン中のアミロースには少ないが枝分かれもある)、他のデンプンは適度に枝分かれがある（例えばアミロペクチンなど)。デンプンは容易に水と結合する。料理をしたことがあるならご存知だろう。しかしながら水を除くと、枝分かれのない多糖鎖の間で水素結合が形成され凝集する。デンプン顆粒と呼ばれる大きなデンプン凝集物は植物種子の貯蔵組織中に見ることができる（図3.18(C))。デンプンを加熱すると水素結合が分断されこれらの凝集物は分解される。デンプンは軟らかく結晶構造をとらなくなり、水を吸収して明確な形をとらなくなる。これが小麦粉を焼くときに起こることであり、パンにその質感を与えるものである。次にパンを食べるときには水素結合のことを思い出してほしい。

グリコーゲン　**グリコーゲン**は水に不溶の高度に枝分かれしたグルコースポリマーである。グリコーゲンは肝臓及び筋肉でグルコースを貯蔵するために用いられる。このためデンプンが植物のエネルギー貯蔵物であるように、グリコーゲンは動物のエネルギー貯蔵物である。グリコーゲンもデンプンも容易に加水分解されてグルコースモノマーになり、グルコースはさらに分解されて貯蔵されているエネルギーを放出する。

もしグルコースが燃料として必要ならば、どうしてグリコーゲンの形で貯蔵されるのだろうか？　その理由は1000個のグルコース分子は１個のグリコーゲン分子の1000倍の浸透圧をもたらすからである。それによってグルコースが貯蔵されている細胞に水が入り込んでくる（**キーコンセプト6.3**)。もし多糖がなかったら、多くの生物は細胞内から過剰な水を排除するために多くのエネルギーを消費せざるを得なくなるだろう。

セルロース　植物の細胞壁の主要な成分として、**セルロース**は

174ページへ→

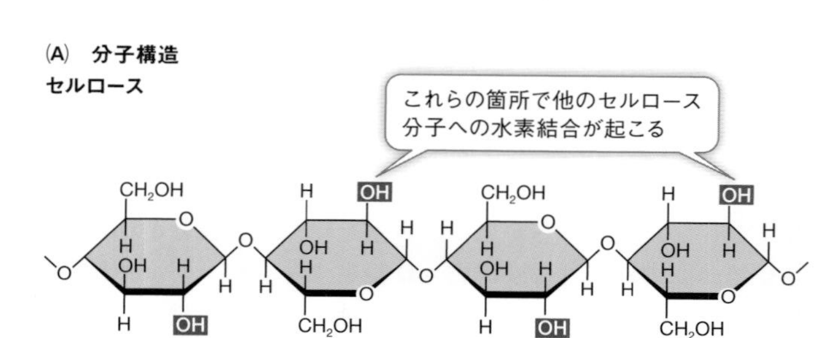

セルロースは化学的に非常に安定なβ-1,4グリコシド結合によりグルコースが重合した枝分かれのないポリマーである

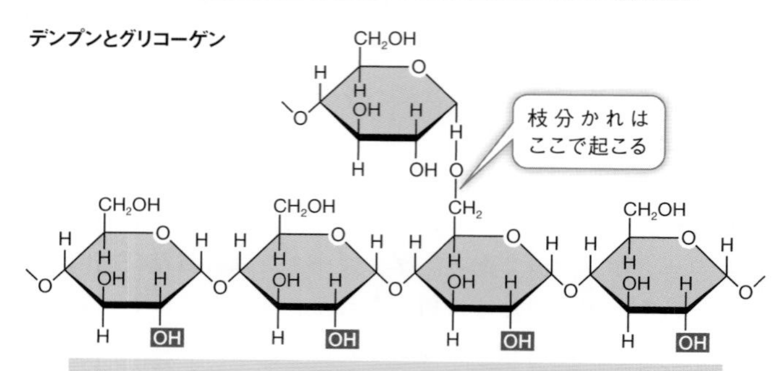

グリコーゲンとデンプンはグルコースがα-1,4 グリコシド結合で重合したポリマーである。炭素6でα-1,6 グリコシド結合による枝分かれが生じる

図3.18　代表的な多糖
セルロース、デンプン、グリコーゲンは多糖の枝分かれや圧縮度に差異がある。

(B) 高分子構造

直鎖状（セルロース）

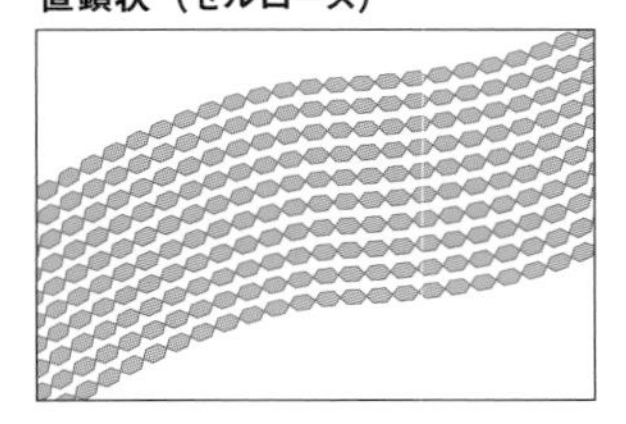

平行なセルロース分子間で水素結合が形成され細い小線維ができる

枝分かれ（デンプン）

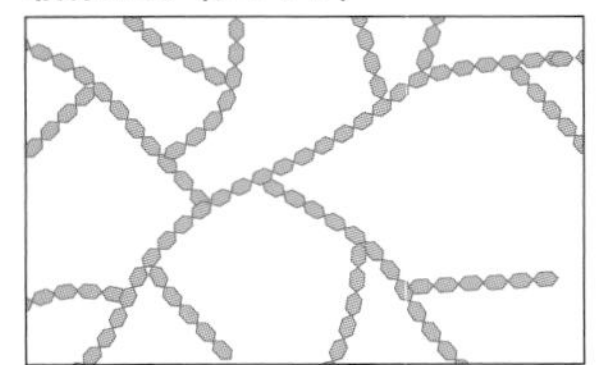

枝分かれのせいでデンプン分子内で形成される水素結合の数が制限され、デンプンはセルロースに比べてコンパクトにならない

高度な枝分かれ（グリコーゲン）

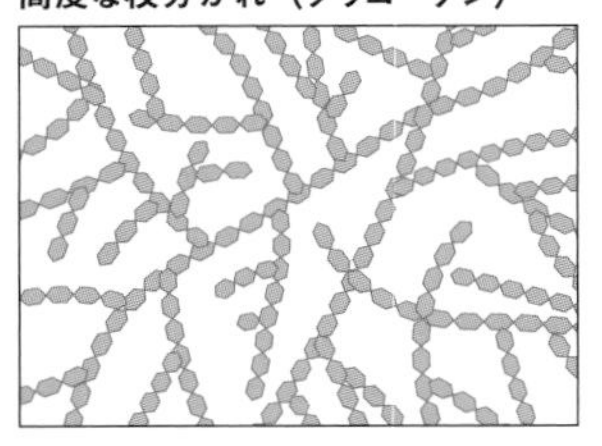

グリコーゲンには枝分かれが大量に存在するのでグリコーゲン顆粒はデンプンに比べてコンパクトである

(C) 細胞内の多糖

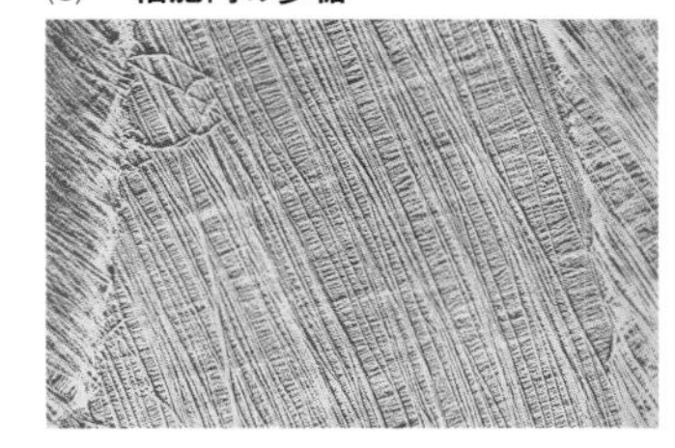

この走査電子顕微鏡写真で見られるようなセルロース小線維の層構造が植物の細胞壁に大きな強度を与える

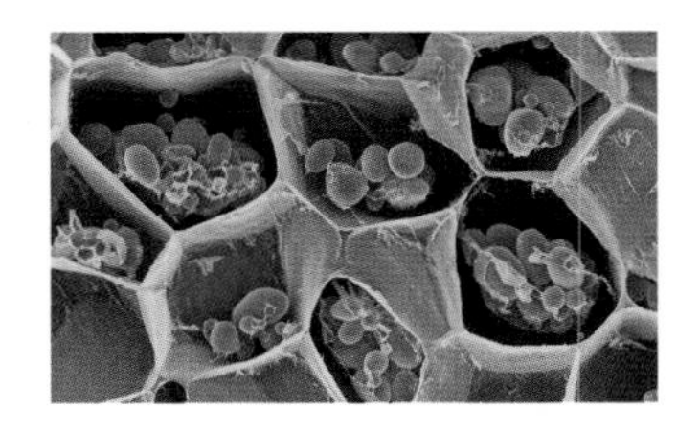

これらのジャガイモの細胞内では、デンプン（この走査電子顕微鏡写真では赤く着色されている）は顆粒状の形をしている

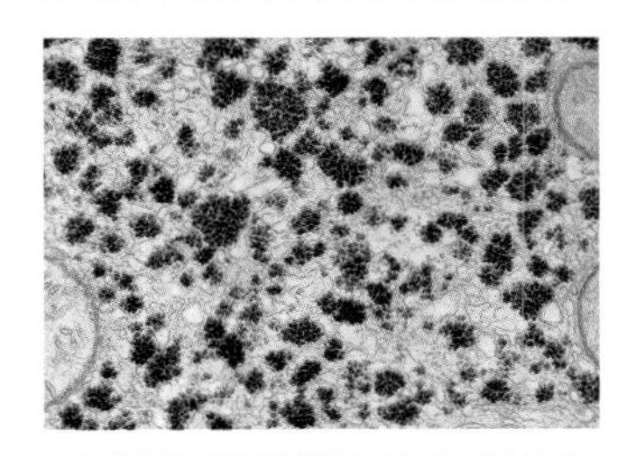

この電子顕微鏡写真中の黒い塊はグリコーゲン顆粒である

地球上で群を抜いて豊富に存在する有機化合物である。デンプンやグリコーゲンと同様に、セルロースはグルコースからなる多糖である。しかしそれぞれのグルコースはα-グリコシド結合ではなくβ-グリコシド結合によってつながっている。デンプンは化学薬品や酵素の作用によって容易に分解される。しかしながらセルロースはβ-グリコシド結合のせいで化学的により安定である。このためデンプンは容易に分解されてエネルギー産生反応にグルコースを供給しうる一方で、セルロースは厳しい環境条件にもあまり変化することなく耐えうる優秀な構造材料を提供してくれるのである。

化学的に修飾された糖質は特別な官能基を備えている

糖質の中にはリン酸基、アミノ基、あるいは*N*-アセチル基などの官能基付加により修飾されているものがある（図3.19）。例えば、1個以上の—OH基にリン酸基が付加されている場合がある（**図3.19(A)**）。その結果生じたフルクトース1,6-ビスリン酸などの糖リン酸は、細胞のエネルギー反応の重要な中間代謝物となる（詳細は第3巻の**第15章**）。

—OH基をアミノ基（NH_2）で置換すると、グルコサミンやガラクトサミンなどのアミノ糖が生じる（**図3.19(B)**）。これらの化合物は細胞外基質（**キーコンセプト5.4**）において重要であり、細胞外基質中では糖タンパク質の一部を形成している。糖タンパク質は組織をまとめている分子である。ガラクトサミンは軟骨の主要な構成成分である。軟骨は骨端部を覆い、耳や鼻を硬くする組織である。グルコサミンの誘導体はキチン（**図3.19(C)**）の構成成分である。キチンは昆虫や多くの甲殻類（カニやロブスターなど）の外骨格の主要な構造多糖であり、菌類の細胞壁の構成成分でもある。

(A)　**糖リン酸**

フルクトース1,6-ビスリン酸はグルコースからエネルギーを放出する反応に関与している（名称中の数字はリン酸基が結合している炭素の番号を表す；ビス- は2個のリン酸基が存在していることを示す）

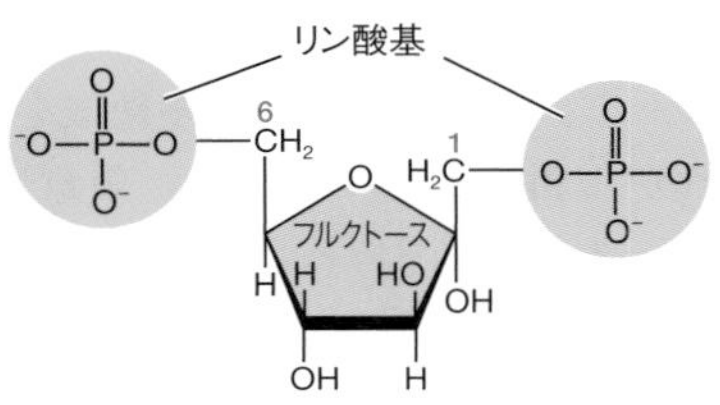

(B)　**アミノ糖**

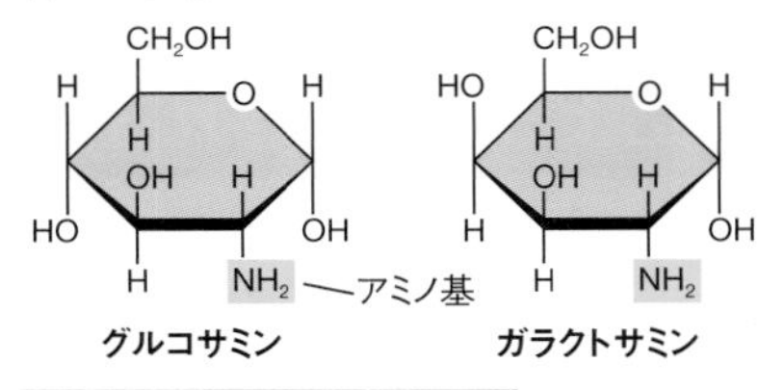

単糖であるグルコサミンとガラクトサミンはヒドロキシ基がアミノ基で置換されたアミノ糖である

ガラクトサミンは脊椎動物の結合組織の１つである軟骨の重要な構成成分である

(C)　**キチン**

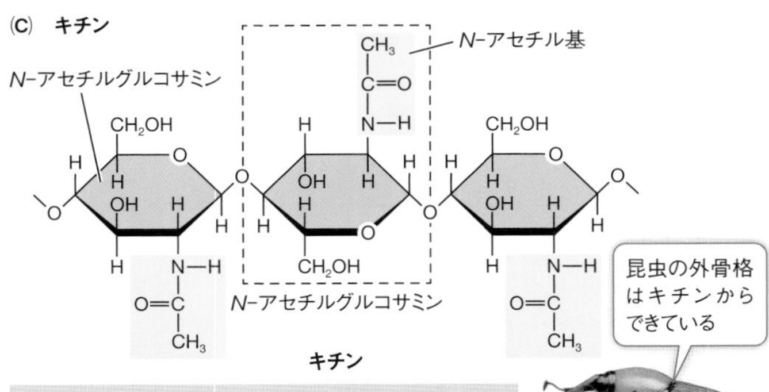

昆虫の外骨格はキチンからできている

キチンは *N*-アセチルグルコサミンのポリマーである。*N*-アセチル基はポリマー間の水素結合の部位を増やす

図3.19　化学的に修飾された糖質
付加された官能基は糖質の形と性質を変えることがある。

これまでどのようにしてアミノ酸モノマーがタンパク質ポリマーを、単糖モノマーが多糖類を形づくるのかを見てきた。これから脂質を見ていこう。脂質は4つの生体高分子の中でユニークな存在である。というのは厳密な意味ではポリマーではないからである。

3.4 脂質は化学構造ではなく水への溶解度によって分類される

脂質は、日常会話では脂肪と呼ばれるが、水に不溶性の炭化水素である。水に不溶なのは多数の非極性共有結合があるからである。**キーコンセプト 2.2**で見たように非極性炭化水素分子は疎水性で、極性物質である水を避けて互いに凝集しやすい。非極性の炭化水素が互いに近づくと、弱いけれども相加的なファンデルワールス力が炭化水素どうしを結び付ける。その結果生じる巨大な高分子凝集物は厳密な化学的意味ではポリマーではない。個々の脂質分子は共有結合されていないからである。このことを理解しておけば、個々の脂質の凝集物を異なる種類のポリマーとみなすことは有用である。

学習の要点

- トリグリセリドはグリセロールが3個の脂肪酸とエステル結合した単純な脂質である。
- リン脂質は両親媒性なので、凝集してリン脂質二重層を作ることができる。これは膜構造を作るのに有用である。
- カロテノイド、ステロイド、ある種のビタミン、蠟（ワックス）は脂質として分類され、その化学構造により多様な機能を果たす。

脂質にはいくつかの異なるタイプがあり、生物において多くの役割を果たしている。

・脂肪と油はエネルギーを蓄える。
・リン脂質は細胞膜において重要な構造的役割を担う。
・カロテノイドとクロロフィルは植物が光エネルギーを捕捉するのに役立つ。
・ステロイドと修飾された脂肪酸はホルモンやビタミンとして調節機能を持つ。
・動物の脂肪は断熱材の役割を果たす。
・神経軸索を被覆する脂質は絶縁体の役割を果たす。
・皮膚、毛皮、羽毛、葉の表面の油やワックスは水を弾き、陸生動物や植物からの過剰な水の蒸散を防ぐ。

脂肪と油はトリグリセリドである

化学的には脂肪と油は**トリグリセリド**、すなわち単純な脂質である。室温（およそ20℃）で固体のトリグリセリドを**脂肪**と呼び、室温で液体のトリグリセリドを油と呼ぶ。トリグリセリドは脂肪酸とグリセロールという２つのタイプの構成要素からなっている。**グリセロール**は３個のヒドロキシ基（—OH）を含む低分子（アルコールの一種）である。**脂肪酸**は長い非極性炭化水素鎖と酸性で極性のカルボキシ基（—COOH）を持つ。非極性炭化水素鎖は非常に疎水性が高い。C—H結合とC—C結合を豊富に持ち、これらの結合は同様の*電気陰性度を持ち非極性だからである。

---

*概念を関連づける　キーコンセプト2.2で述べたように、電気陰性度は共有結合においてある原子核が電子に及ぼす引力の尺度である。一

方の原子が他方の原子よりもずっと電気陰性度が高ければ、1個以上の電子の完全な移動が起こる。

トリグリセリドは3個の脂肪酸分子と1個のグリセロールを含んでいる。トリグリセリドの合成には3つの縮合（脱水）反応が必要である。それぞれの反応で、脂肪酸のカルボキシ基はグリセロールのヒドロキシ基と結合して、**エステル結合**と呼ばれる共有結合を生成し、水分子が放出される（図3.20）。トリグリセリド中の3つの脂肪酸は、全て同一の長さと構造の炭化水素鎖である必要はない。あるものは飽和脂肪酸であったり、他のものは不飽和脂肪酸であったりする。

・**飽和脂肪酸**では炭化水素鎖の炭素原子間の結合は単結合であり、二重結合はない。すなわち全ての結合は水素原子で飽和している（図3.21(A)）。これらの脂肪酸分子は比較的まっすぐで、箱の中の鉛筆のように緊密に充填されている。
・**不飽和脂肪酸**では炭化水素鎖は1個以上の二重結合を含んでいる。リノール酸は高度不飽和脂肪酸であり、炭化水素鎖の中央付近に2つの二重結合を持っている。そのため分子の途中で折れ曲がっている（図3.21(B)）。このような折れ曲がりがあるため、不飽和脂肪酸は緊密に充填されることはない。

脂肪酸分子の折れ曲がりは脂質の流動性と融点の決定において重要である。動物脂肪のトリグリセリドには多くの長鎖飽和脂肪酸があり、これらは緊密に充填されている。動物脂肪は通常室温で固体であり融点が高い。コーン油などの植物のトリグリセリドには短い脂肪酸や不飽和脂肪酸がある。不飽和脂肪酸の折れ曲がりのため、これらの脂肪酸は緊密に充填されること

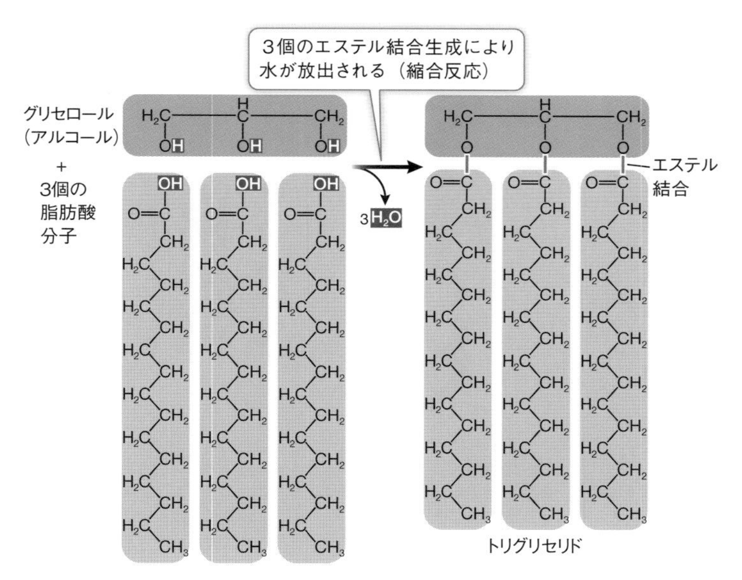

図3.20　トリグリセリド合成
生体内ではトリグリセリド合成反応はもっと複雑であるが、最終結果はここに示すものと同じである。

がなくその融点は低い。そのためこれらのトリグリセリドは通常室温で液体である。

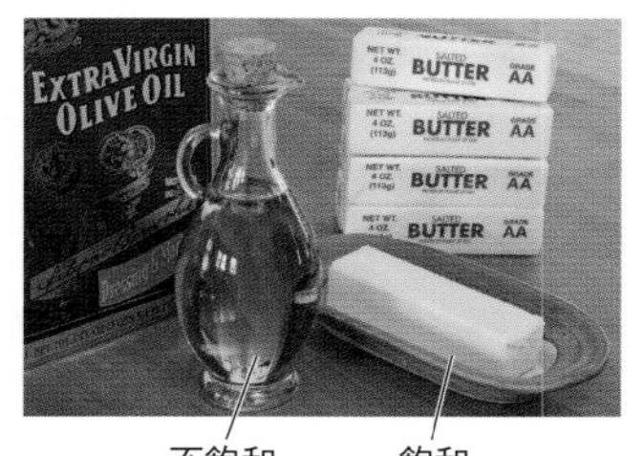

脂肪酸は化学エネルギーの優れた貯蔵庫である。第３巻の**第15章**で見るようにC—H結合が分解されると相当量のエネルギーが放出され、生物はこのエネルギーを運動や他の高分子合成などに利用す

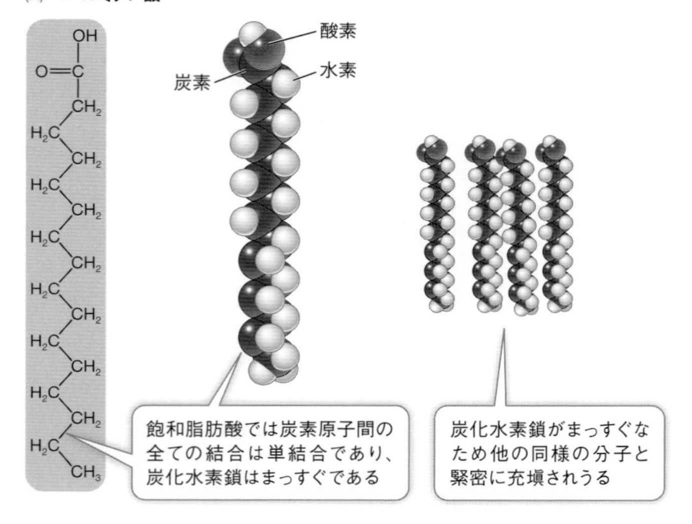

図3.21 飽和脂肪酸と不飽和脂肪酸
(A)飽和脂肪酸の炭化水素鎖はまっすぐなため、他の同様の炭化水素鎖と緊密に充填されうる。
(B)不飽和脂肪酸においては、炭化水素鎖の折れ曲がりのため緊密 ↗

ることができる。

リン脂質は生体膜を形づくる

脂肪酸中の多くのC—C結合及びC—H結合の疎水性の性質を見てきた。しかし分子末端のカルボキシ基はどうであろうか？　それがイオン化しCOO^-となったときには、強い親水性を持つ。このため脂肪酸は親水性で長い疎水性の“尾部”を持つ分子である。脂肪酸は2つの相反する化学特性を持つ。部分的に疎水性であり部分的に親水性である。これを表す専門用語

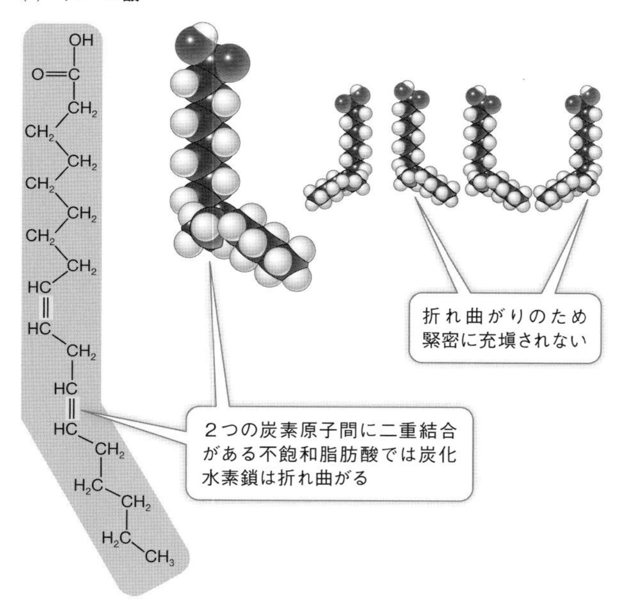

に充填されない。ここで示すモデルに用いられる色表示（灰色 H；赤 O；黒 C）は一般的に使われるものである。

が**両親媒性**である。

トリグリセリドと同様に、**リン脂質**もグリセロールにエステル結合した脂肪酸を含んでいる。しかしながらリン脂質では１位もしくは３位の脂肪酸がリン酸含有化合物で置換されており、両親媒性となっている（図3.22(A)）。リン酸基は負に荷電しており、分子のこの部分は親水性で極性水分子を引き付ける。しかし２つの脂肪酸は疎水性であり、水を排除し互いに凝集するか他の疎水性物質と凝集する。

水性環境では、リン脂質は非極性・疎水性の“尾部”が緊密

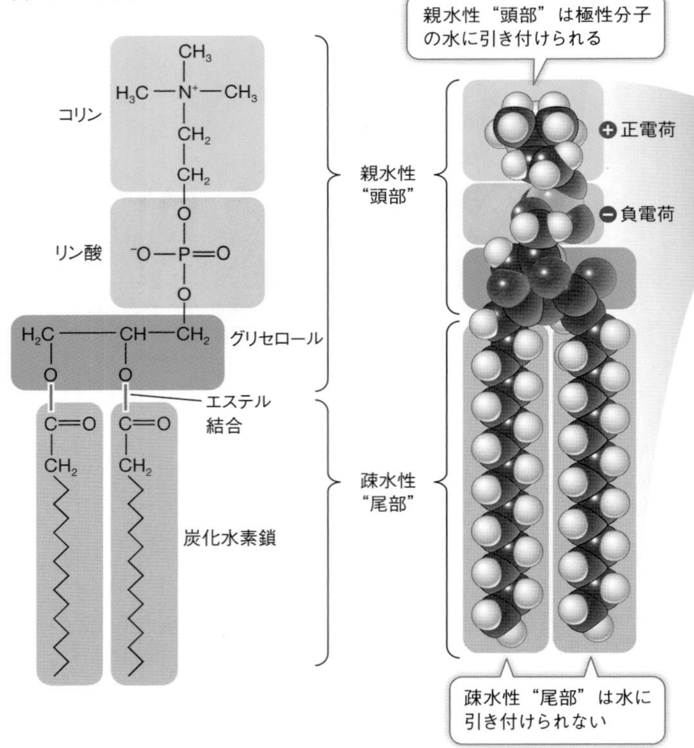

に充塡（パック）され、リン酸を含む“頭部”が外側を向き水と接するように配列する。リン脂質は**二重層**を形成することができる。二重層では2分子の厚さのシートが形成され、水は中心から排除される（図3.22(B)）。生体膜はこのような**リン脂質二重層**構造を持っている。その生物学的機能については**第6章**で記載する。

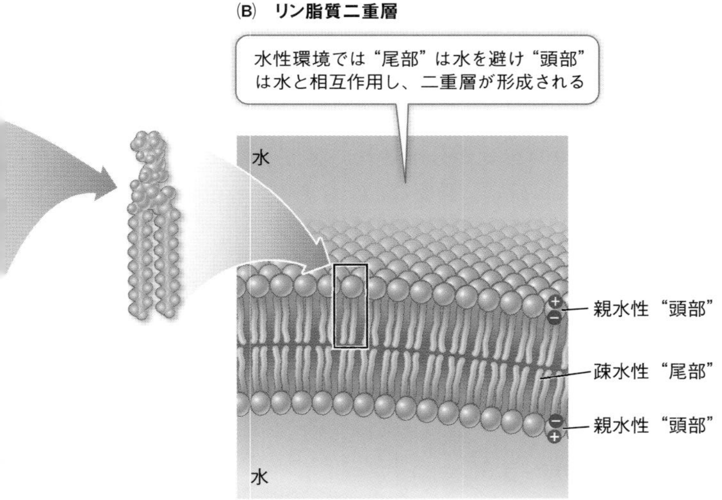

(B)　リン脂質二重層

図3.22　リン脂質

(A)ホスファチジルコリン（レシチン）でリン脂質分子の構造を示す。他のリン脂質ではアミノ酸のセリン、糖アルコールのイノシトールや他の化合物がコリンを置換する。

(B)水性環境では、疎水性相互作用によりリン脂質の“尾部”が二重層の内部に凝集し合う。親水性の“頭部”は二重層の両側で外側を向き、取り囲む水分子と相互作用する。

脂質の中にはエネルギー変換、調節、防御の役割を果たすものもある

これまでトリグリセリドとリン脂質について考えてきた。これらの脂質はエネルギー貯蔵と細胞構造に関与している。しかしながら、異なる構造と役割を持つ非極性で両親媒性の脂質も存在する。

カロテノイド　カロテノイドは植物と動物に存在する一群の光吸収色素である。ベータカロテン（*β*-カロテン）は光合成の過程で葉で光エネルギーを捕捉する色素の１つである。ヒトでは、１分子のカロテンが分解されて２分子のビタミンＡになる。ビタミンＡは視覚に必要な*cis*-レチナール色素合成に用いられる。

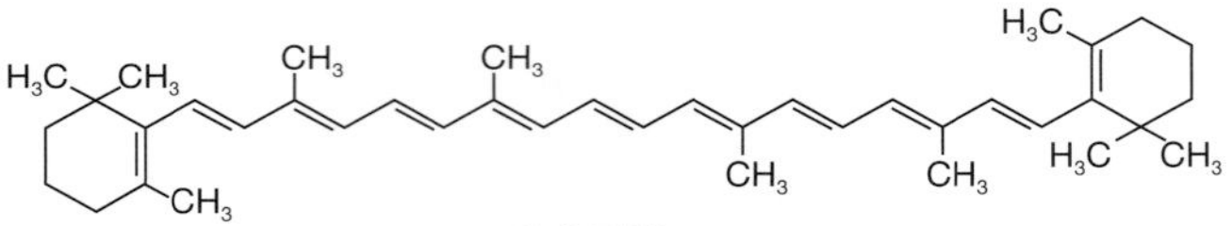

β-カロテン

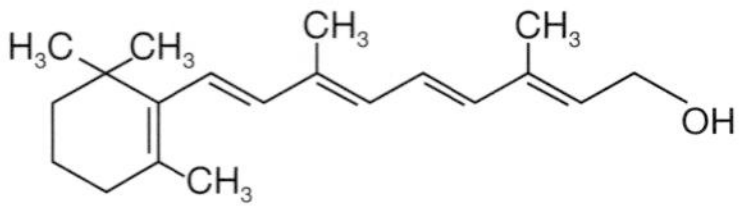

ビタミン A

カロテノイドはニンジン、トマト、カボチャ、卵黄、バターの色のもとである。紅葉の明るい黄色やオレンジ色もまたカロテノイドに由来する。

ステロイド　ステロイドは複数の環状構造が共有する炭素原子により結合した一群の有機化合物である。ステロイドのコレステロールは膜の重要な構成要素であり、膜の統合性を維持するのに役立っている（**キーコンセプト6.1**）。他のステロイドはホルモンとして機能する。ホルモンとは体の一部から他の一部へ情報を伝達する化学信号である。コレステロールは肝臓で合成され、テストステロンやエストロゲンなどのステロイドホルモン合成の出発材料となる。

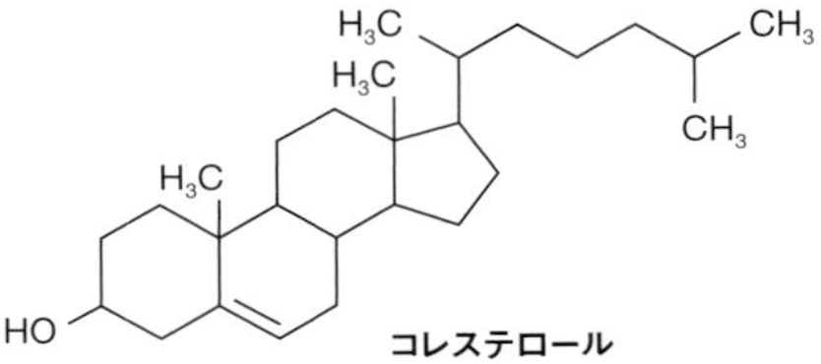

コレステロール

ビタミン　ビタミンはヒトの体で産生されないか、産生されたとしても十分量が産生されないために、食事から獲得しなければならない低分子である。例えば、ビタミンＡは緑黄色野菜のβ-カロテンから作られる。ヒトではビタミンＡ欠乏により乾燥肌、乾燥眼、乾燥した内臓表面、成長発達遅延、夜盲などの症状が起こり、これらの症状はビタミンＡ欠乏の診断上有用である。第３巻の**第18章**ではビタミンＡ欠乏対策として植物学者がどのようにしてより多くのビタミンＡを含む作物を作ろうとしているかを見てみよう。ビタミンD、E、Kも脂質である。

ワックス（蠟）　鳥も哺乳類も羽毛や体毛にワックス状コーティングを分泌する腺を皮膚に持っている。このコーティングにより水が弾かれ羽毛や体毛がしなやかに保たれる。クリスマスのころにお馴染みのセイヨウヒイラギのつやつやした葉もまたワックス状コーティングがある。このワックス状コーティングによって植物は水分を保ち病原体を排除することができる。ハチはワックスで巣を作る。ワックスは疎水性であり、室温で可塑性があり打ち延ばしができる物質である。１個１個のワックス分子は飽和長鎖脂肪酸と飽和長鎖アルコールがエステル結合したものであり、40～60個のCH_2基からなる非常に長い分子である。

この章では生物に特徴的な３種の高分子について考えた。全ての生物はこれら３種の高分子から出来上がっている。これは生命の素晴らしい生化学的統一性を示す事実である。この統一性は全ての生命が共通の起源を持つことを示唆している（**キーコンセプト1.1**）。この共通起源にとって必要不可欠だったのは４番目の高分子である核酸であった。次の章では核酸と生命の起源について考える。

生命を研究する

QA クモの糸の実際利用にはどんなものがあるだろうか？

クモの糸のタンパク質には多くのグリシン残基とアラニン残基があり、これらは疎水性のためタンパク質は線維状に折りたたまれる。1000本以上のポリペプチド鎖が水素結合と疎水性相互作用により束ねられて長いクモの糸線維を作る。このタンパク質構造に由来する強さのため、クモの糸はヒトによる利用が大いに望まれている。生物学者は遺伝子エンジニアリングにより、産業で利用可能な量のクモの糸－絹糸の複合線維を蚕に作らせることに成功した。今やこのクモの糸－絹糸の複合線維が入手可能なので、無数の応用（構造に関連した機能）が考えられる。例えば、近年の研究では断裂した腱を縫い合わせる場合に、クモの糸－絹糸の複合線維製縫合糸と合成線維製の広く用いられている縫合糸とを比較した。その結果、クモの糸－絹糸の複合線維製縫合糸の方が、回復過程で腱運動が何度も起こっても強度を保っており、はるかに優れていることが明らかになった。他の実用化間近の応用は防弾チョッキである。クモの糸－絹糸の複合線維を壊すのに要するエネルギーは、典型的な弾丸の衝撃のエネルギーの少なくとも100倍以上大きい。

今後の方向性

クモの糸の最も広範な利用法は布地であろう。布地の定義は天然線維もしくは人造線維を織り上げて作ったしなやかな素材である。みなさんが着ている服は布地でできており、多分その布地は綿線維（セルロース製）かポリエステル線維（人工ポリマー）か、その混合物であろう。もちろん蚕由来の絹線維も布地において（特にアジアでは）長い歴史がある。現存する布地素材に、クモの糸線維あるいはクモの糸－絹糸の複合線維が加わることによって、布地の強度が高まり、場合によってはしなやかさも増大することが大いに期待されている。

▶ 学んだことを応用してみよう

まとめ

3.2　タンパク質の三次元構造とはその三次元的形態であり、水素結合、疎水性相互作用、イオン結合（タンパク質によってはジスルフィド結合も）によって安定化される。

3.2　タンパク質の外側表面の官能基は他の分子やイオンと特異的に相互作用できるような形と化学基を提供する。

原著論文：Conlon, J. M. 2001. Evolution of the insulin molecule: Insights into structure-activity and phylogenetic relationships. *Peptides* 22: 1183-1193.

イヌもヒトと同様に老化に伴って健康問題が増えてくる。12歳に達したイヌの100匹中１匹はインスリンという細胞による血液からのグルコース取り込みを調節するホルモンを合成できなくなる。獣医は治療のためにブタインスリン注射を処方する。ブタインスリンはブタ膵臓から抽出され、イヌインスリンと同一のアミノ酸配列を持っている。**図Ａ**はイヌインスリンの構造を示している。イヌインスリンはＡ鎖とＢ鎖という２本のポリペプチドからなっており、これらがジス

図 A

A 鎖 1 GIVEQCCTSICSLYQLENYCN 21

B 鎖 1 FVNQHLCGSHLVEALYLVCGERGFFYTPKA 30

図 B

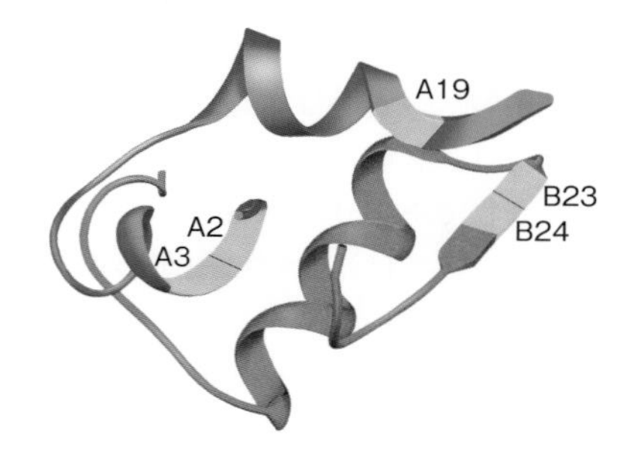

種	A1	A2	A3	A4	A5	A19	A21
イヌ	Gly	Ile	Val	Glu	Gln	Tyr	Asn
モルモット（テンジクネズミ）	—	—	—	Asp	—	—	—
トゲネズミ	—	—	—	Asp	—	—	—
ヤマアラシ	—	—	—	Asp	—	—	—
ヤマクイ	—	—	—	Asp	—	—	—
イグアナ	—	—	—	Gln	—	—	—
ガラガラヘビ	—	—	—	—	—	—	—
アシナシイモリ	—	—	—	—	Lys	—	—
モリガエル	—	—	—	—	—	—	Ser
ピパ	—	—	—	—	—	—	—
タラ	—	—	—	Asp	—	—	—
ウナギ	—	—	—	—	—	—	—
ティラピア	—	—	—	—	Glu	—	—
アミア（ボウフィン）	—	—	—	—	—	—	—
アブラツノザメ	—	—	—	—	His	—	—
シュモクザメ	—	—	—	Asp	His	—	—
モツゴ	—	—	—	—	Lys	—	—

原著論文：Conlon, J. M. 2001. Evolution of the insulin molecule: Insights into structure-activity and phylogenetic relationships. *Peptides* 22: 1183-1193.

ルフィド結合で結合している。**図B**はこれらのペプチド鎖がどのように折りたたまれて二次構造、三次構造を形成するのかを示している。A2, A3, A19, B23, B24は、インスリンが細胞表面標的タンパク質に結合する際に直接関与していると考えられる、A鎖の3つのアミノ酸、B鎖の2つのアミノ酸を示している。

インスリンは全ての脊椎動物に存在するタンパク質なので、科学者は異なる脊椎動物種由来のインスリンの構造を比較した。多くの脊椎動物由来のインスリンのA鎖とB鎖のアミノ酸を比較した結果を表に示す。

質問

1. インスリンが標的に結合する際、どのような力が関与しているか？　アミノ酸A2, A3, A19, B23, B24がその結合に関与しているとすると、それらの位置はどうあるべきだろうか？
2. 表に示されたデータのうち、どのようなものがアミノ酸A2, A3, A19, B23, B24がインスリンの結合活性に重要であるという仮説を支持するのであろうか？
3. 脊椎動物種において、いくつかの部位でアミノ酸変異があるという知見について、どのような結論を導き出しうるだろうか？　これらの部位では広い範囲のアミノ酸ではなく、ある特定のアミノ酸のみが見つかるという知見はどのように説明できるだろうか？
4. イヌインスリンのシステイン残基の重要性について仮説を立ててみよ。どのようにしてその仮説を検証できるだろうか？

B12	B16	B23	B24	B25	B26
Val	Tyr	Gly	Phe	Phe	Tyr
—	—	—	—	—	—
—	—	—	—	Tyr	Arg
—	—	—	—	—	—
—	—	—	—	—	Ser
—	—	—	—	Tyr	—
—	Phe	—	—	Tyr	—
—	—	—	—	—	—
—	—	—	—	—	—
—	His	—	—	—	—
—	—	—	—	—	—
—	—	—	—	—	Phe
—	—	—	—	—	—
—	Phe	—	—	—	—
—	—	—	—	Tyr	—
—	—	—	—	Tyr	—
—	—	—	—	Tyr	—

注：“—”はアミノ酸がイヌと同一であることを示す

第4章
核酸と生命の起源

NASAの火星探査車キュリオシティ(写真)のカメラがこの火星表面の写真を2012年に撮影した。遠方の山並みに注目せよ。

キーコンセプト

生命を研究する

生命を求めて

地球上ではいたる所で、深海でも、火山の中でも、氷の中でも、空気中にも、生物や生命の化学的証拠を見つけることができる。ただし、生命の起源を決定することは困難である（少数の例外を除いて)。最初に存在した単純な生物は化石を残さなかったからである。しかしながら火星では状況は違うかもしれない。

火星は3000年以上昔に天文学者によって発見されて以来科学者（及びSF作家も）を魅了し続けてきた。火星は冷たい惑星なので、その地層は数十億年以上もほとんど変わっておらず、生命の痕跡が残っているかもしれないのだ。19世紀後期までは、天文学の著名な教授たちは火星には生命が存在すると固く信じていた。望遠鏡を通して観察された結果から、極地の氷冠が季節によって変わることが分かり、暗い領域が液体の水と考えられ、運河に似た模様さえ見つかったからである。

より優れた望遠鏡、分光器に基づく化学的解析、人工衛星、地球から制御される陸上探査機により、火星上の生命に関する初期の考えの多くは葬り去られた。しかしながら火星上に生命が現存するかどうかを探る試み、かつて存在した痕跡を見つけようという挑戦はいまだ続いている。これらの探索は、生物を見つけること、生命が存在しうる環境が現存するかあるいはかつて存在した証拠を見つけること、生命が現存するかあるいはかつて存在した化学的証拠を見つけることなどを中心に行われている。

地球と違って、火星は宇宙線を遮断してくれる磁場がない。火星表面は高いレベルの放射線が降り注いでいるので、生命には適さない。今も火星に生命が存在するのならば放射線レベルがずっと低い地下であろう。

我々が知る限り生命は水を必要とするので、火星に水があったかあるいは今もあるかを決定するのは中心課題である。今や水は火星表面に存在することが明らかになっている。極地には氷で、大気中には水蒸気の形で存在する。少量の水が火星表面に液体の形で存在することを示唆する証拠さえある。この水は塩濃度が高いために非常な冷たさの中でも凍らずにいられる。火星の大気中にメタン（CH_4）が発見されたことはさらなる興奮と推測を引き起こした。このメタンは有機反応の副産物ではないだろうか？　**第２章**で紹介した生命の化学要素（C, H, O, P, N, S）の証拠の探索は続いている。

火星に生命の証拠を見出すことはできるだろうか？

4.1 核酸の構造は機能を反映する

核酸は生物の遺伝暗号を含んでいる。医学から進化まで、農業から法医学まで、核酸の性質は我々の日常生活に影響を与えている。核酸があるために“情報”の概念が生物学の用語の中に入ってきた。核酸は生物学的情報をコード（暗号化）し伝達できるというユニークな特徴を持っている。

学習の要点

- DNAとRNAは、その構造によって遺伝情報を記憶し伝達するという機能を果たすことができる。
- DNAとRNAの塩基対合が遺伝情報の伝達に必要な構造的基盤である。
- DNAのヌクレオチドの塩基配列が遺伝情報の記憶に必要な化学的多様性をもたらす。
- DNAとRNA以外に存在するヌクレオチドは細胞内で多様な機能を果たす。

核酸は情報を記憶し伝達する高分子である

核酸は情報を記憶・伝達・利用するために特化したポリマーである。**DNA**（**デオキシリボ核酸**）と**RNA**（**リボ核酸**）という２種類の核酸が存在する。無数の場面でDNAを物事の本質の暗喩（たとえ）として聞いてきただろう（「それは彼女のDNAのせいだよ」など）。しかしながらDNAはまずもって高分子である。その構造が遺伝情報を暗号化（コード）し、世代から世代へと伝達する。DNAに暗号化された情報は、RNAという中間体を介して、タンパク質のアミノ酸配列を決定し、他のRNAの発現（合成）を調節する。第２巻の**第８章**で、細胞分裂・細胞再生の際、細胞とそのDNAが複製され2個の娘細胞ができるときに、どのようにして親細胞のDNAから情報が保存されるのかを学ぶ。同じく第2巻の**第10章**ではどのようにして情報がDNAからRNAへ、RNAからタンパク質へと流れるのかを学ぶ。最終的にはタンパク質が生命の機能の多くを担っている。ここでは核酸の化学に焦点を絞り、どのようにしてその構造がその機能を反映するのかを明らかにする。

核酸はヌクレオチドと呼ばれるモノマーから構成されるポリマーである。**ヌクレオチド**は3つの成分からなっている。窒素を含有する**塩基**、五炭糖（ペントース）、1～3個のリン酸基である（**図4.1**）。ペントースと窒素塩基だけでリン酸基を含まない分子を**ヌクレオシド**と呼ぶ。核酸を構成するヌクレオチドはただ1個のリン酸基しか含まないので、ヌクレオシド一リン酸である。

核酸に含まれる塩基は2つのタイプがある。六員環が1個の**ピリミジン**と環構造2個が融合した**プリン**である（**図4.1**）。DNA中のペントースは**デオキシリボース**であり、これとRNA中の**リボース**との違いは酸素原子1個が欠けていることだけである（**図3.16**）。

核酸の合成は、既に存在する核酸鎖にヌクレオチドモノマーが1個ずつ付加されていくことで進む。既に存在する核酸鎖の最後のヌクレオチドのペントースと、新たに付加されるヌクレオチドのリン酸基の間に縮合反応が起こり（すなわちH_2Oが除去される；**図3.4**）、生じる結合を**ホスホジエステル結合**と呼ぶ（**図4.2**）。付加されるヌクレオチドのリン酸基はそのペントースの5′炭素原子に結合しており、それと既存のヌクレオチド鎖の末端のペントースの3′炭素の間に結合が起きる。ヌクレオチドは末端のペントースの3′炭素に付加されるので、核酸は「*5′から3′（5′-to-3′）方向*へ伸長する」と呼ばれる。

糖質と同様に（**キーコンセプト3.3**）、核酸の大きさも多岐にわたる。オリゴヌクレオチドは比較的短く、およそ20個のヌクレオチドモノマーからなるが、ポリヌクレオチドにははるか

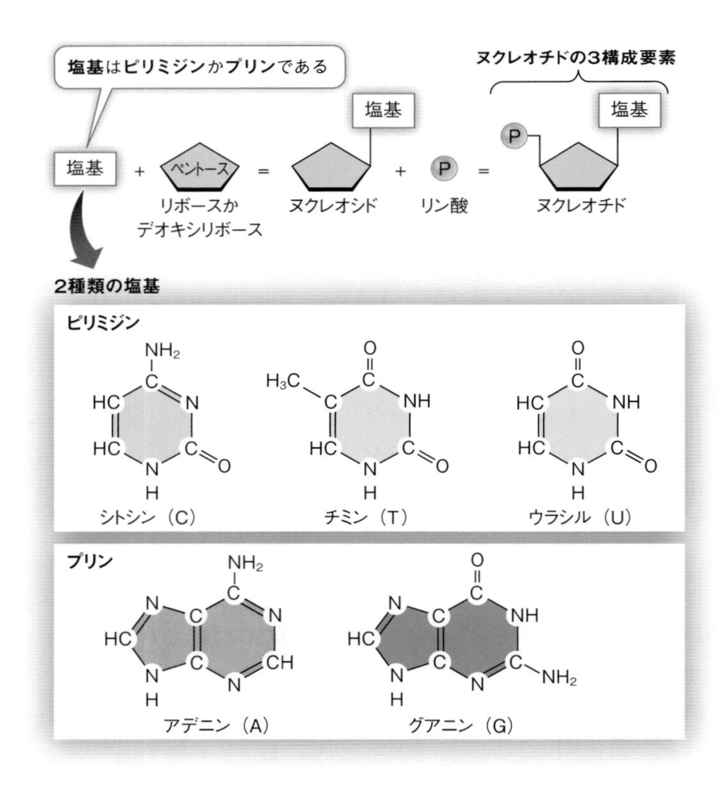

図4.1　ヌクレオチドの化学
ヌクレオチドモノマーは塩基、ペントース、リン酸基から構成され、DNAポリマー・RNAポリマーの構成要素となる。塩基はピリミジンとプリンの2種類に分類される。

に大きいものも存在する。

・オリゴヌクレオチドの中には、DNA複製の始めに“プライマー”として機能するRNA、遺伝子発現を調節するRNAのようなRNA分子が含まれる。また他の長いヌクレオチド配列を増幅し解析するための合成DNA分子も含まれる。
・ポリヌクレオチド（核酸と呼ばれることの方が一般的だが）にはDNAとある種のRNAが含まれる。ポリヌクレオチドの中には非常に長いものもあり、実際のところ生物界で最も長いポリマーである。ヒトのDNA分子の中には数億個のヌクレオチドからなるものも存在する。

塩基対合はDNAとRNAの両者で起こる

DNAとRNAは糖、塩基、鎖構造において若干の違いがある（表4.1）。DNAには**アデニン**（**A**）、**シトシン**（**C**）、**グアニン**（**G**）、**チミン**（**T**）という４種の塩基が存在する。RNAも４種の異なるモノマー（ヌクレオチド）から構成されているが、ヌクレオチドにはチミンの代わりに**ウラシル**（**U**）が含まれている。

核酸の構造と機能を理解するポイントは**相補的塩基対合**とい

表4.1　RNAとDNAの違い

核酸	ペントース	塩基	ヌクレオシド	鎖
RNA	リボース	アデニン	アデノシン	１本
		シトシン	シチジン	
		グアニン	グアノシン	
		ウラシル	ウリジン	
DNA	デオキシリボース	アデニン	デオキシアデノシン	２本
		シトシン	デオキシシチジン	
		グアニン	デオキシグアノシン	
		チミン	（デオキシ）チミジン	

198ページへ→

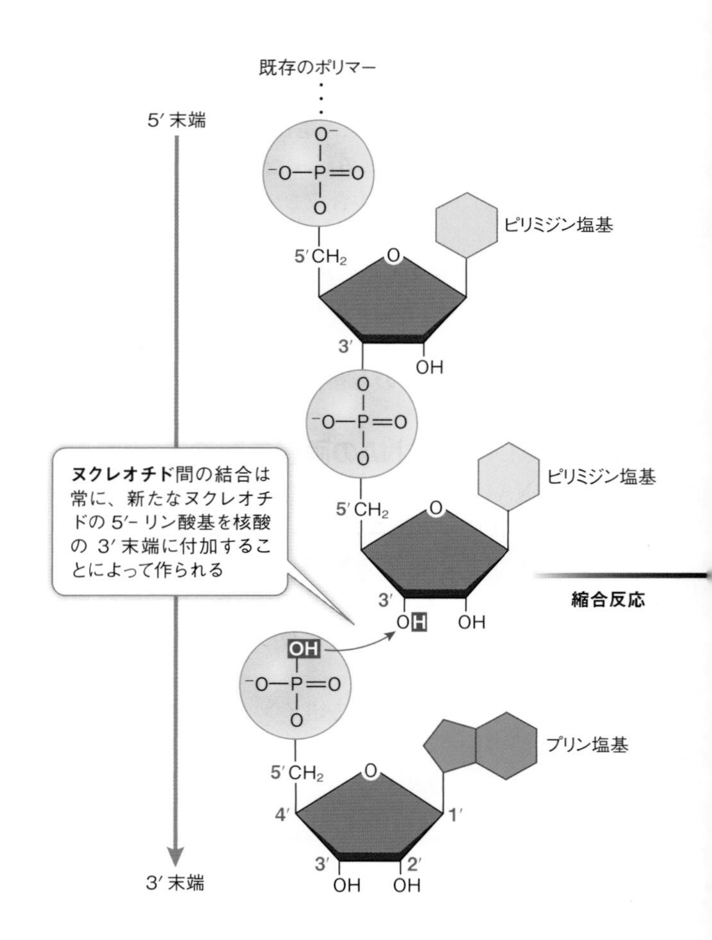

図4.2　ヌクレオチド間の結合
モノマーからの核酸（この図ではRNA）合成は5′（リン酸基）から3′（ヒドロキシ基）方向に起こる。付加されるヌクレオチドは実際の　↗

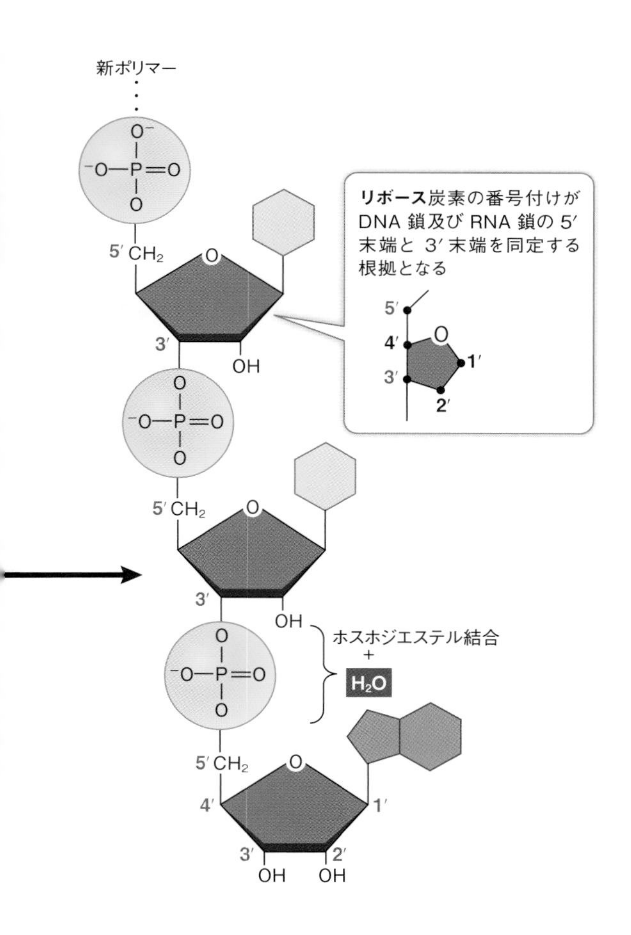

ところ一リン酸ではなく三リン酸であることに留意してほしい。この過程の詳細は第２巻の**第10章**で記載する。

う原則である。DNAではチミンとアデニンが対合し（T－A）、シトシンとグアニンが対合する（C－G）。RNAでは塩基対合はA－UとC－Gである。

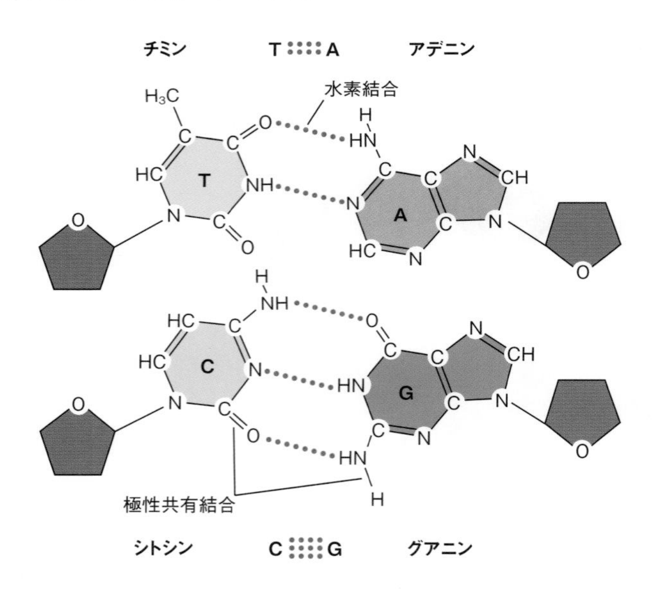

塩基対は主に水素結合で結び付けられている。上図に見られるように塩基には極性を持つC═O共有結合とN—H共有結合が存在する。ある塩基の酸素原子もしくは窒素原子のδ^-と別の塩基の水素原子のδ^+との間に水素結合ができる。

個々の水素結合は比較的弱いが、DNA分子もしくはRNA分子の中には多数の水素結合が存在するので、これらがまとまると大きな引力となり、２本のポリヌクレオチド鎖を結合させたり、１本のポリヌクレオチド鎖を折りたたんだりすることになる。しかしながらこの引力は共有結合ほど強くはない。つまり個々の水素結合は小さなエネルギーを与えると比較的容易に断ち切ることができる。これから見るように、核酸中の水素結合の分断と生成は、生物における核酸の役割にとって非常に重要である。

RNA　RNAは通常１本鎖であるが（図4.3(A)）、鎖の中の異なる領域間で塩基対合が起こりうる。１本鎖RNA分子が部分的に折れ曲がり、部分どうしで互いに塩基対合を形成しうる（図4.3(B)）。このようにリボヌクレオチド間の相補的塩基対合が、ある種のRNA分子の三次元構造の決定において重要な役割を果たしている。相補的塩基対合はリボヌクレオチドとデオキシリボヌクレオチド間でも起こりうる。RNA鎖のアデニンは他のRNA鎖のウラシルもしくはDNA鎖のチミンと塩基対を形成しうる。同様に、DNA中のアデニンは相補的DNA鎖中のチミンやRNA中のウラシルと塩基対を形成しうる。

DNA　通常*DNAは２本鎖である。すなわちDNAは２本の別々の同じ長さのポリヌクレオチド鎖が塩基対間の水素結合によって結び付けられたものである（**焦点：キーコンセプト図解**　図4.4(A)）。RNAの三次元構造が多様であるのとは対照的に、DNAの三次元構造は非常に均一である。A－T塩基対とG－C塩基対はほぼ同じ大きさで（それぞれプリンとピリミジンが対になっている）、２本のポリヌクレオチド鎖は“ハシゴ”構造を作り、それがねじれて**二重らせん**となっている（**焦点：キーコンセプト図解**　図4.4(B)）。ペントース－リン酸基はハシゴの外側の縦木を構成し、水素結合している塩基は内側の横木（段）を構成する。DNAはその三次元構造ではなく塩基対の配列に遺伝情報を持っている。DNA分子間の重要な違いはヌクレオチド塩基配列の差異である。

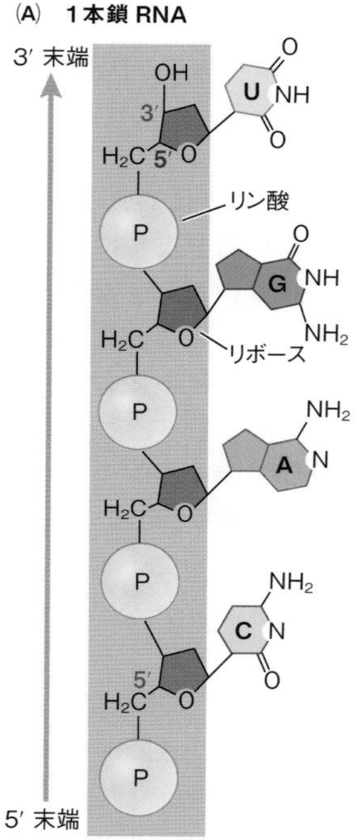

(A)　1本鎖 RNA

3′ 末端

リン酸

リボース

5′ 末端

図4.3　RNA

(A)RNAは通常1本鎖である。

(B) 1本鎖RNAが折れ曲がるとき、相補的な塩基配列間の水素結合が複雑な表面特性を持つ三次元構造を安定化する。

Q：折りたたまれたRNA分子を加熱した場合、何が起こるだろうか？　水素結合に及ぼす熱効果を思い出してほしい。

---

*概念を関連づける　**キーコンセプト13.2**で説明するように、DNA分子の2本鎖は互いに反対方向に向いているので（すなわち互いに逆平行であるので）完全に密接（フィット）する。2本鎖間の距離は、一方の鎖上のプリンが他方の鎖上のピリミジンと常に向き合っているので、一定に保たれる。

(B)　１本鎖 RNA 分子の領域内での相補的塩基対合

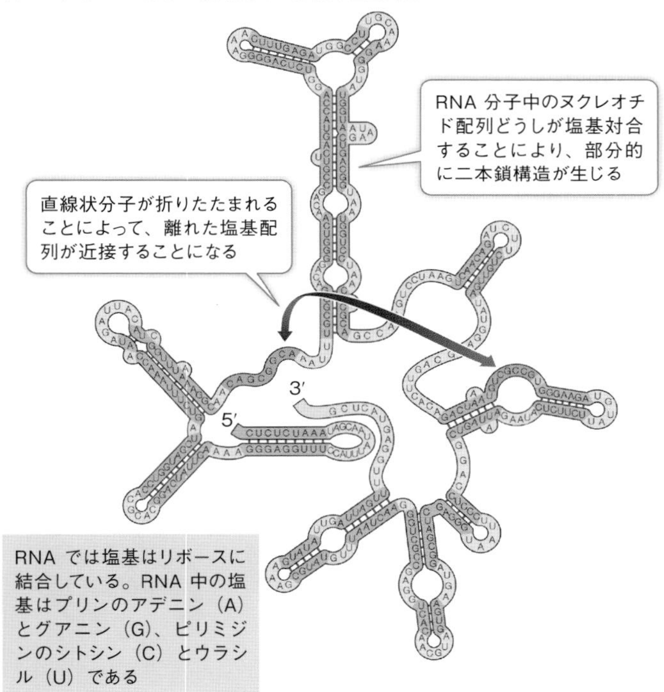

DNAは情報を持ち、それはRNAを介して発現される

DNA は情報を持つ分子である。情報は２本鎖の塩基配列に暗号化されている。例えば、TCAGCA という配列に暗号化（コード）されている情報はCCAGCA という配列が持つ情報とは異なっている。DNA は情報を２通りの方法で伝える。

1. DNA は正確に複製される。この過程を**DNA 複製**と呼び、既存のヌクレオチド鎖を塩基対合の鋳型（テンプレート）

焦点：キーコンセプト図解

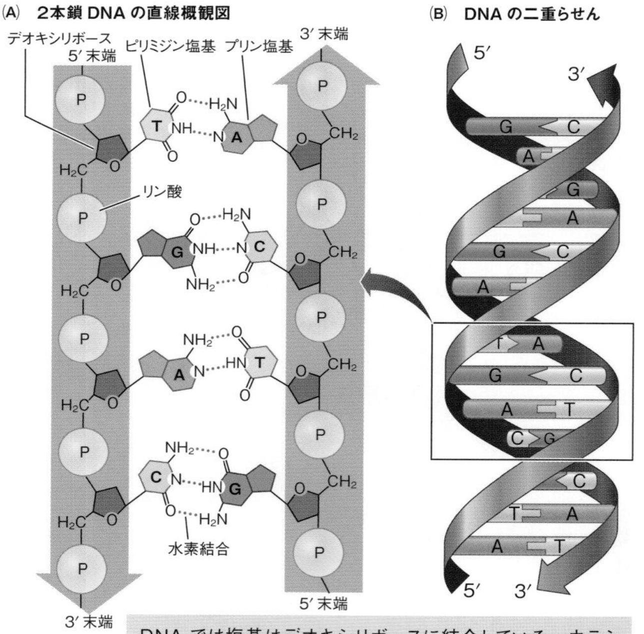

DNAでは塩基はデオキシリボースに結合している。ウラシルの代わりにチミン塩基が存在する。プリンとピリミジン間の水素結合によりDNAの2本鎖が結び付けられている。

図4.4 DNA

(A)DNAは通常反対方向に伸びる2本鎖から構成されている。この2本鎖は各々のプリンとピリミジン間の水素結合によって結び付けられている。

(B)DNAの2本鎖は右巻きの二重らせんに巻かれている。

Q：複製や転写が起こるときには、DNAは塩基を露出させるために“巻き戻される”ことが必要となる。これが起こるためにはどんな結合が壊されなければならないか？

として用いる重合反応で行われる。

2. ある種のDNA配列は**転写**と呼ばれる過程でRNAに複製される。そのRNAのヌクレオチド配列はポリペプチド鎖のアミノ酸配列を決定するのに用いられる。この過程を**翻訳**と呼ぶ。転写と翻訳の一連の過程を**遺伝子発現**と呼ぶ。

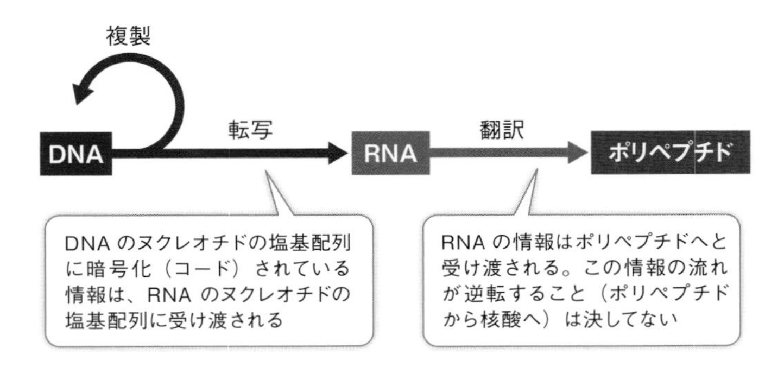

これらの重要な過程の詳細は後の章で記載するが、この時点で2つのことを認識することが重要である。

1. DNA複製と転写は核酸の塩基対合という性質に依存している。水素結合で結び付く塩基対はDNAではA－TとG－Cであり、RNAではA－UとG－Cであることを思い出してほしい。例えば以下の2本鎖DNA領域を考えてみよう。

   5′-TCAGCA-3′
   3′-AGTCGT-5′

   下の鎖の転写により5′-UCAGCA-3′という配列を持つRNAの1本鎖が作られる。上の鎖の転写からどんな配列のRNAが作られるだろうか？
2. 通常DNA複製はDNA分子全体にわたる。DNAは非常に重要な情報を持っているので、新しく生み出される細胞もしくは生物が親（細胞）から完全なDNA一揃いを受け取るように、親（細胞）のDNAは完全かつ正確に複製されなければならない（図4.5(A)）。生物が持つDNAの完全な一揃いを**ゲノム**と呼ぶ。しかしながら、ゲノムに含まれる情報の全てが全ての組織で常に必要とされるわけではないし、ゲノムDNAのほんの一部分のみしかRNA分子へと転写されない。DNA配列のうちRNAに転写される配列を**遺伝子**と呼ぶ（図4.5(B)）。

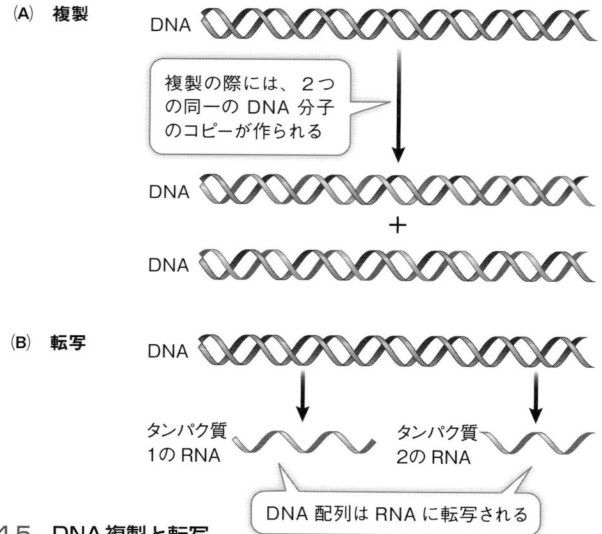

図4.5 DNA複製と転写
DNAは通常完全に複製されるが(A)、部分的にしか転写されない(B)。RNA転写物は特定のタンパク質をコードする遺伝子から産生される。異なる遺伝子の転写は異なるタイミングで起こり、多細胞生物では体の異なる細胞で起こる。

Q：特定の細胞があるDNA配列をRNAへと転写するかどうかを決定しているのは何か？

ヒトでは、毛髪の主要なタンパク質（ケラチン）をコードする遺伝子は毛髪を作る皮膚の細胞で発現する。ケラチンをコードする遺伝子の遺伝情報はRNAへと転写され、ケラチンポリペプチドへと翻訳される。筋肉など他の組織ではケラチン遺伝子は転写されないが、他の遺伝子、例えば筋肉には存在するが皮膚や毛髪には存在しないタンパク質をコードする遺伝子は転写される。これらの遺伝子は遺伝子発現調節により、オンになったりオフになったりする。これについては第2巻の**第17章**で記載する。

DNA塩基配列は進化における関係を明らかにする

DNAはある世代から次の世代へと遺伝情報を伝え、長い間には、塩基配列の変化が次第に蓄積していく。一連のDNA分子は全ての生物の系譜を通して地球における生物進化の始まり（およそ38億年前）にまで遡ることができる。そのため同じ科に属する生物種のDNA塩基配列は、異なる科に属する生物種のDNA塩基配列に比べて類似性が高い。同じことが1つの種の中でも当てはまる。すなわちDNA塩基配列の類似性は、近い間柄の個体間の方が遠い間柄の個体間よりも高い。

DNA塩基配列決定法の進歩とコンピュータープログラムによる解析法によって、科学者たちはヒト（そのゲノムはおよそ30億塩基対を含む）を含む多くの生物の全DNA（ゲノム）塩基配列の決定に成功した。これらの研究から、以前に体の構造、生化学、生理学を比較するという伝統的な手法から推測された進化上の類縁関係の多くが確認された。例えば、伝統的な比較法によってヒト（ホモ・サピエンス）に最も近い種はチンパンジー（パン属）であることが示唆されていたが、実際、チンパンジーのゲノムはDNA塩基配列の98％以上をヒトゲノムと共有することが明らかになっている。これまでの比較が不可能かあるいはそれでは結論が出せない場合に、科学者がDNA解析を用いて進化上の類縁関係を解明する機会がますます増えている。例えば、解剖学や行動解析からは予想されなかったムクドリとマネシツグミの近い類縁関係が、DNA解析によって明らかになった。

ヌクレオチドには他に重要な役割がある

ヌクレオチドは単に核酸の構成要素であるだけではない。後の章で述べるように、ヌクレオチド（もしくはヌクレオチド修飾物）の中には他の機能を持つものがある。

- ATP（アデノシン三リン酸）は多くの生化学反応でエネルギー転移因子として働く（**キーコンセプト8.2**）。
- GTP（グアノシン三リン酸）はエネルギー源として働く。特にタンパク質合成の際には重要なエネルギー源となる。また環境から細胞への情報伝達の際に役割を果たす。
- cAMP（環状アデノシン一リン酸）はペントースとリン酸基の間に付加的な結合がある特別なヌクレオチドである。ホルモン作用、神経系における情報伝達など多くの過程で重要な役割を果たす（**キーコンセプト7.3**）。
- ヌクレオチドは糖質や脂質の合成と分解において担体としての役割を果たす。

RNAやDNAなど核酸は生命の青写真（詳細な設計図）を担っており、これら高分子の遺伝は生物進化の始まりまで遡れることを見てきた。しかし地球上で核酸が誕生したのは、いつ、どこで、どのようにしてであろうか？

4.2 生命の低分子が原始の地球に現れた

第２章で生物は生命のない宇宙と同じ元素（例えば、C, H, O, P, N, S）から構成されていることを学んだ。しかしこれらの原子（元素）から分子への組み立て方が生物界では独特なのである。非生物では、かつて生きていたもの由来でなければ、タンパク質のような生体分子を見つけることはできない。

学習の要点

- 生命は非生物材料から生じうるという考えは実験的証拠によって打ち消された。
- 水は地球上に常に存在したわけではなかった。水の地球上への出現が生命が誕生するためには必要であった。
- 実験的証拠は、生命が初期の地球の物理化学的変化の結果として進化した、という理論を支持している。
- 隕石や火星で発見された証拠から、地球以外の天体で生命が進化したか否かの問題提起がなされている。

生物は非生物界から繰り返し発生したわけではない

地球でどのようにして生命が誕生したかはよく分からない。しかし確かなことが１つある。生命（少なくとも我々が知るような生命）は常に新たに生み出されてきたわけではない。言葉を換えると、生命の非生物界からの**自然発生**は繰り返し起こっているわけではない。今もそして過去においても、全ての生命はそれ以前に存在した生命に由来する。しかしながら人は（科学者も含めて）必ずしもこれを信じてきたわけではなかった。

多くの文化や宗教が、生命は非生物界から繰り返し発生しうると示唆してきた。ヨーロッパのルネサンス期（14～17世紀、近代科学が誕生した時期）にはほとんどの人が、少なくともある種の生物は非生物材料もしくは腐りかけた材料から自然発生によって直接的に繰り返し生じたと考えていた。例えば、マウスはほの暗い場所に置かれた汗まみれの衣類から生じると考えていたし、カエルは湿った土から直接飛び出るものだし、ハエは腐った肉から発生するものだと考えていた。これらの仮定に疑問を抱いた１人の科学者がいた。イタリアの医師で詩人のフランチェスコ・レディである。レディは、ハエは腐りかけた肉から何らかの神秘的な変形により生じるものではなく、肉に卵を産み付けた他のハエに由来するものであるという仮説を立てた。1668年にレディは自分の仮説を確かめるために、科学的実験（その当時は比較的新しい概念だった）を行った。彼は肉の塊が入った３つの広口瓶を用意した。

1. 空気に曝されハエもたかれる肉が入った瓶
2. 口を目の細かな布で覆い、肉は空気には曝されるがハエは入れない瓶
3. ふたで密閉し、空気もハエも入り込めない瓶

考えた仮説のように、レディは最初の瓶の中にのみ、ウジを見つけ、ウジは孵化してハエになった。この結果からウジはか

つてハエがいた場所でしか発生しないことが示された。ハエのような複雑な生物が肉の中の非生物材料や“空気中の何か”から自然に生じうるという考えは葬り去られた。いや、多分完全に葬り去られたわけではなかった。

1660年代には、新たに顕微鏡が発明され、それによってそれ以前には見ることができなかった広大な生物世界が明らかになった。実際、地球上の全ての環境には小さな生物がひしめき合っていた。科学者の中にはこれらの微生物は豊富な化学的環境から“生命の力”によって自然発生したと考えるものもあった。しかし19世紀の偉大なフランスの科学者ルイ・パストゥールの実験によって、微生物は他の微生物からのみ生じうること、生命のない環境では生命は決して生まれないことが明らかになった（図4.6）。

パストゥールとレディの実験から、*地球に今存在する条件下では*非生物材料から生物は生じないということが明らかになった。しかしながら彼らの実験は生命の自然発生はこれまで一度も起こらなかったということは証明していない。数十億年前、地球とその大気の条件は今日のものとは非常に異なっていた。実際、原始の地球と同様の条件は、我々の太陽系や他の場所の他の天体に存在したかもしれないし、今も存在しているかもしれないのだ。

生命は水中で始まった

第２章で強調したように、水は生命の不可欠の構成成分である。このため地球から送り出され遠隔操作された宇宙船が、火星で氷を検出したときに大きな興奮が起こったのである。天文学者は我々の太陽系はおよそ46億年前に形成され始めたと考えている。このとき、ある恒星が爆発・崩壊して、太陽と微惑

実験

図4.6　生命の自然発生の否定

出典：パストゥールは1864年4月7日の“ソルボンヌ科学の夕べ”で研究に関する講演を行った。この講演は英語に翻訳されている（rc.usf.edu/~levineat/pasteur.pdf）。

微生物が発見されたとき、大きな生物の自然発生を否定するそれまでの実験は疑問視された。ルイ・パストゥールの素晴らしい実験は微生物の自然発生も否定した。

仮説▶　微生物は他の微生物からのみ発生し、自然発生では生まれない。

方法

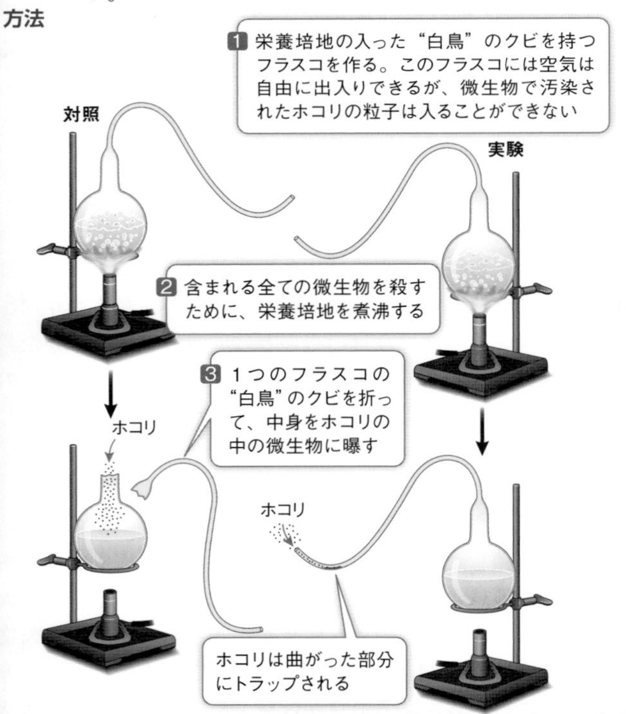

結果　微生物は微生物に曝されたフラスコの中でしか発生しない。生物がいない（無菌的な）フラスコの中では生命の“自然発生”は起こらない。

結論▶　生物は既に存在している生物から生まれる。

星体と呼ばれるおよそ500個の天体を生じた。これらの微惑星体は互いに衝突して、地球と火星を含む地球型惑星（内惑星）を形成した。地球上の生命の存在を示す最初の化学的痕跡はおよそ40億年前のものである。つまり、地球上の化学条件が生命に適するようになるまでに6億年かかったわけである。この化学条件の中で最も重要なものが水の存在であった。

原始の地球では多分大気の高いところにたくさんの水が存在したと思われる。しかしこの新しい惑星（地球）は熱かったので、水は水蒸気の形で存在し、宇宙空間へと消散してしまった。地球が冷えるにつれて水は地表に凝集することが可能になったが、その水はいったいどこから来たのだろうか？　現在考えられている可能性は、彗星（惑星誕生以来太陽のまわりを周回しているホコリと氷の緩やかな集塊）が地球と火星に繰り返し衝突し、これらの惑星に水のみならず窒素や炭素含有分子など他の生命の構成要素をももたらした、というものである。

惑星が冷え、彗星由来の化合物が水に溶けるにつれて、単純な化学反応が起きたであろう。これらの化学反応の中には、生命誕生へとつながるものもあっただろう。しかしながら、大きな彗星と岩石の多い隕石の衝突により大きなエネルギーが放出され、形成されつつあった大洋がほとんど沸騰し、存在したかもしれない初期の生命は破壊されたであろう。地球上ではこれらの衝突は次第に数少なくなっていき、およそ38億年前には生命は生き残る足場を得た。それ以来生命は地球上に存在する。

地球上の生命の起源を説明するいくつかのモデルが提唱されてきた。ここでは２つの理論について考えてみる。１つは生命は地球上で化学進化を経て誕生したというものであり、もう１つは生命は地球外からやって来たというものである。

生命の起源の前駆物質を合成する実験は原始の地球をモデルとする

地球上の生命の起源を説明する理論の１つは**化学進化**と呼ばれるが、原始地球上の諸条件がモノマー（**キーコンセプト 3.1**）などの簡単な分子の生成につながり、これらの分子が生命の誕生につながったというものである。科学者たちはこれらの初期条件を、物理的に（温度を変えることにより）かつ化学的に（存在したであろう元素の混合物を再創造することにより）再構成しようと試みてきた。

“熱い”化学　レアメタルの中には、モリブデンやレニウムのように、酸素を含む水に溶けるものがある。これらレアメタルの、海や湖の底にある沈殿物中の含量は、その沈殿物（岩石）が形成された時代の水中・大気中の酸素ガス（O_2）量に比例する。年代が特定された沈殿物由来岩石中のこれらレアメタル含量の測定から、25億年以前の岩石にはこれらのレアメタルは含まれていないことが明らかになっている。これらの証拠から、原始の地球の大気中にはほとんどO_2が存在しなかったことが示唆されている。およそ25億年前から、単細胞生物の光合成の副産物として酸素ガスの蓄積が始まったと考えられている。今日では大気の21％がO_2である。

1950年代にシカゴ大学のスタンレー・ミラーとハロルド・ユーリーは、水素ガス、アンモニア、メタンガス、水蒸気など原始の地球の大気中に含まれていたと考えたガスを含む実験的な“大気”を準備した。彼らはこの“大気”中で、化学反応を進める源である雷光を模して、電気的火花を発生させた。それから実験系を冷却しガスを凝縮させ、実験的“大洋”である水溶液中に回収した（図4.7）。１週間にわたる連続的実験の後で、多様なアミノ酸（タンパク質の構成成分）を含む多数の有機分子が回収された。

“冷たい”化学　スタンレー・ミラーは電気的火花を用いない長期に及ぶ実験も行った。1972年にミラーはアンモニアガス、水蒸気、シアン化物（HCN、原始の地球で形成されたと考えられる分子の１つ）で試験管を満たした。結果を混乱させるような物質・生物が混入していないことを確かめた後に、試験管を封印し、木星の衛星の１つであるエウロペを覆っている氷の温度である－78℃まで冷やした。27年後、試験管を開けたミラーはアミノ酸とヌクレオチド塩基を見出した。明らかに、氷の中の（液体の）水たまりの中で、出発材料となる物質が高濃度で蓄積し始め、化学反応が加速されたのであろう。重要な結論は、原始の地球及び火星、エウロペ、エンケラドス（土星の衛星の１つで、人工衛星が撮影した写真によって、地中からの

実験

図4.7　生物の分子は原始の地球の大気中に存在する化学物質から生成され得たのだろうか？

原著論文：Miller, S. L. 1953. A production of amino acids under possible primitive earth conditions. *Science* 117: 528–529.
Miller, S. L. and H. C. Urey. 1959. Organic compound synthesis on the primitive earth. *Science* 130: 245–251.

原始の地球に存在した大気の条件に対する理解が深まるにつれて、研究者たちはこれらの条件が有機分子の生成につながったかどうかを確かめる実験を考え出した。

仮説▶　原始の地球の大気に存在したのと同様の条件で有機化合物が生成しうる。

方法

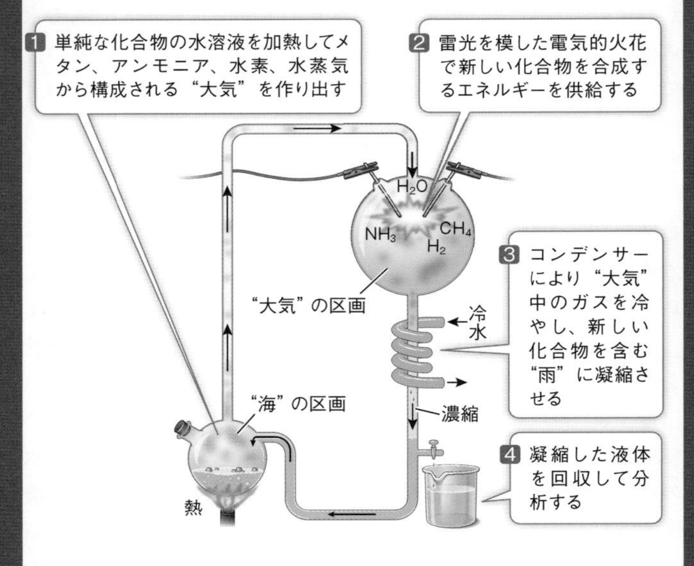

結果

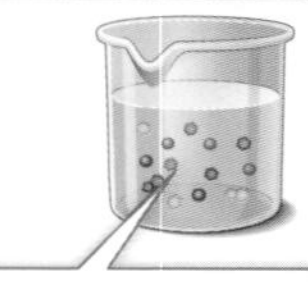

凝縮した液体中での反応によりアミノ酸を含む有機化合物が形成された

結論▶　生物の化学的構成要素は原始の地球の大気から生成し得たと考えられる。

間欠泉があることが明らかになった）など他の天体でも、単純な生命の生成に必要な前駆分子の合成に適した環境があったかもしれないということである。

これらの実験結果は、地球や宇宙の他の場所での生命誕生の化学進化説にとってとても有利なものであった。ミラーとユーリーの実験に対する再試と批判的な評価が数十年にわたって行われた。科学においては、実験とその結果は再現可能なものでなければならず、知識の蓄積につれて再解釈・改良されなければならない。例えば、原始の地球の大気についての考えは変わった。大きな火山の噴火が40億年前に起きたことを示す数多くの証拠が示されている。火山噴火によって二酸化炭素（CO_2）、窒素（N_2）、硫化水素（H_2S）、亜硫酸ガス（SO_2）が大気中に放出されたであろう。オリジナルのミラー－ユーリー実験で用いられたものに加えて、これらのガスを添加した実験の結果、より多様な有機化合物が産生された。

・DNAとRNAに存在する５つの塩基全て（すなわちA, T, C,

G, U)

・タンパク質合成に用いられる20種のアミノ酸全て
・多くの三単糖〜六単糖
・ある種の脂肪酸
・ビタミンB_6及びパントテン酸（補酵素Aの構成成分）
・ニコチンアミド（エネルギー代謝に関与するNADの一部分）
・コハク酸、乳酸などのカルボン酸（これらもエネルギー代謝に関与する）

生命は地球外から来たのかもしれない

1969年に驚くべき出来事によって、宇宙からの隕石が地球上の生命に特徴的な分子を運んできたという発見がもたらされた。その年の9月28日に、オーストラリアのマーチソンという町の近くに隕石の断片が落下した。科学者たちは地球由来の物質の混入を避けるために、手袋をはめて直ちに隕石の小さなかけらを削り取り、試験管に入れて、水で成分を抽出した（図4.8）。科学者たちはプリン、ピリミジン、糖、10種のアミノ

図4.8　マーチソン隕石
1969年にオーストラリアに落下した隕石の断片からかけらを採取し、試験管中の水に封じ込めた。アミノ酸、ヌクレオチド塩基、糖を含む隕石中の水溶性分子が水に溶け出した。

酸など生命に特徴的ないくつかの分子を見出した。

これらの分子は本当に宇宙から隕石の一部としてもたらされたのであろうか？　それとも地球に落下してから隕石に付着したのであろうか？　これらの分子は地球由来ではないということを示す多くの証拠がある。

・科学者たちは混入を避けるために細心の注意を払った。彼らは手袋と無菌的な道具を用い、隕石の表面ではなくその下からかけらを取り、隕石の落下直後に作業をした（地球由来の生物が試料に混入する前に）。
・地球上のほとんどの生物中に存在するアミノ酸はL-アミノ酸である。すなわち生物のアミノ酸は２種の光学異性体のうち一方のものしか存在しない（**図3.2**）。しかしながら隕石中のアミノ酸はL-異性体とD-異性体の混合物で、わずかにL-異性体の方が多かった。したがって隕石中のアミノ酸は地球上の生物由来である可能性は考えられない。
・**第２章**冒頭の話で、生物中の同位体比がその生物が生きている環境の同位体比を反映することを説明した。隕石に含まれている糖中の炭素と水素の同位体比は地球上のこれら元素の同位体比とは異なっていた。

90以上もの火星からの隕石が地球上で回収されてきた。多くが水の存在を示している。例えば水溶液から析出する炭酸塩の鉱物が一例である。生命の化学的特徴である有機分子を含んでいる隕石もある。そのような分子の存在はこれらの隕石がかつては生命を宿らせていたことを示唆するが、地球に落下したときに生物が存在していたことの証明にはならない。多くの科学者は、生物が隕石中で何千年も宇宙空間を移動して生き延び、地球の大気を通過する際の高熱に耐えられるとは信じていない。しかしいくつかの隕石ではその中心部の温度が極端に高くはなかったことを示す証拠もある。もしもこれが事実だとすると、生物の長い惑星間旅行も不可能ではなかったかもしれない。

生命が地球外にも存在することの証明は、別に生命が宇宙から地球に到達しなくても可能である。天体に生命が存在する可能性の探索はずっと続いている。例えば、この章の冒頭で記述したように、火星に現在あるいは過去に生命に適した条件があった（ある）か否かを求めて、その地表を調査した人工衛星や陸上探査機などである。火星上に生命を発見しようとする最も劇的な試みは1976年に行われたものであろう。NASAがアメリカ合衆国の政治的独立200年を記念して２つの定置探査機（ランダー）、バイキング１号とバイキング２号を火星上に着陸させたのである。「**生命を研究する：火星上に生命の証拠を見つけることは可能か？**」には、地球上の科学者がどのようにして探査機上の装置を使い、生命の徴候を求めて火星の土壌を調査したかを記載している。

生命システムに特有の特徴は、環境中の分子を利用して成長のための化学エネルギーを抽出できることである。この過程で老廃物が放出される。このことはお馴染みであろう。我々は酸素ガス（O_2）を吸い込み、食物の栄養分を取り込み、二酸化炭素（CO_2）を吐き出している。他の生物の中にはO_2を利用しないものもあるが、他の分子を取り込んでいる。火星の実験では、科学者たちはバイキング探査機に、火星の土壌をすくい取るよう指令し、その土壌に栄養素としての７種の分子を加えた。これら７種の分子は全てミラー－ユーリーの実験で作られうるものである（例えばアミノ酸など、**図4.7**）。その７種の分子は炭素の放射性同位元素（^{14}C）で標識されたものである。一定時間後に検出器を用いて、産生された放射活性ガス

（おそらくCO_2）を測定した。

何度か行われた実験のうちいくつかの結果は驚くべきものであった。放射活性ガスが検出されたのである。科学者の中には火星には生命が存在するかもしれないと結論づけたものもいた。土壌をあらかじめ160℃に熱して生物を殺すような条件では、放射活性ガスがほとんど産生されなかった、という事実もこの結論に信頼性を持たせた。後に、地球上の実験室で行われた同様の実験からある種の土壌では生物がいなくても放射活性ガスが産生されうるということが明らかになった。したがって火星での実験データも生物がいなくても得られうるという可能性がある。しかしながら、生物学者の中には火星での実験データを生物の存在で説明しようとするものもいまだにいる。火星に生物がいるかどうかの探求は今も続いている。

原始の地球の条件をモデル化した化学実験から、生命を特徴付けるポリマー（タンパク質など）を構成するモノマー（アミノ酸など）の起源についての手がかりが提供された。ではポリマーはどのようにして作られるようになったのだろうか？

生命を研究する

火星上に生命の証拠を見つけることは可能か？

実験

原著論文：Levin, G. V. and P. A. Straat. 1976. Viking labeled release biology experiment: Interim results. *Science* 194: 1322–1329.
Ponnamperuma, C., A. Shimoyama, M. Yamada, T. Hobo and R. Pal. 1977. Possible surface reactions on Mars: Implications for Viking biology results. *Science* 197: 455–457.

火星で探査機バイキングは土壌をすくい取り、生命の存在を示す化学的相互変換が起こるかどうか検証した。ギルバート・レヴィンらは現在（その当時）火星に生命が存在しうることを、数百万マイルの遠距離から遠隔操作で示す実験をデザインした。

仮説▶ 火星上の探査機を使って、火星の土壌で、生命の存在を示す化学的変化が起こるかどうか検証することができる。

方法

1 探査機バイキングを火星に送り込む

2 探査機は火星の土壌をすくい取る

放射活性のある栄養素液

放射能検知器

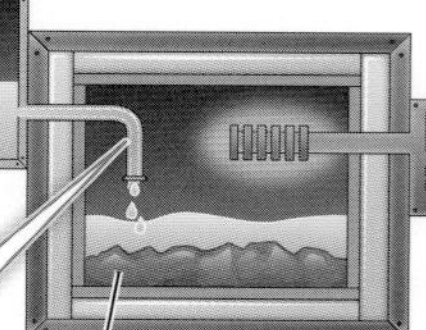

3 密閉したコンテナ中で、火星の土壌に放射活性のある栄養素を添加する

火星の土壌

4 4日後に放射活性ガスの濃度を記録する

結果

4火星日後に検出された放射活性を有するガス（1分あたりのカウント）		
対照（土壌なし）	火星の土壌サンプル1	火星の土壌サンプル2
500	9500	1万2000

結論▶　火星の土壌は生命の存在と矛盾しない化学的変化を示す。

データで考える

地球上の実験室における実験をデザインするのでさえ難しいのに、遠い火星上で行う実験をデザインする難しさを想像してみたまえ！　レヴィンとストラートによって主導された生物学者と化学者のチームは、火星に装置を送り込んで、おそらく火星の生物を含んでいる土壌に栄養素を添加した後の、ガスの放射活性を測定することにより、生命が存在するかどうかを検証した。スコップを使って0.2 mℓの土壌サンプルを採取し、密閉したコンテナに入れておよそ18℃にまで加熱した（周囲の火星の環境よりずっと高温である）。炭素原子を^{14}Cで標識した放射活性のある栄養素（葉酸、グリコール酸、グリシン、アラニン、乳酸）を加えた。栄養素添加後一定時間ごとに、放射能検知器を用いて^{14}C放射活性ガスの放出を検出した。

質問▶

1. 表Aに2つの実験のデータを示す。栄養素添加後の^{14}C放射活性ガスを火星日に対してプロットせよ。どんな結論を導けるか？　2機のバイキングが出発する前に実験室で行われた実験で、栄養素の全てが完全に分解されてガスになった場合に放出される全放射活性は25万7000カウント／分（cpm）であることが示された。火星のサンプルで観察された毎分あたりの放出放射活性を計算し、その結果についてコメントせよ。
2. 表Aに栄養素添加前に160℃で3時間熱処理した火星の土壌のデータを示す。質問1で作成したプロットの上にこのデータをプロットせよ。熱処理によってどんな種類の分子が破壊されるか？　その破壊はどのようにして起こるのか？　これらのデータは質問1から得られる結論にどのような影響を及ぼすか？

表A

時間（日）	検出された^{14}Cガス（1分あたりのカウント）		
	実験1	実験2	予熱処理した土壌
開始時	185	1100	655
0.2	3000	5500	540
0.5	4800	7200	500
1.0	6200	9500	525
2.0	7000	1万1300	590
3.0	7600	1万1800	610
4.0	8000	1万2000	620

3. 地球ではポナムペルーマらが火星の土壌の主成分である赤鉄鉱（Fe_2O_3）を用いて火星の土壌の代用とし、火星における実験と同様に、栄養素を添加した。その結果を予熱処理した実験と併せて表Bに示す。これらの結果は質問1と質問2を考えて導き出した結論にどのような影響を及ぼすか？

表B

	検出された^{14}Cガス（1分あたりのカウント）	
	赤鉄鉱+^{14}C栄養素	赤鉄鉱のみ（栄養素なし）
実験	1万140	150
160℃で予熱処理	308	107

4.3 生命の高分子は低分子から生じた

ミラー－ユーリーの実験及びその後の追加実験から、原始の地球で優勢を占めていた条件下での生命の構成要素（モノマー）の生成に関する、ありそうなシナリオが提供された。生命の起源に関する一般的な理論を構築し支持するための次のステップは、これらのモノマーからどのようにしてポリマーが生成されたかの説明であろう。

学習の要点

- シミュレーション実験から得られた証拠は、生物ポリマーは原始の地球の条件下で起こった化学反応から生じたという理論を支持している。
- 科学者たちは生物ポリマーの進化の過程で触媒の存在が必要であっただろうと考えている。

原始の地球で 複雑な分子がより単純な分子から生成し得た

科学者たちは多くのモデルシステムを用いて、最初の生物ポリマーができたであろう条件を再現しようと試みている。これらのモデルシステムはいくつかの観察結果と仮定に基づいている。

- 粉末状粘土のような固体鉱物の表面は大きな表面積を持っている。科学者たちは粘土中のケイ酸塩が縮合反応を触媒し、その結果有機ポリマーが形成されたのではないかと考えている。
- 大洋の底の熱水噴出孔においては、地殻の下から熱水が噴き出しており、酸素ガスに乏しく、鉄やニッケルなどの鉱物が含まれている。実験では、これらの金属は酸素がない条件下でアミノ酸の重合を触媒することが示されている。
- 大洋の縁（へり）の熱水域では、蒸発によりモノマーが濃縮されて重合が起こるようになるのかもしれない（“原始スープ”仮説）。

化学進化の最初期の段階がどのように起こったにせよ、その後の数十億年以上一般的な構造や機能がおそらく変わることのなかったモノマーとポリマーが、そのときに誕生したのである。

RNAがおそらく最初の生物触媒であった

多くの化学変化が生物内で起こる。一例がDNA複製である。これについてはこの章の最初の方でDNA 1分子が複製される過程として記載した（**図4.5**）。多くの他の化学変化が生命システム内で起こり、高分子の加水分解や合成、低分子の相互変換などを含んでいる。第3巻の**第14章**で見るように、これらの化学変化は生命システムに存在するような水溶液中で自発的に起こりうる。しかし、ほとんどが非常に遅くしか起こらない。触媒と呼ばれる生化学的変換を加速する分子がこの問題を解決してくれる。したがって生命の起源にとって非常に重要なのは触媒の出現である。

今日では、生物触媒のほとんどは酵素と呼ばれるタンパク質である。タンパク質は多様な形をとりうるので、水溶液中の多様な物質に結合して化学反応を加速することができる。しかしタンパク質は核酸に含まれる情報をもとに作られる。ここでニワトリが先か、卵が先かという問題に直面する。もし生命にとってタンパク質が必要ならば、核酸がまず最初に出現しなければならなかったであろう。そうでなければタンパク質は作られなかっただろうから。しかし核酸がタンパク質の前に出現したとしたら、タンパク質は最初の触媒ではあり得ない。核酸は、タンパク質合成の青写真としての役割に加えて、触媒にもなりうるのであろうか？　答えはイエスである。

タンパク質と同様に、折りたたまれたRNA分子の三次元構造は外的環境に独自の表面を提供する（図4.3）。RNA分子の表面はタンパク質分子の表面と全く同様に独自の（特異的な）ものである。ある種のRNA分子は、その三次元的形態と他の化学的特性により、触媒として機能しうる。**リボザイム**と呼ばれる触媒RNAは自身のヌクレオチドのみならず他の細胞内物質が関与する反応を加速することができる。振り返ってみるとそれほど驚くべきことではないのだが、触媒RNAの発見は、全ての生物触媒はタンパク質（酵素）であると確信していた生物学者のコミュニティにとっては驚きであった。この発見に関与したトーマス・チェックとシドニー・アルトマンの仕事が、他の科学者たちによって完全に認められるまでにほとんど10年かかった。しかし認められたときに２人はノーベル賞を受賞した。

RNAが情報分子（そのヌクレオチド配列により）であると同時に触媒分子（その独自の三次元的形態をとりうる能力により）でもありうるということから、初期の生命は、今日のDNAワールド以前は、“RNAワールド”から構成されていたのではないかという仮説が提唱されている。RNAが最初に作られたとき、そのRNAは自身の複製のための触媒として機能したのみならずタンパク質合成のための触媒としても機能したのではないかと考えられる。その後DNAがRNAから進化したのだろう（図4.9）。このシナリオを支持するいくつかの証拠がある。

・現代の生物では、ペプチド結合の生成はリボザイムによって触媒される（図3.6）。
・レトロウイルスと呼ばれるある種のウイルスでは、RNAからのDNA合成を触媒する逆転写酵素と呼ばれる酵素が存在する。

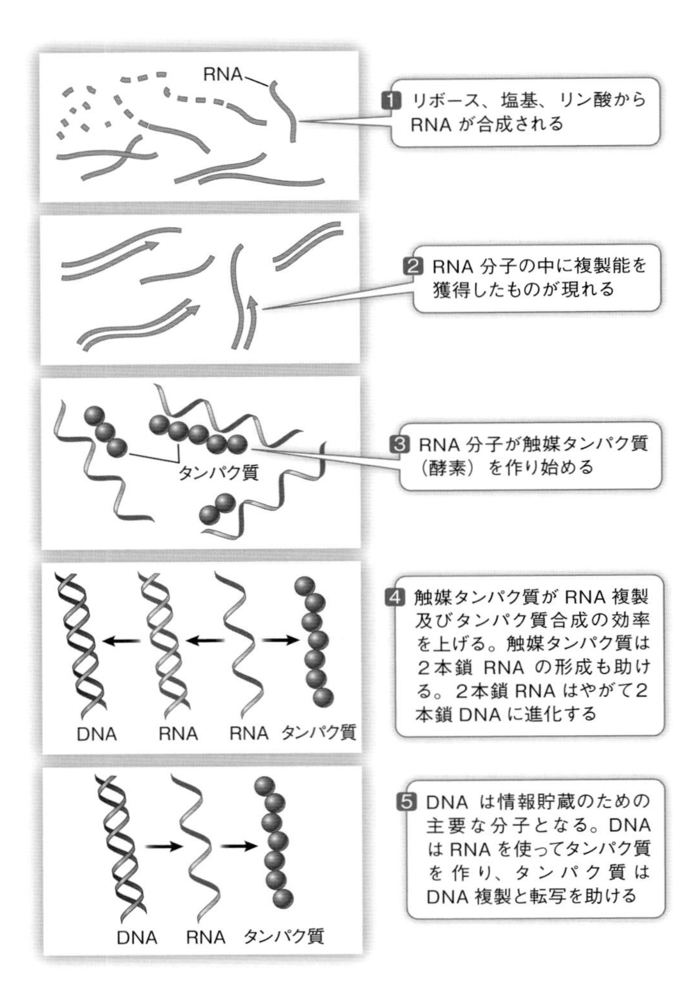

図4.9　“RNAワールド”仮説

この仮説は、DNAワールド以前には、RNAはタンパク質合成の青写真であると同時に自分自身の複製のための触媒でもあったと仮定している。その後、RNAからDNAという情報貯蔵分子が進化したのだろう。

・自然に存在する短いRNA分子をヌクレオチド混合液に添加すると、RNAを添加しない場合に比べてRNAポリマーは700万倍速い速度で生成される。このことは添加したRNAはただのテンプレート（鋳型）ではなく触媒であることを示唆する。
・短いRNAを集めて自分自身の正確なコピーである長い分子を作る反応を触媒する人工的なリボザイムが作られた。このようにして核酸の複製が進化したのかもしれない。

低分子及び高分子の生成メカニズムの発見は、地球における生命の起源についての疑問に答えるために非常に重要である。しかしながら、どのようにして組織化された生命システムが形成されたのかを理解する必要もある。そのようなシステムでは生殖、エネルギー処理、環境への反応性というような生命に特徴的な性質が示される。これらは細胞が持つ性質である。細胞の起源を次の節で探っていこう。

4.4 細胞は構成成分となる分子から生じた

生命の起源に関する多くの理論を見て分かるように、生化学の進化は局所的な条件下で起きた。すなわち、生命の化学反応は、関与する分子が遠く離れているような希薄な水性環境では起こり得なかった。何らかの限定されたコンパートメント（区画）が存在し、その中にこれらの出来事に関与する化合物が集まって濃縮されなければならなかった。生物学者たちの説では、最初はこのコンパートメントは岩石の表面の小さな水滴だったかもしれない。しかし生命の起源にはもう１つの重大な出来事が必要であった。細胞膜の進化である。

学習の要点

- 生命の最小単位としての細胞の進化にとって、膜の発生が不可欠であった。
- 科学者たちは初期の細胞だったかもしれない構造の化石を発見した。

生命は、**細胞**と呼ばれる構造的に限定された単位の中で、環境から隔てられている。細胞の内容物は非生命環境から**膜**と呼ばれる特殊なバリアによって隔てられている。膜は単なるバリアではない。膜は**第6章**で見るように細胞への物質の出入りを調節している。この表面膜の役割は非常に重要である。というのはこの役割によって、細胞の中身の化学組成が外部環境と異なるものに維持されるからである。

どのようにして
膜を持つ最初の細胞が生まれたのだろうか？

ハーバード大学のジャック・ショスタクらは、生命の起源に関する手がかりを与える実験モデルを構築した。この構築のために、彼らはまず脂肪酸（生命の起源の前駆物質を合成する実験で作られうる）を水に加えた。**第3章**から脂肪酸が両親媒性であることを思い出してほしい。脂肪酸は親水性の極性頭部と長い疎水性の非極性尾部からできている（図3.22）。脂肪酸を水に入れると、互いに寄り集まってフットボールチームによく似た丸い“ハドル”を形成する。親水性の頭部が外向きになって水性環境と相互作用し、尾部が内向きになって水分子から離れるのである。

もしこの“ハドル”の中に水が閉じ込められたらどうなるだろうか？　この場合、疎水性の尾部が水と接することになり、不安定な状況になってしまう。この構造を安定化するために、第二の脂肪酸層が形成される。この**脂質二重層**では、脂肪酸の極性頭部は内側と外側の両方を向く。二重層の両側に存在する極性水分子に引き付けられるからである。非極性の尾部が二重層の内側を形成する（図4.10）。これらの脂質二重膜によって限られた、生命起源の前駆体とも言うべき水で満たされた構造は、生きている細胞にとてもよく似ている。科学者たちはこれらのコンパートメントを**原始細胞**と呼ぶ。原始細胞の性質を調べた結果、以下のことが明らかになった。

・DNAやRNAなどの高分子は二重層を通って原始細胞内に入ることはできないが、糖や個々のヌクレオチドなどの低分子は原始細胞内に入ることができる。
・原始細胞内の核酸は細胞外のヌクレオチドを使って複製することができる。研究者が原始細胞内に自己複製することができる短い核酸鎖を入れて、外側の水性環境にヌクレオチドを添加すると、ヌクレオチドは膜を通過して原始細胞内に入り、新しいポリヌクレオチド鎖の中に取り込まれた。この複製はタンパク質触媒がなくても起こり、細胞増殖へ向けての第一段階だったのかもしれない。

これらの原始細胞は本当に細胞で、これらの実験で産生された脂質二重層は本当に細胞膜だったのであろうか？　そうではないだろう。原始細胞は完全には増殖できず、現代の細胞の中で起こる全ての代謝反応を営むことはできなかった。原始細胞の単純な脂質二重層は、現代の細胞膜が持つ洗練された機能はほとんど持たなかった。それにもかかわらず、*原始細胞は細胞が数十億年前に発生したときの妥当な模写物ということができる。

(A) **原始細胞形成仮説**

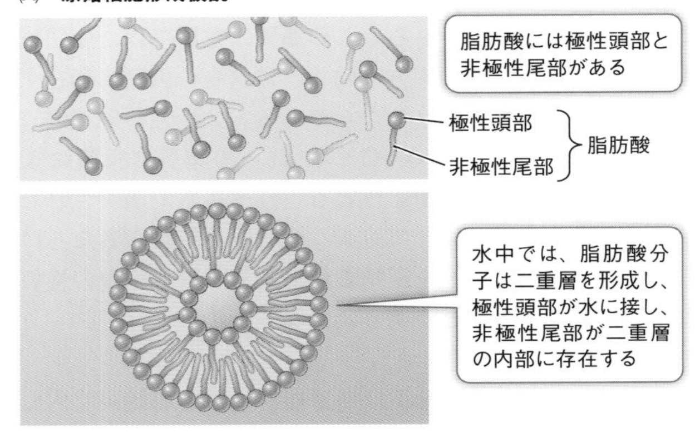

(B) **原始細胞モデル**

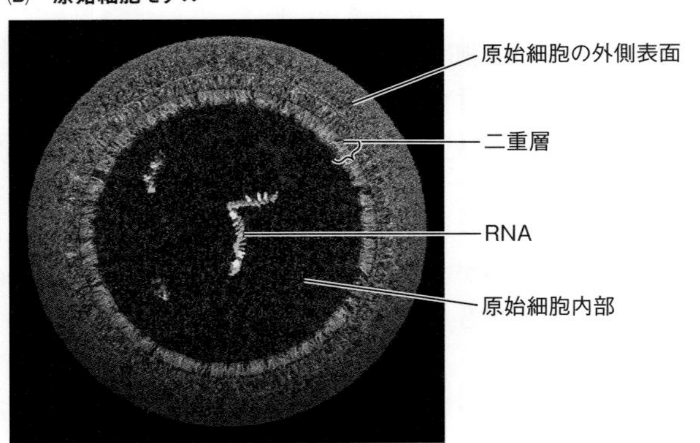

図4.10　原始細胞

(A)一連の実験で、ジャック・ショスタクらは水に脂肪酸分子を加えた。脂肪酸分子は原始細胞と呼ばれる、脂質二重層が水によって取り囲まれる球状構造を形成した。

(B)原始細胞のモデル。“膜”の一部を切り取って、原始細胞内部と膜の二重層構造が明らかになるようにしている。栄養素とヌクレオチドは“膜”を通過して原始細胞内部に入り、既に存在するRNAテンプレートを複製する。RNAの新たな複製産物は原始細胞内にとどまる。

・原始細胞は、物質が相互作用し、ある場合には触媒的に反応する、パーツが組織化されたシステムとして機能する。
・原始細胞は、外部環境とは異なる内部を持っている。
・限られてはいるが複製することができる。

これらは全て生きている細胞の基本的特徴である。

---

*概念を関連づける　原始細胞は動植物細胞よりは細菌に似ている。動植物細胞の進化は一連の段階を経て起こったと考えられている。

古代細胞の中には化石として痕跡を残したものがある

1990年代に科学者たちは稀な発見をした。オーストラリアの古代岩石の累層である。この累層は35億年前に形成されて以来、ほとんど変わることなく残っていた。この岩石標本の1つに、カリフォルニア大学ロサンゼルス校の地質学者J.ウィリアム・ショップは、現代の藍色細菌（シアノバクテリア）に奇妙なほどよく似たものの連鎖構造や凝集塊を発見した（図4.11）。藍色細菌は最初に現れた生物のうちの1つであろうと考えられてきた。藍色細菌は光合成をしてCO_2と水を糖質へと変換できるからである。ショップは発見したものがかつては生きていて、単なる化学反応の結果ではないことを証明する必要があった。彼と同僚は岩石標本中に光合成の化学的証拠を探した。

光合成で二酸化炭素を利用することが生命の顕著な特徴の1つであり、独自の化学的特徴を残してくれる。すなわち生成した糖質中の放射性同位元素である^{13}Cと^{12}Cの比である。ショップはオーストラリアの標本にこの同位元素比の特徴があるこ

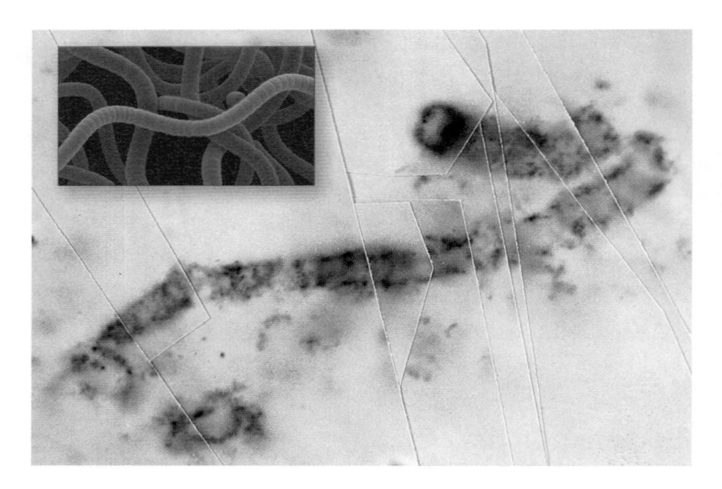

図4.11　**最初の細胞？**
この西オーストラリアで発見された化石は35億年前のものである。その形態は現代の線維状藍色細菌（シアノバクテリア；挿入図）に似ている。

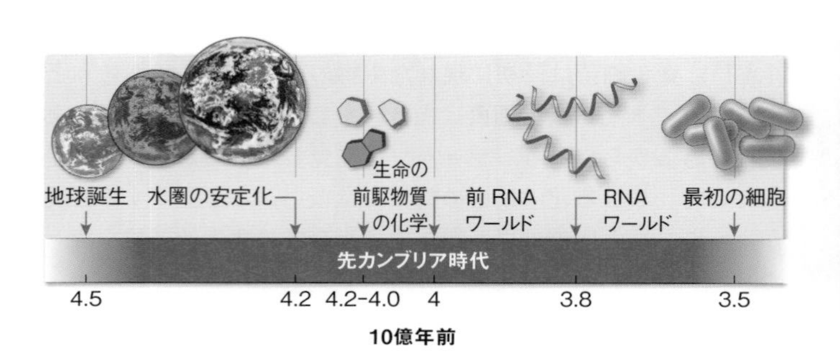

図4.12　**生命の起源**
この非常に単純化された時系列によって、35億年以上前に生命の誕生にいたった主な出来事を把握してほしい。

とを示した。さらに、連鎖構造を顕微鏡で観察すると、生命システムに特徴的な内部構造を持つことが明らかになり、単なる化学反応の結果ではあり得ないことが明らかになった。ショップが提示した証拠は、オーストラリアの標本は本当に古代生物の遺物であることを示唆している。

2011年に別の科学者チームが、ショップの発見場所からおよそ32 km離れたところで作業していて、およそ34億年前の砂岩中に似たような微小化石構造を発見した。この例では、岩石の化学分析から、これらの細胞は化学エネルギーを放出させる一連の細胞反応で、酸素の代わりにイオウを用いていたことが示された。

地質学的、化学的、生物学的証拠から、地球の誕生から最初の細胞が出現するまでおよそ５億〜10億年かかったことが示唆される（図4.12）。それ以来生命は細胞の形で存在している。次の章では細胞の構造と機能について学んでいく。

生命を研究する

QA　火星に生命の証拠を見出すことはできるだろうか？

2014年にNASAは火星に現在あるいは過去に生命が存在する（した）証拠を見つけることが主な目標だと宣言した。この章を執筆している時点で、探査機キュリオシティがまだ火星にいて実験と分析を続けている。さらに、欧州宇宙機関はロシアとともに、2010年代の半ばに数機の“エクソマーズ”探査機を打ち上げる計画で、それらは火星表面の２m下までドリルして地殻を採取し、表面下に生命の化学的痕跡があるかどうか分析することになっている（訳註：2016年にトレース・ガス・オービターと実験モジュールのスキアパレッリが打ち上げられたが、スキアパレッリは火星表面に激突してしまった。2020年にも打ち上げが計画されている)。最も興奮させられる計画は、まだ不確かなものだが、マーズ・サンプル・リターン・ミッション（火星標本持ち帰り計画）で、ちょうど40年以上前に月の標本が持ち帰られたように、土壌標本を地球に持ち帰り、地上の実験室で念入りに実験・解析するというものである。もし地上に火星の土壌標本があったらどんな実験・解析を行うだろうか？

今後の方向性

大胆な宇宙計画は最終段階にあり、地球における生命誕生について重要な情報をもたらしてくれるかもしれない。60万以上の小惑星が存在し、ほとんどは太陽のまわりを火星と木星の間で周回していた初期の太陽系の岩石由来である。しかしそのうち数千は、典型的な位置から弾き飛ばされて、地球の比較的近くに位置している（月より地球近くに位置しているものもある)。ベンヌと呼ばれる小惑星は1999年に発見され詳しく研究されている。この小惑星は有機分子を含むのにちょうどよい大きさと構成成分を持っている。2018年にオシリス・レックスと呼ばれる探査機がこの小惑星に到着、およそ1年の間その付近にあって、標本を採取、2023年に地球に持ち帰り、それが解析されることになっている（訳註：2016年9月に打ち上げが成功している)。この初期の太陽系の標本は、科学者たちに小惑星が何から成り立っているかという情報のみならず、おそらく生命の誕生につながる最初期の分子に関する情報ももたらしてくれるだろう。

▶ 学んだことを応用してみよう

まとめ

4.1　ポリヌクレオチドのDNAとRNAの構造によって、これらの分子は遺伝情報を蓄積し伝達するという機能を果たすことができる。
4.1　ポリヌクレオチドのDNAとRNAのヌクレオチド間の塩基対合が遺伝情報の伝達に必要な構造である。
4.1　DNAのヌクレオチドの塩基配列が遺伝情報の貯蔵に必要な化学的多様性を提供する。
4.1　DNAとRNA以外に存在するヌクレオチドは細胞内で多様な機能を持つ。

原著論文：Chargaff, E. 1950. Chemical specificity of nucleic acids and mechanism of their enzymatic degradation. *Experientia* 6: 201-240.

核酸は、細菌、小麦、ヒトなど、生物種を超えて構造的類似性を示す。いくつかの生物種から抽出したDNAを化学的に分析すると、リン酸基とデオキシリボース基のモル比が常に1：1であるという結果を得るだろう。この1：1というモル比はDNAの繰り返し基本構造に由来する。DNAは多くのヌクレオチドモノマーが互いに重合して作られているのである。全ての生物はこの構造的類似性を共有している。

しかしながら、異なる生物のDNAは同一というわけではない。結局、DNAはそれぞれの生物に特有の生物情報を担っているのである。いくつかの生物種の塩基構成を解析するとどのようなことが分かるだろうか？　RNAについてはどのようなことが分かるだろうか？　下に示す表はこれらの質問を解析するためのデータを提供している。

生物と組織	DNA塩基構成			
	アデニン	グアニン	シトシン	チミン
ニシンの白子	27.8	22.2	22.6	27.5
ラットの骨髄	28.6	21.4	21.5	28.4
ヒトの精子	30.7	19.3	18.8	31.2
大腸菌	26.0	24.9	25.2	23.9
酵母	31.3	18.7	17.1	32.9

生物と組織	RNA塩基構成			
	アデニン	グアニン	シトシン	ウラシル
ラットの肝臓	19.2	28.5	27.5	24.8
コイの筋肉	16.4	34.4	31.1	18.1
酵母	25.1	30.2	20.1	24.6
ウサギの肝臓	19.7	26.8	25.8	27.6
ネコの脳	21.6	31.8	26.0	20.6

質問

1. それぞれのDNAデータセットのプリン：ピリミジン比を計算せよ。どのようなパターンが認められるか？　このパターンはDNA構造について何を示唆するか？
2. それぞれのRNAデータセットのプリン：ピリミジン比を計算せよ。どのようなパターンが認められるか？　このパターンはRNA構造について何を示唆するか？
3. 質問1、2に解答したとき見出したDNAとRNAのパターンの違いはどういう意味を持つのか？
4. 表に挙げられたそれぞれの生物のDNA中の合算したAT含量と合算したGC含量を計算せよ。この計算に関して、異なる生物由来のDNAはどういう差異があるだろうか？
5. 質問4への答えからDNAのAT含量とGC含量が類似している2つの生物を同定せよ。これらの生物がこの類似性を持ちながら完全に異なる遺伝子構成を持ちうるのはなぜか説明せよ。

第5章　細胞：生命の機能単位

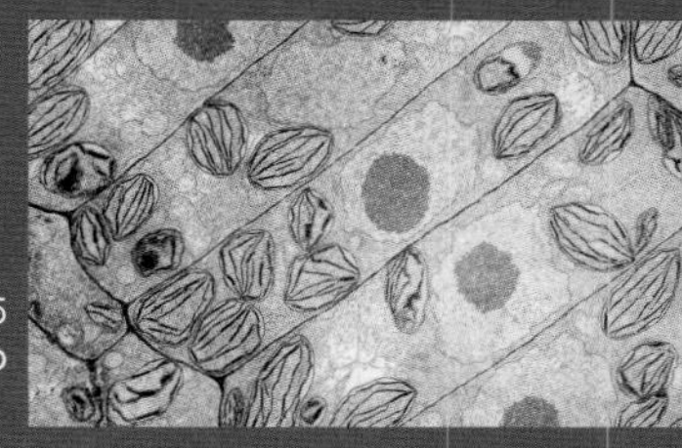

区画化がこれらの植物細胞の顕著な特徴である。これらの細胞はそれぞれ1個の核といくつかの葉緑体（クロロプラスト）を持っている。

キーコンセプト

5.1　細胞は生命の基本単位である
5.2　原核細胞は最も単純な細胞である
5.3　真核細胞には細胞小器官が存在する
5.4　細胞外構造には重要な役割がある
5.5　真核細胞はいくつかの段階を経て進化した

生命を研究する

天然の日よけ

日光は生命にとって非常に重要な役割を担っている。生命にエネルギーを与え、そのエネルギーは緑色植物において光合成という過程を経て貯蔵化学エネルギーに変換される。食物を食べるとき、食物中の化学結合に貯蔵されているエネルギーは結局のところ太陽由来なのである。しかし日光には厄介な副作用がある。日光の一部である高エネルギー紫外線は遺伝物質であるDNAを傷付ける。このような化学を知らなくても、日陰にとどまっていたり、化学的な日よけ剤を用いたりして、過剰に日光を浴びることを最小化しようとする人もいる。しかし、太陽による損傷を軽減するために進化した生物学的メカニズムも存在するのである。ほとんどの動物では、メラニンという暗褐色ないし黒色の化学色素が、生命の基本単位である細胞の中で合成される。メラニンは紫外線を吸収することによりDNAを守ってくれる。

ヒトでは、メラニンはメラノサイトと呼ばれるある種の皮膚細胞で作られる。人類は最初にアフリカで進化した。赤道近くの強烈な日光は進化上の淘汰因子として働き、メラノサイトが大量に存在することになった。これらの皮膚が黒い人々のうちの一部が、日光がそれほど強烈ではない北方地域に移住したときに、メラノサイトに対する選択圧（淘汰圧）が減少し、数千年以上の経過で遺伝的変化が起こり、子孫ではメラノサイト数が減少し、白い皮膚となった。これらの人々が強い日光に曝されるとメラニン産生量が増え、お馴染みの日焼けとなるのである。

メラノサイトは特殊化した細胞である。皮膚には存在するが内臓には通常存在しない。後の章で、どのようにして異なる細胞が異なる機能を持つにいたるかを考えよう。メラノサイトの内部でも、特殊化が起こっている。メラニンはメラノソームと呼ばれる特殊化した細胞内コンパートメントで合成される。このコンパートメントはメラノサイトから排出され、他の皮膚細胞に移される。その結果受け取った細胞もメラニンを含むようになる。これは皮膚が黒い人々では自発的に起こるが、皮膚が白い人々では強烈な日光を浴びたときに促進される。

生命の化学が細胞の中で起こり、ある場合には細胞内の特殊化したコンパートメント内で起こるということが、生物の科学の重要概念である。

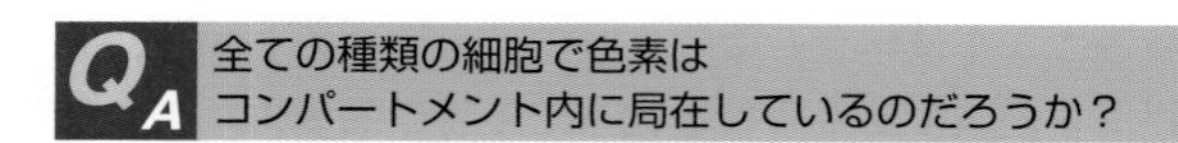

5.1 細胞は生命の基本単位である

第１章で生命の特徴のいくつか、すなわち、化学的複雑さ、成長と生殖、環境から取り込んだ物質を作り直す能力、特定の物質を生物内に取り込むあるいは生物外に排出する能力などについて紹介した。細胞はこれら全ての特徴を持っている。原子が化学における構成要素であるように、細胞は生命の構成要素である。

学習の要点

- 細胞説では、細胞は生命の最小単位であり、全ての生物を構成しており、既に存在する細胞に由来する。
- 顕微鏡により細胞を目で観察することができる。
- 膜は細胞で構造的役割を果たし、細胞が恒常性（ホメオスタシス）を維持し、他の細胞と情報交換することを可能にする。

細胞説とは何か？

細胞説は生物学の重要な統一的原則である。細胞説の非常に重要な教義は次の３つである。

1. 細胞は生命の基本単位である。
2. 全ての生命体は細胞から構成される。
3. 全ての細胞は既に存在している細胞から生じる。

この1838年に提唱されたもと元の細胞説に以下のものを付け加えるべきであろう。

4. 現代の細胞は共通の祖先から進化した。

細胞は水及び他の低分子、高分子から構成される。これらについては**第２章〜第４章**で学んだ。それぞれの細胞は少なくとも１万種類の異なる分子を含んでおり、それらのほとんどが多数個ずつ存在する。細胞はこれらの分子を利用して物質とエネルギーを変換し、環境に反応し、自己を再生産する。

細胞説から次の３つの重要な推論が導かれる。

1. 細胞生物学を研究することはある意味において生命を研究するのと同じことである。細菌の単一細胞の機能の基盤となっている原則は、人体を構成するおよそ60兆個の細胞を支配する原則と同様のものである。
2. 生命は連続的なものである。人体の中の細胞は全て受精卵という単一細胞に由来する。そしてその受精卵は両親からの精子と卵子という２つの細胞の融合で形成される。これらの細胞もまた受精卵に由来し、その受精卵は祖父母の細胞に由来し、というふうに世代を超えて連続しており、進化を遡ればたった１つの最初の細胞にたどり着く。
3. 地球上の生命の起源はすなわち最初の細胞の起源である（**第４章**）。

細胞の大きさは
その表面積の容積に対する比によって決まる

ほとんどの細胞は非常に小さい。1665年にロバート・フックは、拡大レンズで観察した１平方インチ（＝645.16平方ミリメートル）のコルクに12億5971万2000個！の細胞が存在すると推定した。細胞の直径は1〜100マイクロメートル（µm）である。例外もいくつかある。鳥やカエルの卵は大きな単細胞であり、藻類を構成する細胞や細菌の中には肉眼で見えるほどに大きいものもある（図5.1）。

細胞の大きさが小さいことは、ある物体が大きさを増加させるときにその**表面積の容積に対する比**が変化することにより生じる現実的な必要性によるのである。ある物体の容積が増加するとき、その表面積も増加するが、同程度に増加するわけではない（図5.2）。この現象は生物学的に非常に重要である。この点を認識するために、細胞が遂行する化学活動の量は細胞の体積に比例すると仮定しよう。細胞の表面積は細胞が外部環境から取り込む物質の量と外部環境へ排出する老廃物の量を決定する。

生きている細胞が大きくなるにつれて、それが行う化学活動も増大し、老廃物産生速度及び原材料に対する需要も増大し、これは表面積の増大よりもずっと大きくなる（表面積は二次元なので半径の２乗に比例して増加するが、容積は三次元なのでもっと大きく、半径の３乗に比例して増加する）。それに加えて、細胞はしばしば細胞内で物質をある場所から別の場所へと分配しなければならない。細胞が小さければ小さいほど、これはより容易に達成される。これが大きな生命体が多数の小さな細胞から構成される理由である。細胞はその表面積の容積に対する比が十分に大きく維持され、理想的な内部容積が保たれるためには、小さくなければならないのである。多細胞生物の無数の小さな細胞全体の大きな表面積によって、生存にとって必要な多くの異なる機能を遂行することが可能になる。

細胞を見るためには顕微鏡が必要である

ほとんどの細胞は肉眼で見るには小さすぎる。顕微鏡を使えば細胞及びその内部の詳細を見ることができる。詳細が見えるかどうかを解像度と呼ぶ。正式に定義すると、解像度とは我々の眼が２つの物体を別々であると認識できるために必要な距離

244ページへ→

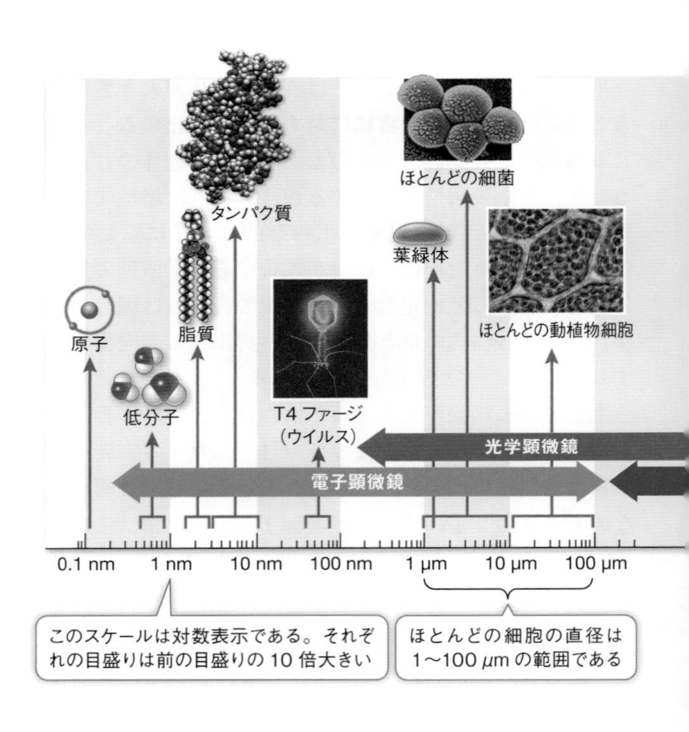

直径 2 r	2 μm	20 μm	200 μm
表面積 $4\pi r^2$	12.6 μm^2	1,260 μm^2	126,000 μm^2
容積 $\frac{4}{3}\pi r^3$	4.2 μm^3	4,200 μm^3	4,200,000 μm^3
表面積の容積に対する比	3.0:1	0.3:1	0.003:1

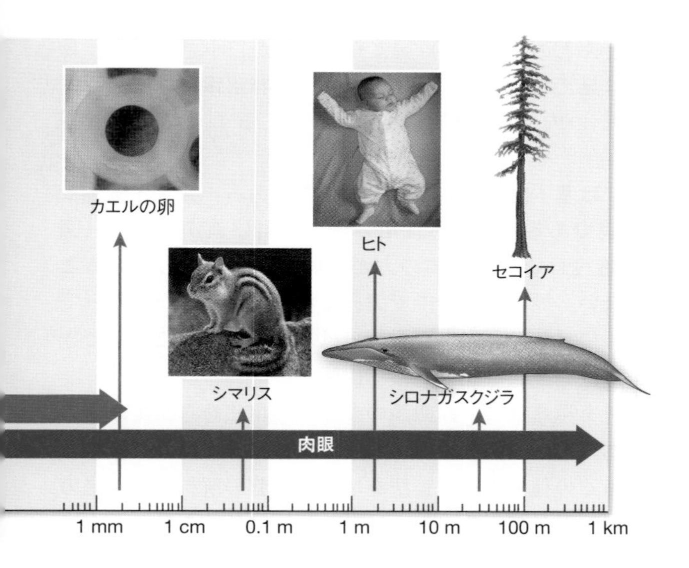

図5.1　生命のスケール（尺度）
この対数スケールは分子、細胞、多細胞生物の相対的な大きさを示している。

図5.2　どうして細胞は小さいのか
ある物体が大きくなるにつれ、その容積はその表面積に比べてずっと大きくなる。細胞は機能を遂行するためには、表面積の容積に対する比を大きく維持しなければならない。このことから、大きな生物が少数の巨大な細胞から構成されるのではなく、多数の小さな細胞から構成されている理由が説明できる。

のことである。ヒトの眼の解像度はおよそ0.2mm（200μm）である。ほとんどの細胞は200μmよりもはるかに小さいので、ヒトの眼には見えない。顕微鏡により拡大され解像度は向上し、細胞及びその内部構造がハッキリと見えるようになる（図5.3）。

顕微鏡には基本的に次の２つのタイプがある。光学顕微鏡と電子顕微鏡である。これらは用いられる電磁波が異なる（図5.3）。解像度は電子顕微鏡の方がいいが、死細胞しか見ることができない。標本を真空中で調製しなければならないからである。それに対して、光学顕微鏡では生細胞を見ることができる（例えば位相差顕微鏡によって、図5.3）。

細胞構造を見る前に、顕微鏡の多くの利用法を考えてみるのが有用であろう。一例を挙げよう。医学の全領域にわたって、病理学は多くの種類の顕微鏡法を用いて細胞の解析及び疾患の診断の手助けをしている。例えば、外科医は癌であることを疑って体組織を摘出する。病理医は以下のことを行う。

- 位相差顕微鏡を用いて細胞の大きさ、形、拡がりを決定するために組織の迅速観察をする。
- 組織を一般的な色素で染色し、明視野顕微鏡を用いて核の形や細胞分裂の特徴などの性質を明らかにする。
- 透過型電子顕微鏡を用いて組織を観察し、ミトコンドリアやクロマチン（これらは**キーコンセプト5.3**に記載されている）などの細胞内構造を明らかにする。
- 組織を特殊な色素で染色し、ある特定のがんに特徴的なタンパク質があるかどうかを観察する。この結果は治療法の選択に影響しうる。

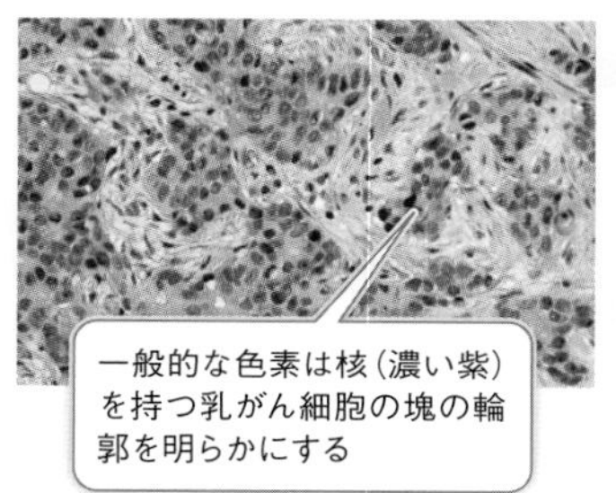

細胞膜が全ての細胞の外側との境界となっている

光学顕微鏡でも多くの種類の細胞や細胞内のいくつかの構造を見ることができるが、**細胞膜**は電子顕微鏡によって一番よく見ることができる。この非常に薄い構造が全ての細胞の細胞質の外側との境界になっており、全ての細胞で同様の厚みと構造を持っている。**第６章**で細胞膜についてより詳細に学ぶことになる。今のところは、細胞膜はリン脂質の二重層から成り立っていて（**キーコンセプト3.4**）（ある種の古細菌は例外であるが）、その二重層に様々なタンパク質が埋め込まれていることを心に留めてほしい。

細胞膜はいくつかの重要な役割を担っている。

・細胞膜は選択的な透過バリアとして機能し、ある種の物質は細胞内に入り込むことを阻止する一方で、他の物質は細胞内外を自由に移動させる。
・細胞膜を越える輸送を調節することによって、細胞は内部環境をある程度一定に保つことができる。内部環境を一定に維持すること（*ホメオスタシス*として知られる）が生命に特徴的な重要なポイントである。

248ページへ→

研究の手段

図5.3　細胞を見る

246～247ページの6枚の写真は光学顕微鏡で用いられるいくつかの技術を示している。249ページの3枚の写真は電子顕微鏡を用いて作られた。これら全ての写真はHeLa細胞という培養細胞のも　↗

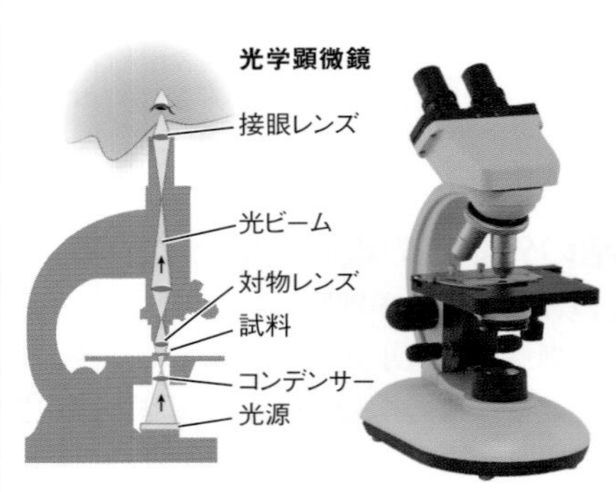

*光学顕微鏡*では、ガラスのレンズと可視光を用いて画像が作られる。解像度はおよそ 0.2 μm で、ヒトの眼の 1000 倍高い。光学顕微鏡によって細胞の大きさ、形、内部構造のいくつかを可視化することができる。内部構造を可視光で観察するのは難しく、細胞を化学的に処理し多様な色素で染色して、特定の構造のコントラストを上げることにより、目立つようにする

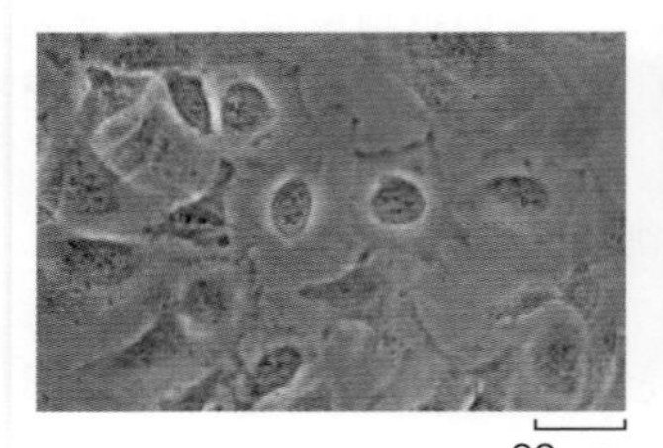

明視野顕微鏡では、光はこれらのヒト細胞を直接透過する。自然の（内在性の）色素が存在しない限り、コントラストが弱くて構造の詳細は判別できない

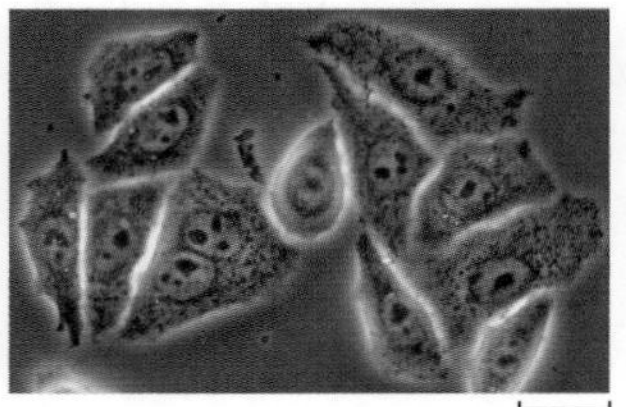

位相差顕微鏡では、像のコントラストは屈折率（光を曲げる能力）の違いを強調することにより増加する。その結果細胞内の明るい領域と暗い領域の差が目立つようになる

のである。ほとんどの場合、得られる像は二次元像であることに留意すべきである。これらの細胞の写真を見るときには、細胞は実際には三次元構造であることを心に留めてほしい。

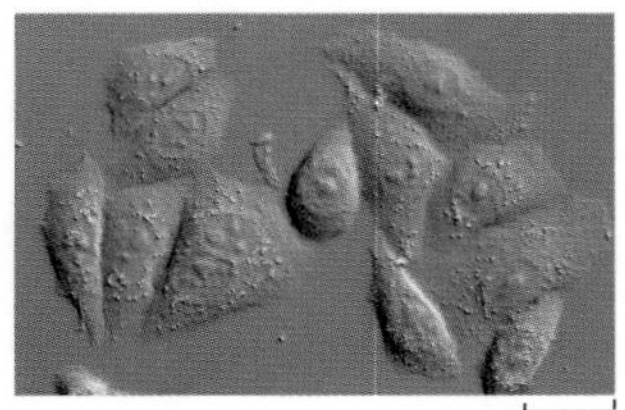

30 μm

微分干渉顕微鏡は２種類の偏光を利用する。これらの像を重ね合わせるとまるで細胞に影が付いたように見える

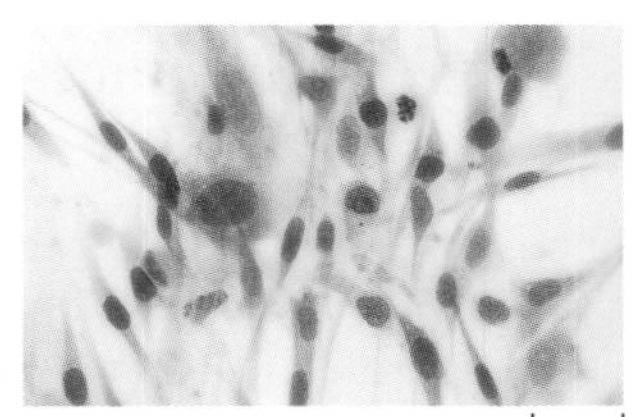

30 μm

明視野顕微鏡（染色法）では、細胞を色素で染色することにより、コントラストが増大し、それまで見えなかった細部が見えるようになる。色素は化学的に多種多様であり、細胞の物質に結合する能力もさまざまであり、多くの選択肢が利用可能である

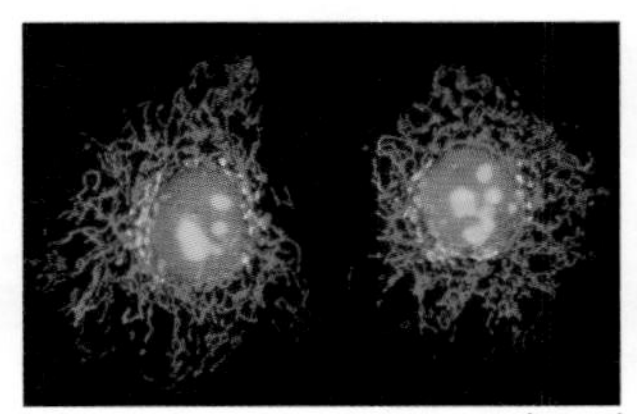

20 μm

蛍光顕微鏡では、細胞の特定の物質に結合する蛍光色素ないしは細胞内の内在性の物質を光線で励起し、それらから直接放射される長波長の蛍光を観察する

20 μm

共焦点顕微鏡も蛍光物質を用いるが、細胞内の単一平面が見えるように励起光と蛍光の両者を集束させるシステムを備えている。その結果、普通の蛍光顕微鏡よりはシャープな二次元イメージが得られる

研究の手段（続き）

透過型電子顕微鏡

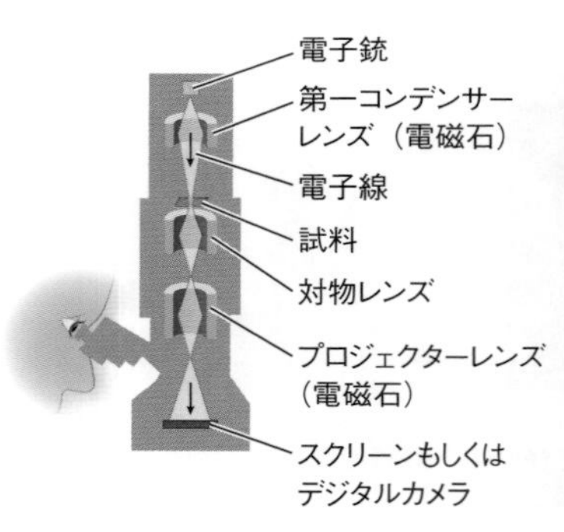

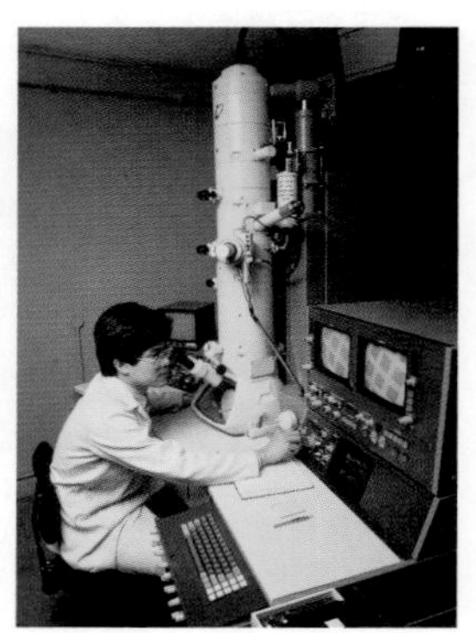

*電子顕微鏡*は、光学顕微鏡がガラスレンズを用いて光線を集束させるように、電磁石を用いて電子線を集束させる。我々は電子を見ることはできないので、電子顕微鏡は電子を真空中で蛍光スクリーンもしくはデジタルカメラに当てて可視像を作り出す。電子顕微鏡の解像度はおよそ 0.2 nm であり、ヒトの眼の解像度のおよそ 100 万倍優れている。この解像度により、多くの細胞内構造の詳細を観察できるようになる

- 細胞の外部環境との境界として、細胞膜は隣り合う細胞と情報を交換したり、環境からシグナルを受け取ったりする際に重要な役割を果たす。この機能については**第7章**で学ぶ。
- 細胞膜には、しばしば突き出したタンパク質があり、それが隣り合う細胞との結合・接着に関与している。

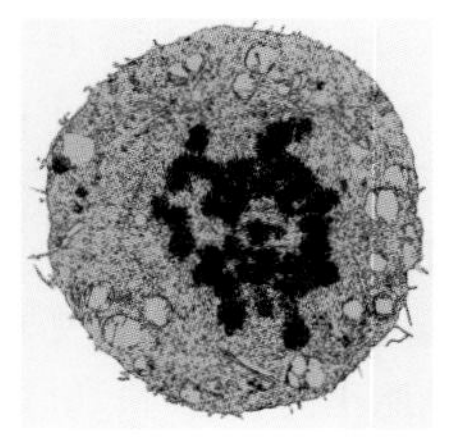

透過型電子顕微鏡（TEM）では、電子線は磁石により対象に集束される。もし対象が電子を吸収すれば暗く見える。もし電子が対象を透過すれば電子は蛍光スクリーン上で検出される

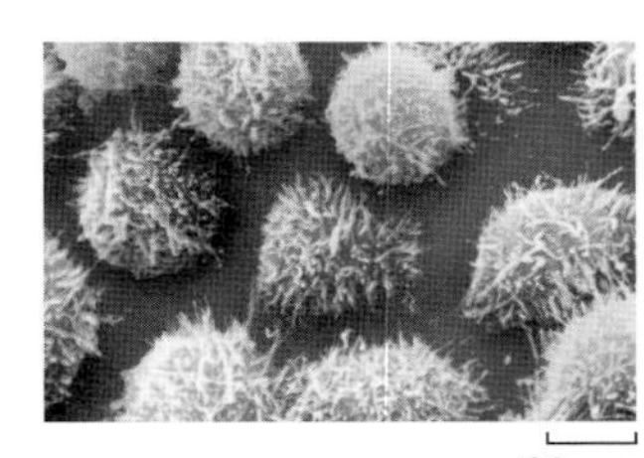

走査型電子顕微鏡（SEM）は電子を試料の表面に当て、そこで他の電子を放出させる。これらの電子がスクリーン上で検出される。対象の表面の三次元像が可視化される

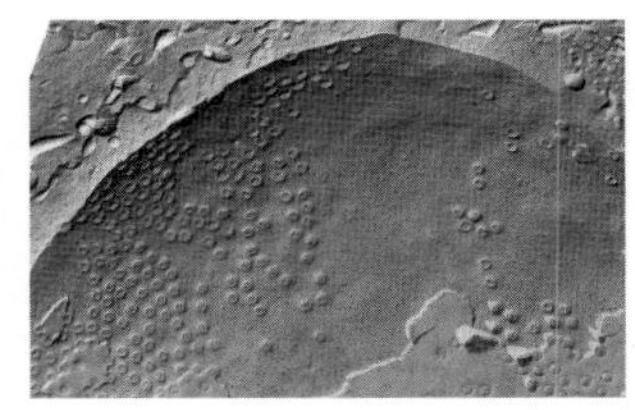

電子顕微鏡（凍結割断／フリーズフラクチャー法）では、細胞を凍結し、ナイフを用いて割断する。割断面はしばしば細胞膜や細胞内膜の内部を通る。そこに現れる“でこぼこ”は膜の内面に埋め込まれた大きなタンパク質もしくはタンパク質の集合体である

このように細胞膜は重要な構造的役割を果たし、細胞の形の決定に関与する。

細胞には原核細胞と真核細胞がある

キーコンセプト1.1で見たように、生物学者は全ての生物を３つのドメインに分類する。すなわち古細菌、細菌（真正細

菌)、真核生物である。古細菌、真正細菌はまとめて**原核生物**と呼ばれる。両者とも共通な原核細胞の構造を持っているからである。原核細胞は原則的には膜で囲まれた細胞内分画を持っていない。特に、原核細胞には核がない。最古の細胞はおそらく現代の原核細胞に類似のものだったのだろう。

真核細胞の構造は**真核生物**のメンバーに固有のものである。真核生物には原生生物、植物、菌類(真菌類)、動物が含まれる。原核細胞とは対照的に、真核細胞は**細胞小器官**と呼ばれる膜で囲まれた区画(コンパートメント)を持っている。最も注目すべき細胞小器官は細胞**核**であり、細胞のほとんどのDNAが局在しており、遺伝子発現はここで始まる。

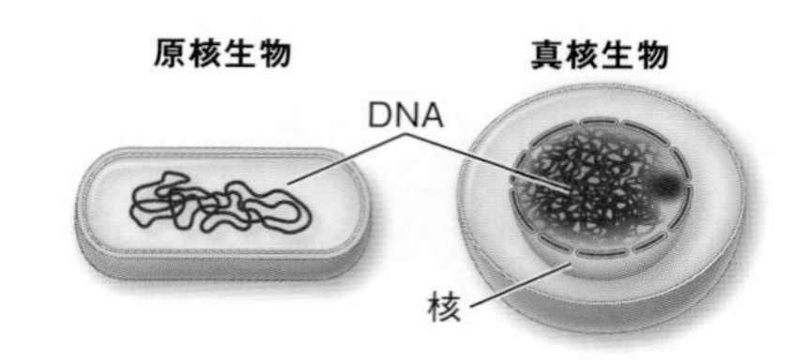

細胞が閉じられたコンパートメントで、細胞の中身が細胞を取り囲む環境から隔離されているように、それぞれの細胞小器官は、その中の分子と生化学反応を細胞の他の部分とは隔離するコンパートメントを提供している。この“作業の分業化”により、多細胞生物の進化において重要だった制御と効率が可能となり、原核細胞と比べて真核細胞が複雑であることの説明の手助けになる。

この節で述べたように、細胞構造には2つの構造的テーマが存在する。原核細胞と真核細胞である。まず原核細胞の構造について考えてみよう。

5.2 原核細胞は最も単純な細胞である

原核細胞の直径は1～10㎛程度であり、直径が通常10～100㎛程度の真核細胞より一般的に小さい。原核生物は単一細胞であるが、多くのタイプの原核生物は通常、鎖状につながったり、小さな塊を形成したり、ときには数百の細胞が集まって大きな塊を形成したりして存在する。この節ではまず真正細菌と古細菌が共通に持つ性質について考察し、次に、全ての原核生物に見られるわけではないが、ある種の原核生物に見られる構造上の特徴について記載する。

学習の要点

・全ての原核細胞は、細胞膜、DNAを持つ核様体、細胞質、リボソームを持つ。

原核細胞の特徴は何か?

全ての*原核細胞は同一の基本構造を持っている（図5.4）。

・細胞膜が細胞を包み込んで、細胞内外の物質の流通を調節し、細胞を環境から隔てている。
・**核様体**はDNAが局在している細胞内領域である。**キーコンセプト4.1**で記載したようにDNAは細胞の成長・維持・増殖を調節する遺伝物質である。
・細胞膜に包まれている他の物質は**細胞質**（サイトゾル）と呼ばれる。
・**リボソーム**は直径およそ25 nmのRNAとタンパク質の複合体であり、電子顕微鏡でのみ見ることができる。リボソームはタンパク質合成の場であり、核酸にコードされた情報により、アミノ酸が順番につなぎ合わされ、タンパク質が作られる。

---

*概念を関連づける　単純に数だけを考えると、原核生物は地球上で最も成功した生物である。この節で原核細胞を見ていくときに、原核生物は莫大な種類が存在し、真正細菌と古細菌はたくさんの点で異なっていることを心に留めてほしい。

細胞質は決して静的なものではない。細胞質内の物質は常に動いている。例えば、典型的なタンパク質は1分以内に細胞全体を動き回り、その途中で多数の分子と遭遇する。この運動により、細胞の需要に見合うだけの速度で生化学反応が起こるのである。真核細胞に比べて単純な構造しか持たないが、原核細

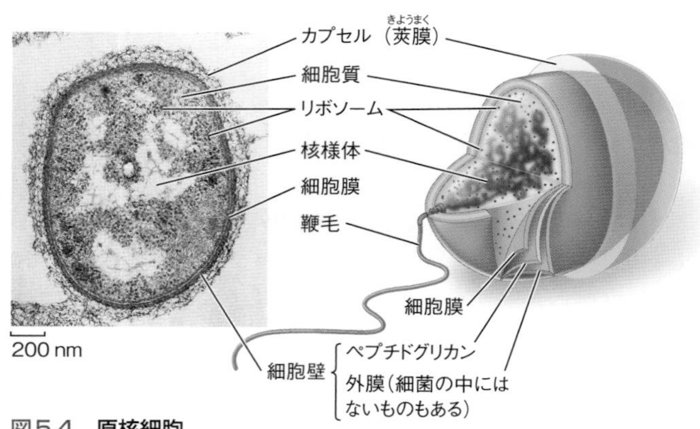

図5.4　原核細胞
この緑膿菌（*Pseudomonas aeruginosa*）という細菌の電子顕微鏡写真と模式図は、全ての原核細胞が共有する典型的構造を示している。さらにこの細菌は、全ての原核生物が持っているとは限らない外膜のような防御的構造も持っている。鞭毛と莢膜も全ての原核生物が持っているとは限らない。

胞の機能は複雑であり、数千の生化学反応を遂行している。

ある種の原核細胞は特殊な構造を持っている

進化の過程で、ある種の原核生物は特殊化した構造を発達させ、それを持つ細胞に淘汰上の優位性を与えた。これらの構造を持つ細胞は持たない細胞に比べて、特定の環境下で生き残り増殖することができる。

細胞壁　ほとんどの原核生物は細胞膜の外側に**細胞壁**を持つ。細胞壁の硬さは細胞を支持し、その形を決定する。ほとんどの細菌の細胞壁はペプチドグリカンを含んでいる（古細菌は含んでいない）。ペプチドグリカンはアミノ糖の重合体が短いペプチド鎖に一定の間隔で結合したものである。これらのペプチド鎖が架橋されて細胞全体のまわりに単一の巨大分子を形成している。ある種の真正細菌では、もう１つの層がペプチドグリカン層を包み込んでいる。この層は**外膜**と呼ばれ、多糖に富むリン脂質膜である（図5.4）。細胞膜とは異なり、この外膜は透過バリアとしては機能しない。

細菌の中には多糖類からなる粘液層が細胞壁を包み込んでいるものもあり、この粘液層は**カプセル**（**莢膜**（きょうまく））と呼ばれる。ある種の細菌の莢膜は感染した動物の白血球による攻撃から自らを防御するのに役立っている。また莢膜は細菌が干上がってしまうのを防いだり、他の細胞に付着するのを助けたりする。

内膜系　ある種の真正細菌（シアノバクテリアなど）は光合成を行う。これらは太陽からのエネルギーを用いて二酸化炭素と水から糖質を合成する。これらの光合成細菌は、光合成に必要な分子を含む**内膜系**を持っている。膜系を必要とする光合成の発生は、地球上の生命進化の初期過程で重要な出来事であった。他の原核生物も細胞膜に付着している内膜系を持っている。これらの内膜系は細胞分裂や多様なエネルギー放出反応に関与していると考えられる。

鞭毛と線毛　ある種の原核生物は、小さなコルク抜きのような形をしている**鞭毛**(べんもう)と呼ばれる付属器を使って泳ぐことができる（**図5.5(A)**）。細菌では、鞭毛のフィラメントはフラジェリンというタンパク質から構成されている（**キーコンセプト5.3**で見るように、真核細胞の鞭毛は構造が全く異なっているが、機能は同様である）。モータータンパク質複合体が鞭毛をその軸のまわりをプロペラのように回転させ、細胞を移動させる。モータータンパク質は細胞膜に固定されている。ある種の細菌では細胞壁の外膜にも固定されている（**図5.5(B)**）。鞭毛を取り除くと細胞は動かなくなることから、鞭毛が細菌の運動にと

(A)　原核細胞の鞭毛

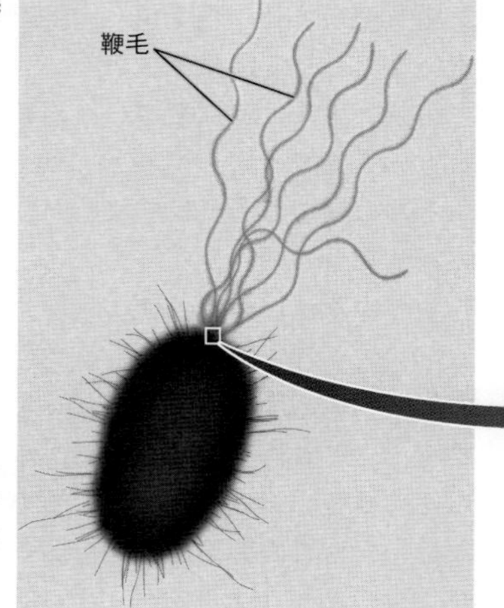

図5.5　原核細胞の鞭毛
(A)鞭毛により原核細胞は運動し付着することができる。
(B)細胞膜に固定されているタンパク質のリング状構造の複合体がモーターユニットを構成し、鞭毛を回転させ、細胞を動かす。

って必要であることが明らかになっている。

ある種の細菌細胞では**線毛**というタンパク質から構成される構造物が表面から突出している。この髪の毛のような構造は、鞭毛よりも短く、接着のために用いられている。接合線毛（性線毛）は、細菌が他の細菌と遺伝物質を交換するときにお互いに付着するのに役立っている。フィンブリエ（fimbriae）は線毛と同じタンパク質から構成されているが、もっと短く、防御と食料のために動物細胞に付着するのに役立っている。

細胞骨格　**細胞骨格**は細胞分裂、細胞運動、細胞の形態維持で役割を果たすタンパク質性線維の総称である。そのようなタンパク質の１つは、細胞分裂の際に収縮する環状構造を形成し、別のタンパク質は棒状の細胞の全長にわたってらせん構造を形成することによりその形態を維持する。かつては真核細胞のみ

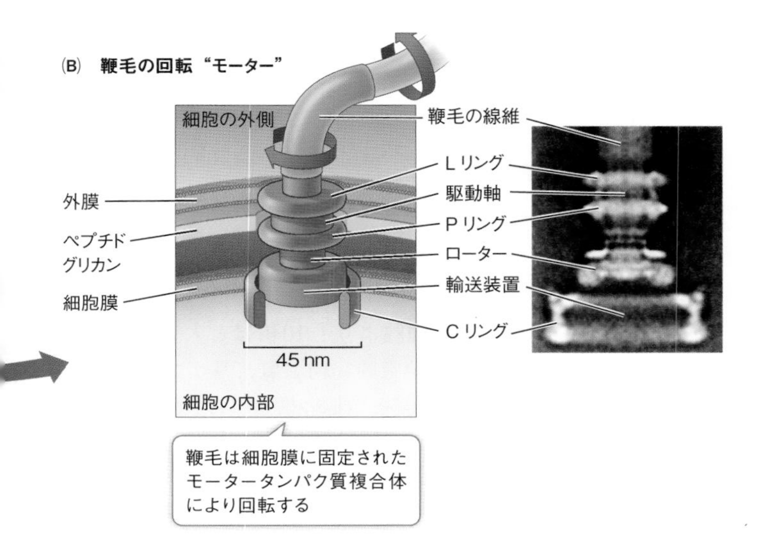

が細胞骨格を持つと考えられていたが（**キーコンセプト5.3**）、近年生物学者は、細胞骨格成分は原核生物でも広く存在することを認識している。

既に述べたように、原核細胞は細胞生物学で認識されている２種の細胞の１つである。もう１つは真核細胞である。真核細胞は原核細胞に比べて構造的・機能的により複雑である。

5.3 真核細胞には細胞小器官が存在する

血球細胞、皮膚細胞、脳細胞など、体の中のいくつかの種類の細胞はもう多分お馴染みだろう。これらの細胞はそれぞれ特徴的な構造及び機能を持っているが、これらの細胞も他の真核細胞も、多くの特徴を共有しており、この節ではこれらの共通の特徴に関して考えることにする。

学習の要点

- 真核細胞は、細胞小器官として知られる膜で囲まれた構造を持つ点で、原核細胞とは異なる。
- それぞれの細胞小器官は異なる特殊な機能を果たし、他の小器官と組み合わされることにより、細胞が全体として機能するようになる。

真核細胞は一般的に原核細胞よりも10倍ほど大きい。原核細胞と同様に、真核細胞も細胞膜、細胞質、リボソームを持つ。真核細胞内にある原核細胞と類似の構造には、他にタンパク質性線維から構成される細胞骨格や細胞膜外にある細胞外基質などがある。しかし、この章の始めの方で既に学んだように、真核細胞は細胞質の中に膜によって隔てられた分画（コン

パートメント）を持っている。

区画化は真核細胞の機能にとって非常に重要である

真核細胞内の膜によって区切られた分画（コンパートメント）を細胞小器官と呼ぶ。全ての真核細胞は多数の細胞小器官を持ち、共通の構造を持っている。最も明らかな構造は細胞核である。しかしながらいくつか差異もある。例えば、多数の植物細胞は光合成を行う葉緑体（クロロプラスト）を持っている。

それぞれの小器官は特殊な役割を持っている。ある細胞小器官は特定の産物を作る工場であり、別の細胞小器官はある形でエネルギーを取り込み、より使いやすい形へと変換する発電所の役割を果たす。これらの機能的役割は、それぞれの細胞小器官内で起こる化学反応によって決まる。イオン濃度は細胞小器官ごとに異なる。例えば、核内のpH（H^+濃度を反映する）は7.4であるが、他の細胞小器官リソソーム内のpHは4.5（H^+濃度は1000倍高い）である。

小器官は顕微鏡で調べたり
単離して化学的解析を行ったりすることができる

細胞小器官及びその構造は、最初に光学顕微鏡によって、次に電子顕微鏡によって検出された。細胞小器官の機能はしばしば観察と実験により類推され、例えば、核は遺伝物質を含むのではないかという仮説（後に確かめられた）へとつながった。その後、特定の高分子を標的とする染色を用いることにより、細胞生物学者は、小器官の化学組成を決定することができた。

細胞を調べる別の方法は細胞分画と呼ばれる手法で、細胞をバラバラに分解してみることである。この手法によって、細胞小器官と他の細胞質の構造は互いに分離され、化学的手法により分析することができる。細胞分画は細胞膜を破壊し、細胞質成分を試験管に流し込むことから始まる。それから様々な小器官を大きさや密度の違いで分離する（図5.6）。次に単離した小器官を生化学的に解析する。顕微鏡と細胞分画は互いに補完し合って、それぞれの小器官の構造と機能に関する完璧な像を提供してくれる。

真核細胞の顕微鏡観察によって、多くの小器官がそれぞれの細胞種で同一であることが明らかになった（図5.7）。図5.7と図5.4を比べると真核細胞と原核細胞の間の顕著な差異が明らかになる。

リボソームは タンパク質合成工場である

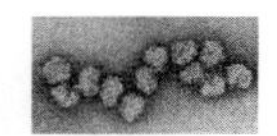

原核細胞の*リボソームも真核細胞のリボソームもともに異なる大きさの2つのサブユニットから構成されているという点では似ている。真核細胞のリボソームは原核細胞のリボソームより若干大きいが、原核細胞のリボソームの構造の方がよく分かっている。化学的には、リボソームはリボソームRNA（rRNA）と呼ばれる特殊なタイプのRNAから構成されている。リボソームには50種以上の異なるタンパク質分子も含まれており、これらは疎水結合のようなタンパク質間相互作用を利用して、非共有結合的に結び付いている（図3.12）。加えて、いくつかのタンパク質はrRNAに非共有結合的に結び付いている。

---

*概念を関連づける　第2巻の**第11章**で述べるように、リボソームはmRNAがタンパク質に翻訳される分子的作業場である。

原核細胞では、リボソームは一般的には細胞質中を自由に浮

262ページへ→

研究の手段

図5.6　細胞分画
細胞小器官は、細胞を破砕し内容物を水溶液に懸濁(けんだく)することにより、分離することができる。この水溶液を試験管に入れ、遠心機で遠心する（回転軸のまわりを高速で回転させる）。遠心力（重力の倍数で計測、$\times g$）により粒子は試験管の底に沈降しペレット（沈渣）を形成し、これを集めて生化学的解析をすることができる。重い粒子は軽い粒子に比べて低速（小さな遠心力）で沈降する。遠心速度を調整することにより、研究者は細胞小器官やリボソームなどの大きな粒子を分離し部分精製することができる。

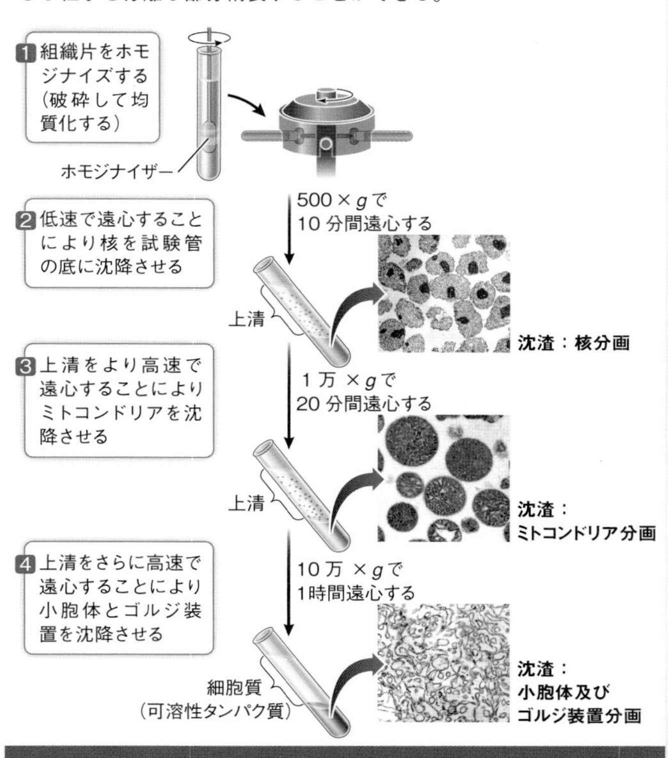

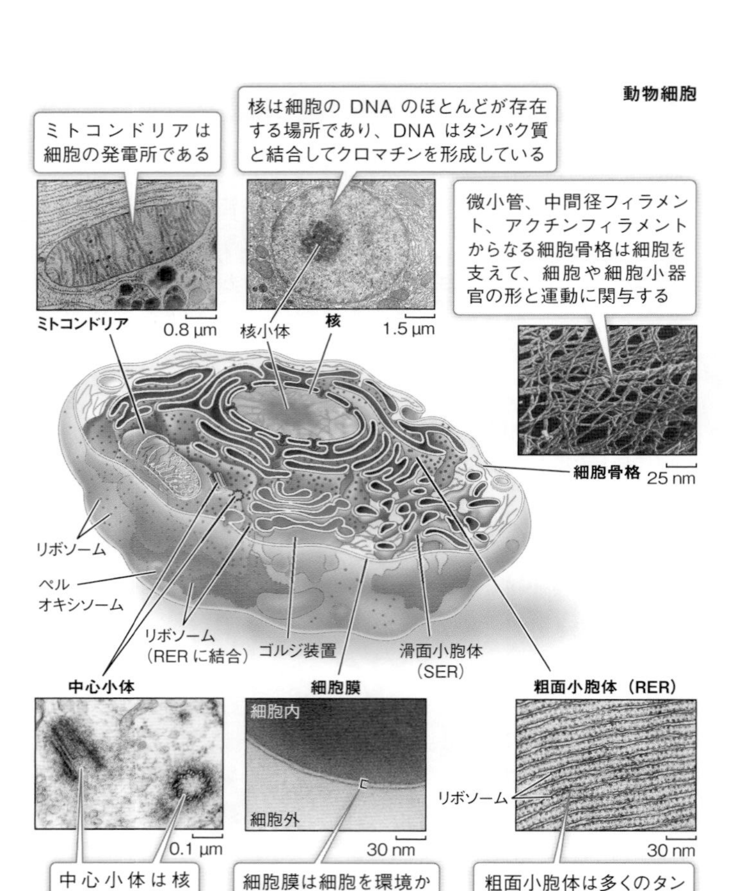

図5.7　真核細胞
電子顕微鏡写真では、多くの植物細胞の細胞小器官は動物細胞の細胞小器官とほとんど同じ形をしている。植物細胞にあって動物細胞にない細胞構造には、細胞壁と葉緑体がある。ここに示した像は二次　↗

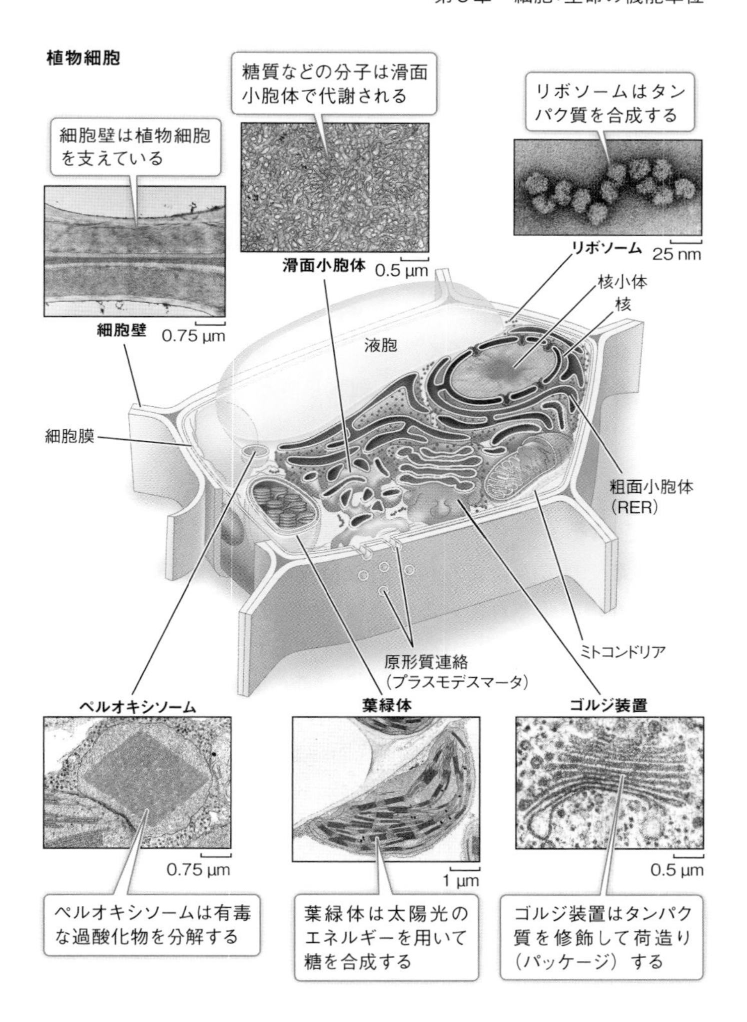

元の“スライス”であって、細胞は三次元構造であることを忘れてはならない。

遊している。真核細胞では複数の箇所に存在する。あるものは細胞質中に自由に浮遊しており、あるものは小胞体（膜で囲まれた細胞小器官）の表面に付着して存在している。またあるものはミトコンドリアの中や植物細胞では葉緑体の中にある。これらの場所で、リボソームはタンパク質が合成される分子工場となっている。リボソームはそれが含まれる細胞に比べて小さいように見えるが、分子としてはリボソームは数十種の分子から構成される巨大な複合体（直径およそ25 nm）である。

リボソームには膜がなく、コンパートメントではないので、細胞小器官には分類されない。細胞骨格とともに、細胞構造と呼ばれる。

核はほとんどの遺伝情報を含んでいる

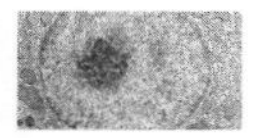

第4章で見てきたように、遺伝情報はDNA分子のヌクレオチド配列に貯蔵されている。真核細胞のDNAのほとんどは核に存在する（**図5.7**）。DNAに暗号化されている情報はリボソームでタンパク質に翻訳される（この過程は第2巻の**第11章**で記載する）。

ほとんどの場合、核は細胞に1個だけ存在し、通常細胞内で最大の小器官である。典型的な動物細胞の核は直径およそ5 μmであり、ほとんどの原核細胞よりもかなり大きい（**図5.8(A)**）。核は細胞でいくつかの役割を担っている。

・細胞のDNAのほとんどが存在する場所であり、DNA複製の場所である。
・遺伝子転写のオン・オフの場所である。
・**核小体**と呼ばれる領域でRNAとタンパク質からリボソームの組み立てが始まる。

核小体以外の核の中身を核質と呼ぶ。細胞質と同様に、核質も核の液体成分とそれに懸濁された不溶分子から成り立っている。

核は**核膜**と呼ばれる２つの膜から構成される膜系によって包まれている。核膜によって遺伝物質は細胞質から隔てられている。機能的には、核膜はDNA転写（核内で起こる）を翻訳（細胞質で起こる）から隔てている（**キーコンセプト4.1**）。核膜を構成する２つの膜系は直径およそ９nmの数千個の核膜孔（図5.8(B)）が貫通しており、核質と細胞質をつないでいる。

核膜孔は“交通巡査”のような役割をして、ある種の分子の核への出入りを許し、他の分子の核への出入りを阻止している。これによって核は情報処理機能を制御することができる。イオンや分子量が１万ダルトン以下の低分子は核膜孔を通過することができる。しかし細胞質で合成されるほとんどのタンパク質のような大きな分子は通過することができない。しかしながら、特別な輸送機構があり、核への出入りが可能なタンパク質も存在する。これについては第２巻の**第11章**で学ぶ。

核内でDNAはタンパク質と結合して**クロマチン**と呼ばれる線維状の複合体を形成する。クロマチンは非常に長く細い糸の形をしており、これから**染色体**が形成される。異なる真核生物は異なる数の染色体を持っている（ある種のオーストラリアのアリは２個しか持っていないが、植物の中には数百個持つものもある）。細胞分裂の前に、クロマチンは緊密に凝集して個々の染色体が光学顕微鏡で容易に観察できるようになる。こうして細胞分裂の間のDNA分配が促進される（図5.8(C)）。

核の内部の縁では、クロマチンは核ラミナと呼ばれるタンパク質ネットワークに結合している。核ラミナはラミンというタンパク質が重合して中間径フィラメントと呼ばれる長くて細い

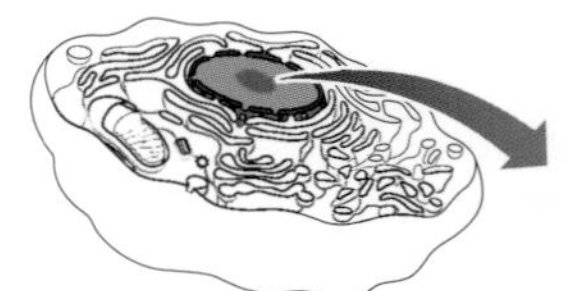

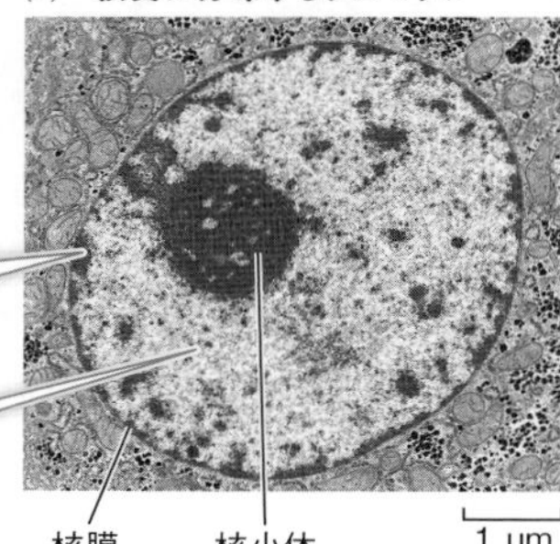

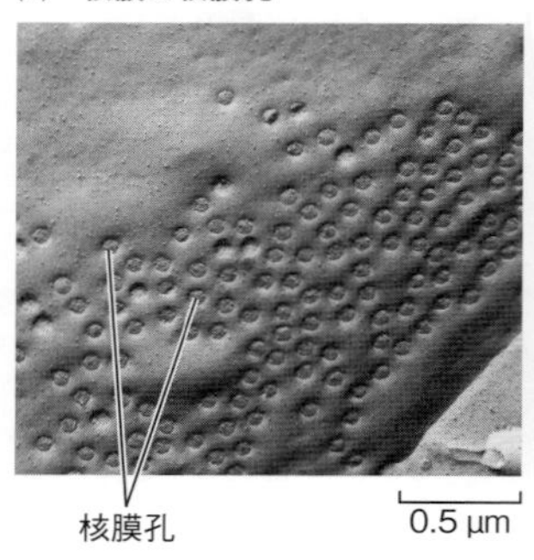

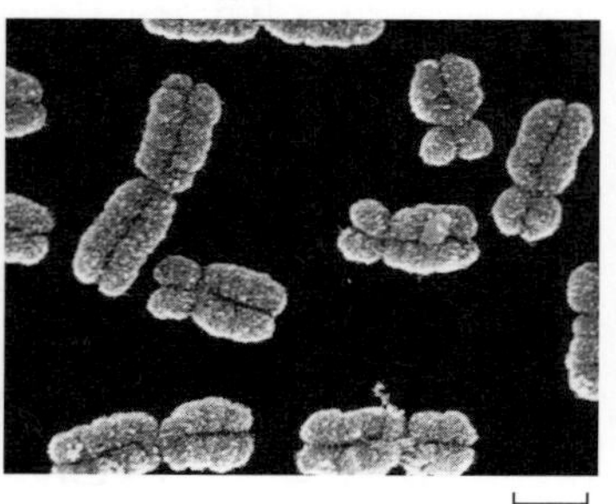

図5.8　核、クロマチン、染色体

(A)クロマチンは核DNAとそれに結合するタンパク質から構成されている。細胞が分裂していないときにはクロマチンは核内に分散している。この二次元像は透過型電子顕微鏡を用いて撮影された。
(B)核膜には多数の孔が開いており、この孔がRNAやタンパク質などの高分子の核内外の輸送を調節している。
(C)分裂細胞のクロマチンは緊密に凝集し、個々の染色体が見えるようになる。この分離した中期の染色体の三次元像は走査型電子顕微鏡を用いて撮影された。

構造を形成したものである。核ラミナはクロマチンと核膜の両者に結合することにより、核の形を維持している。核の外側では、核膜の外膜は細胞質側へ折りたたまれ、別の細胞小器官、すなわち小胞体と連続している。小胞体については後述する。

細胞内膜系は互いに関連する一群の細胞小器官である

ある種の真核細胞の容積の大部分は大規模な**細胞内膜系**によって占められている。この系は膜で囲まれたコンパートメント（区画）で、ある場合にはシート状に平たくなり、ある場合には他の特徴的な形をしている（図5.7）。細胞内膜系には細胞膜、核膜、小胞体、ゴルジ装置、リソソーム（ゴルジ装置由来）が含まれる。この系は主に次の２つの系から構成される。小胞と呼ばれる微小な膜で囲まれた小滴が細胞内膜系の多様な構成成分の間を往復している（焦点：**キーコンセプト図解**　図5.9）。この系は図や電子顕微鏡写真では静的で時空間的に固定されているように見える。しかしながら、これらの表現はただのスナップショットに過ぎない。生きている細胞中では、膜系とそれが含んでいる物質は常に動いているのである。細胞内膜系では膜成分は１つの細胞小器官から他の細胞小器官へと移ることが観察されている。このようにこれら全ての膜系は機能的に関連している。

小胞体　電子顕微鏡で観察すると、真核細胞の細胞質全体にわたってお互いにつながった膜のネットワークが拡がっていて、管や平たい袋を形成している。これらの膜系はまとめて**小胞体、ER**と呼ばれる。ERの内部は管腔と呼ばれ、周囲の細胞質とは隔てられていて内容も異なっている（図5.9）。ERは細胞の内部容積の10％まで包み込むことができ、膜の折りたたみにより細胞膜の表面積よりも何倍も広い表面積を持っている。小胞体には粗面小胞体と滑面小胞体の2種類が存在する。

粗面小胞体（**RER**）は、膜の外側表面に多数のリボソームが付着して電子顕微鏡で観察すると“粗い”ように見えるので、“粗面”と呼ばれる（**図5.7**）。付着しているリボソームはタンパク質合成に活発に関わっているが、話はそれだけではない。

・RERはある種の新たに合成されたタンパク質（リソソーム、細胞膜、細胞外に配送されることになっているタンパク質を含む）を細胞質から分離してその管腔に受け入れる。RERはこれらのタンパク質の細胞内の他の部位への輸送にも関わっている。
・RER内部にあるときに、タンパク質は化学的修飾を受けて機能が変化するとともに、特定の細胞内局在部位へ配送するためのタグ（目印）が付加される。
・タンパク質はRERからつまみ取られる（出芽する）小胞に包まれて細胞内の他の最終的な目的地へと配送される。
・膜結合タンパク質のほとんどはRERで合成される。

タンパク質は合成される間に孔を通ってRERの管腔内に入る。タンパク質が核膜孔を通る場合と同様に、タンパク質がERに入るための特別な輸送機構が存在するが、これについては第2巻の**第11章**で学ぶ。いったんRERの管腔内に入ると、これらのタンパク質はジスルフィド結合形成や三次構造への折りたたみなどいくつかの変化を受ける（**図3.5**）。

ある種のタンパク質はRERで糖質基を付加され、糖タンパク質になる。リソソームに輸送されるタンパク質の場合は、糖

焦点：キーコンセプト図解

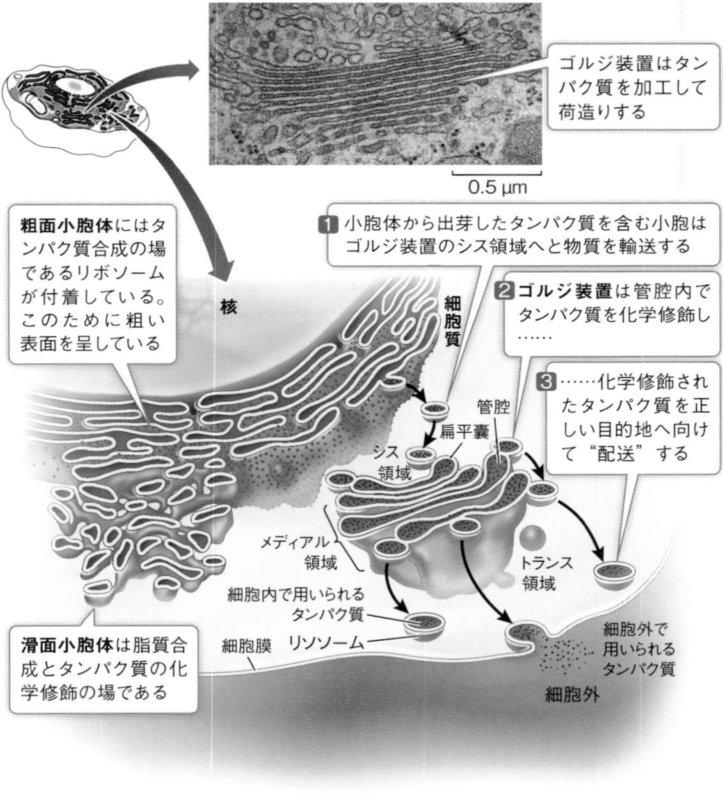

ゴルジ装置はタンパク質を加工して荷造りする

0.5 μm

粗面小胞体にはタンパク質合成の場であるリボソームが付着している。このため粗い表面を呈している

1 小胞体から出芽したタンパク質を含む小胞はゴルジ装置のシス領域へと物質を輸送する

2 **ゴルジ装置**は管腔内でタンパク質を化学修飾し……

3 ……化学修飾されたタンパク質を正しい目的地へ向けて"配送"する

核

細胞質

管腔

扁平嚢

シス領域

メディアル領域

トランス領域

細胞内で用いられるタンパク質

リソソーム

細胞膜

細胞外で用いられるタンパク質

細胞外

滑面小胞体は脂質合成とタンパク質の化学修飾の場である

図5.9　**細胞内膜系**
核、小胞体、ゴルジ装置の膜は小胞でつながれたネットワークを形成している。

Q：細胞内膜系のどのような過程が小胞によって媒介されているか？

質基は適切なタンパク質がリソソームに輸送されることを保証する“配送”システムの一部分として機能する。この配送システムは非常に重要である。なぜならリソソームに含まれる酵素には細胞が作る酵素の中で最も破壊的なものもあるからである。万が一これらの酵素が適切に配送されないと細胞が破壊されかねない。

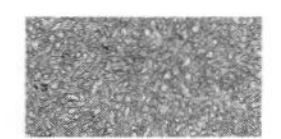

滑面小胞体（SER）にはリボソームは付着しておらず、RERに比べて（平たい袋状構造よりも）チューブ様構造が多いが、RERの一部と連続している（**図5.9**）。*SERの管腔内では、RERで合成されたタンパク質の中のあるものが化学的に修飾される。それに加えて、SERは４つの重要な役割を担っている。

1. 細胞によって取り込まれた低分子で有害なものを化学的に修飾する。この修飾により標的分子の極性が高まり、水溶性が高くなって容易に排出される。
2. 動物細胞においてはグリコーゲンの加水分解の場である。この重要な過程に関しては第３巻の**第15章**で説明する。
3. 脂質とステロイドの合成の場であり、植物細胞ではある種の多糖の合成の場でもある。
4. カルシウムイオンの貯蔵の場である。カルシウムイオンは放出されると多くの細胞反応を惹起（じゃっき）する。

---

*概念を関連づける　筋収縮の調節はSERに貯蔵されているカルシウムイオンが果たす重要な役割の１つである。

輸送タンパク質をたくさん合成する細胞では通常RERが発達している。例えば消化酵素を分泌する腺細胞や抗体を分泌す

る白血球などである。それに対して、タンパク質合成をあまり行わない細胞（貯蔵細胞など）ではRERは発達していない。一方、消化器系から体内に入る分子（毒素を含む）を修飾する肝細胞ではSERが発達している。

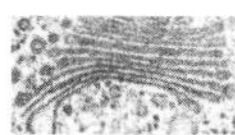

ゴルジ装置　**ゴルジ装置**（ゴルジ複合体、ゴルジ）は、多様で動的で広大な細胞内膜系の一部である（図5.9）。この構造は発見者のカミッロ・ゴルジに因んで命名された。その形態は多様であるが、ほとんど全ての場合、扁平嚢と呼ばれる平たい膜性の袋が皿のように積み重ねられたものと膜で包まれた小さな小胞から構成されている。装置全体でおよそ１㎛の長さを持つ。

ゴルジ装置はいくつかの役割を持っている。

- RERからタンパク質を含む小胞を受け取る。
- タンパク質が細胞内外の場所に向けて配送される前に、それらを修飾・濃縮・梱包・選別する。
- タンパク質に糖質を付加したり、RERでタンパク質に付加された糖質を修飾したりする。
- 植物の細胞壁を構成する多糖類が合成される。

ゴルジ装置の扁平嚢には３つの機能的に異なる領域がある。

1. *シス*（*cis*）領域は核もしくはRERの一部に最も近い部分である。
2. *トランス*（*trans*）領域は細胞膜に最も近い部分である。
3. *メディアル*（*medial*）領域はシス領域とトランス領域の中間部分である（図5.9）。

シス、トランス、メディアルという用語はそれぞれ“同一側”、“反対側”、“中間部”という意味のラテン語に由来する。ゴルジ装置のこれら3つの領域は異なる酵素を含んでおり、異なる機能を果たしている。

RER由来のタンパク質を含んだ小胞は、ゴルジ装置のシス膜と融合し、その積み荷タンパク質をゴルジ装置扁平嚢の管腔に放出する。他の小胞はゴルジ装置の扁平嚢間を移動し、タンパク質を輸送する。タンパク質の中には小さなチャネルを通って扁平嚢の間を移動するものもある。トランス領域から出芽した小胞はゴルジ装置から積み荷を運び出す。これらの小胞は細胞膜やリソソームへと向かう。リソソームは細胞内膜系の別の細胞小器官である。

ER →シス－ゴルジ → メディアル－ゴルジ →

トランス－ゴルジ < 細胞膜 / リソソーム

このシステムの小胞はどのようにして融合すべき標的を認識するのであろうか？　言葉を換えると、小胞がERから出芽するとき、どのようにしてシス－ゴルジ膜に融合することを“知っている”のであろうか？　その答えは両方の膜にあるSNAREと命名されたタンパク質にある。SNAREの1対は相補的である。すなわち鍵穴と鍵のように互いに結合する。その結果、小胞を形成する小胞体（ER）表面のSNAREはシス－ゴルジのSNAREと結合する。

リソソーム　一次リソソームはゴルジ装置由来である。一次リソソームは消化酵素を含んでおり、タンパク質、多糖類、核酸、脂質などの高分子が加水分解を受けて単量体（モノマー）になる場である（**図3.4**）。

$$R_1—R_2\text{（結合したモノマー）}+H_2O \rightarrow R_1—OH + R_2—H$$

リソソームは直径およそ1μmで、単一の膜で包まれており、濃く染まる特徴のない内部を持つ（図5.10）。1つの細胞内には需要に応じて多くのリソソームが存在しうる。

リソソームは細胞の“ゴミ処理場”で、細胞によって取り込まれた栄養分、他の細胞、異物などを分解するコンパートメントである。これらの物質は**ファゴサイトーシス**（**食作用**）と呼ばれるプロセスで細胞に取り込まれる。ファゴサイトーシスでは、細胞膜にポケット様構造ができ、それが深くなって、細胞外の物質を包み込む。このポケットがファゴソーム（食胞）と呼ばれる小胞となって栄養分などを含んだまま細胞膜から分離し、細胞質へと移動する。ファゴソームは一次リソソームと融合し、**二次リソソーム**を形成し、その中で消化が起こる。

この融合の結果は、ハロウィーンのキャンディを貪る子どものようなもので、アッという間に内容物を消化する。二次リソソーム中の酵素は素早く栄養分を加水分解する。これらの反応はリソソーム内部の酸性環境で促進される。リソソーム内部はまわりの細胞質よりもpHが低いのである。消化産物はリソソームの膜を通過して、他の細胞内の過程にエネルギーと原材料を提供する。例えば、プロテアーゼはタンパク質を加水分解してアミノ酸にし、アミノ酸は細胞質に放出されて他のタンパク質の合成に用いられる。未消化の粒子を含む“使用済み”の二次リソソームは、細胞膜に移動し、細胞膜と融合し、未消化の内容物を環境に放出する。この過程を**エキソサイトーシス**（**開口放出**）と呼ぶ。

食細胞（**ファゴサイト**）は物質を取り込んで分解する役割に特化した細胞である。食細胞はほとんど全ての動物細胞と多くの原生生物に存在する。この本の多くの箇所で食細胞及びその

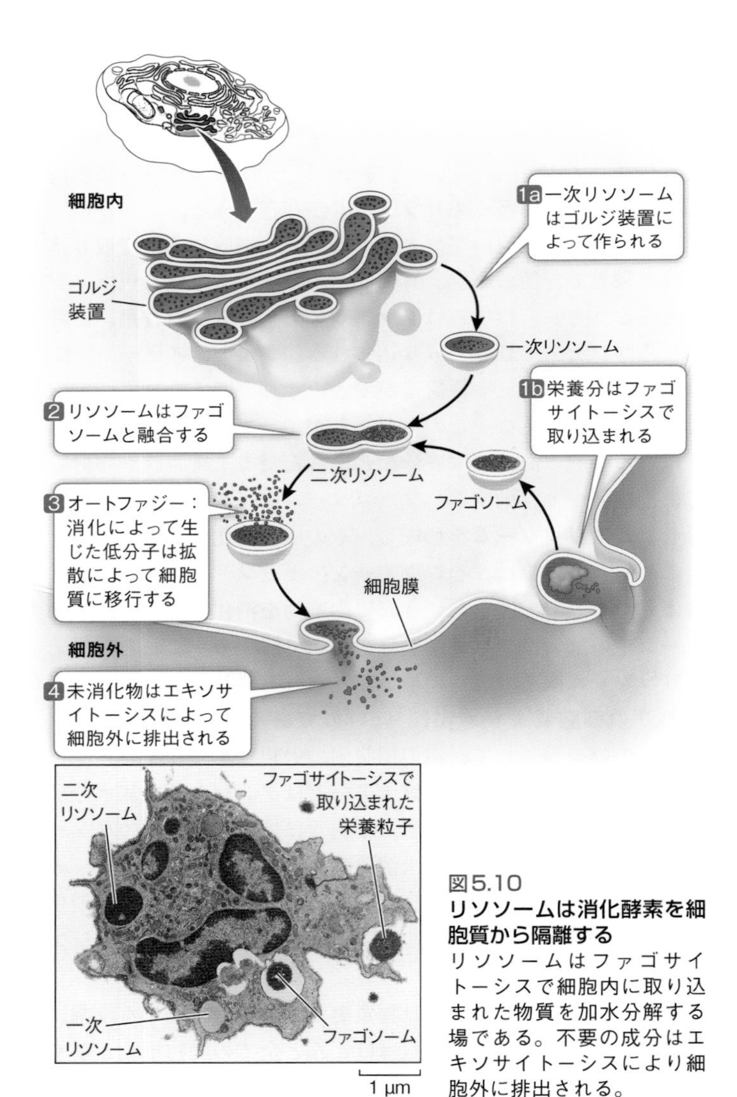

図5.10
リソソームは消化酵素を細胞質から隔離する
リソソームはファゴサイトーシスで細胞内に取り込まれた物質を加水分解する場である。不要の成分はエキソサイトーシスにより細胞外に排出される。

活動に出会うだろうが、この時点では１つの例を挙げるだけで十分だろう。ヒトの肝臓と脾臓では、食細胞は毎日およそ100億個の古い血球細胞あるいは傷害を受けた血球細胞を消化している。消化産物は消化された細胞に置き換わる新しい細胞を作るために利用される。

リソソームはファゴサイトーシスを行わない細胞内でも活躍する。細胞は動的なシステムである。細胞成分のあるものは持続的に分解されて新しいものによって置き換えられる。細胞成分のプログラムされた破壊を**オートファジー**と呼ぶ。リソソームは細胞が自分自身の物質を消化する場である。適正なシグナルが来ると、リソソームは細胞小器官をまるごと取り込んで、その構成成分を加水分解する。

オートファジーはどれほど重要なものなのだろうか？　リソソーム蓄積症と呼ばれるヒトの疾患は、リソソームが特定の細胞成分を分解できないために引き起こされる。これらの疾患は常に重篤か致命的である。一例はテイ－サックス病である。この疾患ではガングリオシドと呼ばれる特定の脂質がリソソーム内で分解されず脳細胞に蓄積する。この疾患の最も一般的な型では、患児は神経症状を示し、生後６ヵ月で失明、聾(ろう)、嚥下不能となり、４歳になるまでに死亡する。

植物細胞にはリソソームはないが、植物細胞の液胞（後述する）はリソソームのように多くの消化酵素を含んでいるので、リソソームと同様の機能を果たしていると思われる。

ある種の小器官はエネルギー変換を行う

細胞はエネルギーを利用して成長、分裂、応答、運動などの活動に必要な物質を合成する。エネルギーは、ミトコンドリア（全ての真核細胞に存在する）によって燃料分子から、植物細胞の葉緑体によって日光から得られる。これとは対照的に、原核細胞のエネルギー変換は、細胞膜の内側や細胞質中に突出している細胞膜の延長部に結合している酵素によって行われている。

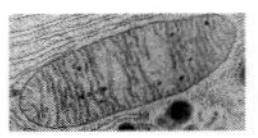

ミトコンドリア　真核細胞では、グルコースなどの燃料分子の分解は細胞質で始まる。この部分分解で生じた分子は**ミトコンドリア**に入る。ミトコンドリアの主たる機能はこれらの燃料分子が持つ化学エネルギーを細胞が利用することができる形、すなわちATP（アデノシン三リン酸）という高エネルギー化合物に変換することである（**キーコンセプト8.2**）。ミトコンドリアによる燃料分子と分子状酸素（O_2）を利用したATP産生を**細胞呼吸**と呼ぶ。

典型的なミトコンドリアは直径が1.5㎛よりも少し小さく、長さは2～8㎛程度、すなわち多くの細菌の大きさである。ミトコンドリアは細胞核とは独立に増殖・分裂可能である。細胞あたりのミトコンドリアの数は様々であり、ある種の単細胞原生生物は大きなミトコンドリアを1個持っているだけなのに対して、大きな卵細胞は数十万個のミトコンドリアを持っている。平均的なヒトの肝細胞は1000個以上のミトコンドリアを持っている。活発に運動し成長する細胞は化学エネルギーをたくさん必要とし、単位容積あたりたくさんのミトコンドリアを持っている。

ミトコンドリアは2つの膜系を持っている。外膜は平滑で防御作用を持っており、ミトコンドリア内外の物質移動の大きな障壁とはならない。外膜の直下に内膜が存在する。内膜は多くの部位で内側に折りたたまれており、外膜の表面積よりもずっと大きな表面積を持つ（**図5.11**）。折りたたみはきわめて規則的で、クリステと呼ばれる棚様構造を作っている。内膜は外膜に比べて、それが包み込むスペースへの物質の移動に関して

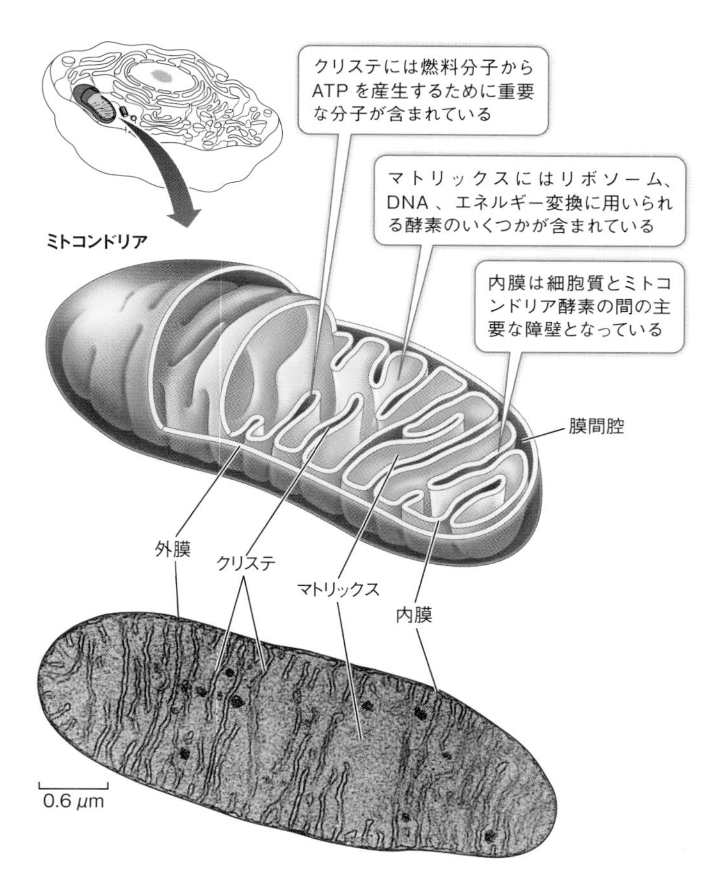

図5.11　ミトコンドリアが燃料分子由来のエネルギーをATPに変換する

電子顕微鏡写真は三次元の細胞小器官の二次元スライスである。模式図が強調しているように、クリステはミトコンドリア内膜の延長である。

Q：ヒトの細胞ではどんな種類の細胞が多数のミトコンドリアを持っているだろうか？

ずっと強力なコントロールを行っている。ミトコンドリア内膜には細胞呼吸に関与する多くの巨大タンパク質複合体が埋め込まれている。

内膜が包み込むスペースはミトコンドリアマトリックスと呼ばれる。マトリックスは多くの酵素に加えて、細胞呼吸に必須のタンパク質の一部を合成するために必要なリボソームとDNAを含んでいる。この章の後半で学ぶように、このDNAはミトコンドリアの前駆体だったと考えられる原核生物のより大きく完全な染色体の遺残物の可能性がある。第3巻の**第15章**で、ミトコンドリアの異なるパーツが、細胞呼吸においてどのように共同作業をするのかを見てみよう。

プラスチド　*プラスチド*と呼ばれる細胞小器官は植物細胞とある種の原生生物だけが持っている。ミトコンドリアと同様に、プラスチドも細胞核とは独立して分裂することができ、おそらく独立した原核生物から進化したものと思われる。いくつかの異なるタイプのプラスチドがあり、それぞれ異なる機能を持っている。

ちょうどメラノソームが動物細胞で色素のためのコンパートメントであるように（章の冒頭参照）、**葉緑体**は*クロロフィル*という緑色色素を持ち、光合成の場である（**図5.12**）。光合成では、光エネルギーが原子間結合の化学エネルギーに変換される。

光合成によって作られた分子は光合成生物及びそれを食べる他の生物に養分を提供する。直接的にせよ間接的にせよ、光合成は地球上のほとんどの生命のエネルギー源である。

ミトコンドリアと同様に、葉緑体も二重膜によって包まれている。それに加えて、光合成生物の種によって構造と配置が異なる一連の内膜系が存在する。ここでは種子植物の葉緑体につ

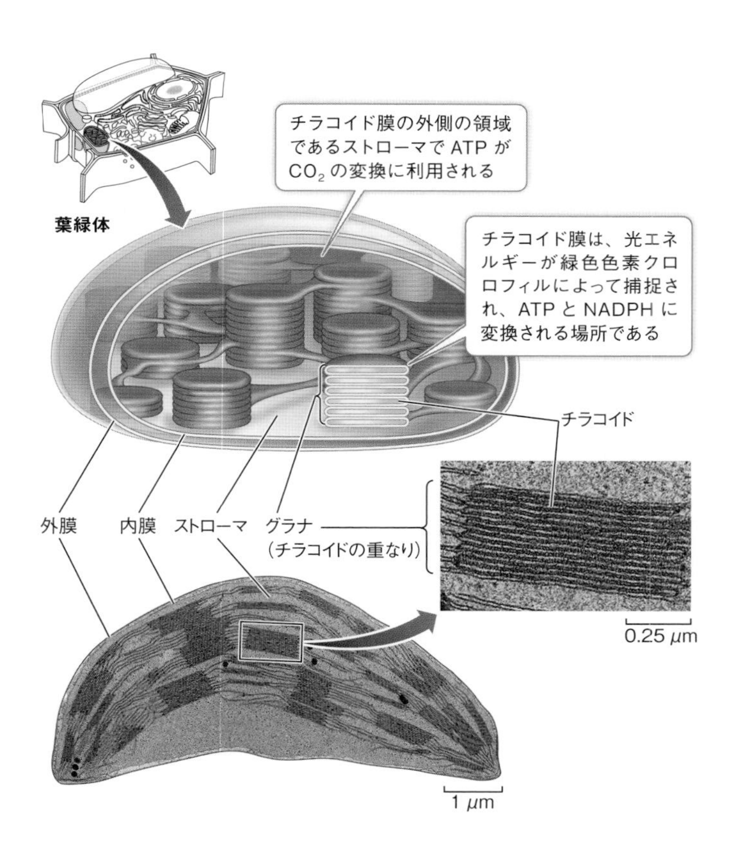

図5.12　葉緑体は世界を養っている
電子顕微鏡写真はトウモロコシの葉の葉緑体を示している。葉緑体はミトコンドリアに比べて大きく、チラコイド膜の大規模なネットワークを含んでいる。これらの膜は緑色色素クロロフィルを含んでおり、光エネルギーがCO_2とH_2Oから糖質を合成するための化学エネルギーに変換される場所である。

いて考えよう。

葉緑体の内膜は平たく、中空のピタパン（訳注：地中海地方のパンの一種）が積み重なったように見える。これらの積み重なりはグラナと呼ばれ、ピタパンのようなコンパートメントは**チラコイド**と呼ばれる（**図5.12**）。チラコイドの脂質は独特である。リン脂質は10％に過ぎず、残りはガラクトースで置換されたジグリセリドとスルフォリピド（硫脂質）である。葉緑体は豊富に存在するので、これらが生物圏で最も豊富に存在する脂質である。

脂質とタンパク質に加えて、チラコイド膜は、クロロフィル及び光合成のために光からエネルギーを取り込む他の色素を含んでいる（これらの色素がどのように機能するかは**キーコンセプト16.2**で見てみよう）。あるグラナのチラコイドは別のグラナのチラコイドとつながっており、葉緑体の内部はERと類似の高度に発達した膜ネットワークとなっている。

グラナが浮かんでいる液体はストローマと呼ばれる。ミトコンドリアマトリックスと同様に、葉緑体のストローマは葉緑体を構成するタンパク質のうちあるもの（全てではない）を合成するのに必要なリボソームとDNAを含んでいる。

他のタイプのプラスチド、例えばクロモプラストやロイコプラストは葉緑体とは異なる機能を持っている。クロモプラストは、ちょうど冒頭の話でメラノソームが色素を貯蔵していたように、花や果実で赤、黄色、オレンジの色素を合成・貯蔵する。

ロイコプラストは色素を含まない貯蔵のための細胞小器官である。アミロプラストはデンプンを貯蔵するロイコプラストである。

他にもいくつか膜によって囲まれている細胞小器官が存在する

他にも特殊化した化学反応と内容物が境界膜によって細胞質から隔離されている細胞小器官が存在する。ペルオキシソーム、グリオキシソーム、液胞である。

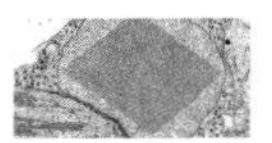

ペルオキシソームは、ある種の生化学反応の副産物である有害な過酸化物（例えば過酸化水素H_2O_2など）を蓄積する細胞小器官である。これらの過酸化物はペルオキシソーム内で、他の細胞の部分と混ざり合うことなしに、安全に分解される。

$RH_2 + O_2 \rightarrow R + H_2O_2$（細胞反応）
$2H_2O_2 \rightarrow 2H_2O + O_2$（ペルオキシソーム内反応）

ペルオキシソームは直径およそ0.2～1.7 ㎛の小さな細胞小器官である。ペルオキシソームは一重の膜と、特殊な酵素を含む顆粒状の中身を持っている。ペルオキシソームは、ほとんど全ての真核細胞生物種の、少なくともいくつかの細胞に存在する。

リソソームと同様に、ペルオキシソームが関与する稀な遺伝病が存在する。ツェルベガー症候群では、ペルオキシソームの組み立てに欠陥があり、この病気の乳児はペルオキシソームがない状態で生まれる。想像できるように、この結果有害な過酸化物が蓄積し、乳児が１歳を超えて生存するのは稀である。

グリオキシソームは、ペルオキシソームと似ている細胞小器官であるが、植物にしか存在しない。グリオキシソームは若い植物で最も目立つものだが、成長する細胞への輸送のために、貯蔵されている脂質が糖質に変換される場である。

液胞は、多くの真核細胞、ことに植物細胞、真菌細胞、原生生物細胞に存在する。液胞はERもしくはゴルジ装置から作られる。植物の液胞（図5.13）はいくつかの機能を担っている。

・*構造*：多くの植物細胞では、巨大な液胞が細胞容積の90％以上を占め、細胞が成長するに従って液胞も成長する。液胞に溶解している物質が存在するために、水が液胞中に入り込み、液胞は風船のように膨らむ。成熟した植物細胞は固い細胞壁を持っているので、膨らまない。その代わり、水圧上昇（膨圧）のため固くなり、これが植物体を支えるのに役立っている（図6.10）。

・*繁殖*：種子植物の花弁や果実に含まれるある種の色素（特に青とピンクの色素）は液胞中に存在する。これらの色素アントシアニンは、視覚的な目印となり、動物が引き寄せられ、それらが受粉や種子の分散を助けるのに役立っている。

・*消化*：ある種の植物では、種子中の液胞は、種子中のタンパク質を加水分解してモノマー（単量体）にする酵素を含んでいる。発生中の植物胚はこれらの単量体を養分として利用することができる。

・*貯蔵*：水の貯蔵に加えて、液胞は有害な分子や老廃物を蓄える。これらは有毒であったり不味かったりするので、動物がこれらの貯蔵物を持つ植物を食べるのを防ぎ、結果的にその植物の生存を助けることになる。一例はタンニンである。タ

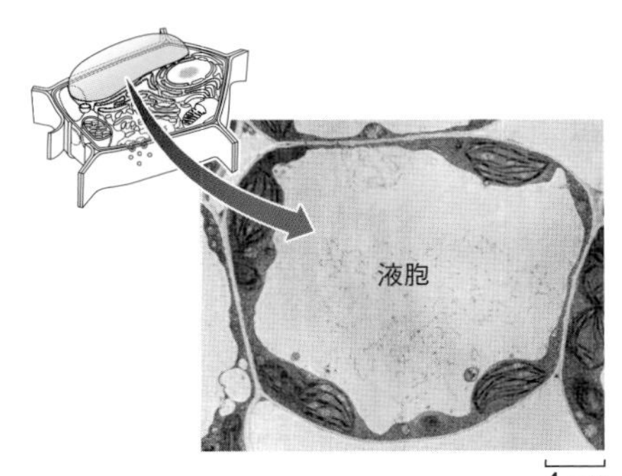

図5.13　植物細胞の液胞は通常巨大である
この細胞の巨大な中央液胞は成熟した植物細胞に典型的なものである。

ンニンはポリフェノールの一種で、多くの植物で産生され、お茶や赤ワインのあと味として多分お馴染みであろう。この苦い味は捕食者を遠ざけ、暗い色は動物のメラニンのように植物を紫外線によるダメージから守ってくれる。タンニンは葉緑体で作られ液胞に貯蔵される。新たに発見されタンノソームと適切に名付けられた細胞小器官がタンニンを含んでいる（**「生命を研究する」：新しい細胞小器官の発見、タンノソーム**）。

これまで無数の膜で囲い込まれた細胞小器官について考えてきた。これからは一群の膜がない細胞質の構造について考えてみよう。

細胞骨格は細胞の構造と運動にとって重要である

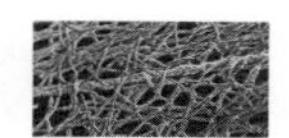

細胞の形はしばしば変わりうるし、細胞の中でも構造の素早い運動が観察される。これらの現象には細胞内の線維の網目構造が関与しており、これは電子顕微鏡で観察できる。実験によりこの細胞骨格と呼ばれる網目構造がいくつかの重要な役割を果たしていることが明らかになった。

・細胞を支え、その形を維持している。
・細胞内で細胞小器官や他の粒子の位置を決めている。
・細胞内の細胞小器官や他の粒子を動かしている。
・原形質（細胞質）流動と呼ばれる細胞質の運動に関与している。
・細胞外構造と相互作用して、細胞を所定の位置に固定するのに役立っている。

285ページへ→

生命を研究する　新しい細胞小器官の発見、タンノソーム

実験

原著論文：Brillouet, J.-M. et al. 2013. The tannosome is an organelle forming condensed tannins in the chlorophyllous organs of *Tracheophyta*. *Annals of Botany* 112: 1003-1014.

顕微鏡、細胞分画、化学分析による一連の研究を通して、生物学者は植物のタンニンがそれまで未発見の構造物、タンノソームに区画化されていることを見つけた。

質問▶　全ての種類の細胞で色素は区画化されているのだろうか？

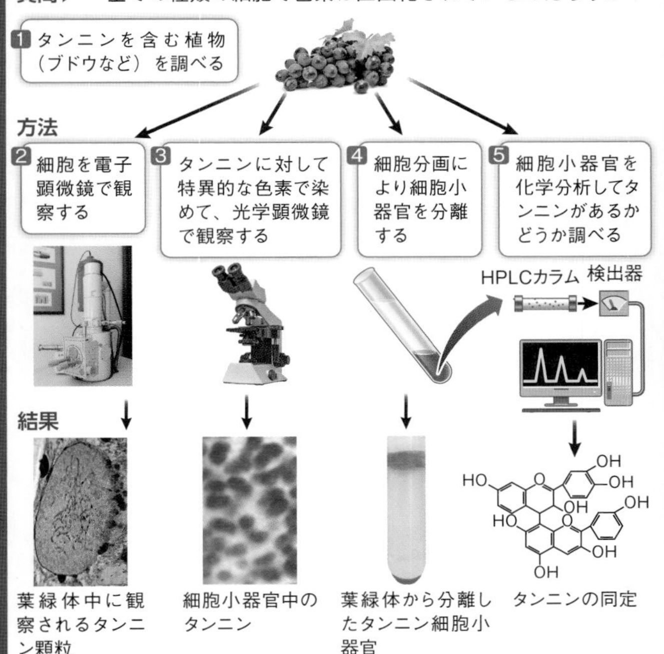

結論▶　タンニンは葉緑体に由来する細胞小器官内に存在する。

データで考える

ジュヌヴィエーヴ・コネジェロによって率いられたフランス国立農業研究所の生物学者と化学者のチーム（Brillouet et al., 2013）がタンニン生成の細胞基盤の研究に取り組んだ。電子顕微鏡写真から、タンニンが液胞中に蓄積することは知られていたが、どのようにして液胞にたどり着くのかは分かっていなかった。チームは顕微鏡（光学顕微鏡及び電子顕微鏡）（図5.3）、細胞分画（図5.6）、化学分析を組み合わせて、タンニンが独立した小胞内で形成されることを明らかにし、この小胞をタンノソームと命名した。

質問▶

1. タンニンが豊富な植物器官を電子顕微鏡で観察した。代表的な写真を図Aに示す。これらの写真から細胞内のタンニンの起源と最終的な局在部位に関してどのような情報が得られるだろうか？　細胞内の小胞輸送の知識に基づいて、タンニンがどのようにして葉緑体から液胞へと移行するのか考えてみよ。

図 A

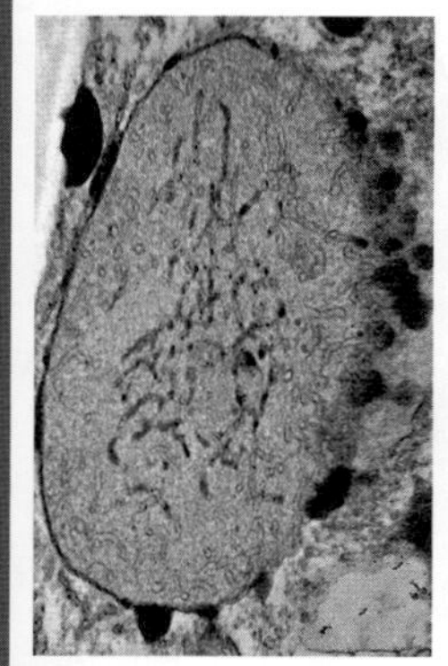

タンニン顆粒を含む葉緑体

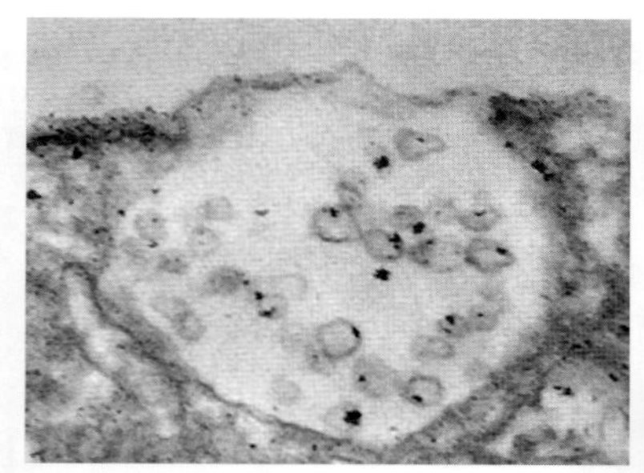

タンニン小胞を含む液胞

2. 科学者たちはクロロフィルとタンニンに特異的な色素を用いて植物組織のスライスを染色し、光学顕微鏡で観察した。図Bにその結果を示す。タンニンの細胞内局在についてどのような結論が得られるだろうか？　またその結論は質問1の答えとどのような関係があるだろうか？

図 B

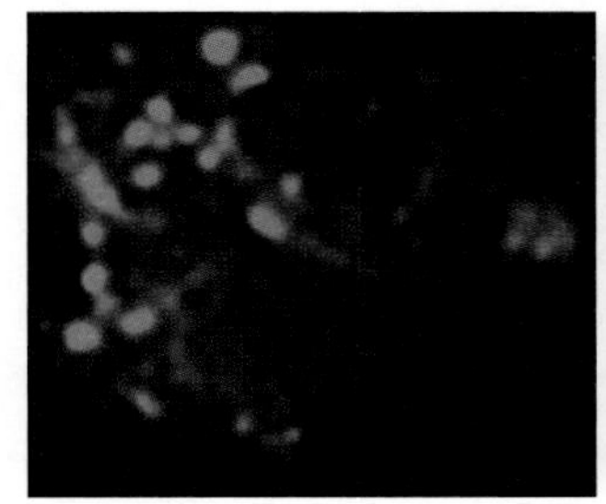

植物細胞のクロロフィル染色

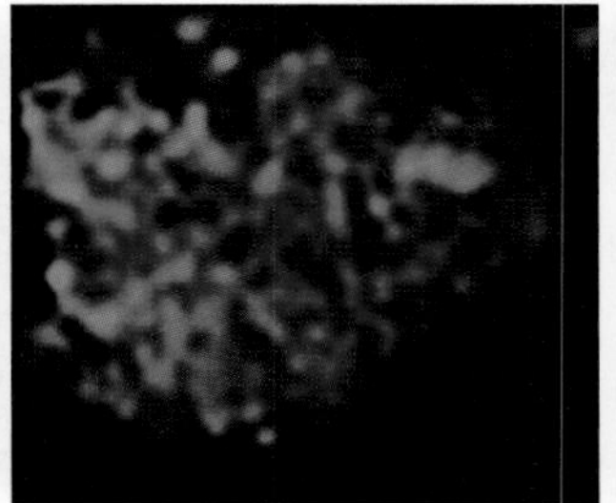

植物細胞のタンニン染色

3. 細胞分画を用いて葉緑体からタンニンを含む構造を分離することが試みられた。非常に高密度（72%）のシロップ状のショ糖溶液中での細胞分画により、2つの膜分画が得られた（283ページの実験参照）。両者をタンニン染色の後、顕微鏡観察するとともに、中身にクロロフィル、タンニンが存在するかどうか化学分析を行った。結果を表に示す。タンニンコンパートメントについてどのような結論が得られるだろうか？

	上の分画	下の分画
タンニン染色	陰性	陽性
クロロフィル染色	陽性	陽性
タンニンの化学分析	陰性	陽性

真核細胞の細胞骨格には3つの構成成分がある。マイクロフィラメント（直径が最小）、中間径フィラメント、微小管（直径が最大）である。これらのフィラメントは非常に異なる機能を担っている。

マイクロフィラメント　**マイクロフィラメント**は単一で存在しうるが、束状、ネットワーク状でも存在しうる。直径およそ7

nmで長さは数μmにも及ぶ。マイクロフィラメントは2つの役割を持っている。

1. 細胞全体やその一部の運動を助けている。
2. 細胞の形を決定し、安定化している。

マイクロフィラメントはアクチンモノマーの重合によって形成される。アクチンはいくつかの形態で存在し、特に動物では多くの機能を持っている。マイクロフィラメント（*アクチンフィラメントともいう）中のアクチンははっきりとした“プラス”端と“マイナス”端を持っている。これらの端によってアクチンモノマーは相互作用して長い二重らせんの鎖を形成して

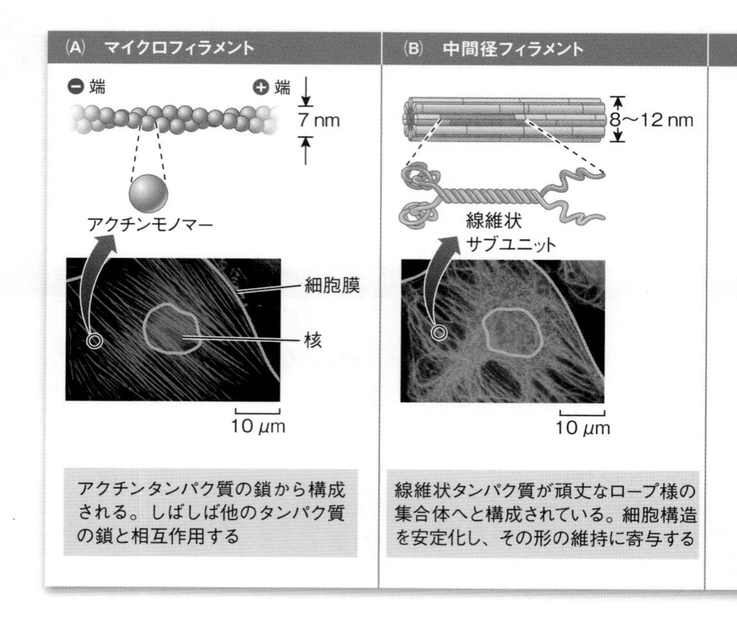

いる（図5.14(A)）。細胞内ではアクチンのマイクロフィラメントへの重合は可逆的なもので、遊離のアクチンモノマーに分解して細胞から消失することもある。

---

*概念を関連づける　動物の筋細胞では、アクチンフィラメントは他のタンパク質、“モータータンパク質”ミオシンと結合している。これら２つのタンパク質の相互作用の結果、筋収縮が起こる。

非筋細胞では、アクチンフィラメントは細胞の形の局所的変化に関与している。例えば、マイクロフィラメントは原形質（細胞質）流動と呼ばれる細胞質の流動運動、アメーバ様運動、動物細胞が２つの娘細胞に分裂するときの“くびれ”収縮

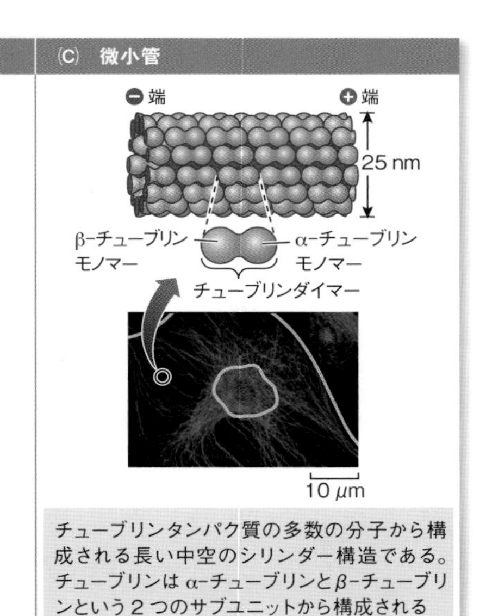

図5.14　細胞骨格
細胞骨格の３つの目立つ重要な構造成分の詳細をここに示す。写真は全て同一の細胞を異なる蛍光抗体で処理したものである。(A)はマイクロフィラメント、(B)は中間径フィラメント、(C)は微小管を検出する蛍光抗体染色像である。これらの構造は細胞の形態を維持・強化し、細胞運動に寄与する。細胞核の位置は写真の中央付近である。

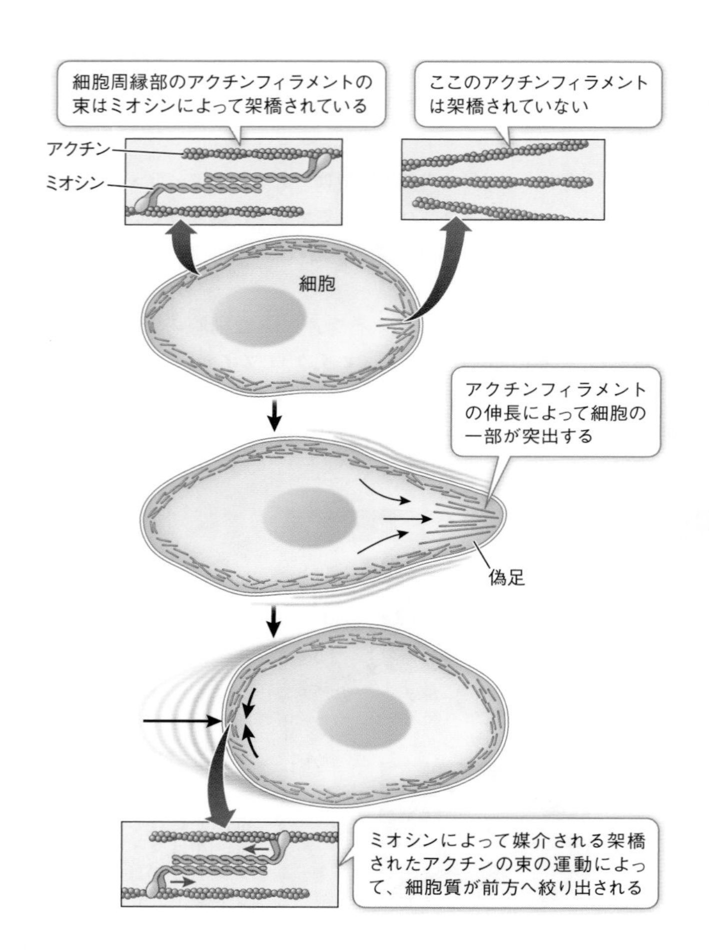

図5.15　マイクロフィラメントと細胞運動
マイクロフィラメントは細胞全体の運動に関わるとともに（ここでアメーバ様運動を示したように）、細胞内の細胞質の運動にも関わる。

に関与している。マイクロフィラメントは、ある種の細胞が動くときに形成される*仮足*（*偽足*）と呼ばれる構造の形成にも関与している（**図5.15**）。免疫系の細胞は免疫反応の際に他の細胞に向かって動かなければならない。

ある種の細胞では、マイクロフィラメントは細胞膜の直下で網目構造を形成している。アクチン結合タンパク質がマイクロフィラメントを架橋して固い網目構造を形成し、細胞を支えている。例えば、マイクロフィラメントはヒトの腸管細胞を裏打ちする小さな微絨毛を支え、腸管細胞の表面積を大きくして養分の吸収を促進している（**図5.16**）。

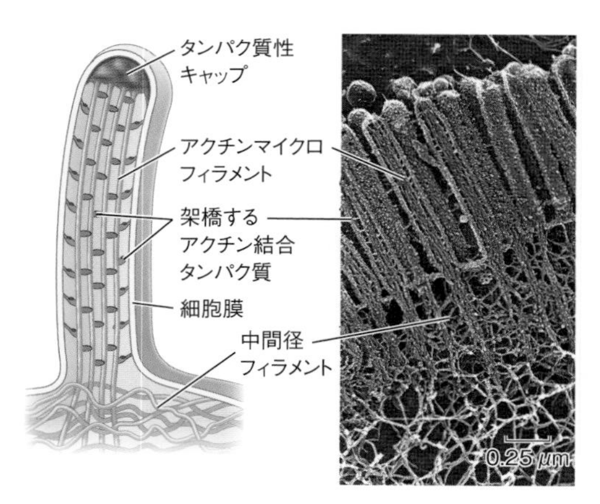

図5.16　マイクロフィラメントによる支持
腸管を裏打ちする細胞は、折りたたまれて微絨毛と呼ばれる小さな突起を形成する。微絨毛はマイクロフィラメントによって支えられている。マイクロフィラメントはそれぞれの微絨毛の基部で中間径フィラメントと相互作用する。微絨毛は細胞の表面積を増加させ、低分子の吸収を促進する。

中間径フィラメント　少なくとも50種の異なる**中間径フィラメント**が存在し、それらの多くがある種の細胞にしか存在しない。中間径フィラメントは、共通の一般構造を持つ6つの分子種に分類される（アミノ酸配列により）。これらの一種がケラチンファミリーの線維状タンパク質であり、毛髪や爪を構成するタンパク質もこれに含まれる。中間径フィラメントは頑丈で、直径8～12 nmの硬いロープ状構造である（図5.14(B)）。中間径フィラメントは、微小管やマイクロフィラメントが持続的に形成・再形成を繰り返しているのに対して、そのようなことはないという点でこれら2種の線維状構造に比べてより永続的な構造である。

中間径フィラメントは2つの大きな構造上の機能を果たしている。

1. 細胞構造を一定の位置に固定化している。ある種の細胞では、中間径フィラメントは核膜から放射状に伸びて、細胞内で核や他の小器官の位置を維持している。核ラミナのラミンは中間径フィラメントである。他の種類の中間径フィラメントが腸管細胞の微絨毛中でマイクロフィラメントの複合体を支えている（図5.16）。
2. 張力に抵抗する。例えば、中間径フィラメントは、細胞質を通ってデスモソームと呼ばれる特殊化した膜構造を連結することにより、体表組織の硬さを維持している（図6.7）。

微小管　**微小管**は細胞骨格系で最大の直径を持つ構成成分である。直径およそ25 nmの長い、中空の、枝分かれのないシリンダー構造で、長さは数μmにも及ぶ。微小管は細胞内で2つの役割を持っている。

1. ある種の細胞では固い細胞内骨格を形成している。
2. 細胞内でモータータンパク質が構造を動かすときの軌道を提供している。

微小管は**チューブリン**というタンパク質の重合体である。チューブリンは二量体（ダイマー）であり、２つのモノマーから構成されている。α-チューブリンとβ-チューブリンである。13本のチューブリンダイマーの鎖が微小管の中心空洞を取り巻いている（図5.14(C)、図5.17(B)）。

α-チューブリン + β-チューブリン
→ ダイマー 〜 ダイマーの重合体（微小管）

マイクロフィラメントの場合と同様に、微小管の２つの端は性質が異なっている。一方は“プラス”端と呼ばれ、もう一方は“マイナス”端と呼ばれる。チューブリンダイマーは、主として“プラス”端で迅速に付加されたり脱落したりして、微小管が長くなったり短くなったりする。

多くの微小管が、細胞内の微小管形成中心と呼ばれる領域から放射状に伸びている。チューブリンの重合により固い構造が形成され、チューブリンの脱重合によりその固い構造が消失する。

微小管 ↔ チューブリンダイマー

微小管は、この長さを迅速に変化させる能力のために、ダイナミックな構造となっている。微小管は細胞内での新しい目的に容易に順応できる。例えば、重合・脱重合を繰り返すことにより、微小管は細胞内の新しい場所に移動し、細胞分裂に必要な新たな構造を作り出すことができる。全ての真核細胞の微小管はこの動的特性を持つことから、静的で不変な構造に比べて進化的に優位だったことが示唆される。

植物では、微小管はセルロースの組み立てと細胞壁のセルロース線維の配列を調節している（**図3.18**）。植物の電子顕微鏡写真では、細胞壁を形成または伸長している細胞の細胞膜直下に微小管が存在しているのをしばしば見かける。これらの微小管の方向を実験的に変えると、細胞壁の向きもそれに従って変化し細胞の形も変わる。

微小管は**モータータンパク質**の軌道として機能する。モータータンパク質はエネルギーを使って自分の形を変え動く特殊なタンパク質である。モータータンパク質は微小管に結合しそれに沿って動く。そのときに細胞の一部から別の場所へと物を運搬する。微小管は、細胞分裂時に染色体を娘細胞へと分配するのにも不可欠である。このため、ビンクリスチンやタキソー

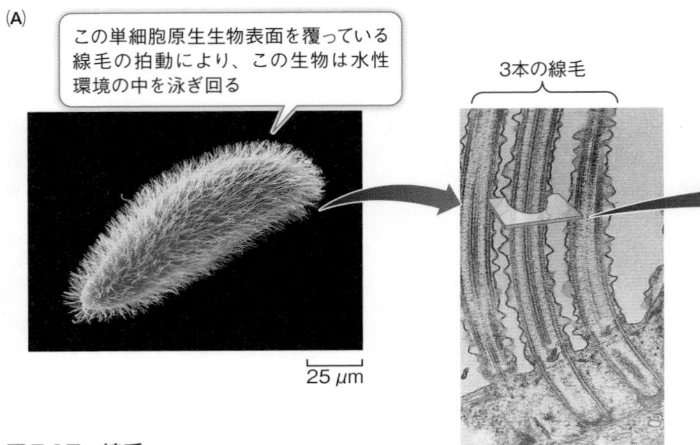

図5.17　線毛
(A)この単細胞の原核生物（線毛を持つ原生生物）は線毛の打ち方を協調させて、素早く動き回ることができる。
(B)線毛の断面図で微小管や他のタンパク質の配列が明らかになる。

ルなどのような微小管ダイナミクスを阻害する薬物は細胞分裂をも阻害する。これらの薬物は細胞分裂が活発な癌細胞の治療に有用である。

線毛と鞭毛　微小管とその関連タンパク質は、真核細胞のある種の可動装置の内側を裏打ちしている。線毛（**図5.17(A)**）と鞭毛である。多くの細胞は線毛か鞭毛を持っており、細胞膜から突き出している。

・線毛は長さが0.25㎛しかない。個々の細胞に数百本存在し、細胞を進ませるか（原生生物の場合のように）、静止している細胞の上で液体を動かす（ヒトの呼吸器系のように）。
・鞭毛はより長く（100～200㎛）、通常１本か２本で存在す

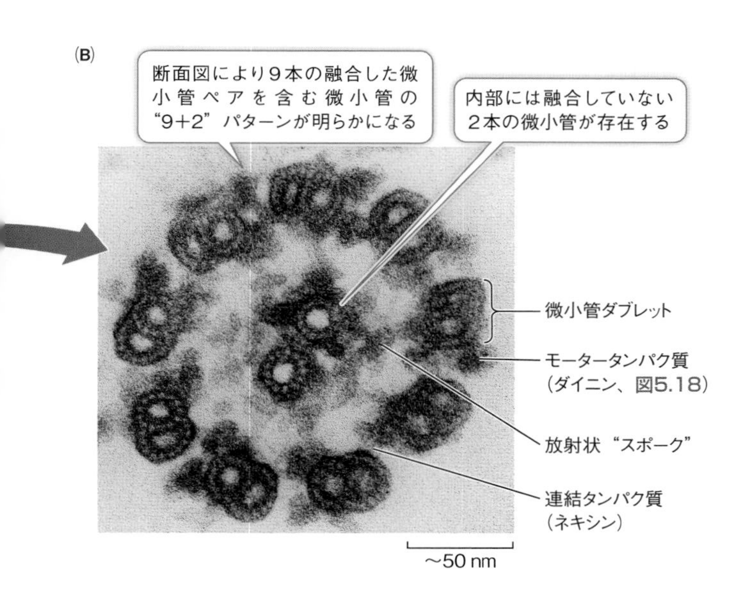

る。鞭毛は液性環境中で細胞を押したり引いたりする。

横断面では、典型的な線毛ないし真核細胞の鞭毛は細胞膜によって囲まれて“9+2”配列の微小管を含んでいる。図5.17(B)に示すように、9本の融合した微小管ペア（ダブレット）が外側のシリンダーを形成し、2本の融合していない微小管が中心を走っている。それぞれのダブレットは放射状スポークによって中心の微小管と連結している。この構造は線毛と鞭毛の曲がる運動にとって不可欠である。それではこの曲がる運動はどのように起こるのだろうか？

線毛と鞭毛の運動は微小管ダブレットが互いに滑り合う結果

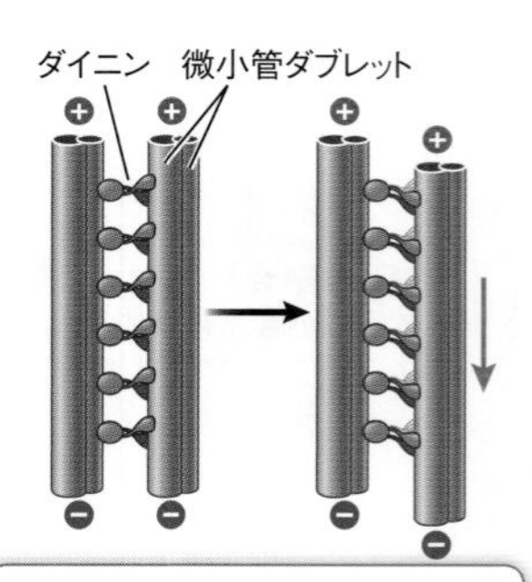

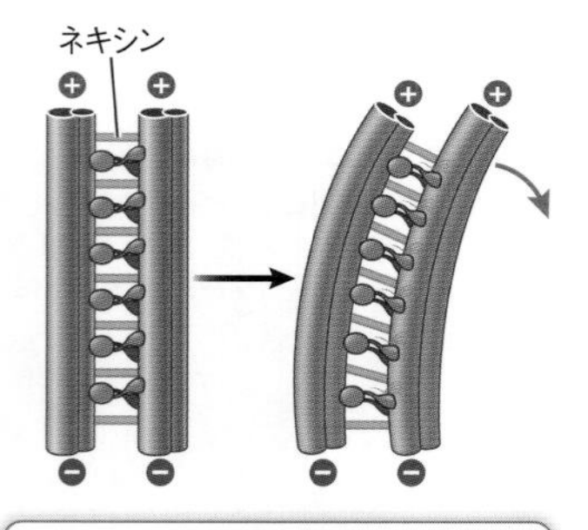

ネキシンで架橋されていない単離した線毛では、モータータンパク質ダイニンの運動により、微小管ダブレットが互いに滑り合う

ネキシンが存在してダブレットを架橋している場合には、互いに滑り合うことができず、ダイニンの運動で生じた力によって線毛は曲がる

図5.18　モータータンパク質が線毛と鞭毛内の微小管を動かす
ダイニンというモータータンパク質により微小管ダブレットが互いに滑り合う。鞭毛や線毛内では、微小管ダブレットが互いに連結されているので、曲がることになる。

Q：ネキシンによる連結がないため微小管ダブレットが互いにつながっていない人がいる。どういう結果をもたらすだろうか？

として起こる。この滑り運動はダイニンというモータータンパク質によって駆動される。ダイニンは、他のモータータンパク質と同様に、化学エネルギーを必要とする可逆的な形の変化を起こすことにより作用する。ダイニン分子は2本の隣り合う微小管ペアの間を結合し、ダイニン分子が形を変えると、微小管ペアは互いに滑り合う（**図5.18**）。ネキシンという別のタンパク質が微小管ペアを架橋し、微小管ペアの滑り合いを制限しているようである。このために線毛や鞭毛は曲がるのである。

キネシンを含む他のモータータンパク質が細胞のある部分から別の部分へとタンパク質を担った小胞や他の細胞小器官を動かしている（**図5.19**）。これらのタンパク質は細胞小器官に結合し、形を繰り返し変えることにより微小管上を"歩いて（ウォーキング）"移動する。*微小管には方向性があることを思い出してほしい。プラス端ではチューブリンの正味の添加が

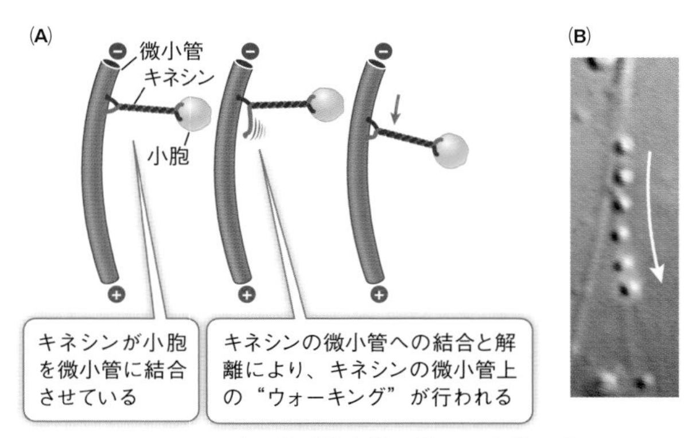

図5.19　モータータンパク質が微小管に沿って小胞を動かす
(A) キネシンは微小管の"線路"に沿って小胞を細胞内のいろいろなところに輸送する。
(B) 原生生物ディクチオステリウム（タマホコリカビ）の微小管に沿って小胞がキネシンによって動かされている。時間経過（0.5秒間隔）が紫から青への色の変化で示されている。

起こり、マイナス端ではチューブリンの除去が起こる。細胞質ダイニン（線毛や鞭毛に存在するダイニンとは異なる役割を持つ）は結合した細胞小器官をマイナス端へと動かすのに対して、キネシンは細胞小器官をプラス端へと動かす（図5.14）。

微小管の小胞輸送能力は、ある種の魚や両生類によって捕食者から逃れるために利用されている。色素小胞を運ぶモータータンパク質が、環境からの刺激もしくは神経系の刺激に応じて、細胞の中心に凝集する。これにより動物の色は明るくなる。刺激が除かれると、他のモータータンパク質が微小管に沿って小胞を再び均質に分布するように戻して、動物は暗い色調を回復する。

---

*概念を関連づける　微小管の最も劇的な役割はおそらく細胞分裂の際の染色体運動過程であろう。キーコンセプト11.3参照。

生物学者は生命系を操作して因果関係を決定することができる

細胞骨格の線維構造が、これら全ての動的機能を果たしていることを、どのようにして知ることができるのだろうか？個々の構造を顕微鏡で観察したり、その構造を含む生細胞の機能を観察したりすることはできる。これらの観察は、ある構造がある特定の機能を果たしているということを示唆してくれるかもしれないが、単なる相互関係は因果関係を意味しない。例えば、生細胞の光学顕微鏡による観察から、細胞質が細胞膜に近い細胞の周辺部を活発に流動し、アメーバ状細胞が運動しているときの伸長部分に流れ込んでいることが明らかになる。細胞骨格成分がその部分に存在することは、この過程にその細胞骨格成分が関わっていることを*示唆*するが、*証明*とはならない。科学は、Ａという１つの過程をＢという１つの機能に関連づける特定のつながりを示すことを求める。細胞生物学では、Ａという構造もしくは過程がＢという機能をもたらすことを示すのに２つのアプローチがしばしば用いられる。

1. *阻害*：Ａを阻害する薬物を使用してＢが起こるかどうかを見る。もし起こらなかったら、Ａは多分Ｂの原因となっているといえる。**図5.20**にそのような薬物（阻害薬）を用いて細胞骨格と細胞運動の間の因果関係を証明する実験の例を挙げる。
2. *変異*：Ａをコードする遺伝子を欠く細胞でＢが起こるかどうかを見る。もし起こらなかったら、Ａは多分Ｂの原因となっているといえる。

全ての細胞は環境と相互作用し、多くの真核細胞は多細胞生物体の一部であり、他の細胞と相互作用しなければならない。これらの相互作用において、細胞膜は非常に重要な役割を果たしているが、細胞膜外の他の構造も関与している。

300ページへ→

実験

図5.20(A) 細胞運動におけるマイクロフィラメントの役割 ―― 生物学における因果関係の証明

原著論文：Pollard, T. D. and R. R. Weihing. 1974. Actin and myosin in cell movement. *CRC Critical Reviews in Biochemistry* 2: 1–65.

試験管での実験でサイトカラシンBという薬物がモノマー前駆体からのマイクロフィラメント形成を阻害するという結果を得た後、次の質問が提起された。この薬物は生細胞でも同様に作用してアメーバの細胞運動を阻害するだろうか？　補足実験からこの薬物は他の細胞過程を阻害しないことが明らかになった。

仮定▶ アメーバ様細胞運動は細胞骨格により引き起こされる。

方法

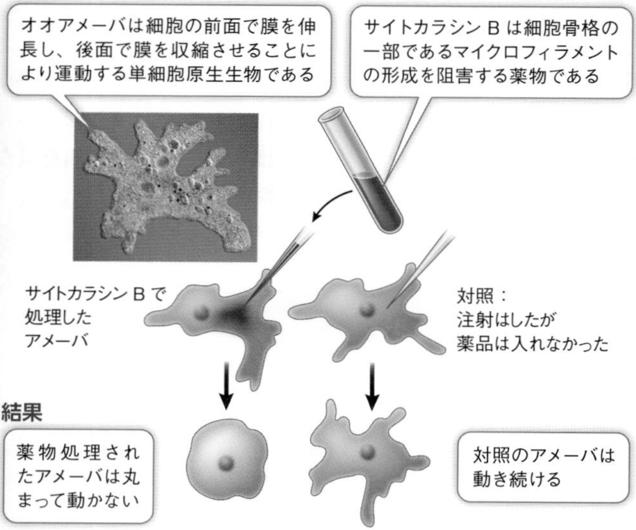

オオアメーバは細胞の前面で膜を伸長し、後面で膜を収縮させることにより運動する単細胞原生生物である

サイトカラシン B は細胞骨格の一部であるマイクロフィラメントの形成を阻害する薬物である

サイトカラシン B で処理したアメーバ

対照：注射はしたが薬品は入れなかった

結果

薬物処理されたアメーバは丸まって動かない

対照のアメーバは動き続ける

結論▶ 細胞骨格のマイクロフィラメントはアメーバ様細胞運動にとって必須のものである。

データで考える

図5.20(B)　細胞運動におけるマイクロフィラメントの役割 ── 生物学における因果関係の証明

原著論文：Pollard, T. D. and R. R. Weihing. 1974.

細胞、特に癌細胞に効果のある天然分子を探して、インペリアル・ケミカル・インダスツリーズ社の化学者・生物学者のチームは真菌ヘルミントスポリウム *Helminthosporium dematioideum* の抽出物を解析した。抽出物が細胞分裂を阻害することが明らかになり、科学者たちは有効成分を精製しサイトカラシンＢと命名した（ギリシャ語でサイト＝細胞、カラシス＝混乱）。特に目立ったのは、分裂細胞にサイトカラシンＢを与えたときに細胞質分裂は阻害したが、核分裂は阻害せず、結果として二核細胞が誕生したことであった。さらにこの薬物は細胞運動及び食作用を阻害した。これら２つの動的過程には細胞質のマイクロフィラメント（アクチンフィラメント）が関与しているのではないかと仮定されていた。この仮説を検証した実験の概要を図5.20(A)に示す。

いくつかの重要な対照実験がこの実験の結論を検証する目的で行われた。実験は次の薬物の存在下で繰り返された。タンパク質新規合成を阻害するシクロヘキシミド、ATP（エネルギー）新規産生を阻害するジニトロフェノール、微小管重合を阻害するコルヒチンである。実験結果を表に示す。

条件	丸まった細胞（%）
薬品なし	3
サイトカラシンB	95
コルヒチン	4
シクロヘキシミド	3
シクロヘキシミド＋サイトカラシンB	94
ジニトロフェノール	5
ジニトロフェノール＋サイトカラシンB	85

質問▶

1. それぞれの実験を行った理由を説明せよ。どうしてこれらの対照実験は重要なのか？
2. それぞれの実験結果を解釈せよ。アメーバの運動と細胞骨格についてどのような結論を下すか？

5.4 細胞外構造には重要な役割がある

細胞膜は細胞内外の機能的なバリアとなっているが、多くの構造が細胞によって作られ、細胞膜の外側に分泌される。これらは細胞外で細胞の防御、支持、接着に関して重要な役割を果たしている。これらは細胞外に存在するので、細胞外構造と呼ばれる。細菌のペプチドグリカン細胞壁はこのような細胞外構造の一例である（図5.4）。真核生物では、他の細胞外構造、例えば植物の細胞壁や動物細胞の間に存在する細胞外基質が同様の役割を果たしている。これらの構造は共に、2つの構成要素から成り立っている。線維性の高分子とこれらの線維が埋め込まれているゲル状の液性成分である。

学習の要点

・細胞外構造は防御、支持、他の細胞との相互作用において重要である。

植物の細胞壁とは何か？

植物の**細胞壁**は細胞膜外に存在する完全には固くない構造である（図5.21）。複合多糖類とタンパク質に埋め込まれたセルロース線維から構成されている。植物の細胞壁は3つの役割を果たしている。

1. 固さを保つことにより細胞と植物全体を支えている。一方でその柔軟性により、例えば植物が風でたわむことを可能にしている。
2. 植物病を起こす真菌や他の生物による感染へのバリアとして機能している。

3. 植物細胞が大きくなるのに伴って成長し、植物の形を作るのに寄与している。

ある種の細胞、例えば葉の細胞では、細胞壁は多孔性で分子の細胞内外の移動が可能となっている。他の種類の細胞、例えば植物の導管系（水や低分子を植物の器官間で輸送する）の細胞では細胞壁は多孔性ではない。

細胞壁が厚いために、植物細胞を光学顕微鏡で観察すると、

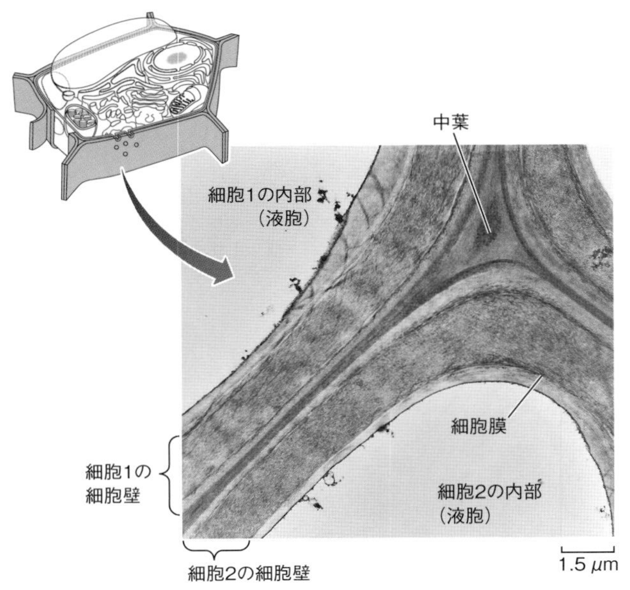

図5.21　植物の細胞壁
完全には固くない細胞壁が植物細胞を支えている。多糖類とタンパク質からなる基質に埋め込まれているセルロース線維から構成されている。

お互いに完全に孤立しているように見えるが、電子顕微鏡で観察すると、そうではないことが分かる。隣り合う植物細胞の細胞質は細胞膜で裏打ちされた無数の**原形質連絡**というチャネルによってつながっている。原形質連絡は直径およそ20～40 nmで、隣り合う細胞の細胞壁を貫いている（**図5.7**）。原形質連絡によって、隣り合う細胞間で水、イオン、低分子、RNA、タンパク質の拡散が可能となり、これらの物質が合成された場所から遠く離れた場所で利用されることが可能となっている。原形質連絡は隣り合う細胞どうしの情報伝達も可能としている。

動物では細胞外基質が組織の機能を支えている

動物細胞には植物細胞に特徴的な細胞壁はないが、多くの動物細胞は、**細胞外基質**によって取り囲まれているか、細胞外基

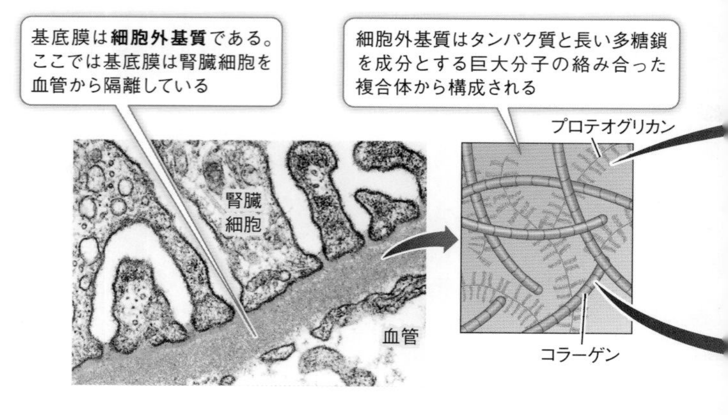

図5.22　細胞外基質
腎臓の細胞が基底膜を分泌する。基底膜は、腎臓細胞を隣接する血管から隔離し、腎臓細胞と血液の間を通る物質を濾過する。

質と接触している。この基質は３種の分子から構成されている。**コラーゲン**（哺乳類で最も豊富に存在するタンパク質で、人体のタンパク質の25％以上を占めている）などの線維性タンパク質、主として糖質を構成成分とする**プロテオグリカン**と呼ばれる糖タンパク質の基質、線維性タンパク質とゲル状のプロテオグリカンマトリックスをつなぐ第三のタンパク質群である（**図5.22**）。これらのタンパク質とプロテオグリカンは、体組織に特異的な他の物質とともに、基質の近くの細胞から分泌される。

細胞外基質の機能は多数ある。

- 組織で細胞どうしを結び付ける。**第６章**で細胞認識と細胞接着の両者に関与する細胞間の“接着剤”について考察する。
- 軟骨、皮膚、その他の組織の物理的特性に寄与する。例え

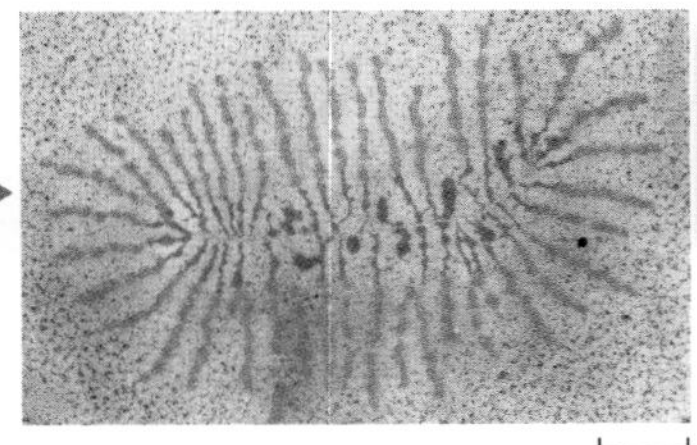

プロテオグリカンは長い多糖鎖を持ち、これが濾過のために必要な粘稠性（ねんちゅうせい）を細胞外基質に与えている

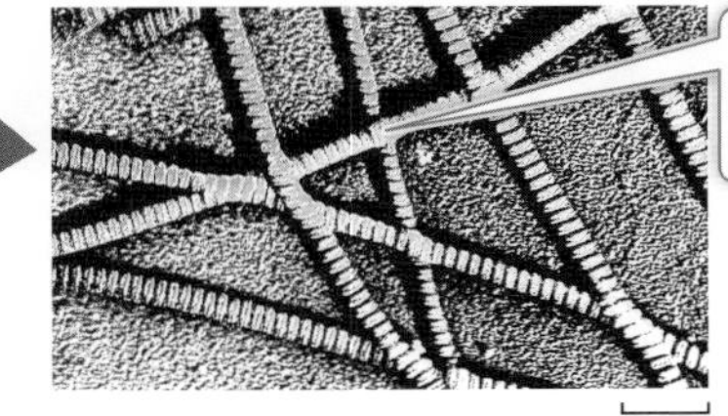

線維性タンパク質である**コラーゲン**が基質に強度を与えている

ば、骨のミネラル成分は組織化された細胞外基質の上に沈着する。
・異なる組織間を通過する物質を濾過する。これは特に腎臓で重要である。
・発生や組織修復の際に、細胞運動の方向性を決めるのに役立っている。
・細胞間の化学的なシグナル伝達で役割を果たしている。タンパク質が細胞の細胞膜と細胞外基質をつないでいる。これらのタンパク質（インテグリンなど）は細胞膜を貫通し、信号を細胞内部へと伝達するのに関与している。これによって細胞外基質と細胞質の情報交換が可能となっている。

これまで原核細胞と真核細胞の構造と機能について考えてきた。両者とも細胞説を体現し、細胞が生命と生物の連続性の基本単位であることを示している。本書の**第６章**と**第７章**の大部分は細胞のこれら２つの側面を取り扱う。より単純な原核細胞が真核細胞より起源が古く、最初の細胞はおそらく原核細胞であったであろうことを示す豊富な証拠が存在する。これから細胞進化の次の段階、すなわち真核細胞の起源について考えてみよう。

5.5 真核細胞はいくつかの段階を経て進化した

地球上の生命は、原核細胞が最初に出現したときから15億年前に古代の岩石に真核細胞の証拠が現れるまで、およそ20億年もの間完全に原核細胞であった。真核細胞の特徴である細胞内の区画化の出現は、生命の歴史において画期的な出来事であった。区画化出現以前と比べて、同一細胞内でより多くの生化学的機能が存在できるようになったからである。典型的な真核細胞と比べると、原核細胞はしばしば生化学的に特殊化したものであり、用いることができる資源に限りがあり、行うことができる機能にも限りがある。

学習の要点

- 生物学者は細胞内膜系と核は細胞膜の陥入の結果生じたと想定している。
- 細胞内共生説は細胞小器官は細胞が他の細胞をのみ込むことによって生じ、それに伴って共生関係が生じたと提案している。

細胞内区画化の起源は何であろうか？　ここではこの過程における２つの主要なテーマを概説する。

細胞内膜系と核膜はおそらく細胞膜由来である

この章の前半で細菌の中には内膜系を持つものがあるということを述べた。これらはどのようにして生じたのだろうか？ 電子顕微鏡写真では、原核細胞の内膜系はしばしば細胞膜の内部への折りたたみのように見える。この観察により細胞内膜系と核は同様の過程により生じたという理論が形成された（図**5.23(A)**）。今日の真核細胞における小胞体（ER）と核膜の類似性はこの理論と矛盾しない。

細胞内区画を持つ細菌はいくつかの進化上の利点を持っていたと思われる。化合物は細胞内の特定の領域に濃縮され、化学反応がより効率的に進むことが可能になったであろう。生化学反応は１つの小器官内に分離され、例えば細胞の他の部分とは異なるpHとなり、その反応がより起こりやすくなる条件を提供してくれただろう。最後に、遺伝子転写と翻訳とは分離さ

308ページへ→

(A) **ERの進化仮説**

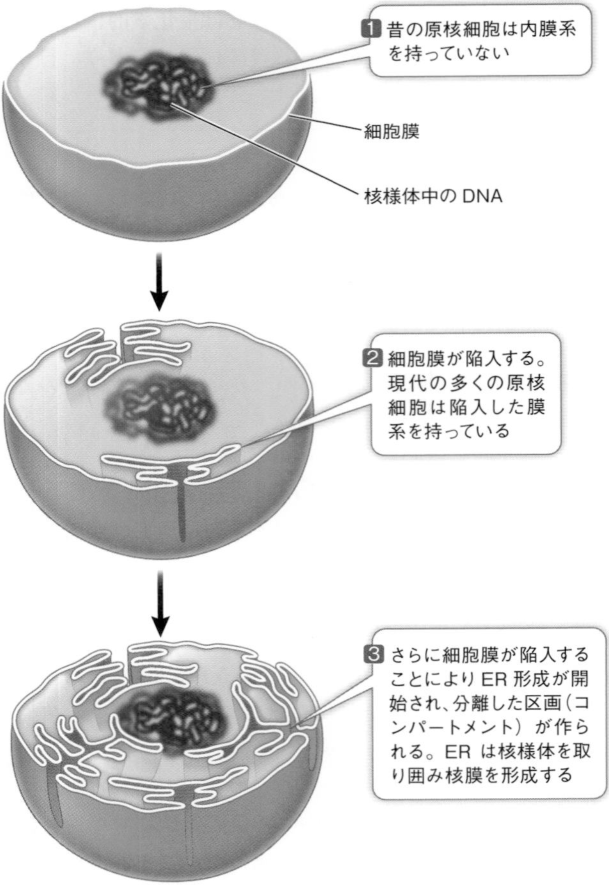

図5.23　小器官の起源

(A)細胞内膜系と核膜は細胞膜の陥入と融合により形成されたのかもしれない。 ↗

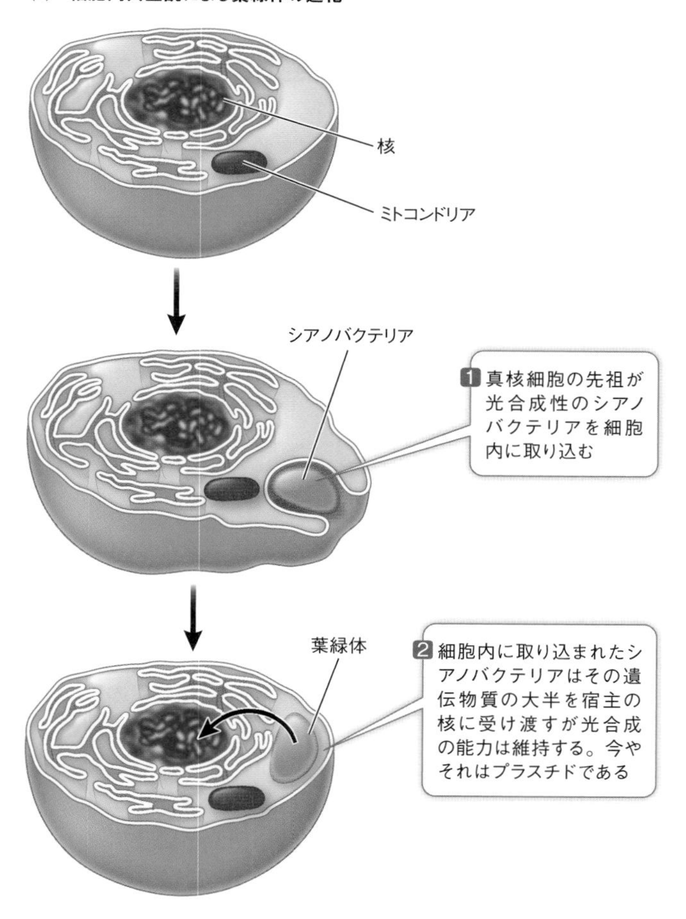

(B)細胞内共生説によれば、ある種の小器官は他の大きな細胞によってのみ込まれた原核細胞由来であるかもしれない。

れ、遺伝子発現におけるこれらのステップが別々に調節される機会を提供してくれたであろう。

いくつかの小器官は細胞内共生によって生じた

共生は“共に生きる”ことを意味し、しばしば2つの生物が共存し、それぞれがもう一方の生物が必要とするものを提供する場合を指す。**細胞内共生説**によって、生物学者は小器官のあるもの、ミトコンドリアとプラスチドは、細胞膜の陥入によってではなく、1つの細胞が他の細胞をのみ込み（ただし消化することなく）、共生関係が生じることによって生じたのではないかと提案した。やがてのみ込まれた細胞は自律性及び機能のいくつかを失った。それに加えて、のみ込まれた細胞の多くの遺伝子はのみ込んだ細胞のDNAに移された。今日の真核細胞のミトコンドリアとプラスチドはこれらの共生細胞の遺物であり、宿主細胞の利益となる特殊化した機能を保持している。

プラスチドの場合を考えてみよう。およそ25億年前、ある種の原核細胞（シアノバクテリア）は光合成を開始した。これらの原核細胞の出現は複雑な生物の進化において重要な出来事であった。なぜならこれらの生物によって大気のO_2濃度が上昇したからである。

細胞内共生説によれば、光合成性原核細胞は現代のプラスチドの前駆体をも生み出した。細胞壁のない細胞は食作用によって比較的大きな粒子をのみ込むことができる（図5.10）。ある場合には、例えばヒトの免疫系の食細胞の場合のように、のみ込まれた粒子が細菌のような細胞全体ということもある。プラスチドは真核細胞の先祖とシアノバクテリアが関与する同様の出来事により生じたのかもしれない（図5.23(B)）。

この章では細胞の構成要素を概観し、それらの構造、機能、起源について考察した。主要な細胞過程を学習するに際して、細胞の構成要素は単独で存在するのではないことを心に留めてほしい。それらは動的で互いに作用し合うシステムの一部なのである。**第6章**では細胞膜は受動的な隔壁（バリア）などではなく、細胞内部と細胞外環境を結び付ける多機能システムであることを学ぶ。

生命を研究する

QA 全ての種類の細胞で色素はコンパートメント内に局在しているのだろうか？

この章では色素が個別の小器官に濃縮されているいくつかの場合を学んだ。ヒトではメラニンは皮膚細胞のメラノソームに詰め込まれている。植物ではタンニンはタンノソームに、クロロフィルはチラコイドに、他の色素はクロモプラストに、授粉者と種子の拡散者を引き付けるアントシアニンは花弁と果実の液胞中に詰め込まれている。魚や両生類においてモータータンパク質が色素顆粒を細胞の中心に動かし、防御機構として皮膚の色を明るくする驚くべき能力のことも学んだ。

多くの生物の特徴や適応が小器官内の色素と関連している。例えば、メラノソームの分布は眼の色と関連している。メラノソーム形成の遺伝的欠損により白皮症及び紫外光に対する防御欠損が生じうる。植物においては、タンノソーム形成は植物の防御機構と関連している。タンノソーム形成経路の理解は農業において有益な応用をもたらしうる。例えば、タンニンは赤ワインの味にとって重要であり、タンニン濃度を操作することにより新しい味わいを生み出せるかもしれない。

今後の方向性

ヒトの癌の中で最も多いのは皮膚癌である。ほとんどの皮膚癌は容易に治療することができる。しかしながらメラノーマ（悪性黒色腫）という珍しいタイプは致命的になりうる。その名前が示唆するように、メラノーマは皮膚のメラノサイトが過剰に増殖するときに発症する。これはメラノサイトがそのメラニン色素が吸収する能力を超えて紫外光を浴びたときに起こりうる。腫瘍が大きくなるにつれて、しばしば治療に用いられた薬剤に対して耐性となる。最近の研究によると、薬剤耐性が生じる機構の１つは、薬剤がメラノソームによって吸収されその中に隔離され、細胞の他の部分に存在する薬剤の標的に到達することを阻止されていることである。生物学者はメラノソームに作用してこの薬剤隔離を阻害する薬剤を開発しようとしている。

▶ 学んだことを応用してみよう

まとめ

5.1　膜は細胞で構造的な役割を果たし、細胞が恒常性を維持し他の細胞と情報交換するのを可能にしている。
5.1　顕微鏡によって細胞を視覚的に検証することが可能になる。
5.3　それぞれの小器官は異なる特異的な機能を果たし、他の小器官の機能と合わさることにより、細胞が全体として機能することを可能にしている。

原著論文：Hirschberg, K. et al. 1998. Kinetic analysis of secretory protein traffic and characterization of Golgi to plasma membrane transport intermediates in living cells. *The Journal of Cell Biology* 143: 1485-1503.

タンパク質の中には自然に光を発するものがある。一例はオワンクラゲ（*Aequorea victoria*）というクラゲに存在する緑色蛍光タンパク

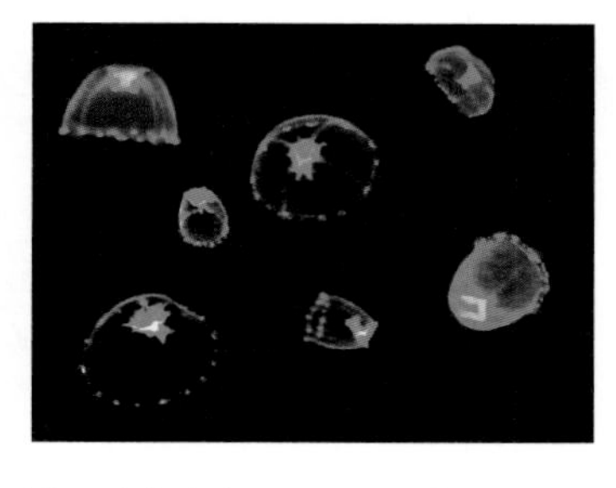

質（GFP）であり、円形の体の縁から緑色の光を発する。GFPがクラゲでどんな生物学的役割を果たしているのか確かではないが、1つの仮説はその光が捕食者を脅かして遠ざけているというものである。この疑問に対する研究は続いているが、GFPは有益な生物学的道具として用いられている。このタンパク質をコードする遺伝子が単離され、その小さな一部分が他の生物由来のタンパク質をコードする遺伝子とつなぎ合わされた。これらの融合遺伝子の発現により、正常な生物学的機能を保持しながら蛍光標識を持ち追跡可能な“融合タンパク質”が作られる。

研究者たちは顕微鏡を用いてそのような融合タンパク質の哺乳類細胞での振る舞いを追跡した。彼らはGFPの遺伝子配列をウイルス由来のタンパク質をコードする遺伝子と融合させた。このウイルスが細胞に感染したとき、ウイルスは細胞にこのタンパク質を合成させ、それを細胞膜に挿入させる。細胞膜は新しいウイルスを包み込むのに用いられる。このタンパク質を選択することにより、研究者たちは細胞内のタンパク質の動きを追跡する良いシステムを同定した。彼らは蛍光イメージング装置を備えた顕微鏡を用いて細胞をウイルス感染させた後の変化を観察した。下の表に結果を要約する。

時間（分）	相対蛍光強度			
	ER	ゴルジ装置	細胞膜	全体
0	0.95	0.05	0.00	1.00
20	0.64	0.28	0.08	1.00
40	0.38	0.39	0.23	1.00
60	0.17	0.38	0.44	0.99
80	0.05	0.28	0.65	0.98
100	0.00	0.25	0.70	0.95
150	0.00	0.05	0.77	0.82
200	0.00	0.00	0.75	0.75

質問

1. それぞれの区分について、時間に対して蛍光強度をプロットするグラフを作成せよ。
2. 哺乳類細胞が融合タンパク質をコードする遺伝子を持つウイルス

の感染と同時にタンパク質合成を阻害する分子を与えられたとする。このことにより実験結果はどのような影響を受けるか？

3. 標識タンパク質を追跡する別の方法は細胞分画である。細胞をウイルスに感染させ、様々な時点で破砕し遠心により細胞分画すると、蛍光タンパク質はそれぞれの時点で特定の分画に回収されうる。研究者はこの方法で何か別のことを学んだだろうか？　説明せよ。
4. GFP は生物学者がタンパク質を追跡するための標識として利用した唯一の蛍光タンパク質ではない。研究者は同一の細胞中で２つの異なるタンパク質を同時に追跡するためにどのように蛍光標識を用いたのだろうか？　研究者はこの手法を用いて２つのタンパク質がどのようにして異なる部位にいたるのかを明らかにすることができるだろうか？
5. 細胞によって分泌される運命の分泌タンパク質とペルオキシソームに局在する運命のペルオキシダーゼという２つのタンパク質が粗面小胞体のリボソームで合成された後にその後の運命を追跡する実験の結果を予測するグラフもしくは表を作成せよ。

第6章　細胞膜

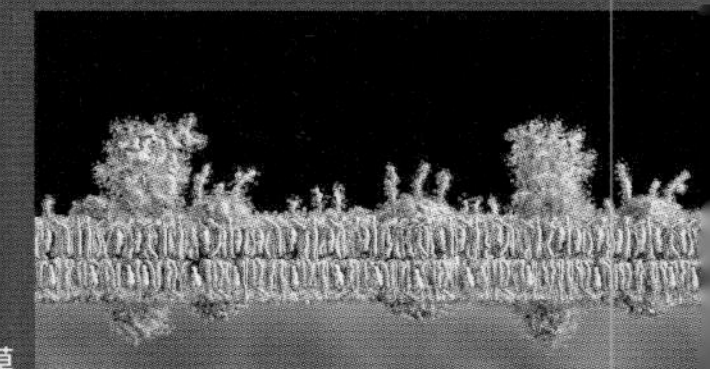

ここに断面図の分子モデルとして示した細胞膜は、細胞をその環境から隔離している。

キーコンセプト

6.1　生体膜は脂質 ── タンパク質二重層である
6.2　細胞膜は細胞接着・細胞認識で重要である
6.3　物質は受動的過程により膜を通過することができる
6.4　膜を越える能動輸送にはエネルギーが必要である
6.5　高分子は小胞を介して細胞に出入りする

生命を研究する

汗と膜

第二次世界大戦中、ウィンストン・チャーチルは英国議会で、「私には血、労苦、涙、汗しか差し出すものはない」と演説した。彼は最後の２つ、涙と汗が細胞膜を小胞に包まれて輸送されることは知らなかっただろう。**第２章**で見たように、発汗は過剰な熱を用いて水を蒸散させることにより、体温を低下させる手段である。最大活動時には１時間あたり２ℓもの水分を失う。戦争中のドイツによるロンドン空襲を知っていれば、人々が実際激しく労働し、大量の汗を流したことが分かるであろう。

汗腺は皮膚の直下に存在する。汗腺は本質的には細胞外液に囲まれた、細胞で裏打ちされた管である。発汗が促されると、これらの管は水とそれに溶解した物質で満たされる。細胞外液から水が管内に到達するためには、管を裏打ちする細胞を通り抜けなければならない。

生きている細胞の特徴は、細胞質に出入りする物質を制御する能力である。これは、付随するタンパク質を伴う疎水性の脂質二重層である細胞膜の機能である。細胞内外の水性環境に不溶であることから、細胞膜は物理的な障壁（バリア）となる。しかしながら細胞膜は機能的な障壁でもある。水は極性であるが、細胞膜の内部は非極性である。であるから水は自然と細胞膜を避けることになる。脂質二重層を通る水の移動速度はあまり大きくない。この本を読むような通常の活動を行っているとき、汗腺を裏打ちしている細胞を包み込んでいる細胞膜は多くの水の出入りを許さない。しかし激しく運動するとき、細胞の中で膜で囲まれた小さな小胞が水と溶解した塩分で満たされる。開口分泌と呼ばれる過程で、これらの小胞は細胞膜と融合し、水性内容物（汗）を管に放出する。そこから汗は皮膚表面に流れて蒸散するのである。

小胞は極性の水が非極性の膜を通り抜ける唯一のルートではない。哺乳類の腎臓及び植物の根、茎、葉ではアクアポリンという特別な孔が細胞膜に開いている。水はアクアポリンを容易に通過できる。このチャネルを裏打ちしているタンパク質は親水性の内部表面を持っているからである。

アクアポリンという膜チャネルの重要性は何か？

6.1 生体膜は脂質——タンパク質二重層である

全ての生体膜の物理的構造と機能は、その構成成分である脂質、タンパク質、糖質に依存する。これらの分子に関しては**第3章**で、細胞と小器官を包み込んでいる膜に関しては**第5章**で既に馴染みがあるだろう。脂質は、膜が膜として1つにまとまっていることの物理的基盤であり、水やイオンのような親水性の物質の迅速な透過に対して障壁となる。それに加えて、リン脂質二重層は、多様なタンパク質が“浮かぶ”脂質の“湖”の役割を果たしている（焦点：キーコンセプト図解、**図6.1**）。このような一般的なモデルを**流動モザイクモデル**と呼ぶ。多くの別々の成分から構成されているので*モザイク*であり、それらの成分が自由に動き回れるので*流動*である。

学習の要点

- 脂質二重層は2種類の相互作用の結果、形成される。リン脂質の非極性尾部間の疎水性相互作用とリン脂質の極性頭部と水分子の間の親水性相互作用である。
- 膜に付随するタンパク質は脂質二重層に埋め込まれているか、膜の外側に結合しているかである。
- 膜は常に変わり続ける動的構造である。
- 膜の流動性は脂質構成と温度の影響を受ける。

流動モザイクモデルによると、タンパク質はリン脂質二重層にその疎水性領域（ドメイン）によって非共有結合的に埋め込まれているか、膜に挿入されている脂質につなぎ止められているか、どちらかである。タンパク質は膜を貫通しているか、表面に結合している。タンパク質の親水性領域は二重層のどちらかの水性環境に曝されている。膜タンパク質は、膜を通して物質を移動させたり、細胞の外部環境から化学的シグナルを受け取ったり、いろいろな機能を果たしている。それぞれの膜は、それが包み込む細胞や小器官独特の機能に適した一連のタンパ

ク質を持っている。

膜に付属する糖質は脂質かタンパク質分子に結合している。細胞膜では、糖質は細胞の外側に局在し、外部環境の物質と相互作用する。ある種のタンパク質と同様に、糖質はある特定の分子、例えば隣り合う細胞表面の分子などの認識機構において重要な役割を果たしている。

流動モザイクモデルは膜構造の説明に際してほとんどの場合有効であるが、膜組成に関しては何も触れていない。これ以降の節で膜中の多様な分子について学ぶ際に、膜の中には脂質よ

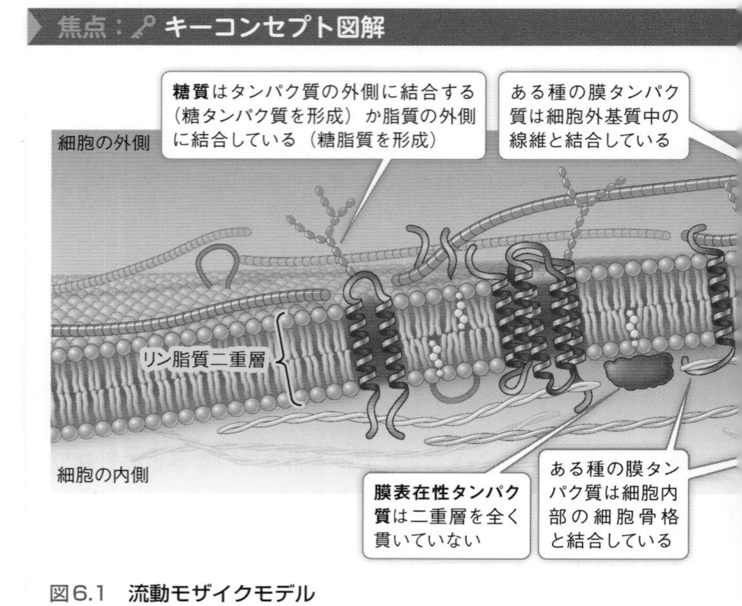

図6.1　流動モザイクモデル
生体膜の一般的な分子構造は、タンパク質が埋め込まれた（あるいは結合した）連続したリン脂質二重層である。　↗

りもタンパク質を多く含むもの、脂質に富むもの、コレステロールや他のステロールを相当量含むもの、糖質に富むものもあるということを覚えておいてほしい。

脂質が膜の疎水性コアを構成している

生体膜中の脂質は通常*リン脂質である。**キーコンセプト2.2**で、ある物質は親水性（水に馴染みやすい）であり、またある物質は疎水性（水に馴染みにくい）であることを学んだ。**キーコンセプト3.4**でリン脂質は両者の領域を持っていること

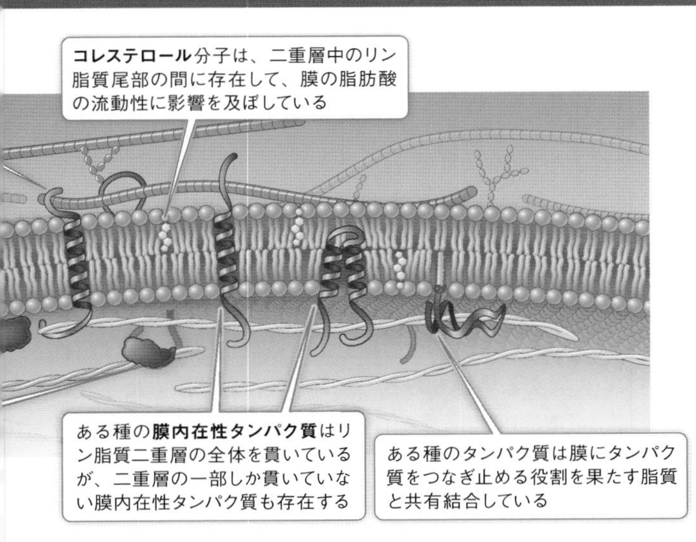

Q：どのような化学的相互作用により、膜タンパク質のあるものは膜に埋め込まれ、あるものは膜表面に結合しているのだろうか？

を学んだ。

1. *親水性領域*：リン脂質のリンを含む“頭部”は荷電しており、極性のある水分子と結合している。
2. *疎水性領域*：リン脂質の長い非極性の脂肪酸“尾部”は他の非極性物質と結合しており、水に溶けたり親水性物質と結合したりはしない。

---

*概念を関連づける　脂肪酸の直鎖によりリン脂質は互いに緊密に充填されうる。**キーコンセプト3.4**でリン脂質の分子構造と分子特性を復習しよう。

リン脂質の化学特性のために、リン脂質が水と共存する場合、二重層を形成し、２つの層の脂肪酸“尾部”は相互作用し、極性“頭部”は外側の水性環境を向く（**図6.2**）。生体膜の厚さはおよそ8 nm（0.008 ㎛）であり、これは典型的なリン脂質の長さの２倍である。これも膜が脂質二重層であることを示唆している。大きさをイメージしてもらうには、典型的な紙の厚さは生体膜のおよそ8000倍あることを考えてみればいい。

全ての生体膜は同様の構造を持っているが、含むタンパク質と脂質の種類が異なる。異なる細胞あるいは小器官の膜は脂質構成が大いに異なる場合もある。リン脂質は脂肪酸の長さ（炭素原子数）、不飽和度（二重結合の数）、存在する極性基などにおいて様々なものがある（**第３章**）。飽和脂肪酸は二重層内で緊密に充填されうるのに対して、不飽和脂肪酸の場合は“ねじれ”により緊密ではなく、流動性がもたらされる。

動物細胞の細胞膜では、脂質含量の25％までをステロイドであるコレステロールが占めうる（**キーコンセプト3.4**）。コレステロールは優先的に飽和脂肪酸と結合する。コレステロールは膜が膜として1つにまとまっているために重要であり、膜中のコレステロールは健康に害を及ぼさない。

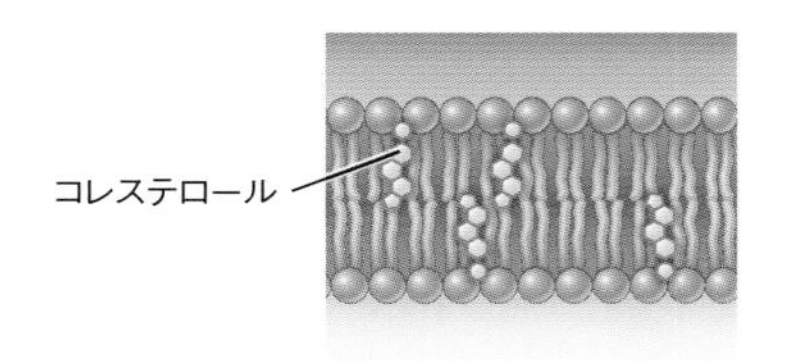

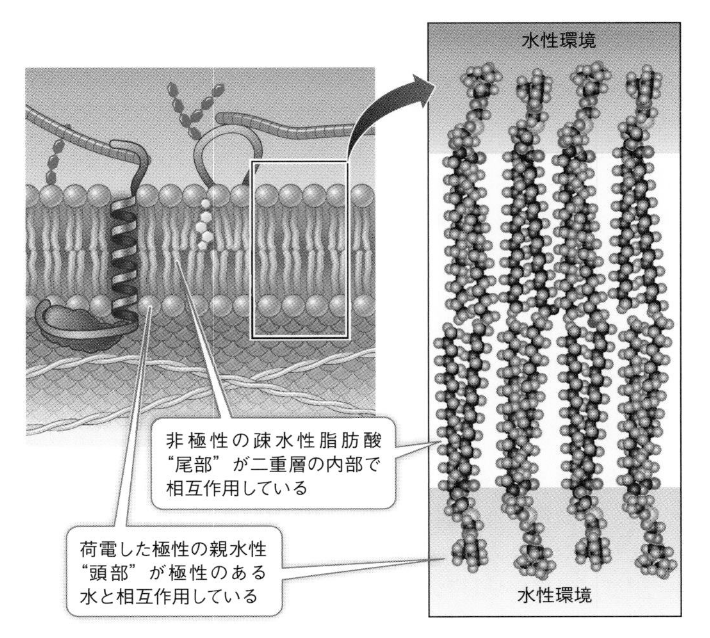

図6.2　リン脂質二重層
リン脂質二重層は2つの水性領域を隔てている。右に示した8個のリン脂質分子が膜二重層の小さな一断面を示している。

リン脂質の脂肪酸は膜の疎水性内部をいくらか流動性のあるもの（軽量オリーブオイル程度の流動性）にしている。この流動性のために膜平面内である種の分子は横方向に動くことが可能になっている。

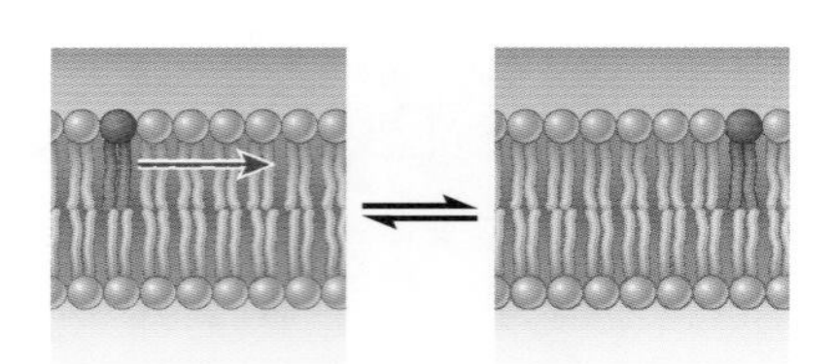

細胞膜中の、あるリン脂質分子は、細胞の片端から他の端までたった1秒以内で移動することができるのである。これに対して、二重層の片側にあるリン脂質分子が自発的に反対側にひっくり返ることは滅多に起こらない。そのような交換が起こるためには、その分子の極性部位が膜内部の疎水領域を通過しなければならない。リン脂質の自発的な180度の方向転換（トンボ返り）は稀なので、二重層の外側と内側ではそのリン脂質組成が大いに異なりうる。

膜の流動性はいくつかの因子の影響を受ける。そのうち2つがとりわけ重要である。

3. *脂質組成*：コレステロールと長鎖飽和脂肪酸は互いに緊密に充塡され、運動の余地を残さない。この緊密充塡のため、流動性の低い膜となる。短鎖脂肪酸、不飽和脂肪酸を含む膜やコレステロール含量が少ない膜は流動性が高い。
4. *温度*：温度が低ければ低いほど、分子の動きはゆっくりになり膜の流動性は減少するので、体温を温かく保つことができない生物では膜内で起こる細胞過程はその速度が低下するか止まってしまう。この問題に対処するために、ある種の生物は寒冷状況で膜の脂質組成を変える。すなわち、飽和脂肪酸を不飽和脂肪酸に変え、短い脂肪酸を利用するようになる。そのような変化が、植物、細菌、冬眠動物の冬期の生存が可能な一因となっている。

膜タンパク質は非対称的に分布している

全ての生体膜はタンパク質を含んでいる。典型的には、細胞膜はリン脂質分子25個あたり１個のタンパク質分子を含んでいる。しかしながらこの比は膜の機能によって変動する。エネルギー産生に特化したミトコンドリア内膜では、リン脂質分子15個あたり１個のタンパク質分子を含んでいる。他方、ニューロンの突起を包み込み、電気的絶縁体の役割を果たすミエリンでは、リン脂質分子70個あたり１個のタンパク質分子を含んでいるに過ぎない。

膜タンパク質は非常に多様である。実のところ、真核生物ゲノムのタンパク質をコードする遺伝子のおよそ４分の１は膜タンパク質をコードしているのである。膜タンパク質には２つのタイプがある。膜内在性タンパク質と膜表在性タンパク質である。

膜内在性タンパク質は少なくとも部分的にリン脂質二重層に埋め込まれている（**図6.1**）。リン脂質と同様に、これらのタンパク質は親水性領域と疎水性領域の両者を持っている（**図6.3**）。

1. *親水性領域*：親水性の側鎖（R基；**表3.2**）を持つアミノ酸が連なる部分があると、タンパク質のその領域は極性を持つことになる。それらの領域（ドメイン）は細胞内外の水性環境に突き出て水と相互作用する。
2. *疎水性領域*：疎水性の側鎖を持つアミノ酸が連なる部分が

あると、タンパク質のその領域は非極性を持つことになる。それらのドメインは水から離れ、リン脂質二重層の内部で、脂肪酸鎖と相互作用する。タンパク質の中には、膜への挿入の役割を担う脂肪酸鎖のような脂質を共有結合により結合しているものもある（疎水性のアミノ酸領域を持つ代わりに）。

膜表在性タンパク質は疎水性ドメインを欠き、二重層に埋め込まれてはいない。その代わり、極性（あるいは荷電）領域を持っており、これが膜内在性タンパク質の極性（荷電）領域やリン脂質分子の極性頭部と相互作用している（図6.1）。

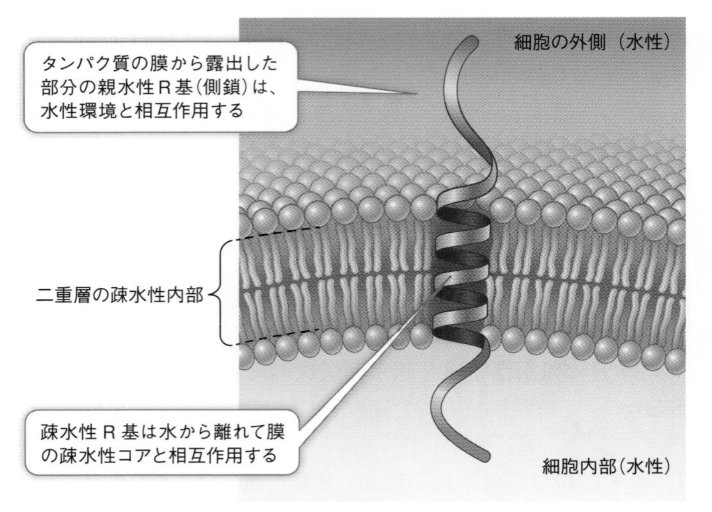

図6.3　膜内在性タンパク質の相互作用
膜内在性タンパク質は、それを構成するアミノ酸の親水性側鎖と疎水性側鎖の分布によって、膜中に固定されている。親水性の両端は水性の細胞外環境と内部の細胞質に突き出ている。疎水性の側鎖は膜内部の疎水性の脂質コアと相互作用する。

凍結割断法（フリーズフラクチャー法）と呼ばれる電子顕微鏡のための特殊な調製法を用いると、細胞膜のリン脂質二重層に埋め込まれたタンパク質が明らかになる（図6.4）。二重層を形成している2つの脂質層を分離すると、それぞれの膜の内部から突き出ている隆起が見えるようになる。この隆起は純粋な脂質から人工的に作られた二重層を凍結割断法で観察した場合には見られないものである。

膜タンパク質と脂質は、一般的には非共有結合的にしか相互作用しない。タンパク質の極性領域は脂質の極性領域と相互作用し、両分子の非極性領域は疎水結合的に相互作用する。しかしながら上述したように、膜タンパク質の中には、リン脂質二重層へとそれらのタンパク質をつなぎ止める疎水性の脂質成分が共有結合により結合しているものもある。

タンパク質は膜の内側でも外側でも非対称的に分布している。リン脂質二重層を貫きその両側に突き出ている内在性タン

研究の手段

図6.4　凍結割断法で明らかになった膜タンパク質
このHeLa細胞（ヒト細胞）の膜を凍結し脂質とタンパク質を固定し、二重層が2つに分かれるように分離した。

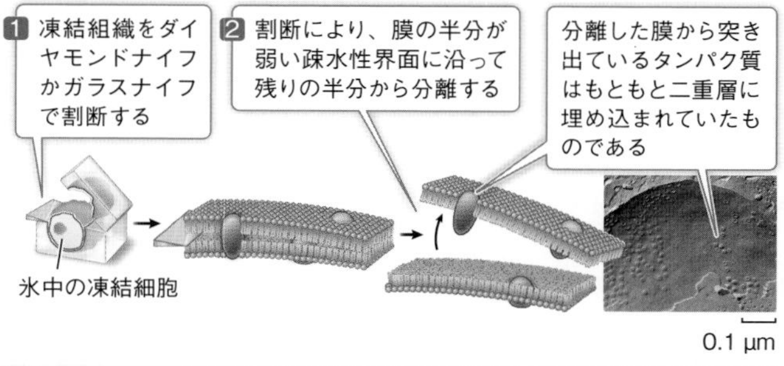

1 凍結組織をダイヤモンドナイフかガラスナイフで割断する
2 割断により、膜の半分が弱い疎水性界面に沿って残りの半分から分離する
分離した膜から突き出ているタンパク質はもともと二重層に埋め込まれていたものである
氷中の凍結細胞
0.1 μm

パク質を**膜貫通型タンパク質**と呼ぶ。このようなタンパク質は、二重層を貫く1個以上の**膜貫通ドメイン**に加えて、膜の内側及び外側に他の特異的な機能を持つドメインを持っている。対照的に、膜表在性タンパク質は膜のどちらか一方に局在している。膜タンパク質のこのような非対称的配置のために、膜の2つの表面は異なる性質を持っている。このあと述べるように、これらの相違は非常に重要な機能的意味を持っている。

脂質と同様に、膜タンパク質の中にはリン脂質二重層の中を比較的自由に動き回るものがある。細胞融合の技術を用いた実験はこのタンパク質の移動を見事に示してくれる。2つの細胞が融合すると、単一の連続的な膜が形成され、両方の細胞を包み込む。それぞれの細胞由来のタンパク質の中には、この膜中に均一に分布するものが出てくる（**図6.5**）。

タンパク質の中には膜中を自由に動き回れるものもあるが、膜のある特定の領域に“つなぎ止められている”タンパク質も存在する。これらの膜領域は動物園の囲いのような場所である。動物たちは柵で囲まれた領域の中を自由に動き回ることができるが、その外に出ることはできない。例えば、筋細胞の細胞膜に存在する、ニューロンからの化学的シグナルを受け取るタンパク質は、通常はニューロンと筋細胞が接する場所にしか存在しない。細胞内部のタンパク質が膜上のタンパク質の動きを制限することができる。細胞骨格には、細胞膜内面の直下で、細胞質に突き出している膜タンパク質と結合している成分がある。このようにして細胞骨格成分の安定性により、それに結合している膜タンパク質の動きが制限されるのである。

膜は絶えず変化している

真核細胞の膜は、絶えず作られ、あるタイプから別のタイプに変換され、互いに融合し、壊されている。**第5章**で見たよう

実験

図6.5　膜タンパク質の迅速な拡散

原著論文：Frye, L. D. and M. Edidin. 1970. The rapid intermixing of cell surface antigens after formation of mouse-human heterokaryons. *Journal of Cell Science* 7: 319–335.

２つの動物細胞を実験室で融合させ、単一の大きな細胞（異種接合体）を作ることができる。この現象を用いて、膜タンパク質が細胞膜の平面上を独立して拡散できるかどうかを検証した。

仮説▶　膜に埋め込まれたタンパク質は膜上を自由に拡散することができる。

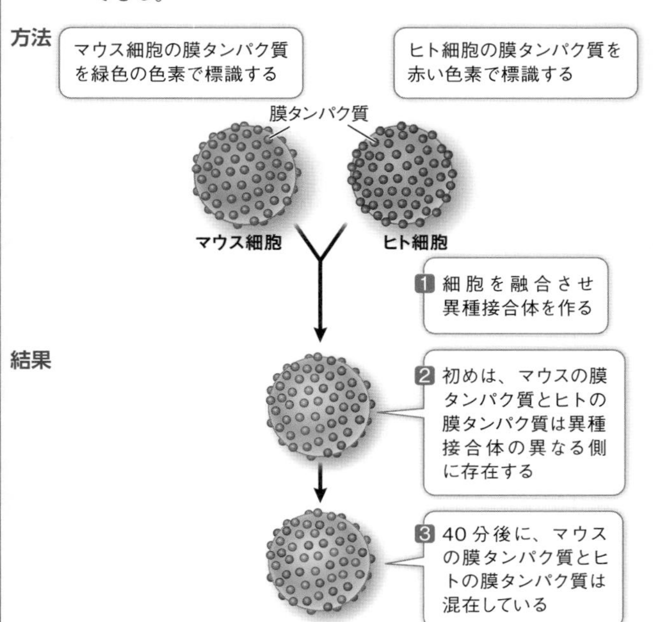

結論▶　膜タンパク質は膜上を迅速に拡散することができる。

に、膜断片は小胞の形で小胞体（ER）からゴルジ装置へ、ゴルジ装置から細胞膜へと動く（**図5.9**）。ゴルジ装置由来の一次リソソームが細胞膜由来のファゴソームと融合して二次リソソームが形成される（**図5.10**）。

全ての膜は電子顕微鏡で観察すると同様に見えるし、容易に相互変換しうるので、全ての細胞内の膜系は化学的に同一であると考えてしまいがちである。しかしながら事実はそうではない。1つの真核細胞の中でも膜系の化学組成は大きく異なっている。膜系はある小器官の一部となるときに化学的に変化する。例えばゴルジ装置では、シス面の膜は化学組成においてER膜によく似ているが、トランス面の膜は化学組成において細胞膜によく似ている。

細胞膜の糖質は認識部位である

脂質とタンパク質に加えて、細胞膜は糖質を含んでいる（**図6.1**）。糖質は細胞膜の外側に位置しており、他の細胞や分子に対する認識部位として機能する。このことは**キーコンセプト6.2**で学ぶ。

膜結合性の糖質は脂質やタンパク質に共有結合している。

- **糖脂質**では糖質は脂質に共有結合している。糖鎖は細胞表面から突き出て、細胞間相互作用の認識シグナルとして機能する。例えば、細胞が癌化すると、ある種の糖脂質の糖質部分が変化する。この変化により、白血球が癌細胞を標的として破壊するようになる場合もある。
- **糖タンパク質**では1本以上の糖鎖がタンパク質に共有結合している。結合している糖質は、通常構成単糖が15個を超えないオリゴ糖鎖である（**キーコンセプト3.3**）。プロテオグリカンはもっと強く糖化されたタンパク質である（**キーコンセ**

プト5.4）。そのタンパク質にはより多くの糖質分子が結合しており、その糖鎖は糖タンパク質のものよりしばしば長い。糖タンパク質とプロテオグリカンの糖質は、細胞認識及び細胞接着で機能を果たしている。

膜の外側表面の単糖の“アルファベット”によって、多様なメッセージを作り出すことができる。**キーコンセプト3.3**から、単糖は環状構造の中に５個ないし６個の炭素原子を含む単純な糖質であり、互いに多様な形で結合することを思い出してほしい。単糖が結合して、直鎖状あるいは分枝のあるオリゴ糖が形成され、それらは多くの異なる三次元構造をとりうる。ある細胞上の特殊な形を持ったオリゴ糖は、隣り合う細胞上の構造的に相補関係にあるオリゴ糖と結合する。このような結合が細胞間接着の基盤となる。

生体膜の構造を理解したので、その構成要素がどのように機能するのかを見てみよう。次の節では、個々の細胞を包み込む膜、すなわち細胞膜に焦点を当てよう。まず細胞膜がどのようにして個々の細胞をまとめて組織の多細胞システムを形成しているかを見てみることにする。

6.2 細胞膜は細胞接着・細胞認識で重要である

多細胞生物の細胞はしばしば、組織と呼ばれる同一の機能を果たす細胞群の集団として存在する。人体はおよそ60兆個の細胞から成り立っているが、これらの細胞は筋肉、神経、皮膚など様々な組織を構成している。２つの過程が細胞の集団化を助けている。

1. **細胞認識**により、1つの細胞はあるタイプの別の細胞を特異的に認識し結合する。
2. **細胞接着**により、2つの細胞間の結合が強化される。

両方の過程とも、細胞膜が関与する。これらの過程を研究する方法の1つは、組織中の細胞を個々の細胞に分離し、再び互いに結合させるという実験である。このような実験は、カイメンのような比較的単純な生物を使うと容易に行うことができ、大きな生物の複雑な組織でも起こる過程の良いモデルとなる。

学習の要点

- 細胞接着と細胞認識は特異的であり、細胞膜に存在するタンパク質と糖質の分子に依存している。
- 2つの細胞が互いに認識し結合した後に、これらの細胞がさらに材料を提供して安定な細胞間結合を形成し、それによって個体の防御、構造、情報交換の機能が増強される。

カイメンは明らかな細胞層が数層しかない多細胞の海生動物である。カイメンの細胞は互いに結合しているが、この動物を細かな金網に数回通すと機械的にバラバラにすることができる(**図6.6**)。こういう作業をすると、1つの個体が海水に懸濁された数百個の細胞になる。この細胞懸濁液を数時間振盪(しんとう)すると、細胞認識が起こる。細胞は互いにぶつかって認識し合い、結合して元のカイメンと同一の形と組織構造を取り戻すのである。この認識は種特異的である。2つの異なる種類のカイメンから分離した細胞を同じ容器の中に入れて振盪した場合、1つの種類のカイメン由来の細胞は同じ種類のカイメン由来の細胞としか接着しない。したがって実験開始時と同様に、2つの異なる種類のカイメンが形成されるのである。

このような組織特異的・種特異的な細胞認識や細胞接着が、多細胞生物の組織の形成と維持にとって非常に重要な役割を果たしている。自分自身の体を考えてみてほしい。何が筋細胞を筋細胞に、皮膚細胞を皮膚細胞に結合させているのだろうか？

特異的な細胞接着は、多細胞生物のあまりにも明らかな特徴なので、容易に見過ごされがちである。この本を通して特異的

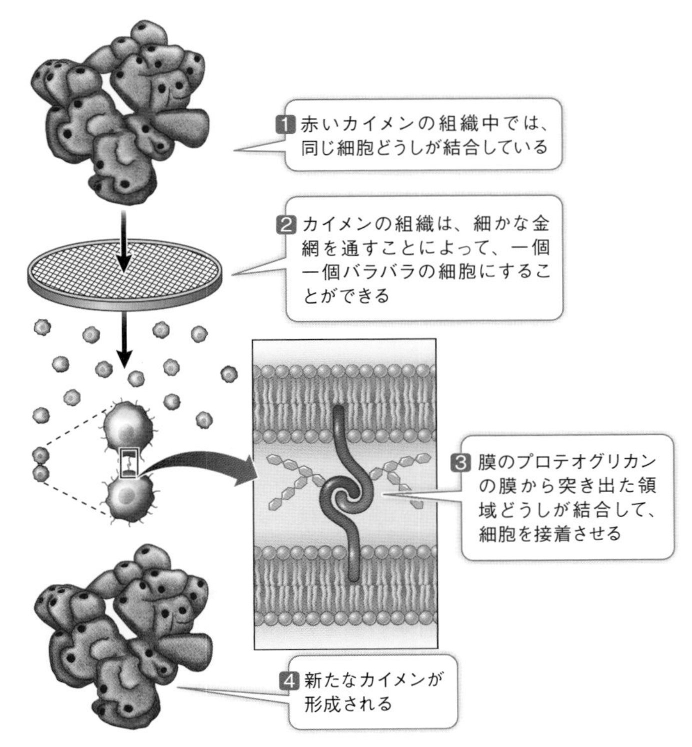

図6.6　細胞認識と細胞接着
ほとんどの場合（動物細胞が集合して組織を形成する場合も含めて）、タンパク質の結合は同タイプ結合である。

な細胞接着の例を多数見ることになる。ここでは、その一般原則を記述することにする。細胞認識と細胞接着は細胞膜の膜タンパク質に依存している。

細胞認識と細胞接着には細胞表面のタンパク質が関与している

カイメンで細胞認識と細胞接着に関与している分子は、プロテオグリカン（しばしば分子量の80％が糖質である）であり、２種の糖質を含んでいる。１つは比較的小さなもので膜成分に結合し、プロテオグリカンを細胞に結合させている。もう１つはより大きな硫酸化された多糖である。特定の種のカイメン由来の硫酸化多糖を精製し、セルロースビーズ（訳註：植物由来の多糖であるセルロースを球状粒子加工したもので、種々の物質を吸着させることができる）に結合させると、ビーズは互いに凝集するかカイメン細胞と凝集する。カイメン細胞と凝集する場合、多糖を精製した種と同一の種の細胞としか凝集しない。このことから硫酸化多糖がカイメン細胞の種特異的認識と接着の両方に関与していることが明らかである。

細胞接着は糖脂質、糖タンパク質、プロテオグリカン（カイメン細胞の場合のように）の一部である糖質間の相互作用の結果として起こりうる。他の場合には、ある細胞の糖質が他の細胞の膜タンパク質と相互作用する。２つのタンパク質が直接相互作用する場合もある。**キーコンセプト3.2**で記述したように、タンパク質はある特定の形をしているだけではなく、その表面にある特定の化学基を持っていて、それでタンパク質を含む他の物質と相互作用する。このような性質があるために、他の特異的な分子との結合が可能になるのである。細胞接着は全ての種類の多細胞生物で起こる。植物では、細胞接着は膜内在性タンパク質と細胞壁の特殊な糖質の両者によって起こりうる。

ほとんどの場合、組織中の細胞どうしの結合は**同タイプ結合**である。すなわち、両方の細胞から同一の分子が飛び出していて、それらが互いに結合する。これが皮膚細胞が細胞シート中で結合している様式である。しかし、**異タイプ結合**（異なる細胞上の異なる分子による細胞間結合）の場合もある。この場合には、異なる表面分子上の化学基間に親和性がある。例えば、哺乳類の精子が卵子に出会うときには、これら２種類の細胞上の異なるタンパク質が相補的な結合部位を持っている。同様に、ある種の藻類は同じような形の雄性生殖細胞と雌性生殖細胞（精子と卵子に相当）を形成し、これらは鞭毛を持っていて動き回ることが可能であるが、互いの鞭毛上にある異なる糖タンパク質を介して認識し合う。

３種類の細胞間結合が隣り合う細胞どうしを結合させる

複雑な多細胞生物では、細胞認識分子によってある特定の細胞どうしが結合する。しばしば最初に結合した後で両方の細胞が材料を提供し合って互いを結合する膜構造を作る。これらの特殊化した構造は、**細胞間結合**と呼ばれ、上皮組織と呼ばれる、体腔を裏打ちしたり体表を覆ったりしている組織の電子顕微鏡写真で最もよく観察することができる。これらの表面はしばしばストレスを受け、圧されても内容物を保持しなければならず、細胞が密接に接着していることが特に重要である。３種類の細胞間結合を見ていこう。これらの細胞間結合によって、動物細胞は細胞間腔を密閉し、互いの結合を強化し、互いに情報交換を行うのである。密着結合（タイトジャンクション）、デスモソーム、ギャップ結合がそれぞれこれらの機能を担っている（図6.7）。

1. **密着結合**は物質が細胞間の間隙を移動するのを阻止する。例えば、膀胱を裏打ちしている細胞は密着結合を持っており、これによって尿が体腔に漏れ出すことを防いでいる。密着結合のもう1つの重要な機能は、膜タンパク質が細胞

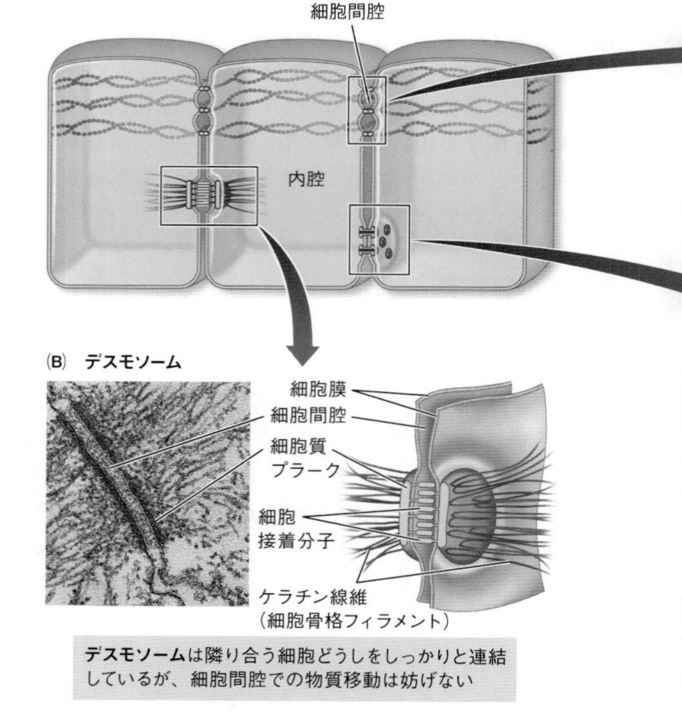

図6.7　細胞間結合が動物細胞を連結させる
(A)密着結合と(B)デスモソームは上皮組織に豊富に存在する。(C)ギャップ結合は筋組織や神経組織にも存在する。これらの組織では細胞間の迅速な情報伝達が重要だからである。上の細胞では3種全ての結 ↗

表面の一方の面から他方の面へと遊走するのを制限することにより、組織中で細胞の異なる面を維持することである。この結果、ある特定の機能（例えばエンドサイトーシス）が細胞表面の一方のみに限局されるということになる。

2. **デスモソーム**は隣り合う細胞どうしをスポット溶接やリベ

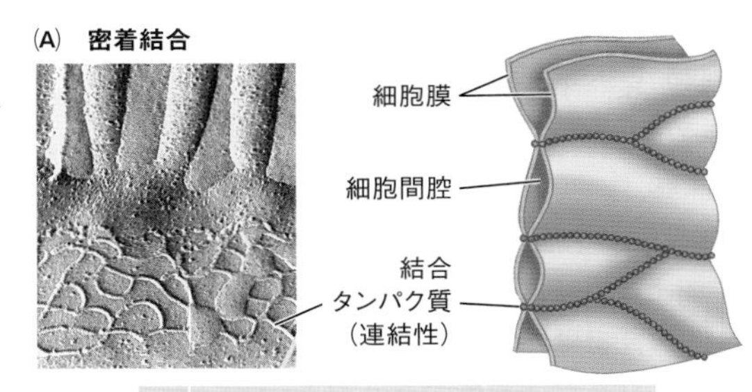

密着結合のタンパク質はキルト（刺し子）風のシールを形成し、上皮細胞間の間隙を溶解した物質が移動するのを妨げている

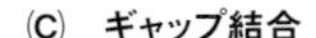

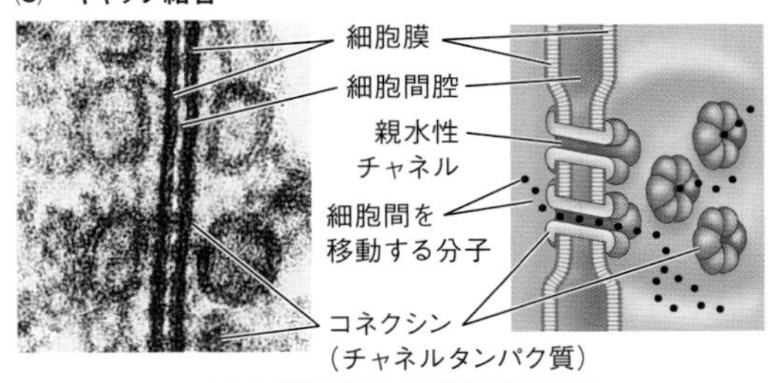

ギャップ結合は隣り合う細胞どうしの情報伝達を促進する

合が示されているが、実際の細胞では同時に３種全てが観察されるとは限らない。

ットのようにしっかりと連結している。それでも物質は細胞外基質中を動き回ることができる。こうして物理的ストレスを受ける皮膚のような組織に機械的安定性がもたらされる。

3. **ギャップ結合**は隣り合う細胞の膜孔どうしをつなぐチャネルである。これによって物質が細胞間を行き来することが可能になる。例えば心臓ではギャップ結合によって電流（イオンが媒介する）がすばやく拡がり、心筋細胞が一斉に拍動するのである。

細胞膜は細胞外基質に接着している

キーコンセプト5.4で動物細胞の細胞外基質について学んだ。細胞外基質ではプロテオグリカンのゼラチン様基質中にコラーゲンタンパク質の線維が存在している。細胞が細胞外基質に接着していることは、組織の統合性の維持にとって重要である。さらに、ある種の細胞は隣の細胞から離れ、移動し、他の細胞に結合する。これはしばしば細胞外基質との相互作用によって可能となっている。

インテグリンと呼ばれる膜貫通型タンパク質がしばしば上皮細胞の細胞外基質への接着を媒介する（**図6.8(A)**）。24以上の異なるインテグリンがヒト細胞で記載されている。これら全ては細胞の外の細胞外基質中のタンパク質と、細胞内の細胞骨格の一部であるアクチン線維に結合している。であるから、接着の他に、インテグリンは細胞骨格との相互作用を介して細胞構造の維持においても役割を担っている。

インテグリンの細胞外基質への結合は非共有結合的で可逆的である。細胞が組織中あるいは個体中でその局在を変えるときには、細胞の一方が細胞外基質から離れると同時に、細胞の他方は運動方向に向かって伸展し、その方向で新しい接着を形成する（**図6.8(B)**）。細胞の“後方”（運動方向とは逆）のインテグリンはエンドサイトーシス（**キーコンセプト6.5**）によっ

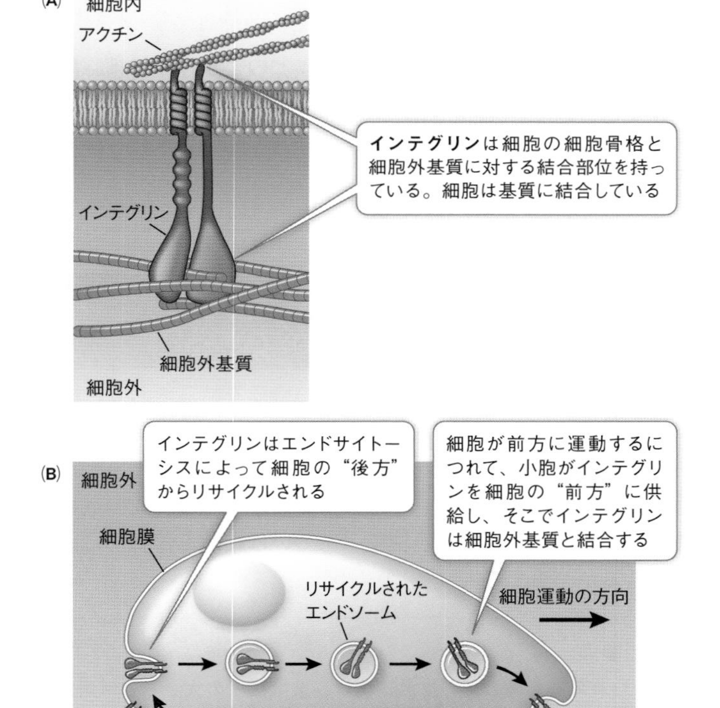

図6.8　インテグリンと細胞外基質
(A)インテグリンは細胞の細胞外基質への接着を媒介する。
(B)細胞運動はインテグリン接着によって媒介される。

て細胞質に取り込まれ、細胞の“前方”での新たな接着のために再利用される。

これらの出来事は、発生中の胚（胎児）や癌細胞の浸潤における細胞運動にとって重要である。

細胞膜と細胞膜に結合する分子が、どのようにして細胞間の結合や細胞接着の維持を促進するかを見てきた。次に膜の別の重要な機能について考えてみよう。細胞や細胞小器官に出入りする物質の制御である。

6.3 物質は受動的過程により膜を通過することができる

既に学んだように、細胞膜は多くの機能を持っており、細胞の内部組成の調節は最も重要な機能の１つである。生体膜は、ある物質は通過させるが、他の物質は通過させないという選択性を持っている。この性質を**選択的透過性**と呼ぶ。膜の選択的透過性により、どの物質が細胞（あるいは細胞小器官）に出入りできるかが決まる。

学習の要点

- ある物質の膜を通しての拡散速度は、拡散粒子の大きさと質量、温度、溶液の密度、そして濃度勾配の大きさの影響を受ける。
- 浸透とは生体膜を通しての水の拡散である。
- チャネルとして働くタンパク質が、膜を通しての拡散を促進する。

物質が生体膜を通過するのには、根本的に異なる２つの方法がある。

1. **受動輸送**では外部からエネルギーを供給する必要がない。
2. **能動輸送**では外部から化学エネルギー（代謝エネルギー）を供給しなければならない。

この節では受動輸送に焦点を当てる。この輸送を駆動するエネルギーはその物質の膜の一方と他方の濃度の差異、すなわち**濃度勾配**に由来する。受動輸送には２つのタイプの拡散がある。リン脂質二重層を通しての単純拡散と、チャネルタンパク質やキャリアータンパク質を介する促進拡散である。

拡散は平衡状態へ向かうランダムな運動である

溶液中では、全ての構成成分が均一に分布しようとする傾向がある。例えば、水が入っているグラスに食用色素を１滴垂らすと、色素分子は初めは非常に濃縮された状態にある。色素分子はランダムに動き回り、次第に水全体に行き渡り、やがて色の濃さはグラス全体で均一となる。溶質粒子が均一に分布している溶液は“平衡状態にある”という。将来濃度の正味の変化はないからである。平衡状態にあるということは溶質が動きを止めたということではない。溶質がその全体分布を変えないように動いているということである。

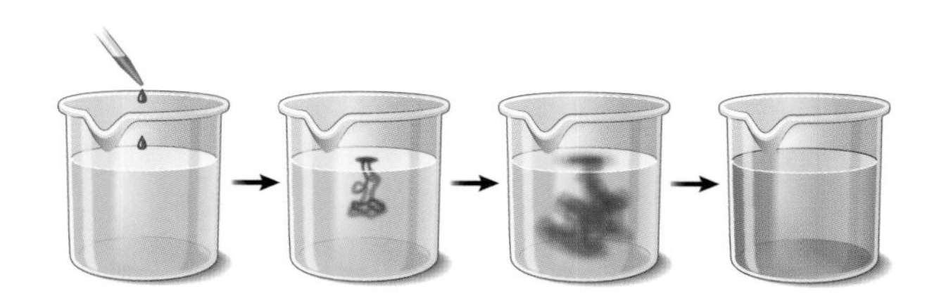

拡散は平衡状態へ向かうランダムな運動である。個々の粒子

の動きはランダムでも、粒子全体の正味の動きは平衡状態が達せられるまで一方向性である。拡散はこのように、高濃度領域から低濃度領域への正味の運動である。

複合溶液（溶質が多数の溶液）では、個々の溶質の拡散は互いに独立である。ある物質の拡散速度は４つの因子に依存する。

1. 分子あるいはイオンの*直径と質量*：小さなものほど速く拡散する。
2. 溶液の*温度*：高温ほど拡散は速い。分子あるいはイオンは高温ほどエネルギーが高く、迅速に動くからである。
3. 溶液の*密度*：物質が拡散する溶液の密度が高いほど拡散速度は低下する。
4. 系の*濃度勾配*：濃度勾配、すなわち、ある一定方向への距離に伴う溶質濃度の変化が大きいほど拡散速度は大きくなる。

ここに示した例では、勾配は最初に水に落としたときの１滴中の食用色素の濃度とグラスの縁の水中の色素濃度の差異である。最初に食用色素を水に１滴垂らしたときには、高い（急峻な）濃度勾配が存在する。時間経過につれて色素は溶液中を拡散し、濃度勾配はゆっくりと低下する。

細胞内・組織内の拡散　細胞内のように容積が小さい場合、溶質は拡散により迅速に移動する。低分子やイオンは細胞内の端から端までミリ秒（10^{-3} s、1000分の１秒）で移動する。しかしながら、拡散の輸送機構としての有用性は距離が大きくなるにつれて極端に減少する。機械的攪拌なしには、１cmを超す拡散には１時間以上かかるし、１mを超す拡散には数年かかる。人体（あるいはそれ以上大きな生物）全体に物質を分配するには、拡散は有効な手段とはいえない。しかしながら細胞内あるいは１つないし２つの細胞層の場合には、拡散は十分速くて低分子やイオンをほとんど瞬間的に分布させる。脱水が起こり水が失われて細胞質の密度が高くなった場合には、そうはいかない。ヒトの神経細胞はこれに対して大変感受性が高い。体が脱水状態になったとき、神経細胞の機能にとって重要な物質の拡散が遅くなるため、意識不明に陥ることがある。

膜を通しての拡散　障壁のない溶液中では、全ての溶質は、温度、物理的特性、濃度勾配、溶液密度によって決定される速度で拡散する。もし溶液を生体膜で別々の区画に区切ると、異なる溶質の運動はその生体膜の特性の影響を受ける。もしある物質がその膜を容易に通過できる場合、その膜は浸透性があるといい、その膜を通過できない場合、不浸透性であるという。

不浸透性の膜に対しては、分子は別々の区画にとどまり、膜の両側でその分子の濃度は異なったままである。浸透性がある膜に対しては、分子はある区画から別の区画に拡散し、拡散は膜の両側でその分子の濃度が同一になり平衡が達成されるまで続く。平衡が達せられても個々の分子の膜を通しての運動は続くが、濃度の*正味の変化はない*のである。

単純拡散がリン脂質二重層を通して起こる

単純拡散では、低分子は膜のリン脂質二重層を通過する。疎水性の（したがって脂溶性の）分子は、膜に容易に入り込み、それを通過することができる。脂溶性が高ければ高いほど、その分子は迅速にリン脂質二重層を通過することができる。この原則は分子量の幅広い範囲で通用する。

一方で、アミノ酸、糖、イオンなどの荷電した分子や極性のある分子は以下の２つの理由で膜を容易に通過できない。第一に、そのような荷電分子や極性分子は二重層の疎水性の内部には溶けにくい。第二に、そのような物質は細胞質であれ細胞外部であれ、水性環境下で水及びイオンと多くの水素結合を作る。これらの多くの水素結合のために、これらの物質は膜の疎水性の内部に移動するのを妨げられる。**図6.9**にこれらの現象をまとめておく。

浸透は膜を通る水の拡散である

水分子は*浸透と呼ばれる拡散過程により、膜上の特殊なチャネル（章冒頭の話を参照）を通過する。この完全に受動的な

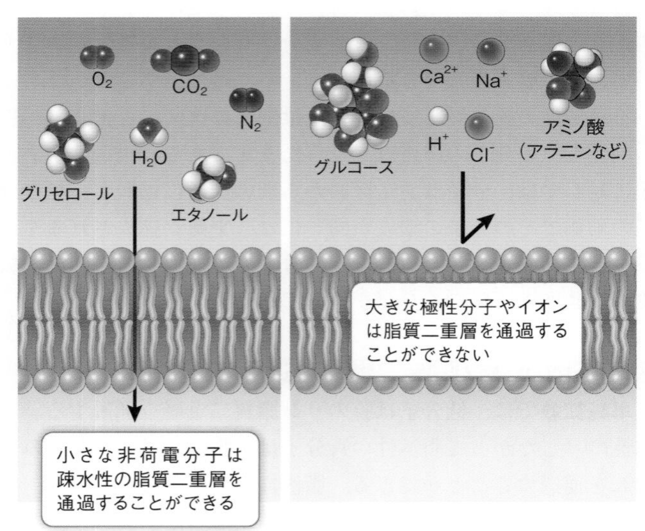

図6.9　リン脂質二重層の透過性
小さな非荷電分子は膜を通過して拡散することができるが、イオンや大きな極性分子は拡散できない。

過程は代謝エネルギーを使わず、膜の両側の水分子の相対濃度に依存する。特定の溶液中では、溶質の全濃度が高ければ高いほど、水分子の濃度が低いことを思い出してほしい。膜によっては水分子は通るけれども溶質は通らない場合があり、その場合には、水は膜を通って溶質濃度が高い（水濃度は低い）側に向かって拡散する。

---

*概念を関連づける　浸透は植物生理学でも（例えば根において）動物生理学でも（例えば腎臓において）重要な役割を果たす。

膜によって隔てられている２つの溶液の溶質濃度を比較するときに、３つの用語が用いられる。

1. **等張**溶液は同じ溶質濃度の溶液である（図6.10(A)）。
2. **低張**溶液は比較する溶液に比べて低い溶質濃度の溶液である（図6.10(B)）。
3. **高張**溶液は比較する溶液に比べて高い溶質濃度の溶液である（図6.10(C)）。

一般的に、細胞の浸透圧を議論するときには、細胞の中と比較して細胞外溶液のことを考える。であるから、細胞内濃度よりも高い溶質濃度を持つ溶液は高張である。平衡に達するためには、水は細胞内からまわりの溶液中に移動する。水は膜を通過して低張溶液から高張溶液へと移動する。
「水が移動する」というときには、水の正味の移動のことを指していることを忘れないでほしい。水は豊富に存在するので、細胞膜のタンパク質性チャネルを通して絶えず出入りしている。ここで問題となるのは、水全体としてどの方向に移動しているのかということである。

344ページへ→

(A) 等張 （溶質濃度が等しい）	(B) 外側が低張 （外側の溶質が薄い）
細胞内　細胞外 H_2O ⇄ H_2O	H_2O ←
動物細胞（赤血球） H_2O ⇄ H_2O 水の出入りの速度は等しい	H_2O 細胞は水を取り込み、膨らんで破裂する
植物細胞（葉の上皮細胞） H_2O ⇄ H_2O 水の出入りの速度は等しい	H_2O 細胞は固くなるが、細胞壁があるために通常はその形を保つ

図6.10　浸透は細胞の形を変えうる
(A)細胞質に対して等張の溶液中では、植物・動物細胞は一定の特徴的な形を維持する。細胞への正味の水の出入りがないからである。これらのモデルでは溶質は膜を越えて移動しないことが仮定されている。(B)細胞質に対して低張の溶液中では、水が細胞に入る。(C)細胞質　↗

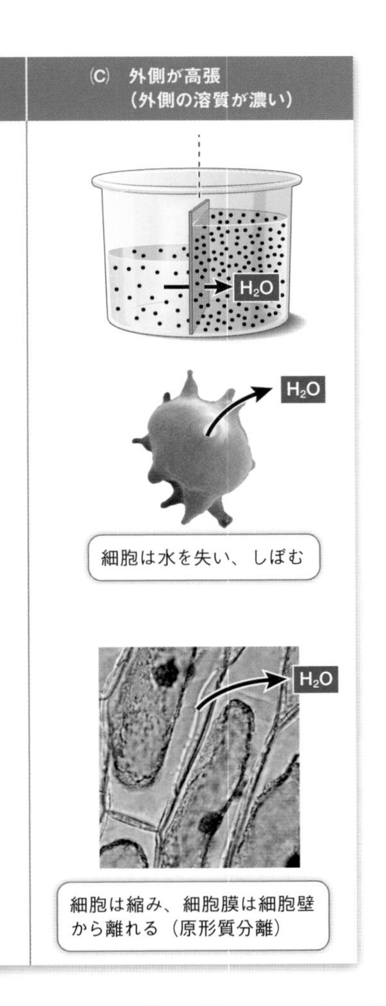

に対して高張の環境中では、水は細胞から出ていく。

Q：鉢植えの植物の土に肥料を与えすぎると、しばしば植物はしおれてしまう。なぜだろうか？

全ての動物細胞では、環境の溶質濃度が**浸透**の方向を決定する。細胞の中身に対して低張な溶液中では赤血球は溶液から水を取り込む。赤血球は水の流入によって生じた圧とその結果としての膨張に細胞膜が耐えられなくて破裂する。逆に、赤血球を取り囲む溶液が赤血球内の中身に対して高張な場合は、細胞は縮む。

赤血球及び白血球が健全に保たれるためには、それが浮かんでいる血漿の溶質濃度が一定に保たれることが必要である。すなわち、血球が破裂したり縮んだりしないためには、血漿は血球と等張でなければならない。このように、体液の溶質濃度の調節は細胞壁を持たない生物にとって非常に重要である。水生の無脊椎動物は通常水性環境の溶質濃度にマッチした体内溶質濃度を持っている。しかしながら、魚はしばしば非常に異なる内部環境を持っている。例えば、淡水の川に棲んでいる魚の周囲環境は魚内部の体液に対して低張である。このアンバランスを維持するためには相当量の化学エネルギーを使わなければならない。

動物細胞と違って、植物、古細菌、細菌、真菌、ある種の原生生物の細胞は細胞膜の外に、細胞の容積を制限し、破裂するのを防ぐ細胞壁を持っている。しっかりした細胞壁を持っている細胞は、限られた量の水しか吸収せず、水を吸収することにより細胞壁に対して内圧が高まり、それ以上水が細胞内に浸入してくるのが阻止される。この細胞内圧は**膨圧**と呼ばれる。膨圧により植物は直立し（レタスはシャキシャキになり)、植物細胞がどんどん大きくなる。膨圧は植物生長の正常で不可欠の要素である。もしもある量の水が細胞からなくなると、膨圧は低下し、植物はしおれてしまう。膨圧は 7 kg/cm^2 に達する。すなわち自動車のタイヤの圧力の数倍にも及ぶ。この圧力は非常に大きいので、植物の細胞壁中の接着分子と細胞質どうしを連結する原形質連絡がなければ、細胞は形を変えバラバラになってしまうだろう（**キーコンセプト5.4**）。

チャネルタンパク質は拡散を助ける

既に見てきたように、水、アミノ酸、糖質、イオンなどの極性物質や荷電物質は容易に膜を通して拡散しない。しかしながら、これらの物質は２つの方法のどちらかで、疎水性のリン脂質二重層を受動的に（すなわちエネルギーを消費することなしに）通過する。

1. 膜内在性タンパク質が**チャネルタンパク質**を形成し、ある種の物質はこのチャネルを通して膜を通過する。これらは広く用いられている意味でのチャネル（運河のように環境に対して開かれている）ではなく、トンネル（膜タンパク質で囲まれた）であることに留意してほしい。
2. **キャリアータンパク質**は物質を結合し、それらの物質のリン脂質二重層中の拡散をスピードアップする。

チャネルタンパク質やキャリアータンパク質によって促進される拡散を**促進拡散**と呼ぶ。物質は濃度勾配に従って拡散するが、その拡散はチャネルやキャリアーによって促進される。これらのタンパク質は拡散速度を増強するが、促進拡散は単純拡散と同様にエネルギー入力を必要としない。

イオンチャネル　最もよく研究されたチャネルタンパク質は**イオンチャネル**である。後の章で見るように、細胞へのイオンの出入りは多くの生物学的過程で重要な役割を果たしている。例えば、ミトコンドリア内での呼吸、神経系の電気的活動、植物の葉の孔の開口（環境とのガス交換のため）などである。いくつかのタイプの*イオンチャネルが同定されており、それぞれが特定のイオンに対して特異的である。これらのチャネルは全て、親水性の孔という同一の基本構造を有しており、この孔の中心を通って特定のイオンが通過する。

---

*概念を関連づける　イオンチャネルは神経組織の興奮性で重要な役割を果たしている。

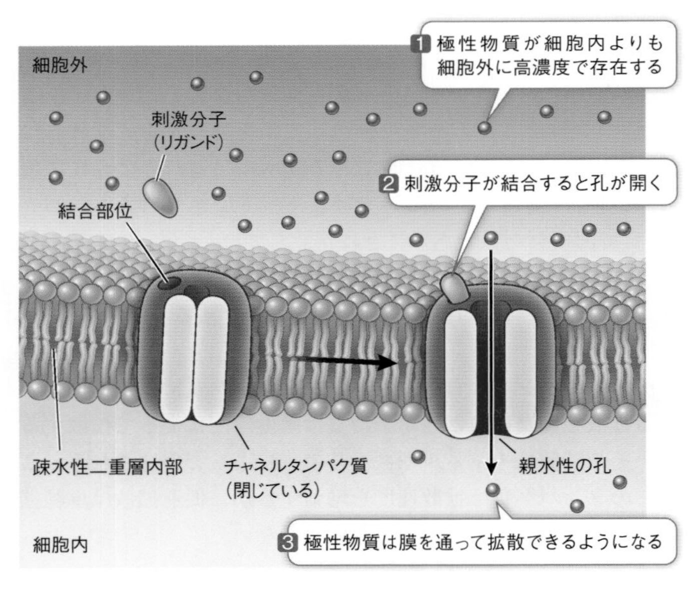

図6.11　制御チャネルタンパク質は刺激に応じて開口する
チャネルタンパク質は極性アミノ酸と水から構成される孔を持つ。チャネルタンパク質はその外側に存在する非極性R基（側鎖）によって疎水性の脂質二重層に埋め込まれている。刺激分子（リガンド）が結合するとチャネルタンパク質はその三次元構造を変え、孔が開き、特定の親水性の極性物質が通過できるようになる。他のチャネルは電位（電圧）もしくは機械的刺激に応じて開く。

ちょうど塀に開閉可能な門があるように、ほとんどのイオンチャネルは制御を受けており、イオンが通過できる状態とできない状態がある（図6.11）。**制御チャネル**は何らかの刺激によってチャネルタンパク質の三次元構造が変化すると開く。ある場合には、この刺激は化学的シグナル（**リガンド**）の結合である（図6.11）。このような制御を受けるチャネルをリガンド依存チャネルと呼ぶ。機械的制御を受けるチャネルもあり、耳では音波のような物理刺激に応答して開く。電位依存チャネルは膜内外の電位（電荷の差異）変化に応じて開閉する。

水に対するアクアポリン　この章の冒頭の話で見たように、水は**アクアポリン**と呼ばれるタンパク質性チャネルを通して膜を通過することができる。これらのチャネルは水の移動のための細胞の配管システムとして機能する。アクアポリンチャネルは非常に特異的である。水分子はこのチャネルを一列縦隊で通過し、イオンは通過しない。そのため細胞の電気的性質は維持される。アクアポリンは、赤血球膜由来のタンパク質をカエルの卵母細胞（未成熟卵細胞）に発現させたときに初めて見つかった。これらの細胞の膜は通常水を通さないが、アクアポリンを発現させた細胞の膜は水をよく通すようになった（「生命を研究する」：アクアポリンは水に対する膜透過性を増加させる）。

キャリアータンパク質は物質を結合することによりその拡散を促進する

既に述べたように、別の種類の促進拡散は、輸送される物質の**キャリアータンパク質**と呼ばれる膜タンパク質への結合が関与する。チャネルタンパク質と同様に、細胞や小器官への物質の受動的拡散による出入りを促進する。キャリアータンパク質は糖やアミノ酸などの極性分子を輸送する。

グルコースはほとんどの細胞の主要なエネルギー源であり、生体系は大量のグルコースを必要とする。グルコースは極性分子であり、容易には膜を越えて拡散できない。真核細胞の膜はグルコース輸送体と呼ばれるキャリアータンパク質を持っており、グルコース輸送体はグルコースの細胞への取り込みを促進する。輸送体タンパク質の片側の三次元構造の特異的な部位にグルコースが結合すると、その形が変わり、グルコースを膜の反対側へと放出する（**図6.12(A)**）。グルコースは細胞内に入るや否や分解されるか除去されるので、ほとんどの場合、細胞

(A)　**グルコース輸送体によるグルコース取り込み**

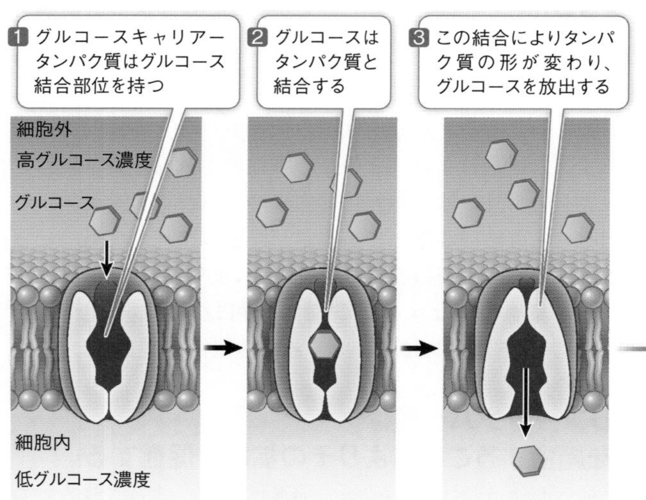

図6.12　キャリアータンパク質は拡散を促進する
グルコース輸送体のおかげで、グルコースは単純拡散よりもずっと大きい速度で細胞内に入ることができる。
(A)輸送体はグルコースと結合し、グルコースを膜の内部へと移動させる。次に輸送体は形を変え、グルコースを細胞質に放出する。　↗

内よりも細胞外の濃度が高く、その濃度勾配によって細胞内にグルコースが入るのに有利になっている。

キャリアータンパク質による輸送は単純拡散とは異なる。単純拡散では移動速度は膜内外の濃度勾配に依存する。これはある程度までキャリアータンパク質による輸送にも当てはまる。キャリアータンパク質による輸送でも、濃度勾配の増加に伴って拡散速度も増加する。しかしながらその増加はゆっくりとなり、拡散速度が一定となる時点が存在する。この時点では、促進拡散系は*飽和した*という（図6.12(B)）。これは特定の細胞

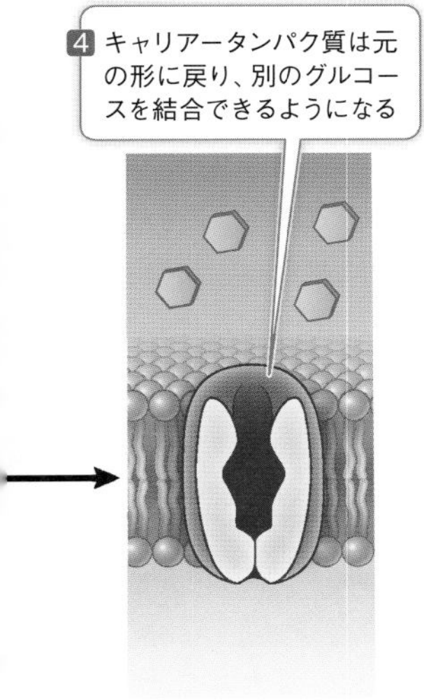

4 キャリアータンパク質は元の形に戻り、別のグルコースを結合できるようになる

(B)　**グルコース輸送体の段階的な飽和**

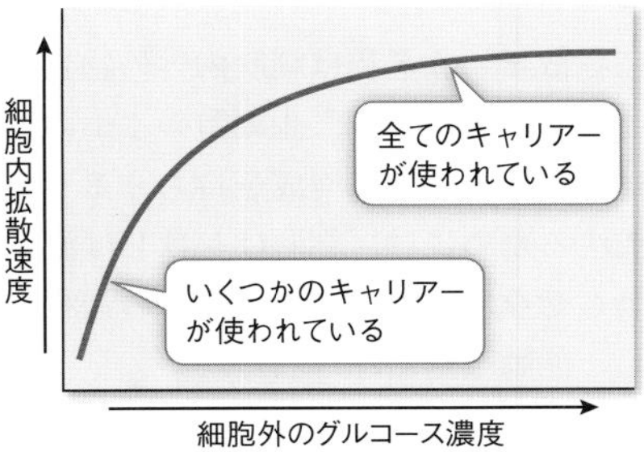

細胞内拡散速度

全てのキャリアーが使われている

いくつかのキャリアーが使われている

細胞外のグルコース濃度

(B) グラフは、細胞外のグルコース濃度に対してキャリアーを介したグルコース流入速度を示している。グルコース濃度が増加するにつれて、拡散速度（流入速度）は全ての利用可能な輸送体が使われる（システムが飽和する）時点まで増加する。

はその細胞膜に特定の数の輸送タンパク質分子を持っているということで説明できる。

全てのキャリアー分子の全ての結合部位に溶質分子が結合した場合には、拡散速度は最大となる。ホテルの1階で50人の他の人たちとエレベーターを待っている場合を考えてみよう。一度には全員がエレベーター（キャリアー）には乗り込めないので、輸送速度（例えば1回に10人）が最大であり、輸送システムは“飽和”される。したがって、筋肉細胞のような大量のエネルギーを必要とする細胞は膜に高濃度のグルコース輸送体が存在し、促進拡散の最大速度は大きくなる。同様に、ヒトの脳も大量のグルコースを必要とするので、脳に栄養を与える血管は高濃度のグルコース輸送体を持っている。

拡散という過程は細胞内外の物質濃度を均等化する傾向がある。しかしながら、生細胞の1つの特徴は、外部環境の構成とは全く異なる内部構成を持ちうるということである。これを達成するためには、細胞はしばしば濃度勾配に逆らって物質を移動させなければならない。この過程はエネルギー入力を必要とし、能動輸送と呼ばれる。

6.4 膜を越える能動輸送にはエネルギーが必要である

生物界では多くの状況下で、細胞内の特定のイオンや低分子の濃度が細胞外の濃度とは異なる。このような不均衡は、物質を濃度勾配や電気勾配に逆らって移動させる細胞膜のタンパク質によって維持されている。分子やイオンの勾配に逆らう輸送を**能動輸送**と呼ぶ。エネルギー入力が必要だからである。しば

354ページへ→

生命を研究する　アクアポリンは水に対する膜透過性を増加させる

実験

原著論文：Preston, G. M., T. P. Carroll, W. B. Guggino and P. Agre. 1992. Appearance of water channels in *Xenopus* oocytes expressing red cell CHIP28 protein. *Science* 256: 385-387.

水が膜を越えて迅速に拡散する哺乳類の赤血球膜に高発現しているタンパク質アクアポリンをコードしているmRNAを卵母細胞（通常はそのタンパク質を発現していない）に注入すると、卵母細胞の水透過性は非常に増大した。

仮説▶　アクアポリンは水に対する膜透過性を増大させる。

方法

卵母細胞に注入されたアクアポリン mRNA は翻訳されてアクアポリンタンパク質が作られる

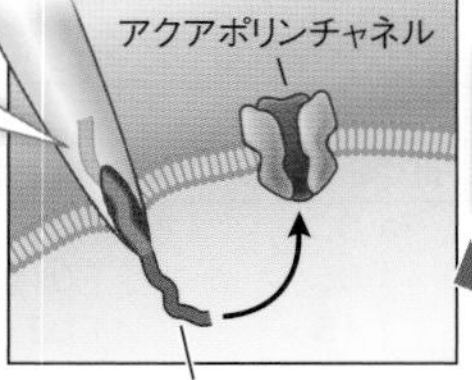

アクアポリン mRNA

この卵母細胞は細胞膜に実験的にアクアポリンが挿入されている

この卵母細胞は細胞膜にアクアポリンを持たない

低張溶液中に 3.5 分

結果

水分子はアクアポリンチャネルを通って細胞内に拡散し、細胞は膨らむ

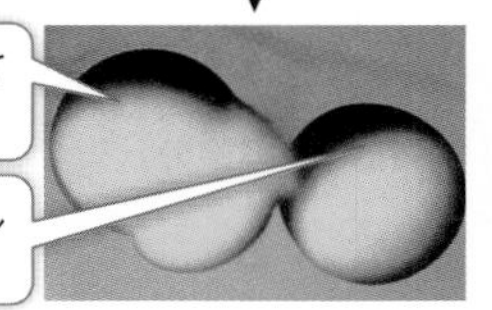

水分子は細胞内に拡散しないので膨らまない

結論▶　アクアポリンは細胞膜を越えての水の拡散速度を増加させる。

データで考える

拡散により細胞膜を越えての限定的な水の動きを説明することができるが、腎臓や赤血球における相当量の水の動きは単純拡散では説明が難しいと考えられていた。ピーター・アグレらは偶然これら2つの細胞種に共通の主要な膜タンパク質であるCHIP28を発見し、細胞膜の水輸送を担うのではないかと仮定した。そして彼らは"どうなるか"実験を行った。すなわちCHIP28のmRNAを調製し、通常はこのタンパク質を作らないカエル卵母細胞に注入した。

質問▶

1. 等張溶液中のカエル卵母細胞に少量の水（対照）もしくは水に溶かした少量のCHIP28 mRNAを注入した。それから卵母細胞を低張溶液に移し、顕微鏡により細胞容積（相対値）の変化を測定した。
   表Aに結果を示す。

表A

時間（分）	細胞容積	
	CHIP28 mRNA	水のみ（対照）
0	1.0	1.0
0.5	1.05	1.0
1	1.15	1.02
1.5	1.23	—
2	1.32	1.02
2.5	1.36	—
3	1.41	1.02
4	（破裂）	1.03

   注入後の時間に対する細胞容積（相対値）のグラフにデータをプロットせよ。mRNAを注入した卵と対照卵を比較せよ。mRNAを注入した卵母細胞の容積の増加はどう説明できるか？　注入4分後の両細胞の状況はどう説明できるか？

2. 浸透膨潤の速度から水透過性（P_f）を計算した。表BにCHIP28 mRNAの注入量を増加させたときの結果を示す。

表B

mRNA量(ng)	P_f(cm/秒×10^{-4})[a]
0	13.7（3.3）
0.1	50.0（10.1）
0.5	112（29.2）
2.0	175（38.4）
10.0	221（14.8）

[a]括弧内の数字は +/− 標準偏差を示す。

これらのデータからどのような結論を出すか？　その結論の有意性を示すためにどのような統計検定を行うか？

3. 水輸送におけるCHIP28の役割をさらに研究するために、卵母細胞にタンパク質媒介水輸送の既知の阻害剤である塩化水銀（Ⅱ）を投与してCHIP28 mRNAによる水透過性実験を行った。いくつかの卵母細胞には塩化水銀（Ⅱ）による水輸送の阻害を解除する分子であるメルカプトエタノール処理も行った。この阻害剤は実際にCHIP28によって媒介される水輸送を阻害し、メルカプトエタノールは輸送を回復させたか？　結果を表Cに示す。

表C

注入した mRNA	塩化水銀（Ⅱ）	メルカプトエタノール	P_f(cm/秒×10^{-4})
なし	なし	なし	27.9
なし	あり	なし	20.3
なし	あり	あり	25.4
CHIP28	なし	なし	210
CHIP28	あり	なし	80.7
CHIP28	あり	あり	188

CHIP28 mRNAによる水輸送の分子的性質についてどのような結論を出すか？　どのようなデータがその結論を支持するのか？行われた全ての対照について説明せよ。

しばエネルギー源はアデノシン三リン酸（ATP）であり、ATPはその末端のリン酸結合に化学エネルギーを貯蔵している。真核細胞においては、ATPは主にミトコンドリアで産生される。エネルギーはATP末端のリン酸結合の加水分解反応で放出される。このときATPはアデノシン二リン酸（ADP）に変換される。ATPがどのようにして細胞にエネルギーを供給するかは**キーコンセプト8.2**で詳しく見てみよう。

拡散と能動輸送の相違点を**表6.1**にまとめる。

表6.1　膜輸送の機構

	単純拡散	促進拡散（チャネルやキャリアーを介して）	能動輸送
細胞エネルギーは必要か？	不要	不要	必要
駆動力	濃度勾配	濃度勾配	ATP加水分解（濃度勾配に逆らう）
膜タンパク質は必要か？	不要	必要	必要
特異性	なし	あり	あり

学習の要点

- 能動輸送は濃度勾配に逆らって物質を移動させるためにエネルギーを必要とする。
- ３種類の膜タンパク質が能動輸送に関与している。単輸送体、共輸送体、対向輸送体である。
- 一次能動輸送はATP加水分解のエネルギーを直接的に輸送に用いる。一方で、二次能動輸送はATP加水分解で作られたイオン濃度勾配を用いる。

能動輸送には方向性がある

拡散では、イオンや分子は濃度勾配にしたがって細胞膜を越えてどちらの方向にも移動しうる。対照的に、能動輸送には方向性があり、必要に応じて物質を細胞もしくは小器官の内外へと一方向に移動させる。３種の膜タンパク質が能動輸送に関与する（図6.13）。

1. **単輸送体**（**ユニポーター**）は単一の物質を一方向に輸送する。例えば、多くの細胞の細胞膜と小胞体（ER）膜に存在するカルシウム結合タンパク質は、細胞外やER内腔などの高カルシウム領域にカルシウムを能動輸送する。
2. **共輸送体**（**シンポーター**）は２つの物質を同じ方向に輸送する。例えば、腸管を裏打ちしている細胞の共輸送体は、アミノ酸に加えてNa^+を結合しないと腸管からアミノ酸を吸収しない。

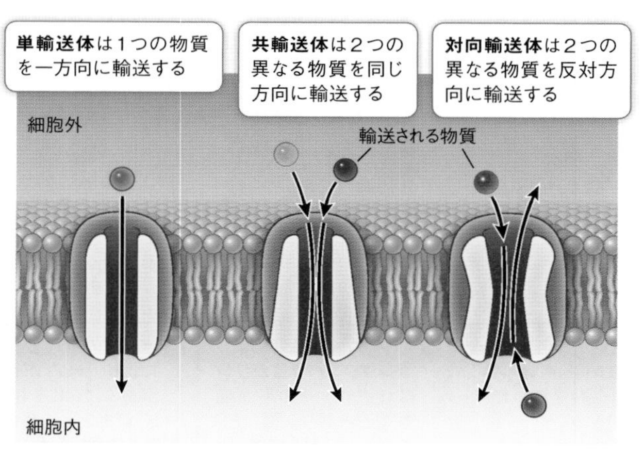

図6.13　能動輸送に関わる３種のタンパク質
３つの場合のいずれでも、輸送には方向性がある。共輸送と対向輸送は共役輸送である。これら３種全ての輸送体は、濃度勾配に逆らって物質を移動させるためにエネルギー源と共役している。

3. **対向輸送体（アンチポーター）**は2つの物質を反対方向に輸送する。一方は細胞（もしくは小器官）内へ他方は細胞（もしくは小器官）外へと輸送するわけである。例えば、多くの細胞はNa^+を細胞外へ汲み出し、K^+を細胞内へと汲み入れるナトリウム－カリウムポンプを持っている。

共輸送体と対向輸送体は**共役輸送体**と呼ばれる。どちらも2つの物質を同時に輸送するからである。

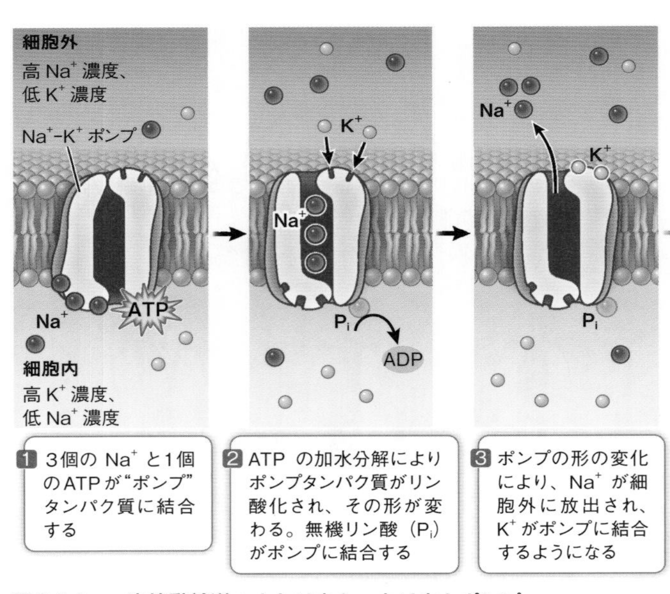

図6.14　一次能動輸送：ナトリウム－カリウムポンプ
能動輸送では、溶質を濃度勾配に逆らって輸送するためにエネルギーが使われる。ここでは、ATPのエネルギーが濃度勾配に逆らって ↗

異なる能動輸送系ではエネルギー源が異なる

能動輸送には次の２つのタイプがある。

1. **一次能動輸送**はATPの加水分解が直接的に関与し、輸送に必要なエネルギーを供給する。
2. **二次能動輸送**はATPを直接的には利用せず、輸送のエネルギーは一次能動輸送（ATPによって駆動される）によって形成されるイオンの濃度勾配によって供給される。

一次能動輸送では、ATPの加水分解によって放出されたエ

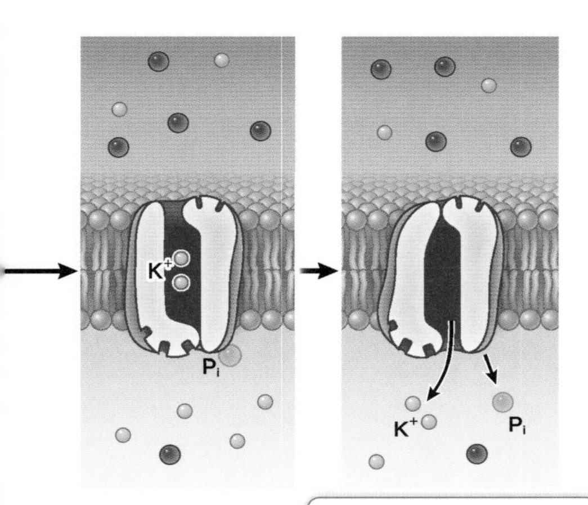

Na^+ と K^+ を移動させるために使われる。

ネルギーが、特定のイオンの濃度勾配に逆らう輸送を駆動する。例えば、既に細胞内のカリウムイオン（K^+）濃度は細胞のまわりの液体よりもずっと高いのに対して、ナトリウムイオン（Na^+）濃度はまわりの液体の方がずっと高いことを見てきた。細胞膜に存在するタンパク質は、濃度勾配に逆らって持続的にNa^+を細胞から汲み出しK^+を細胞へ汲み入れて、これらの濃度勾配を維持している（図6.14）。この**ナトリウム－カリウム（Na^+-K^+）ポンプ**は全ての動物細胞に存在する。このポンプは膜内在性糖タンパク質であり、ATPをADPと遊離のリン酸イオン（P_i）に分解し、放出されたエネルギーを用いてK^+イオン２分子を細胞内に輸送すると同時にNa^+イオン３分子を細胞外に輸送する。このように２つの物質を逆方向に輸送するので、Na^+-K^+ポンプは対向輸送体である。

心不全の治療に用いられる重要な薬物はNa^+-K^+ポンプを阻害する。ジギタリスは、キツネノテブクロという植物から精製され、このタンパク質からのリン酸イオン（P_i）の放出を阻害する（図6.14のステップ4）。これによってポンプの形が“凍結”され、もはやNa^+を結合できなくなる。そのため心筋細胞内にNa^+が蓄積する。これが結局は心筋の収縮力を高めて、拍出がうまくできない心臓を持つ患者の助けとなる。

二次能動輸送では、濃度勾配に逆らう物質輸送は、イオンを濃度勾配に従って膜を通過させることにより“再獲得”したエネルギーを用いて行われる。

こう考えてみよう。大きなダムが川が流れるのを阻止している。蓄積した水がエネルギーを表している。水がダムを越えて流れるときに、放出されるエネルギーを用いてタービンが回転し、電気が作られる。二次能動輸送も同様である。例えば、消化管から血流へのグルコース吸収を考えてみる。いったんNa^+-K^+ポンプがナトリウムイオンの濃度勾配を形成すれば、

Na^+の一部が細胞内に受動的に拡散する際のエネルギーがグルコースの細胞内への二次能動輸送に使われる（図6.15）。二次能動輸送は細胞の維持と成長にとって不可欠の原材料であるアミノ酸と糖の細胞内取り込みに用いられる。共役輸送系の2つのタイプ、すなわち共輸送体と対向輸送体が二次能動輸送に用いられる。

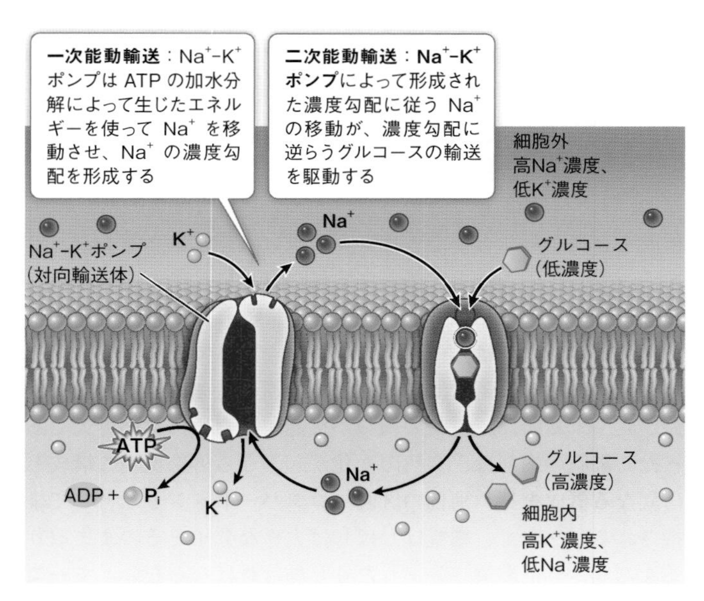

図6.15　二次能動輸送
ナトリウム－カリウムポンプ（左）による一次能動輸送で形成されたNa^+濃度勾配（左）がグルコースの二次能動輸送（右）にエネルギーを与える。共輸送体タンパク質が、濃度勾配に逆らうグルコースの膜輸送とNa^+の細胞内への受動的輸送とをカップル（共役）している。

Q：Na^+-K^+ポンプを薬剤で阻害すると、細胞内のNa^+濃度とグルコース濃度はどのような影響を受けるだろうか？

これまでイオンや低分子が細胞に出入りする多くの受動的あるいは能動的な方法を見てきた。それではタンパク質のような高分子はどうだろうか？　多くのタンパク質はサイズが大きいために、拡散速度は小さいし、リン脂質二重層を通過するのも困難だろう。高分子をそのままで膜を通過させるためには全く異なる機構が必要となる。

6.5 高分子は小胞を介して細胞に出入りする

タンパク質、多糖、核酸などの高分子は、サイズが大きいことや、大きく荷電していたり極性が高かったりするために、生体膜を通過することができない。これは実際には幸運なことである。もしこのような分子が細胞外に容易に拡散してしまうとしたらどのような結果になるか、考えてみれば明らかである。例えば、赤血球にはヘモグロビンがなくなってしまう！　**第5章**で見たように、選択的透過性を持つ膜の発生は、地球上で生命が誕生する際に、最初の細胞が機能するためには不可欠であった。細胞の内部は、突然の変化が起きうる外部環境の構成とは異なる構成を持つ別個の区画（コンパートメント）として維持される。一方で、細胞はしばしば大きな分子をそのまま取り込んだり、外部環境へ分泌したりしなければならない。**キーコンセプト5.3**で食作用を記載した。食作用では、固い粒子が細胞膜からちぎれてできた小胞により細胞内へと取り込まれる。物質が膜性小胞によって細胞に出入りする機構の一般用語は、エンドサイトーシスとエキソサイトーシスである。

学習の要点

- 細胞では３種のエンドサイトーシスが起こる。
- 細胞は環境から特定の分子を受容体依存性エンドサイトーシスで取り込む。
- エキソサイトーシスは物質が細胞から分泌される過程である。

高分子や大きな粒子は エンドサイトーシスにより細胞内に入る

エンドサイトーシスは、低分子、高分子、大きな粒子、そして小さな細胞などを真核細胞に取り込む一連の過程の総称である（図6.16(A)）。エンドサイトーシスには３つのタイプがある。ファゴサイトーシス（食作用）、ピノサイトーシス（飲作用）、受容体依存性エンドサイトーシスである。これら３つの過程全てで、細胞膜は環境にある物質を包み込んで陥入し（内側にたたまれること）、小さなポケットを作る。このポケットが深くなり、ついには小胞を形成する。この小胞が細胞膜から分離し、内容物ごと細胞内へと移動する。

1. **ファゴサイトーシス**（“細胞貪食”）では、細胞膜の一部が大きな粒子や場合によっては細胞全体をのみ込む。単細胞の原生生物はファゴサイトーシスを栄養（食物）の取り込みに用いるし、ある種の白血球は外来の細胞や物質をのみ込んで体を防御するためにファゴサイトーシスを用いる。形成されたファゴソーム（食胞）は通常リソソームと融合し、その内容物はリソソーム内で消化される（図5.10）。
2. **ピノサイトーシス**（“細胞飲作用”）でも、小胞が形成される。しかしながら、これらの小胞はファゴサイトーシスで形成される小胞よりも小さく、この過程は液体や溶解した物質を細胞内に取り込むために使われる。ファゴサイトーシスと同様に、ピノサイトーシスも取り込む物質に関しては比較的非特異的である。例えば、ピノサイトーシスは内皮では絶えず起こっている。内皮は周囲の組織から毛細血管を隔てている単細胞層であり、内皮細胞はピノサイトー

(A) エンドサイトーシス

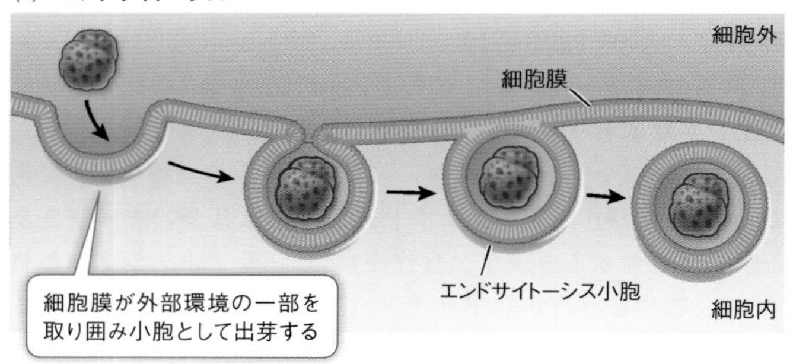

(B) エキソサイトーシス

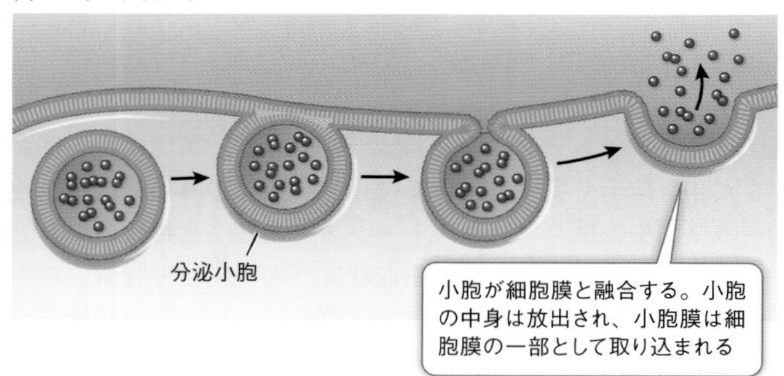

図6.16 エンドサイトーシスとエキソサイトーシス
(A)エンドサイトーシスと(B)エキソサイトーシスは真核細胞が液体、高分子、粒子を取り込んだり放出したりするために利用する。侵入細菌のような小さな細胞もエンドサイトーシスによって取り込まれうる。

シスによって、血液から迅速に液体や溶質を取り込んでいる。

3. **受容体依存性エンドサイトーシス**では、細胞表面の分子が特定の分子を認識して取り込みの引き金となる。

受容体依存性エンドサイトーシスについてもう少し詳しく見てみよう。

受容体依存性エンドサイトーシスは非常に特異的である

受容体依存性エンドサイトーシスは動物細胞が環境から特定の高分子を取り込むときに用いられる。この過程は**受容体タンパク質**と呼ばれる、細胞内や細胞の外部環境中に存在する特定の分子に結合するタンパク質に依存する。受容体依存性エンドサイトーシスでは、受容体は細胞膜の細胞外表面のある特定領域に存在する、膜内在性タンパク質である。これらの膜領域は被覆ピットと呼ばれる。細胞膜で少し凹んでおり、細胞質側表面はクラスリンなど他のタンパク質によってコートされているからである。取り込み過程はファゴサイトーシスと同様である。

受容体タンパク質が特定のリガンド（この場合には細胞内に取り込まれる高分子）と結合すると、それが存在する被覆ピットは陥入し、結合した高分子を取り囲む被覆小胞を形成する。クラスリン分子により強化・安定化され、この小胞は高分子を細胞膜から細胞質へと運搬する（図6.17）。いったん細胞内に入ると、小胞はクラスリンのコートを失いリソソームと融合し、取り込まれた物質は消化され（重合体から単量体への加水分解によって）、消化物は細胞質に放出される。特定の高分子に対する特異性があるために、受容体依存性エンドサイトーシスは環境中に低濃度でしか存在しない物質を効率的に取り込む手段となる。

受容体依存性エンドサイトーシスはほとんどの哺乳類細胞がコレステロールを取り込む手段である。水に不溶性のコレステロールとトリグリセリド（中性脂肪）は肝細胞によってリポタ

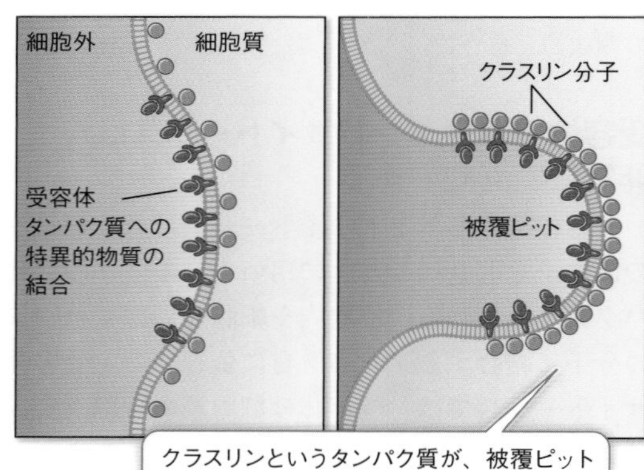

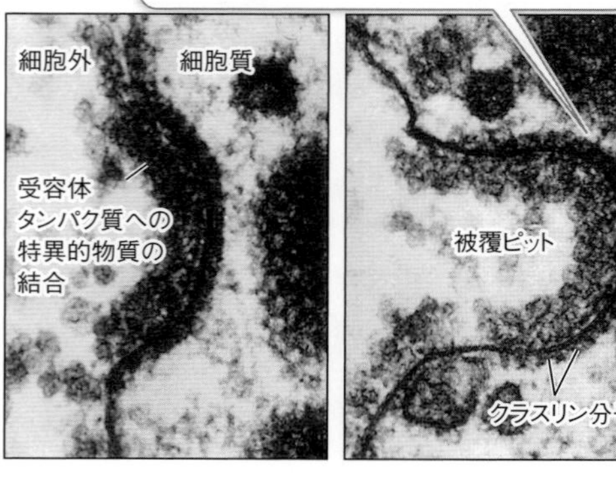

図6.17　受容体依存性エンドサイトーシス
被覆ピットの受容体タンパク質が特定の高分子と結合し、これら高分子は被覆小胞によって細胞内へと ↗

ンパク質粒子に取り込まれる。コレステロールのほとんどは低密度リポタンパク質（LDL）と呼ばれるリポタンパク質粒子に取り込まれ、血流を循環する。特定の細胞がコレステロールを必要とするとき、その細胞は特異的なLDL受容体を合成し、クラスリン被覆ピットの細胞膜に挿入する。その受容体へ

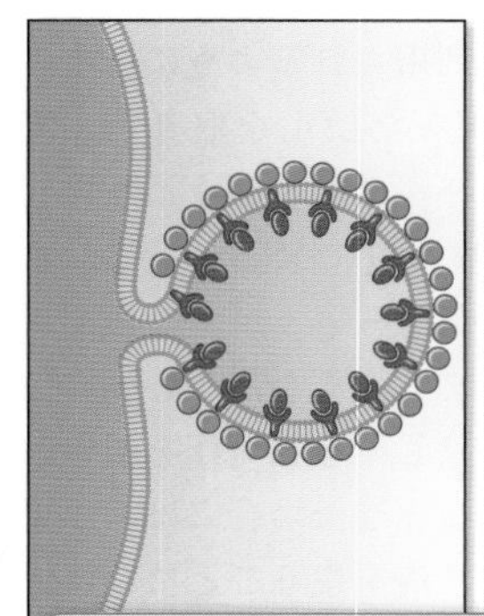
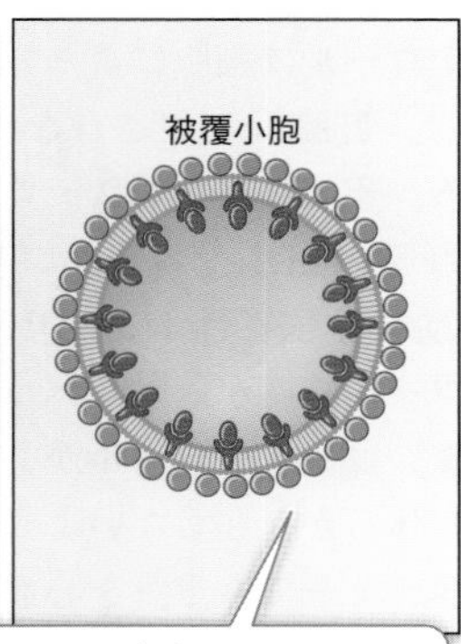

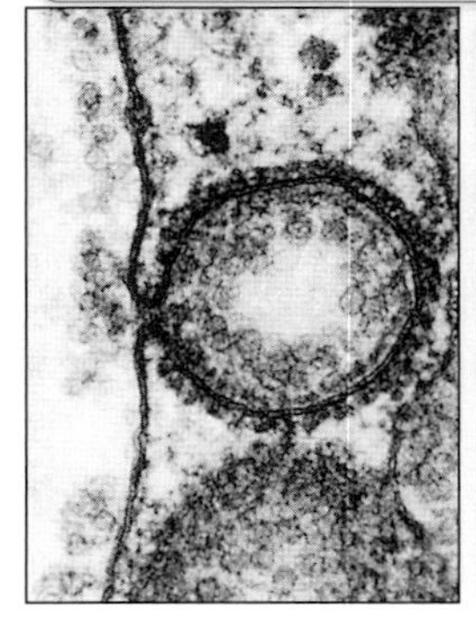
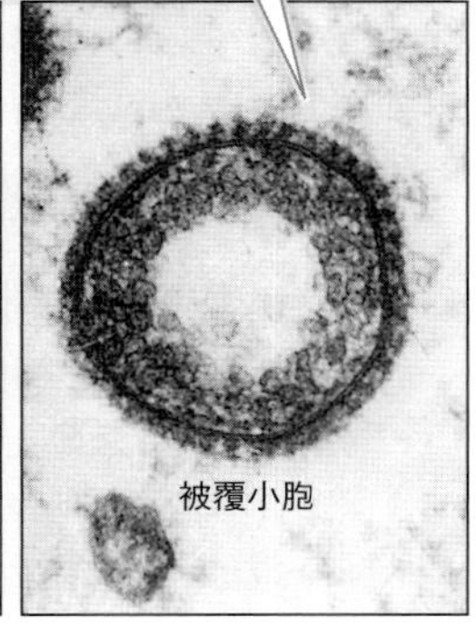

運ばれる。

のLDL結合により、受容体依存性エンドサイトーシスでLDLの取り込みが始まる。生じた小胞中でLDL粒子は受容体から離れる。LDL粒子から離れた受容体は特定の細胞膜領域へと隔離され、この領域から新しい小胞が出芽する。この小胞は細胞膜へとリサイクルされる。離れたLDL粒子は元の小胞中にとどまり、この小胞はリソソームと融合し、そこでLDLは消化されコレステロールは細胞によって利用されるようになる。

健康な人では、肝臓は利用されなかったLDLを取り込んでリサイクルする。家族性高コレステロール血症という遺伝性疾患の患者は、肝臓のLDL受容体タンパク質に欠陥がある。このためLDLの受容体依存性エンドサイトーシスが起こらず、血中コレステロール濃度が危険レベルまで高くなる。心臓に栄養を与える動脈にコレステロールが蓄積し、心臓発作を引き起こす。欠損受容体しか存在しないような極端な場合には、小児やティーンエイジャーでも重篤な心血管病を患うことになる。

[訳註：ヒトをはじめ哺乳類細胞はコレステロールを食事由来のキロミクロンか肝臓で合成された超低密度リポタンパク質（VLDL）から取り込む。VLDLは骨格筋や脂肪組織に栄養を与える毛細血管の内皮細胞の表面に存在するリポプロテインリパーゼにより分解され、中間密度リポタンパク質（IDL）を経てLDLになる]

エキソサイトーシスは物質を細胞外に移動させる

エキソサイトーシスは、小胞中の物質が、小胞膜が細胞膜と融合したときに細胞外へと分泌される過程である（図6.16(B)）。この融合によって、小胞の中身は環境中へと放出され、小胞膜は細胞膜へと円滑に取り込まれる。エキソサイトーシスの別形では、小胞が細胞膜に接触すると、孔が形成され、小胞の中身が放出される。この過程は“キスアンドラン”と名付けられ、膜の融合はない。この章の冒頭での汗腺の記載でエキソサイトーシスの例を見た。

表6.2にエンドサイトーシスとエキソサイトーシスの例をまとめておく。

表6.2　エンドサイトーシスとエキソサイトーシス

過程のタイプ	例
エンドサイトーシス	
受容体依存性エンドサイトーシス	高分子（LDLなど）の特異的取り込み
ピノサイトーシス	細胞外液の非特異的取り込み（液体や血液からの溶質取り込みなど）
ファゴサイトーシス	大きな不溶性粒子の非特異的取り込み（免疫系細胞による侵入細菌の取り込みなど）
エキソサイトーシス	
高分子の放出	細胞膜への小胞融合（膵臓の消化酵素など）
低分子の放出	細胞膜への小胞接触（シナプスにおける神経伝達物質など）

生命を研究する

QA　アクアポリンという膜チャネルの重要性は何か？

ヒトではアクアポリンをコードする数十の遺伝子が存在し、それぞれのチャネルが体の中で特定の部位に局在している。遺伝子欠損により1つのアクアポリンがなくなると、重大な結果を引き起こしうる。例えば、1つのアクアポリンは原尿から水を除去して血液に戻す腎臓の部分に局在している。このアクアポリンが欠損すると、尿中の水分が増加し、頻回に排尿しなければならない。夜尿症もしばしばである。植物では、アクアポリンは細胞膜と液胞膜（液胞を包み込んでいる膜）に存在する。根細胞の細胞膜では、アクアポリンは土壌から根の内部組織への水の移動のためのチャネルを形成している。水は根の内部組織から植物全体へと輸送される。液胞では、アクアポリンチャネルはこの小器官の膨張において重要な役割を果たしている。これにより膨圧が生じ、膨圧は植物の器官構造と植物細胞の伸長にとって重要である。これらのアクアポリンの全てと他の生物のアクアポリンは、細胞膜を貫き水分子が一列縦隊で通過するチャネルを有するという共通の構造を持っている。

今後の方向性

アクアポリンの素晴らしい役割は膜を通しての水輸送にとどまらない。水に溶けている物質の輸送も担っているのである。例えば、植物ではホウ素は重要な栄養素であるが、膜を越えて容易には拡散できない。ホウ素イオンを含んでいる土壌水はアクアポリンチャネルを通って容易に植物に入ることができる。CO_2のような気体でさえも水に溶けた状態でアクアポリンを介して細胞に出入りする。産業応用に利用する合成膜にアクアポリンを挿入しようという試みが進行中である。アクアポリンは水と低濃度のイオンしか通過させないので、そのような合成膜は汚染した真水を純化したり、非常にイオン濃度が高い海水を脱塩したりするのに利用できるだろう。アクアポリンは皮膚に発現し、皮膚を湿潤に保つ役割を果たしている。これはある種の化粧品（モイスチャーローションなど）の目的でもあり、アクアポリンを刺激する低分子の探索・パテント化につながった。これらの分子はよく使われているスキンクリームの成分となっている。

▶ 学んだことを応用してみよう

まとめ
6.1　膜の流動性の程度は脂質構成と温度の影響を受ける。

原著論文：Cossins, A. R. and C. L. Prosser. 1978. Evolutionary adaptation of membranes to temperature. *Proceedings of the National Academy of Sciences USA* 75: 2040-2043.

魚類は変温動物であり、環境の変化に伴って体温が変化する。世界のどこに行くかによって、両極端の体温を持つ魚に出会うだろう。カリフォルニアとメキシコの砂漠の泉に棲んでいるカダヤシの一種は42℃の高温にも耐えられる。もう一方の極端はホッキョクカジカで、－2℃の低温にも耐えられる。金魚は5℃から25℃という適度の温度で暮らしている。

ある研究グループは、この広い温度の拡がりを興味深い契機ととらえて、細胞膜の流動性と組成の比較研究を開始した。彼らはラットとハムスターも研究対象とした。ラットは37℃の体温を常に維持し、温度範囲の最高点の例となるからである。彼らはそれぞれの動物を特定の温度で数日間飼育した。ホッキョクカジカは0℃で飼育した。金魚は、ある一群は5℃で、別の一群は25℃で飼育した。砂漠のカダヤシは34℃で飼育し、ラットは室温の21℃で飼育した。それぞれの動物から同じ神経細胞を単離し、これらの細胞から膜を調製した。このことによって研究者たちは0℃から37℃に及ぶ環境温度を代表する細胞膜の一揃いを入手した。

研究者たちはそれぞれの膜にある蛍光分子を添加し、20℃で処理した。彼らは蛍光を測定し、動物の体温に対してそのデータをプロットした。それを次ページのグラフに示す（個々の点は1匹の動物を表す）。蛍光は膜中の分子の動きと逆相関する。蛍光高値は蛍光プローブの動きが小さいこと、すなわち膜の流動性が低いことを意味する。

下の表は、この研究で用いた様々な動物種のホスファチジルコリン（リン脂質）中の、飽和脂肪酸の不飽和脂肪酸に対する比を示している。

飽和脂肪酸の不飽和脂肪酸に対する比

ホッキョクカジカ 0℃	金魚 5℃	金魚 25℃	砂漠のカダヤシ 34℃	ラット 37℃
0.593	0.659	0.817	0.990	1.218

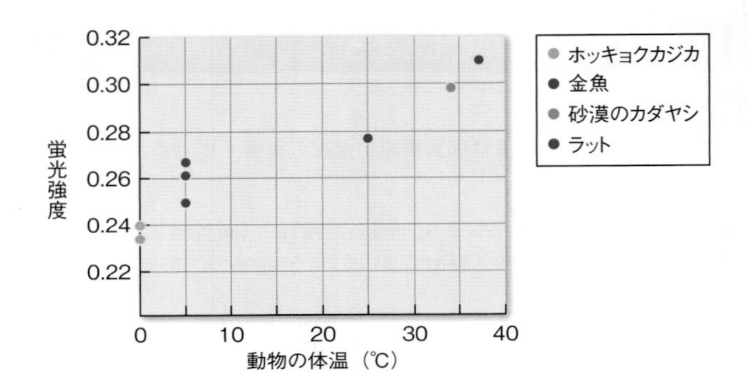

質問

1. 同一の温度条件で測定したとき、異なる動物種の細胞膜の相対的流動性について、グラフのデータは何を示すか？
2. 温度は膜の流動性に影響を与える。データによると、他に何が膜の流動性に影響を与えるか？
3. 質問２に対する解答に関して、その因子はどのようにして、またなぜ、膜の流動性に影響を与えるのか、説明せよ。
4. この研究者たちが行ったのと同様に、ある動物から細胞膜を単離し、膜プローブの蛍光強度を測定したとしよう。もし蛍光強度が0.27で、蛍光プローブの動きが飽和脂肪酸／不飽和脂肪酸の比のみの影響を受けると仮定した場合、この動物の膜のエタノールアミンリン脂質中の飽和脂肪酸の不飽和脂肪酸に対する比はどのようなものか予想せよ。答えは小数点第２位まで示せ。

第7章 細胞の情報伝達と多細胞性

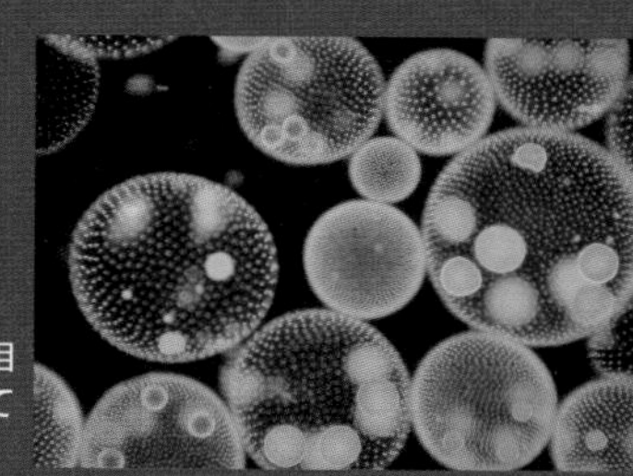

緑藻のボルボックスは数千の細胞からなり、相互作用し合い、それぞれが特殊化(専門化)している。

キーコンセプト

7.1 信号と信号伝達は細胞機能に影響を与える
7.2 受容体は信号を結合して細胞応答を開始する
7.3 信号への応答は細胞内に拡がる
7.4 細胞は信号に応答していくつかの様式で変化する
7.5 多細胞生物の隣り合う細胞は直接情報伝達できる

生命を研究する

絆のための信号

プレーリーハタネズミは温帯気候に生息する小さな齧歯類(げっし)である。彼らは草原にトンネルを掘って暮らしている。雄のプレーリーハタネズミが雌に出会うと、雌は生殖サイクルに入り、しばしば交尾（数時間かかる）にいたる。交尾の後でカップルは共に暮らし、巣を作って子育てをする。カップルの間の絆はとても強くて生涯を共にする。この振る舞いは、ヤマハタネズミとは対照的である。彼らはプレーリーハタネズミとは近縁で、草原に近い丘で暮らしている。ヤマハタネズミの場合、交尾は短く、交尾の後で雌雄はすぐに別れる。雄は新たな雌を探し、雌は出産後すぐに子どもを見捨ててしまう。

この劇的な行動の違いはこれら２つの動物種の脳の違いに起因する。プレーリーハタネズミが交尾するとき、雄の脳も雌の脳もそれぞれ９個のアミノ酸からなる特殊なペプチドを放出する。ペプチドは雌ではオキシトシンであり、雄ではバソプレシンである。ペプチドは血流中を循環し、体の全ての組織に到達するが、少数の細胞種にしか結合しない。これらの細胞は受容体と呼ばれる表面タンパク質を持ち、それにペプチドが、鍵穴に鍵が入るように、特異的に結合する。

ペプチドが受容体に結合すると、細胞膜を貫く受容体の形が変わる。細胞質内では、この形の変化により一連の出来事が誘発され、最終的には行動の変化がもたらされる。プレーリーハタネズミでは、オキシトシンとバソプレシンの受容体は、雌雄の絆と子育てのような行動に関与する脳領域に最も高濃度に存在する。ヤマハタネズミではこれらのペプチドに対する受容体ははるかに少なく、その結果、雌雄の絆は弱く、子育てもおざなりなものになる。明らかにオキシトシンとバソプレシンはこれらの行動を誘導する信号なのである。

細胞間信号伝達は多細胞生物の顕著な特徴である。信号分子に対する細胞の応答は３段階で起こる。第一に、信号分子は細胞の受容体に結合する。受容体はしばしば細胞膜の外側表面に埋め込まれている。第二に、信号分子の受容体への結合により細胞にメッセージが伝えられる。第三に、細胞は信号に応じて活性を変化させる。多細胞生物では、信号伝達がこれらの３段階を介して異なるタイプの細胞や組織の協働を可能とし、個体の機能変化をもたらす。

オキシトシンは人の“信用”信号だろうか？

7.1 信号と信号伝達は細胞機能に影響を与える

全ての原核細胞と真核細胞は環境からの情報を処理する。この情報はこの本を読むとき眼に達する光のような物理的刺激の場合もあるし、細菌を取り巻く溶液中のラクトース（糖質）のように細胞をまんべんなく覆う化学物質の場合もある。信号は暗闇で雄を求める雌の蛾の匂いのように個体の外から来る場合もあれば、肝臓で他の臓器からの信号によって肝細胞によるグルコース取り込みもしくは放出が制御されるように、個体内の他の細胞から来る場合もある。

学習の要点

- 細胞を標的とする化学信号は、信号の発信源と信号の伝達様式で分類されうる。
- 信号伝達経路には、信号、受容体、応答が含まれる。
- 全ての細胞が信号に応答するわけではない。細胞の中には信号を受け取る能力がないものもある。

信号があったとしても必ずしも反応を引き起こすとは限らない。細胞は全ての信号に対して応答するわけではない。この本を読んでいる際に、まわりの環境中の全ての刺激に注意を向けているわけではないだろう。それと同じである。信号に応答するためには、細胞は信号を検出する特異的受容体と、信号がもたらす情報を用いて細胞過程に影響をもたらす手段を持っていなければならない。**信号伝達経路**は、信号に対する細胞応答をもたらす一連の分子イベントと化学反応である。信号伝達経路の詳細は多岐にわたるが、全てにおいて信号、受容体、応答が関与する。この節では、信号伝達の簡単な概観を記述する。

キーコンセプト7.2では受容体、**7.3**と**7.4**では信号伝達の他の側面を見てみよう。

細胞はいくつかのタイプの信号を受け取る

環境は信号に満ちている。例えば、我々は感覚器官を通して、光（物理的信号）、匂いや味（化学的信号）に応答する。細菌や原生生物は周囲の小さな化学変化に応答できる。植物は信号であると同時にエネルギー源でもある光に対して応答する。例えば、光の方に向かって成長する。大きな多細胞生物の深部に位置する細胞や外部環境から遠く離れた細胞も、近くの細胞やまわりの細胞外液から信号を受け取る。多細胞生物では、化学信号はしばしば体の一部で作られて、局所的拡散や血液循環か植物の脈管系を介して標的細胞に到達する。化学的細胞信号は、通常非常に低濃度（10^{-10} M）（モル濃度に関しては**第2章**）で存在し、産生源と伝達様式が様々である（**図7.1**）。

- **自己分泌性（オートクライン）**信号は、信号を産生した細胞に拡散し、影響を及ぼす。例えば、多くの腫瘍細胞は制御不能なほどに増殖するが、それは細胞分裂を刺激する信号を自ら作りそれに反応するからである。
- **接触分泌性（ジャクスタクライン）**信号は、信号を産生した細胞の隣にあって接している細胞のみに影響を及ぼす。このタイプの信号伝達は、細胞が集団で存在し特殊化に向けて変わりつつある発生期に、特によく見られる様式である。
- **傍分泌性**（パラクライン）信号は、信号を産生した細胞の近くにある細胞まで拡散し、影響を及ぼす。この一例は皮膚を切ったときに起こる炎症である。皮膚細胞からの信号が近くの血液細胞に送られて、治癒過程が促進される。
- 動物の循環系あるいは植物の脈管系を介して伝達される信号

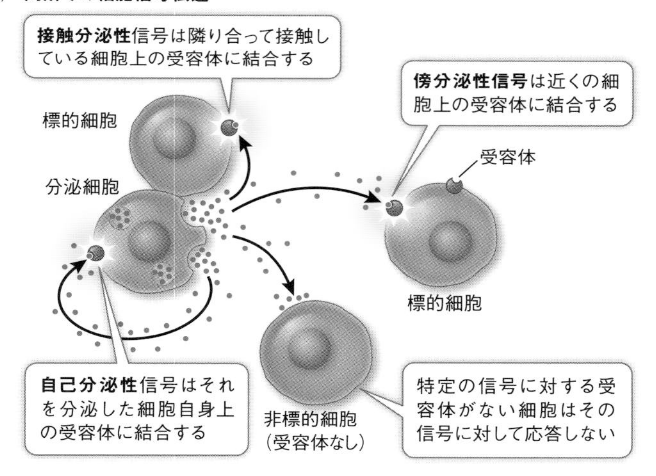

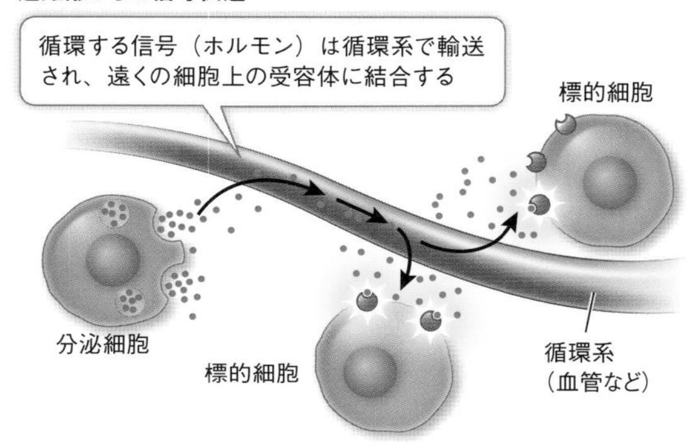

図7.1　化学的信号伝達系

(A)信号分子は拡散によりその信号を産生した細胞、隣り合う細胞、近くの細胞に作用することができる。

(B)ホルモンは遠くの細胞に作用する化学信号であり、個体の循環系によって輸送されなければならない。

は、一般的に**ホルモン**と呼ばれる。

信号伝達経路には、
信号、受容体、応答が含まれる：概要

章の冒頭で見たように、信号伝達系の要素は、信号、受容体、応答である（図7.2）。情報が信号から細胞に伝わるためには、標的細胞は信号を受け取り、それに応答できなければならない。これは受容体の仕事である。ある化学的信号に個体中の全ての細胞が曝されても、ほとんどの細胞はそれに対して応答できるわけではない。適切な受容体を持つ細胞だけが応答することができる。

応答には生化学反応を触媒する酵素が関与する場合もあれば、特定の遺伝子の発現をオン・オフするタンパク質である転写因子が関与する場合もある。信号伝達の重要な特徴は、特定の酵素や転写因子の活性が制御されているということである。細胞変化をもたらすために、活性化される場合もあれば、不活化される場合もある（図7.2）。例えば、酵素はそのタンパク質の特定の部位にリン酸基を付加（リン酸化）され、酵素の形が変わり（図3.13(B)）、活性部位が露出することで活性化される。タンパク質の活性はその細胞内局在を調節する機構によっても制御されうる。例えば、細胞質に局在する転写因子は核内の遺伝物質から隔離されているので不活性である。遺伝子発現に影響を及ぼすためには、転写因子は信号伝達系により核へと輸送されなければならない。

この章では、信号伝達経路を１つ１つ見ていくが、生物内では、信号伝達経路はしばしばつながっている。**クロストーク**、すなわち異なる信号伝達経路間の相互作用が非常に多く起こっている。例えば、ある１つのタンパク質（受容体もしくは酵素）が複数の経路のタンパク質や転写因子を活性化し、単一の

刺激に対して複数の応答を引き起こしうる。複数の信号伝達経路が1つの転写因子に合流して、いくつかの異なる信号への応答として単一の遺伝子の発現を制御する場合もある。クロストークはある経路を活性化する一方で他の経路を不活化しうる。細胞内のクロストーク現象は個体レベルで起こる“クロス

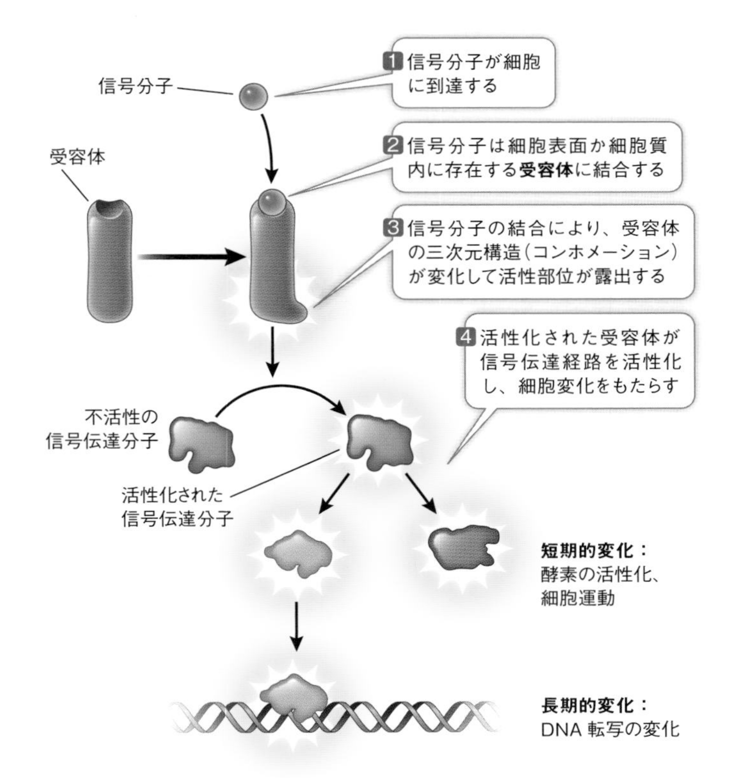

図7.2　**信号伝達経路**
この一般経路は多くの細胞と状況に共通である。細胞への最終的効果は短期的な分子変化の場合もあれば、長期的な分子変化の場合もある。両者の場合もありうる。

トーク”と類似の現象である。例えば、四肢には対立筋があり、肘を曲げるときには、一連の筋肉を収縮させる一方で拮抗筋を弛緩させ、肘を曲げることができる。クロストークがあるために、生物学者は信号伝達経路の代わりに“信号伝達ネットワーク”という言葉をよく使う。それほど細胞信号伝達系は高度に複雑化しているのである。

この節で記述した信号伝達経路の一般的特徴は、この章を通してより詳細に繰り返し出てくる。まず、信号分子を結合する受容体の性質をもっと詳しく見てみよう。

7.2 受容体は信号を結合して細胞応答を開始する

多細胞生物内のどの細胞も多くの信号に曝されている。しかしながら、細胞はそれらの信号のうち限られたものにしか応答しない。全ての信号に対する受容体を持っていないからである。**受容体**タンパク質は、ちょうど膜の輸送タンパク質が輸送する物質を認識して結合するように、その信号をきわめて特異的に認識する。この特異性により、ある信号に対しては、それに対する特異的受容体を合成する細胞しか応答しないということが可能になっている。

学習の要点

- 細胞は自分が応答する信号しか認識しない特異的な受容体タンパク質を合成する。
- 化学的信号（リガンドと呼ぶ）の受容体への結合は可逆的であり、解離定数で表すことができる。

・細胞内受容体は細胞内に局在し、光などの物理的刺激や細胞膜を越えて拡散してくる化学的信号と相互作用する。

化学的信号を認識する受容体は特異的な結合部位を持つ

リガンドは受容体タンパク質の三次元部位にフィットする特異的な化学的信号である（図7.3(A)）。信号を伝えるリガンドの結合が受容体タンパク質の三次元構造を変化させ、そのコンホメーション変化が細胞応答を開始する。リガンドの応答における役割はここまでである。実際、リガンドは普通変化しない。その役割は純粋に“ドアをノックする”ことだけである。

信号に対する細胞の感受性は、一部には細胞の受容体のリガンドに対する親和性によって決定される。親和性とは、ある一定のリガンド濃度のときに受容体がリガンドに結合する可能性のことである。受容体（R）は化学の質量作用の法則に従ってリガンド（L）に結合する。これは結合が可逆的であることを意味する。

$$\mathrm{R} + \mathrm{L} \rightleftarrows \mathrm{RL} \qquad (7.1)$$

ほとんどのリガンド－受容体複合体（RL）にとって、結合する方が好まれる。しかしながら可逆性は大事である。なぜなら、リガンドが離れないと受容体は持続的に刺激され続け、細胞は応答を止めないからである。

他のどの可逆的化学反応とも同様に、結合過程と解離過程はそれぞれ速度定数を持っており、ここでk_1とk_2と命名する。

$$\text{結合：}\mathrm{R} + \mathrm{L} \xrightarrow{k_1} \mathrm{RL} \qquad (7.2)$$
$$\text{解離：}\mathrm{RL} \xrightarrow{k_2} \mathrm{R} + \mathrm{L} \qquad (7.3)$$

速度定数は反応速度を反応物の濃度と関連づける。

$$結合速度 = k_1 [R][L] \tag{7.4}$$

$$解離速度 = k_2 [RL] \tag{7.5}$$

ここで"[ ]"は括弧内の物質の濃度を指す。受容体のリガンドへの結合は可逆的であり、平衡状態に達すると、結合速度は解離速度と等しくなる。

$$k_1[R][L] = k_2 [RL] \tag{7.6}$$

この式を変形すると、次の式が得られる。

$$\frac{[R][L]}{[RL]} = \frac{k_2}{k_1} = K_D \tag{7.7}$$

解離定数K_Dは受容体のリガンドに対する親和性の単位である。K_Dが小さければ小さいほど、受容体に対するリガンドの親和性は高い。受容体の中にはK_Dが非常に小さいものがあり、そういう受容体にはリガンドは非常に低濃度でも結合することができる。他の受容体ではK_Dはもっと大きくて、信号伝達経路をスタートさせるためにはリガンドがより高濃度で存在しなければならない。

薬理学と呼ばれる生物学・医学の全領域は薬物の研究に捧げられている。薬物は通常合成物と考えられているが、薬物の中にはカフェインのような天然物質も含まれている（**図7.3(B)**）。薬物は特異的な受容体に結合するリガンドとして機能する。新薬の発見とデザインにおいて、その薬物が結合する特異的受容体について知ることは有用である。なぜならそうすることによって、結合のK_D値を決定することができるからである。これは薬物の用量を決定するときに参考にすることができる因子である。もちろん多くの薬物には副作用があり、副作用も用量に依存する。

(A) 信号、アデノシン、受容体への結合

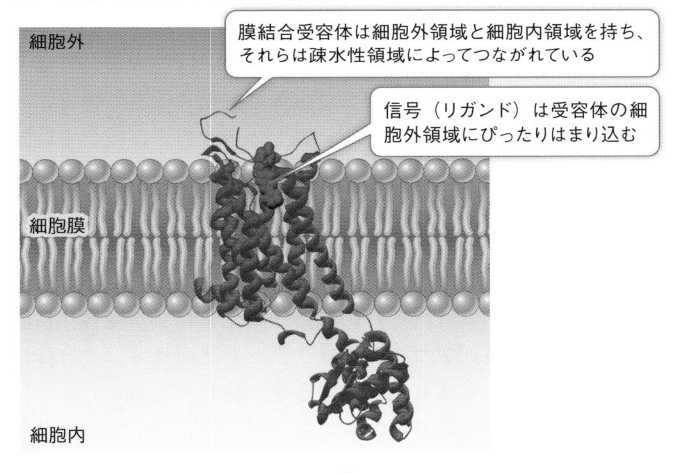

(B) カフェインとアデノシンの化学的類似性

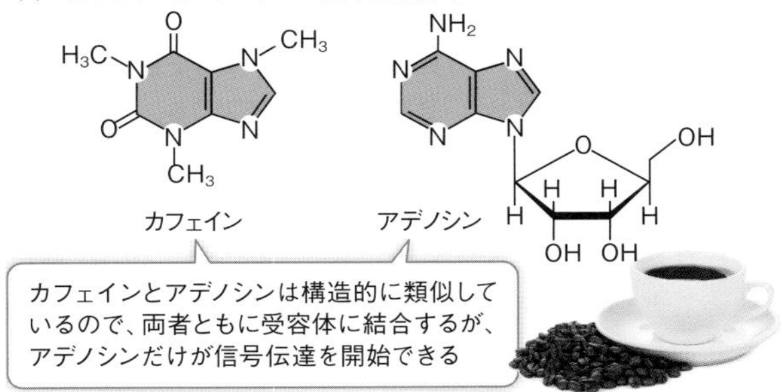

図7.3　信号とその受容体

(A)アデノシン2A受容体はヒトの脳に存在し、覚醒感の抑制に関与している。
(B)アデノシンは受容体の正常な（内因性の）リガンドである。カフェインはアデノシンと類似の構造を持ち、受容体に結合しその正常な機能を阻害するアンタゴニストとして作用する。

Q：アデノシンやカフェインの結合は共有結合か非共有結合か？　解答を説明せよ。

リガンドが受容体に結合すると何が起こるのだろうか？**キーコンセプト3.2**で低分子のタンパク質への結合を論じたときに、その結合により、タンパク質の形がしばしば変わることを記述した。このことがまさに受容体でも起こるのである。受容体の形の変化が、そのタンパク質上のそれまでは隠れていた生化学活性に関与するアミノ酸グループを露出させるかもしれない。その活性は、例えば別のタンパク質（Gタンパク質など、詳しくは後述する）や酵素の基質など、別の分子を結合する場合もある。

リガンドの代わりに、それに似た他の化学物質が受容体に結合することもある。**アゴニスト**はリガンドと同様に、受容体に信号伝達を開始させることができる化学物質である。これとは対照的に、阻害剤である**アンタゴニスト**は受容体に結合しそれをその場で“フリーズ（凍結）”し、真のリガンドが結合するのを阻害し、信号伝達をスタートさせない。

ヒトの行動を変える多くの物質は、脳の特異的受容体に結合し、受容体への特異的なリガンドの結合を阻害する。1つの例はカフェインである。カフェインはおそらく世界で最も広く消費されている刺激薬である。脳では、ヌクレオシドであるアデノシンが、神経細胞上の受容体に結合し、脳の活動、特に活発に目覚めているという感情（覚醒感）を抑制する信号伝達経路を開始するリガンドとして作用する。カフェインはアデノシンと似た分子構造を持つので、アデノシン受容体に結合することができる（図7.3(**B**)）。しかしカフェインがアデノシン受容体に結合しても信号伝達経路を開始することはない。むしろ、この結合は受容体を“停止”させてアデノシンの結合を阻止し、神経細胞の活動を持続させ覚醒感を維持させる。

受容体は局在と機能によって分類できる

多くの種類の化学的信号が存在する。リガンドのあるものは疎水性（非極性）で膜を拡散により通過できるが、他のものはできない。光のような物理的信号もまた細胞や組織を通過する能力に関して様々である。それに対応して、受容体も細胞内の局在によって分類することができる。これは受容体が受け取る信号の性質に依るところが大きい（図7.4）。

・*膜受容体*：大きいリガンドや極性のリガンドは脂質二重層を通ることができない。例えば、インスリンは細胞膜を拡散で通過することができないタンパク質ホルモンである。インス

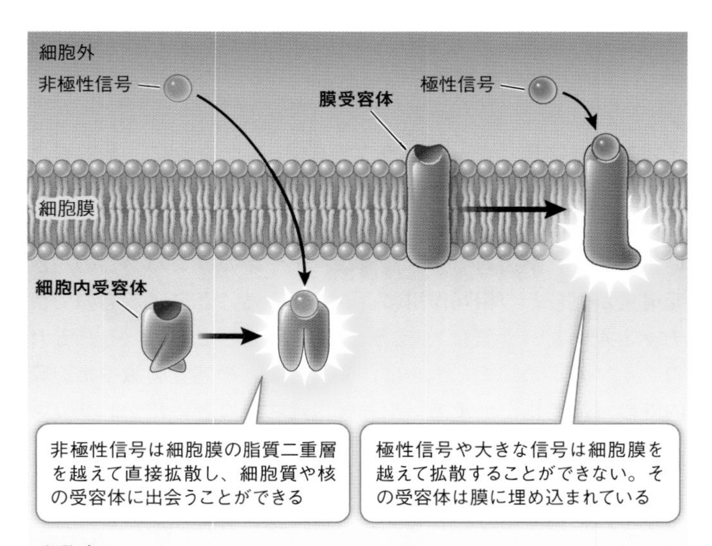

図7.4　受容体の２つの局在部位
受容体は細胞内（細胞質か核）に局在するか、細胞膜に局在する。

リンは細胞外結合ドメインを持つ膜貫通型受容体に結合する。

・*細胞内受容体*：小さなリガンドや非極性のリガンドは細胞膜の非極性リン脂質二重層を拡散で通過し、細胞内に入ることができる。例えば、エストロゲンというホルモンは脂溶性ステロイドであり、細胞膜を通過することができる。エストロゲンは細胞内の受容体に結合する。ある波長の光は植物の葉の細胞内にきわめて容易に到達することができ、植物の多くのタイプの光受容体は細胞内に存在する。

哺乳類や高等植物などの複雑な真核生物においては、機能に応じて分類された3つのよく研究された細胞膜受容体のカテゴリーが存在する。イオンチャネル、プロテインキナーゼ受容体、Gタンパク質共役受容体である。

イオンチャネル　キーコンセプト6.3で見たように、多くのタイプの細胞の細胞膜には制御**イオンチャネル**が存在し、Na^+、K^+、Ca^{2+}、Cl^-などのイオンの細胞への出入りが可能となっている。イオンが通過できる機構は、チャネルタンパク質の三次元構造が信号との相互作用により変化することによるもので、チャネルタンパク質は*受容体として機能している。それぞれのタイプのイオンチャネルは、光、音などの感覚刺激や細胞膜内外の電位変化、ホルモンや神経伝達物質などの化学的リガンドを含む特異的な信号に応答する。

骨格筋の細胞膜に局在するアセチルコリン受容体はイオンチャネルの一例である。このタンパク質は、神経伝達物質（神経細胞から放出される化学的信号）であるリガンドのアセチルコリンを結合するナトリウムチャネルである（図7.5）。アセチルコリン2分子がチャネルに結合すると、およそ1000分の1

秒チャネルが開く。それだけで、細胞内より細胞外に高濃度で存在するNa^+が濃度勾配と電位勾配に従って細胞内に流入するのに十分である。細胞内のNa^+濃度変化が一連のイベントを開始し、筋収縮をもたらす。

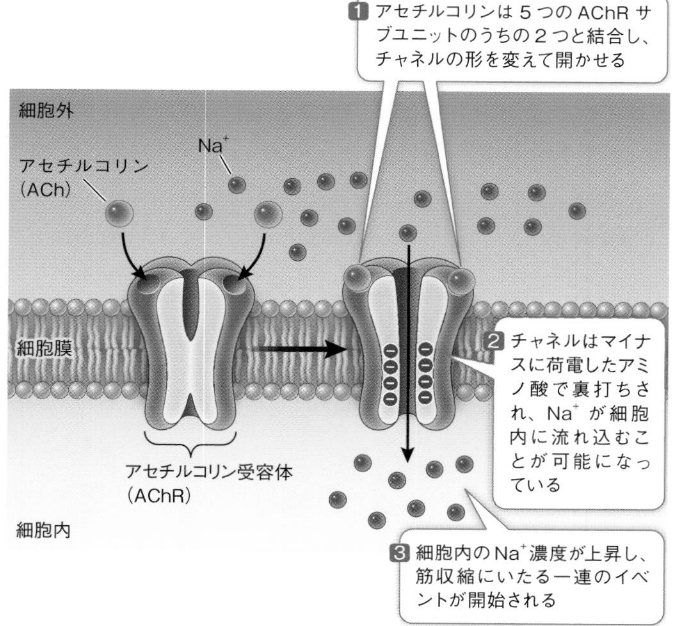

図7.5　制御イオンチャネル
アセチルコリン受容体（AChR）はナトリウムイオンのためのリガンド制御イオンチャネルである。５つのポリペプチドサブユニットから構成されている。アセチルコリン分子（ACh）が２つのサブユニットに結合すると、ゲート（孔）が開きNa^+が細胞に流れ込む。このチャネルは膜の極性の制御に関与する。

プロテインキナーゼ受容体　**プロテインキナーゼ受容体**と呼ばれるある種の真核細胞受容体タンパク質は自分自身か他のタンパク質のリン酸化（リン酸基付加）を触媒し、それらのタンパク質の形及び機能を変化させる。

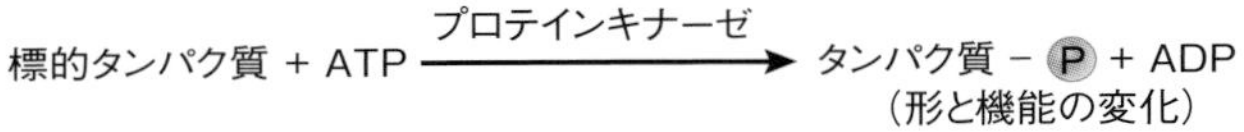

標的タンパク質 + ATP —プロテインキナーゼ→ タンパク質 − Ⓟ + ADP
（形と機能の変化）

リン酸化は生物学において特に重要な反応である。ヒトでタンパク質をコードしているとされる2万1000の遺伝子のうち、500以上がプロテインキナーゼをコードしている。ヒトを作り上げている全ての機能を考えるとき、これは実際驚くべき数である。であるからリン酸化される3つのアミノ酸は覚えるべきである。

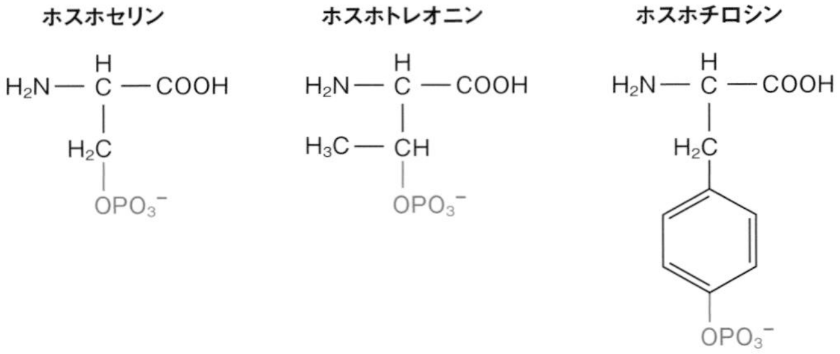

ホスホセリン

H_2N—C(H)—COOH
|
H_2C
|
OPO_3^-

ホスホトレオニン

H_2N—C(H)—COOH
|
H_3C—CH
|
OPO_3^-

ホスホチロシン

H_2N—C(H)—COOH
|
H_2C
|
（ベンゼン環）
|
OPO_3^-

インスリン受容体はプロテインキナーゼ受容体の一例である。インスリンは膵臓によって作られるタンパク質ホルモンである。その受容体は二量体であり、それぞれの単量体はαとβと呼ばれる2つの異なるポリペプチドのサブユニットで構成されている（**図7.6**）。インスリンが受容体に結合すると、受容体は活性化され、自分自身及びインスリン応答基質と呼ばれる細胞質のタンパク質をリン酸化できるようになる。これらのタンパク質は、細胞膜へのグルコース輸送体（図6.12）挿入などの多くの細胞応答を開始する。

Gタンパク質共役受容体　真核細胞・細胞膜受容体の３番目のタイプは**Gタンパク質共役受容体**と呼ばれるが、より印象的な響きの７回膜貫通領域受容体という名称でも呼ばれる。これらの受容体は、哺乳類網膜の光検出（光受容器）、匂い検出（嗅覚受容器）、気分・行動制御（哺乳類の交尾や単細胞酵母の接合）など多くの役割を持っている。ハタネズミの交尾に影響

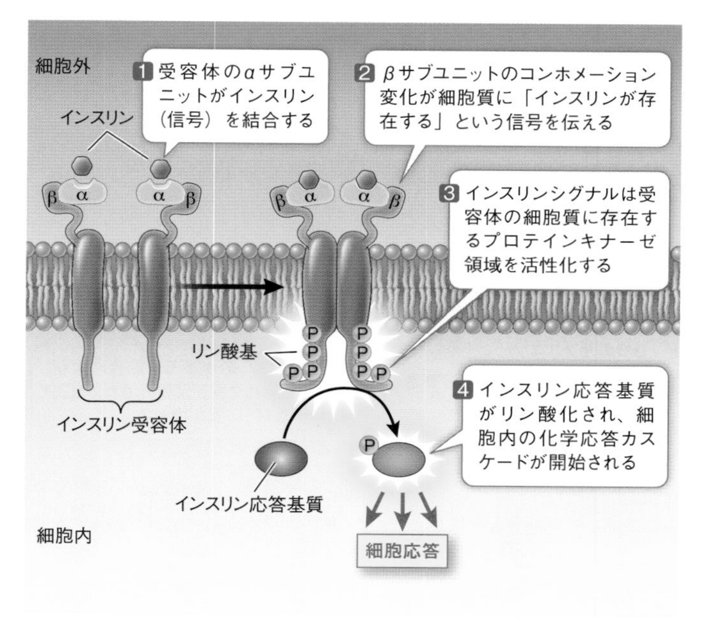

図7.6　**プロテインキナーゼ受容体**
インスリンホルモンが細胞の表面上の受容体に結合し、応答を開始する。

を与えるオキシトシンとバソプレシン（冒頭の話参照）を結合する受容体はGタンパク質共役受容体である。

受容体タンパク質の7回膜を貫通する領域のそれぞれは、リン脂質二重層を貫き、細胞外あるいは細胞内に飛び出す短いループによって隔てられている。受容体の細胞外領域にリガンドが結合すると、細胞質内の領域の形が変わり、**Gタンパク質**と呼ばれる可動性の膜タンパク質が結合する部位が露出する。Gタンパク質は部分的に脂質二重層に埋め込まれ、部分的に細胞膜の細胞質側表面に露出している。

多くのGタンパク質は3つのポリペプチドサブユニットから構成され、3つの異なるタイプの分子を結合できる（図**7.7(A)**）。

1. 受容体
2. GDPとGTP（グアノシン二リン酸とグアノシン三リン酸、これらはADPやATPと同様のヌクレオシドリン酸である）
3. エフェクタータンパク質（次の段落参照）

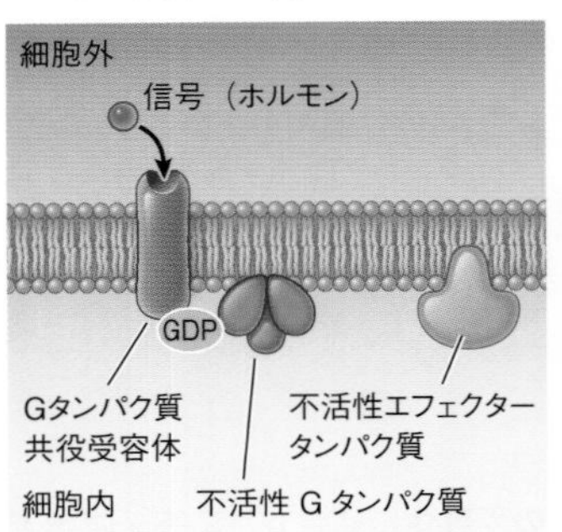

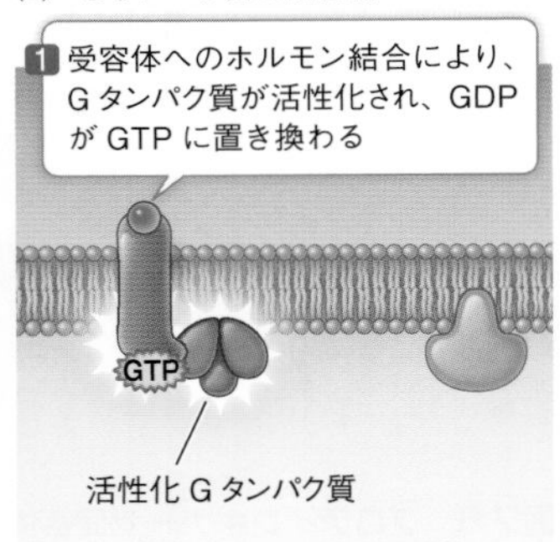

Gタンパク質が活性化された受容体タンパク質に結合すると、GDPがGTPに変換される（図7.7(B)）。同時にリガンドは通常受容体の細胞外領域から放出される。GTP結合によりGタンパク質のコンホメーション変化が起こる。GTPを結合したサブユニットはGタンパク質の他のサブユニットから離れて、リン脂質二重層の平面上を拡散し、**エフェクタータンパク質**に出会い、それと結合する。エフェクタータンパク質はその名前通りの機能を果たす。細胞に効果（エフェクト）をもたらすのである。GTPを結合したGタンパク質サブユニットが結合するとエフェクター（酵素の場合もあればイオンチャネルの場合もある）が活性化され、細胞機能の変化をもたらす（図7.7(C)）。

エフェクタータンパク質の活性化の後で、Gタンパク質に結合しているGTPは加水分解されてGDPになる。不活性のGタンパク質サブユニットはエフェクタータンパク質から離れて膜中を拡散し、他の２つのGタンパク質サブユニットと出会って結合する。Gタンパク質の３つのサブユニットが再会合する

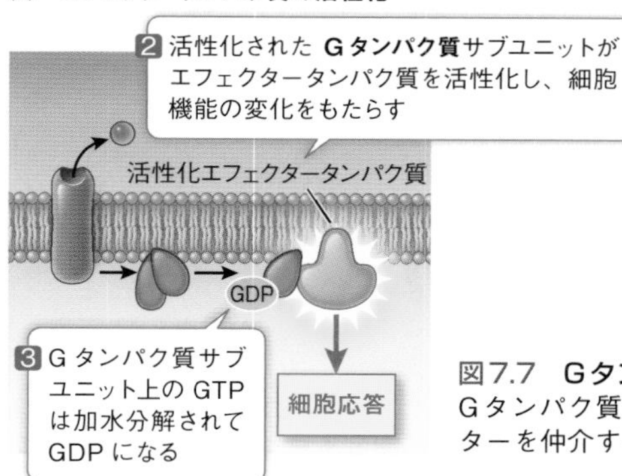

図7.7　Gタンパク質共役受容体
Gタンパク質は受容体とエフェクターを仲介する。

と、Gタンパク質は再び活性化された受容体と結合できるようになる。結合後は、活性化された受容体はGタンパク質上のGDPをGTPに交換し、上述したサイクルが再び始まる。

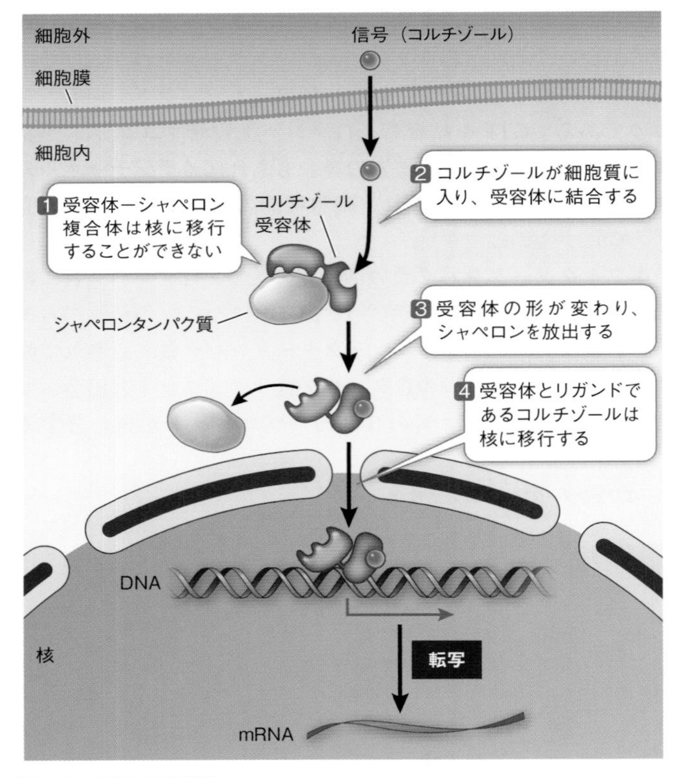

図7.8　細胞内受容体
コルチゾール受容体は細胞質に存在し、シャペロンタンパク質に結合しているが、コルチゾールが受容体に結合するとシャペロンタンパク質は放出される。

細胞内受容体は細胞質か核に局在する

細胞内受容体は細胞内に局在し、光などの物理的信号（植物の光受容器など）や細胞膜を越えて拡散できる化学的信号（動物のステロイドホルモンなど）に応答する。多くの細胞内受容体は転写因子である。あるものは活性化されるまで細胞質に局在する。これらの転写因子はリガンドを結合した後、核に移動し、DNAに結合して特定の遺伝子の発現を変化させる。典型例はステロイドホルモンのコルチゾールの受容体である。この受容体は通常は核移行を阻害するシャペロンタンパク質と結合している。ホルモンが結合すると受容体の形が変わり、シャペロンが放出される（図7.8）。この放出によって受容体は核に移行し、DNA転写に影響を及ぼす。別のグループの細胞内受容体はいつも核に存在し、リガンドは結合するために核に入らなければならない。

信号と受容体について考えてきたので、細胞応答を媒介する分子（トランスデューサー、変換素子）の性質について考えてみよう。

7.3 信号への応答は細胞内に拡がる

これまで見てきたように、異なる種類の信号と受容体が存在する。当然のことながら、信号の伝達や細胞応答の仕方もまた多様である。信号伝達経路の中にはきわめて単純で直接的なものがある一方で、複数の段階を経るものもある。**キーコンセプト7.1**で言及したように、信号伝達経路には酵素や転写因子が関与しうる。それに加えて、**セカンドメッセンジャー**は細胞質中を拡散し、経路のさらなる段階を媒介する。

学習の要点
・信号伝達カスケードは細胞内で信号を伝達・増幅する。
・セカンドメッセンジャー分子は細胞内で信号を伝達・増幅する。
・信号伝達は細胞内で多様な機構によって制御されている。

多くの例で、信号はイベント（出来事）のカスケード（連鎖）を開始する。このカスケードの中で、タンパク質は他のタンパク質と相互作用し、そのタンパク質はさらに他のタンパク質と相互作用し、最終応答が達成される。このようなカスケードを通して、最初の信号は増幅・分配され、標的細胞内でいくつかの異なる応答を引き起こす。この節では、信号を伝達する分子種を調べて、いくつかの異なる信号伝達経路を見てみる。

細胞はリガンド結合に対する応答を増幅する

科学者たちは、ある成長因子の信号伝達経路を、それが正常に作用しない細胞を研究することによって明らかにした。多くのヒト膀胱癌はras（類似のタンパク質が以前にラット肉腫rat sarcoma tumorから単離されていたためそのように命名された）と呼ばれるタンパク質の異常形を含んでいる。これらの膀胱癌の研究からrasはGタンパク質であることが明らかになった。Gタンパク質は“オン”と“オフ”の切り換えスイッチとして機能することを思い出してほしい。“オフ”状態では、Gタンパク質はGDPを結合しているが、“オン”状態ではGタンパク質はGTPを結合する。研究の対象であったrasタンパク質の異常形は常に活性化されていた。いつもGTPを結合していたからである。その結果、持続的な細胞分裂をもたらした（図7.9）。

他の癌細胞では同一の信号伝達系の異なる部分に異常がある。異常な細胞の欠陥と非癌細胞の正常な信号伝達経路を比較することにより、生物学者は信号伝達経路の全体を明らかにした（図7.10）。**キーコンセプト7.2**からGタンパク質はプロテインキナーゼ受容体による活性化の後の応答を媒介することを思い出してほしい。図7.10では、活性化されたGタンパク質rasは**プロテインキナーゼカスケード**として知られる信号伝達経路を構成する一連のイベントを開始する。

プロテインキナーゼカスケードでは、あるプロテインキナー

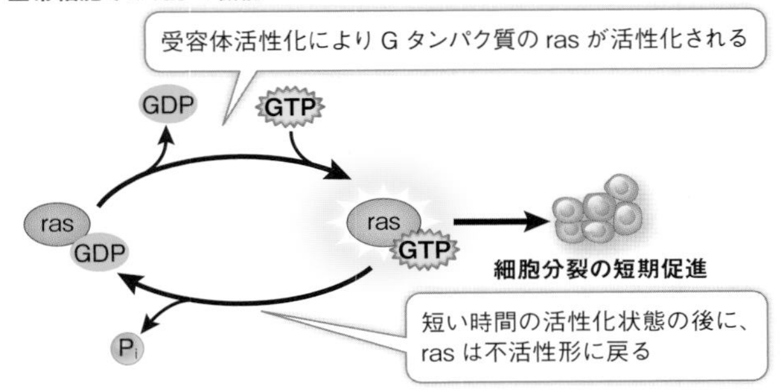

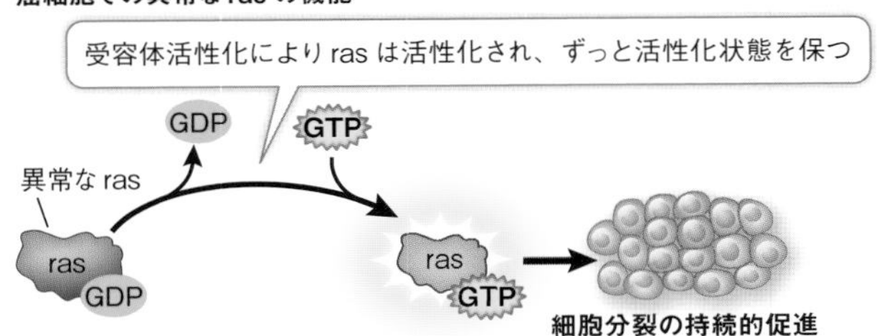

図7.9　信号伝達と癌
(A) rasは細胞分裂を制御するGタンパク質である。
(B) 腫瘍の中には、rasタンパク質が常に活性化され、無制御の細胞分裂状態になっているものがある。

396ページへ→

焦点：キーコンセプト図解

図7.10　プロテインキナーゼカスケード
プロテインキナーゼカスケードにおいては、一連のタンパク質が次々と活性化される。

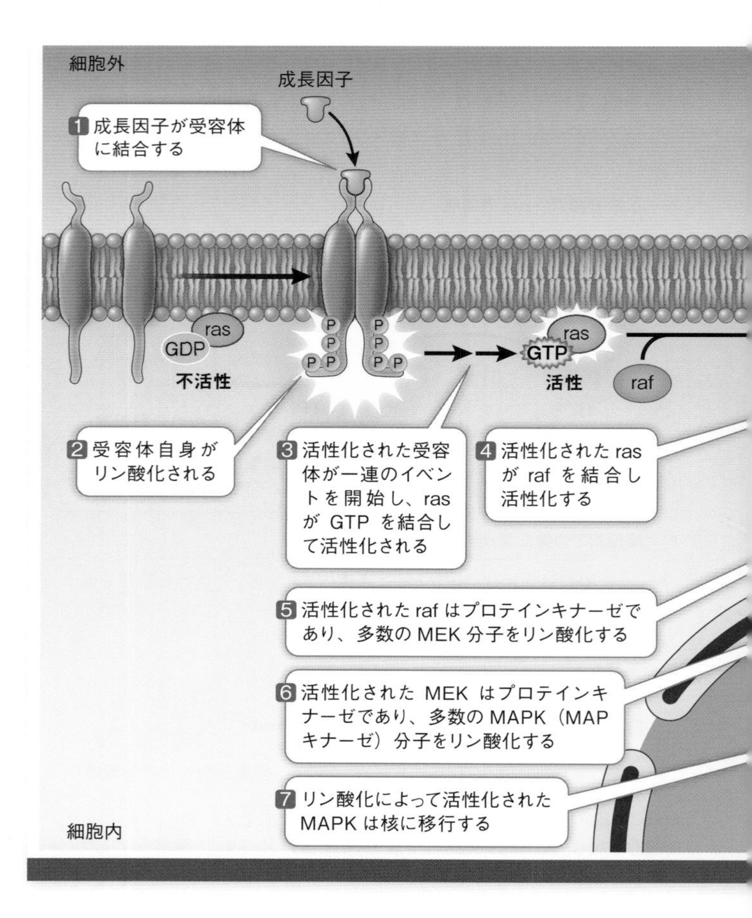

Q：ソラフェニブは腎臓癌で非常に活性が高いrafを阻害するようにデザインされた薬物である。この薬物はどのようにプロテインキナーゼカスケードに作用するのだろうか？

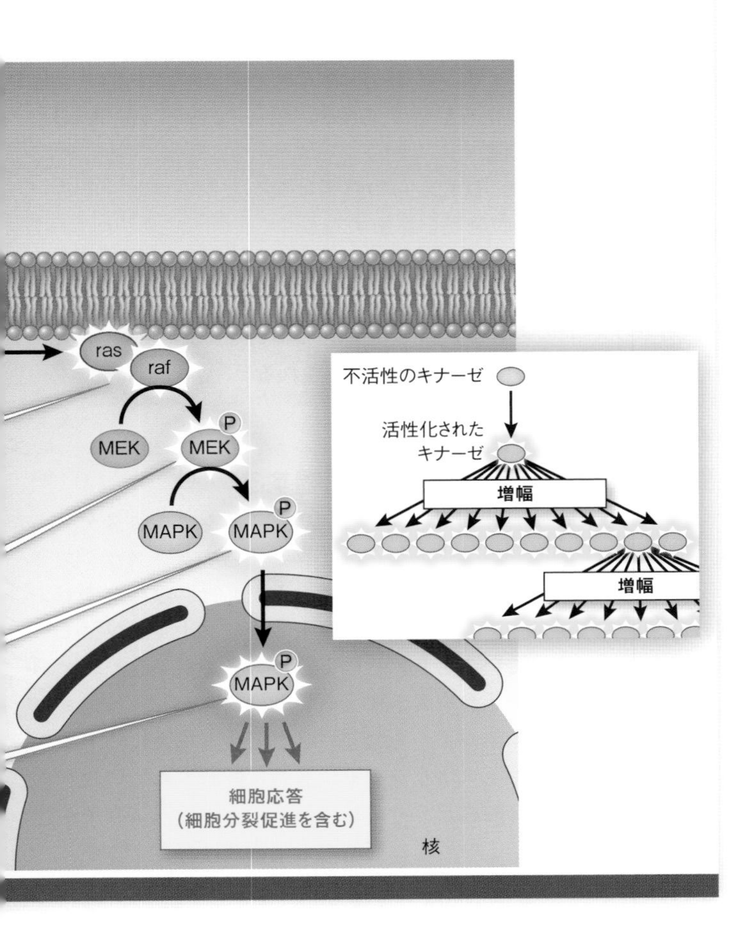

ゼが次々と別のプロテインキナーゼを活性化していく。このようなカスケードは多くの細胞活動の制御にとって非常に重要である。プロテインキナーゼカスケードは次の４つの理由から信号伝達にとって有用である。

1. カスケードの各ステップで、信号は増幅される。新たに活性化されるプロテインキナーゼはそれぞれ多くの標的タンパク質のリン酸化を触媒する酵素だからである（図7.10のステップ5と6）。
2. 細胞膜に到達した信号からの情報は核へと伝達され、そこで複数の遺伝子の発現を修飾する。
3. ステップが多くあることからこの過程に特異性がもたらされる。
4. カスケードのそれぞれのステップでの異なる標的タンパク質により、応答に多様性がもたらされる。

セカンドメッセンジャーは受容体と標的分子間で信号を増幅する

活性化された受容体と引き続いて起こるイベントのカスケードの間にはしばしば低分子の媒介物が存在する。ケースウェスタンリザーブ大学のアール・サザーランドたちは肝臓の酵素であるグリコーゲンホスホリラーゼのアドレナリンホルモンによる活性化を研究しているときにそのような分子を発見した。アドレナリンは動物が生命を脅かすような条件に直面し、逃走・闘争反応のためにエネルギーを緊急に必要とする場合に分泌される。グリコーゲンホスホリラーゼは肝臓に貯蔵されているグリコーゲンの分解を触媒し、その結果生じるグルコース分子が血中に放出される。この酵素は肝細胞の細胞質に存在するが、肝細胞がアドレナリンに曝されるまで不活性である。

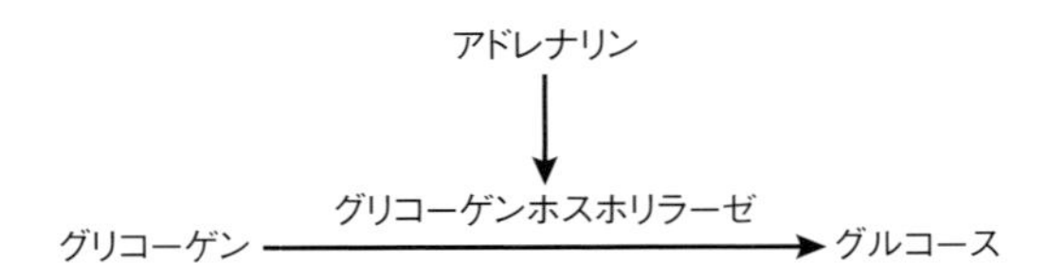

研究者たちは、アドレナリンは破砕した肝細胞では細胞膜断片を含む細胞の全内容が存在する場合のみに、グリコーゲンホスホリラーゼを活性化できることを見出した。この条件下では、アドレナリンは細胞膜断片（受容体が存在する場所）に結合するが、活性化されたホスホリラーゼは可溶分画（細胞質）に存在した。不活性のホスホリラーゼを含む細胞質にアドレナリンを添加しただけではその活性化は起こらなかった。

研究者たちはアドレナリン信号（“ファーストメッセンジャー”）を伝達する“セカンドメッセンジャー”が存在するに違いないと考えた。実験によりセカンドメッセンジャーの存在が証明され、後に**サイクリックAMP**（**cAMP**）として同定された。サイクリックAMPはアデニル酸シクラーゼという酵素によってATPから作られる（**図7.11**）。アデニル酸シクラーゼはGタンパク質共役アドレナリン受容体によって活性化される（**図7.15**のステップ**1**）。

受容体結合の特異性に比べて、cAMPなどのセカンドメッセンジャーのおかげで、細胞膜での１つのイベントに対する応答の結果として細胞内で多くのイベントが起こりうる。このように、セカンドメッセンジャーは信号を迅速に増幅・分配するのに役立っている。例えば、１個のアドレナリン分子の結合により多数のcAMP分子が合成され、cAMPは多くの標的酵素に非共有結合的に結合することによりこれらを活性化する。アドレナリンと肝細胞の場合、グリコーゲンホスホリラーゼは活性化されるいくつかの酵素のうちの１つに過ぎない。

セカンドメッセンジャーは異なる信号伝達経路間のクロストークにも関与する。アドレナリン受容体の活性化は細胞がcAMPを産生する唯一の経路ではない。そして既に述べたように、細胞内にはcAMPの複数の標的が存在し、これらの標的は他の信号伝達経路の一部なのである。

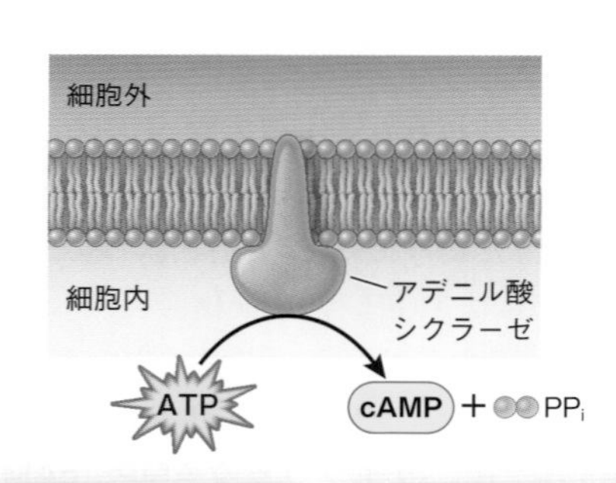

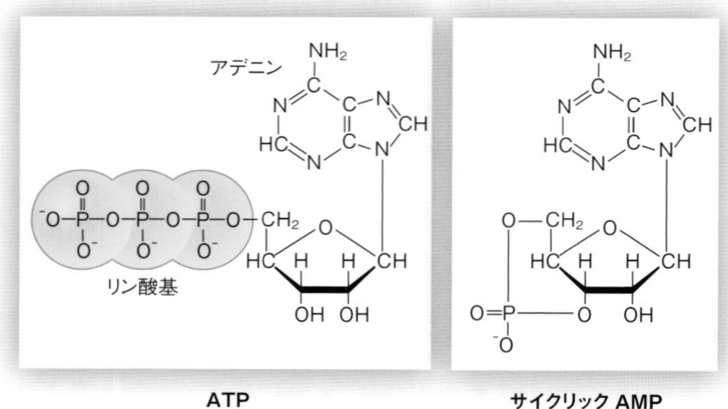

図7.11　cAMPの産生
ATPからのcAMP産生は、Gタンパク質によって活性化される酵素であるアデニル酸シクラーゼによって触媒される。

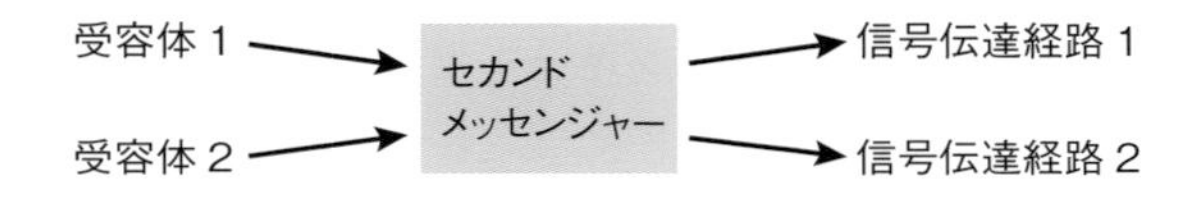

脂質由来セカンドメッセンジャー、カルシウムイオン、一酸化窒素などいくつかの他のクラスのセカンドメッセンジャーが同定されている。

脂質由来セカンドメッセンジャー　細胞膜の構成要素としての役割に加えて、リン脂質は信号伝達にも関わっている。ある種のリン脂質がホスホリパーゼと呼ばれる酵素によって構成成分に加水分解されると、セカンドメッセンジャーが作られる。

最もよく研究されている脂質由来セカンドメッセンジャーの例は、リン脂質である**ホスファチジルイノシトール二リン酸**（**PIP_2**）の加水分解で作られるものであろう。全てのリン脂質と同様に、PIP_2は細胞膜に埋め込まれた疎水性部分を持っている。グリセロール分子に2個の脂肪酸の尾部が結合した**ジアシルグリセロール**（**DAG**）である。PIP_2の親水性部分は**イノシトール三リン酸**（**IP_3**）であり、これは細胞質に突き出ている。

cAMPと同様に、このセカンドメッセンジャー系に関与する受容体もしばしばGタンパク質共役受容体である。Gタンパク質サブユニットが受容体によって活性化され、細胞膜上を拡散して、やはり細胞膜上に存在する酵素であるホスホリパーゼCを活性化する。この酵素はPIP_2からIP_3を切り取ってリン脂質二重層にジアシルグリセロール（DAG）を残す。

膜中のPIP_2 —ホスホリパーゼC→ 細胞質中に放出されるIP_3 + 膜中のDAG

IP_3とDAGはともにセカンドメッセンジャーである。それぞれが異なる様式でプロテインキナーゼC（PKC）を活性化する。PKCは多種多様な標的タンパク質をリン酸化し、組織や細胞の種類に応じて多様な細胞反応を引き起こすプロテインキナーゼファミリーである。

カルシウムイオン　カルシウムイオン（Ca^{2+}）はほとんどの細胞内では低濃度でしか存在せず、細胞質のCa^{2+}濃度は0.1μM程度に過ぎない。細胞外及び小胞体（ER）内のCa^{2+}濃度は通常ずっと高い。細胞膜とER膜の能動輸送タンパク質が細胞質からCa^{2+}を汲み出すことによってこの濃度差を維持している。cAMPや脂質由来セカンドメッセンジャーとは対照的に、Ca^{2+}を合成して細胞内Ca^{2+}濃度を増加させることはできない。その代わり、Ca^{2+}イオン濃度はイオンチャネルの開閉及び膜ポンプの作用によって制御することができる。

IP_3など多くの信号がカルシウムチャネルを開かせることができる。卵への精子の侵入は非常に重要な信号であり、それによって大量のカルシウムチャネルが開口し、受精卵が細胞分裂と発生のために必要な無数の劇的な変化がもたらされる（**図7.12**）。カルシウムチャネルを開かせる最初の信号が何であるにせよ、カルシウムチャネルの開口により細胞質のCa^{2+}濃度は1秒の何分の1かの間に100倍まで劇的に上昇する。この上昇によりPKCが活性化される。それに加えて、Ca^{2+}は他のイオンチャネルを制御し、多くの細胞種でエキソサイトーシスによる分泌を促進する。

［訳注：カルシウムイオンが骨格筋の収縮を制御する細胞内セカンドメッセンジャーであることを世界で初めて発見したのは故・江橋節郎東京大学名誉教授である］

一酸化窒素　ほとんどの信号分子とセカンドメッセンジャーは細胞の水性成分か疎水性成分に溶解した溶質である。気体も信号伝達で役割を果たしうるということが発見されたのは大きな驚きであった。一酸化窒素（NO）は神経伝達物質のアセチルコリン（**キーコンセプト7.2**）と血管平滑筋細胞の弛緩（それによって血流が増加する）をつなぐ信号伝達経路のセカンドメッセンジャーである（**図7.13**）。体ではNOはアミノ酸のアルギニンからNO合成酵素（シンターゼ）によって作られる。内皮細胞表面のアセチルコリン受容体が活性化されると、膜からIP_3が放出され（**図7.13**に示した経路により）、ER膜のカル

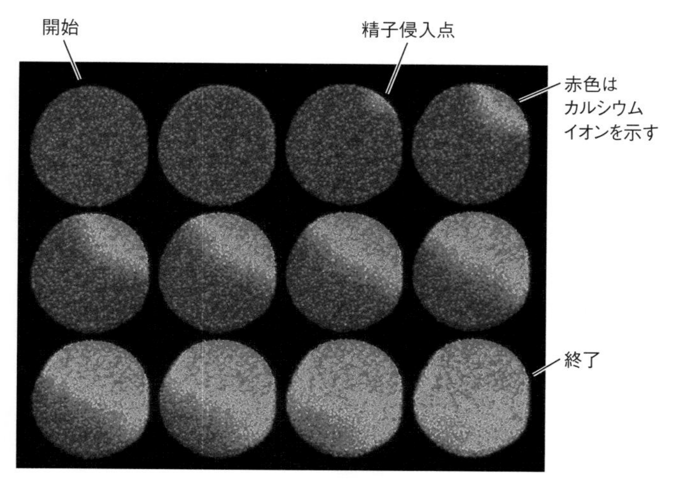

図7.12　セカンドメッセンジャーとしてのカルシウムイオン
Ca^{2+}濃度はカルシウムイオンに結合すると蛍光を発する色素を用いて測定することができる。ここではヒトデ卵の受精によって環境から細胞質へのCa^{2+}流入が起きている。高Ca^{2+}濃度領域は赤い色で示され、５秒間隔で撮影されている。カルシウム信号伝達は実際上全ての動物種で起こり、受精卵の細胞分裂の引き金を引くことによって、新しい個体発生を開始する。

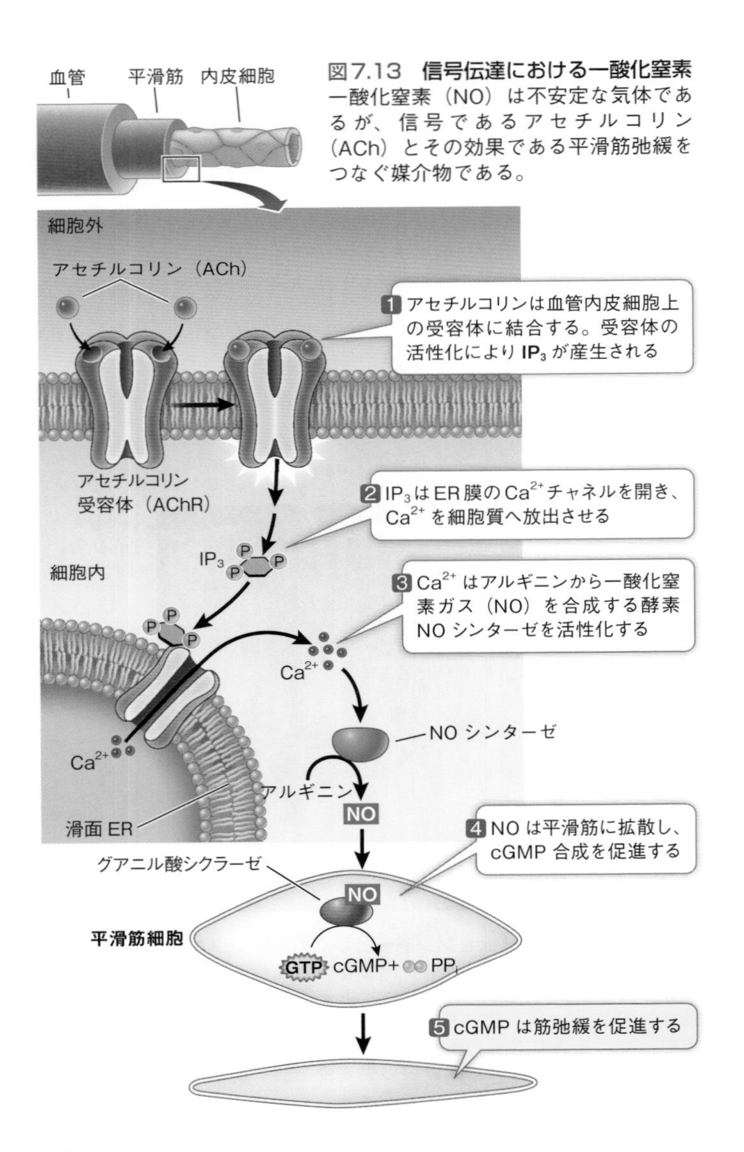

図7.13　信号伝達における一酸化窒素
一酸化窒素（NO）は不安定な気体であるが、信号であるアセチルコリン（ACh）とその効果である平滑筋弛緩をつなぐ媒介物である。

シウムチャネルが開口し細胞質Ca^{2+}濃度が上昇する。このCa^{2+}がNOシンターゼを活性化してNOが産生される。NOは化学的に非常に不安定で、容易に酸素ガスや他の低分子と反応する。NOは容易に拡散するが、遠くまで拡散することはできない。都合がよいことに、内皮細胞はその外側にある平滑筋細胞の近くに存在し、NOは平滑筋細胞のグアニル酸シクラーゼと呼ばれる酵素（アデニル酸シクラーゼの類似物）を活性化する。この酵素はサイクリックGMP（cGMP）という平滑筋の弛緩に関与する別のセカンドメッセンジャーの合成を触媒する。

NOが信号伝達経路の一部であることの発見により、ニトログリセリンの作用機序が解明された。ニトログリセリンは１世紀以上にわたって狭心症（心臓への血流不足によって引き起こされる胸痛）の治療に用いられてきた。ニトログリセリンはNOを放出し、NOは血管を弛緩させ血流を増加させる。シルデナフィル（バイアグラ）という薬物はNO信号伝達経路を介して狭心症を治療するために開発されたがこの目的ではそれほど有用ではなかった。しかしながら、それを服用した男性がペニスの著しい勃起が起こることを報告した。性的興奮状態で、NOは信号として作用し、ペニスの海綿体動脈の平滑筋においてcGMP濃度を上昇させ、それを弛緩させる。この信号の結果、ペニスには血管が満ちて勃起が起こるのである。シルデナフィルはcGMPを分解する酵素（ホスホジエステラーゼ）を阻害することにより、cGMP濃度を上昇させ勃起を促進する。

信号伝達は高度に制御されている

細胞は信号伝達に関与する分子の活性を制御しうる。容易に分解されるNOの濃度は、どのくらいそれを産生するかによってのみ制御しうる。対照的に、これまで見てきたように、膜のポンプとイオンチャネルが細胞質のCa^{2+}濃度を制御する。プロテインキナーゼカスケード、Gタンパク質、cAMPを制御するために、活性化されたトランスデューサーを不活化する酵素が存在する（図7.14）。

トランスデューサーを活性化あるいは不活化する酵素活性のバランスが、信号に対する最終的な細胞応答を決定する。細胞はこのバランスをいくつかの方法で変化させることができる。

(A)　ホスファターゼはプロテインキナーゼを不活化する

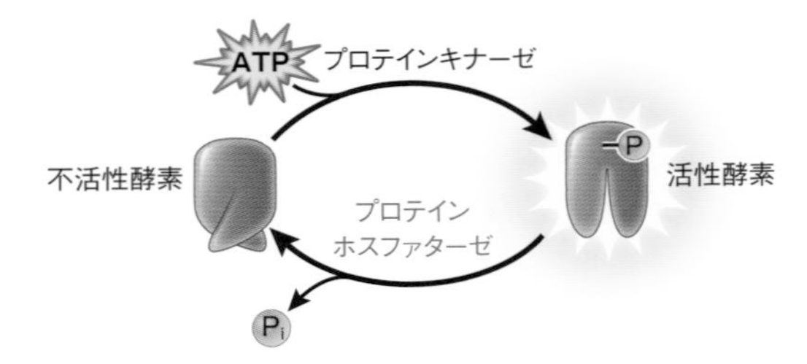

(B)　GTP アーゼは G タンパク質を不活化する

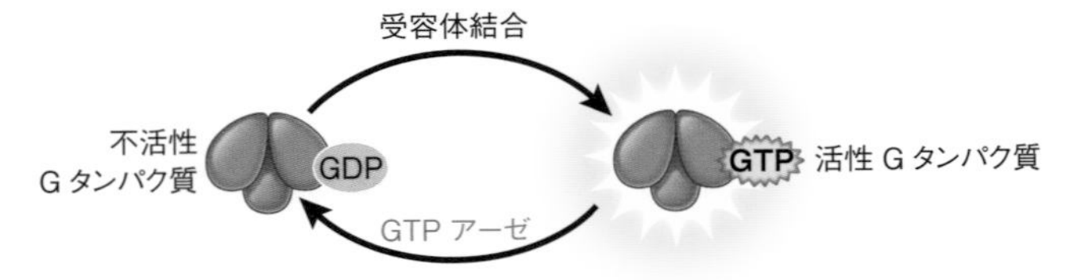

(C)　ホスホジエステラーゼは cAMP を不活化する

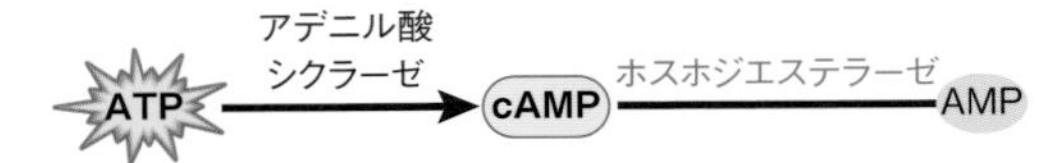

図7.14　信号伝達の制御

信号の中には(A)プロテインキナーゼ、(B)Gタンパク質、(C)cAMPのような活性化されたトランスデューサーの合成をもたらすものがある。他の酵素（赤字で示す）はこれらのトランスデューサーを不活化するか除去する。

・*酵素の合成もしくは分解*。例えば、アデニル酸シクラーゼ（cAMPを合成する）の合成とホスホジエステラーゼ（cAMPを分解する）の分解によりバランスは細胞内cAMP濃度上昇に傾くだろう。
・*他の分子による酵素の活性化もしくは阻害*。一例はシルデナフィルによるホスホジエステラーゼの阻害である。

細胞信号伝達は癌などの病気において重要な役割を果たしているので、信号伝達経路に関与する酵素活性を修飾する新薬の開発研究が進行中である。

信号分子の受容体への結合によりどのように細胞の信号への応答が始まるか、信号伝達経路がどのように細胞内で信号を増幅しその効果を無数の標的に及ぼすかを見てきた。次の節では信号伝達過程の３番目の段階、信号の細胞機能への実際の効果を見てみる。

7.4 細胞は信号に応答していくつかの様式で変化する

信号の細胞機能への効果は主に３つの形をとる。イオンチャネルの開口、酵素活性の変化、遺伝子発現変化である。これらの出来事は細胞の形や機能にさらなる（しばしば劇的な）変化をもたらす。

学習の要点
・細胞は信号に対してイオンチャネルの開閉で応答することができる。

・細胞は信号に対して遺伝子転写の変化で応答することができる。

イオンチャネルは信号に対して開閉で応答する

イオンチャネルは細胞信号伝達において受容体として機能しうることを見た（**図7.5**）。中枢神経系において、特に感覚系において、信号はイオンチャネルに影響を及ぼす。光、音、触覚による受容体刺激はイオンチャネルの開口をもたらす。異なるタイプのイオンチャネル応答を示す細胞もある。例えば、IP_3–DAG経路を用いる信号伝達ではER膜のCa^{2+}チャネルの開口がもたらされる。

この章の冒頭で記載したオキシトシンは2つのイオンチャネル応答をもたらす。オキシトシンはGタンパク質共役受容体に結合する（**図7.7**）。この受容体は脳組織及び出産・授乳に関与する筋肉に発現している。受容体の活性化によりIP_3–DAG経路を介する信号伝達系が起動し、イオンチャネルを通してCa^{2+}が細胞質に放出される。脳ではCa^{2+}の効果はNa^{+}に対するチャネルを開口させることにより間接的に神経細胞の活動を刺激することである。要約すると、

オキシトシン　→　受容体　→　Gタンパク質活性化　→
IP_3信号伝達　→　Ca^{2+}チャネル開口　→
Na^{+}チャネル開口

この章の冒頭で、ハタネズミにおけるオキシトシンの行動に及ぼす効果には、個体間の絆形成があることを見た。これはヒトでも同様であろうか？　クレアモント大学院大学神経経済学センターの神経科学者ポール・ザックはそう考えている。彼はボランティアを使って実験を行い、オキシトシン信号伝達は信頼行為で重要であることを示した（**「生命を研究する」**：オキシ

トシンはヒトの“信用”信号だろうか？）。最近、オキシトシン受容体に遺伝的欠損を持つヒトはオキシトシン受容体が乏しいヤマハタネズミと似たような行動をとることが示された。彼らはあまり他人を信用しないのである。

酵素活性は信号に応答して変化する

酵素はしばしば信号伝達の際に修飾される。共有結合的な場合もあれば非共有結合的な場合もある。この章で既に両者のタイプのタンパク質修飾の例を見てきた。例えば、プロテインキナーゼによる酵素へのリン酸基の付加（リン酸化）は共有結合修飾であり、cAMPの結合は非共有結合修飾である。どちらのタイプの修飾も酵素の形を変えて、ある場合には活性化し別の場合には阻害する。活性化の場合には、形の変化によりそれまで接近不能だった活性部位が露出し、標的酵素は新たな細胞内の役割を果たすようになる。

肝細胞でアドレナリンによって開始されるＧタンパク質共役プロテインキナーゼカスケードの結果、重要な信号分子であるＡキナーゼのcAMPによる活性化がもたらされる。その結果、Ａキナーゼは他の２つの*酵素をリン酸化し、それらに対して逆の効果をもたらす。

1. *阻害*：グルコース分子の付加によりエネルギー貯蔵分子のグリコーゲンを合成する反応を触媒するグリコーゲンシンターゼは、Ａキナーゼによりリン酸基を付加されると不活化される。であるからアドレナリン信号はグルコースがグリコーゲンの形で貯蔵されるのを阻害する（**図7.15**のステップ**1**）。
2. *活性化*：ホスホリラーゼキナーゼはリン酸基が付加されると活性化する。この酵素は、最終的にグルコース代謝のもう1つの重要酵素であるグリコーゲンホスホリラーゼの活性化をもたらすプロテインキナーゼカスケードの一部である。グリコーゲンホスホリラーゼはグリコーゲンからグルコース分子を遊離させる（図7.15のステップ2と3）。

*概念を関連づける　酵素制御により細胞内の化学変化の速度が決定され、細胞の機能が決定される。キーコンセプト8.5を参照のこと。

この経路における信号増幅は驚くべきものである。図7.15に説明されているように、細胞膜に1分子のアドレナリンが到達すると最終的に血流中に1万分子のグルコースが放出される。

1　分子のアドレナリンが膜に結合し
20　分子のcAMPが合成され
20　分子のAキナーゼが活性化され
100　分子のホスホリラーゼキナーゼが活性化され
1,000　分子のグリコーゲンホスホリラーゼが活性化され
10,000　分子のグルコース1-リン酸が産生され
10,000　分子のグルコースが血中に放出される

412ページへ→

図7.15　酵素活性変化にいたる反応カスケード
肝細胞はアドレナリンに対しGタンパク質を活性化することによって応答し、活性化されたGタンパク質はセカンドメッセンジャーであるサイクリックAMPの合成を活性化する。cAMPはプロテインキナーゼカスケードを開始し、太数字で示したようにアドレナリン信号を大きく増幅する。このカスケードによりグルコースからのグリコーゲン合成は阻害され、既に貯蔵されているグリコーゲンの分解が促進される。

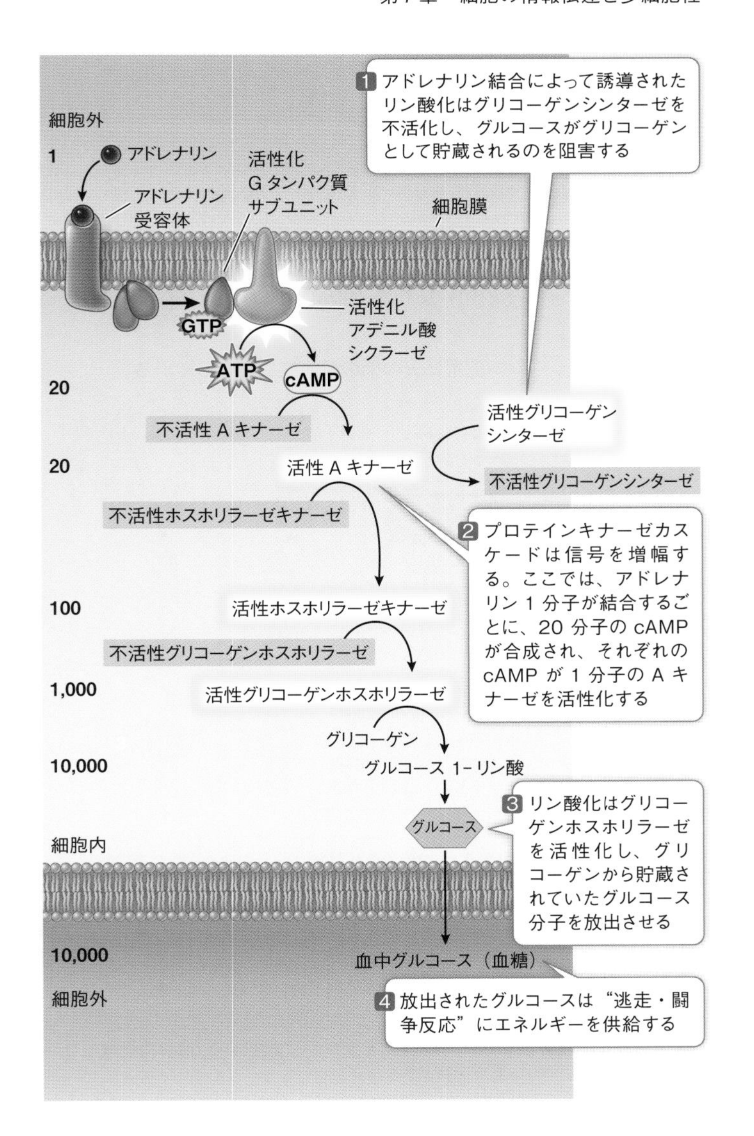
1 アドレナリン結合によって誘導されたリン酸化はグリコーゲンシンターゼを不活化し、グルコースがグリコーゲンとして貯蔵されるのを阻害する
細胞外
1
アドレナリン
アドレナリン受容体
活性化 G タンパク質サブユニット
細胞膜
GTP
活性化 アデニル酸 シクラーゼ
ATP
cAMP
20
不活性 A キナーゼ
20
活性 A キナーゼ
活性グリコーゲン シンターゼ
不活性グリコーゲンシンターゼ
不活性ホスホリラーゼキナーゼ
2 プロテインキナーゼカスケードは信号を増幅する。ここでは、アドレナリン 1 分子が結合するごとに、20 分子の cAMP が合成され、それぞれの cAMP が 1 分子の A キナーゼを活性化する
100
活性ホスホリラーゼキナーゼ
不活性グリコーゲンホスホリラーゼ
1,000
活性グリコーゲンホスホリラーゼ
グリコーゲン
10,000
グルコース 1- リン酸
グルコース
3 リン酸化はグリコーゲンホスホリラーゼを活性化し、グリコーゲンから貯蔵されていたグルコース分子を放出させる
細胞内
10,000
血中グルコース（血糖）
細胞外
4 放出されたグルコースは“逃走・闘争反応”にエネルギーを供給する

生命を研究する　オキシトシンは人の“信用”信号だろうか？

実験

原著論文：Zak, P., R. Kurzban and W. T. Matzner. 2005. Oxytocin is associated with human trustworthiness. *Hormones and Behavior* 48: 522-527.

脳の細胞信号伝達は行動変化をもたらす。この実験では、ペプチドのオキシトシンが人の間の信頼感の形成に関係するかどうかを調べる。

仮説▶　オキシトシン信号は人の間の信頼感に関与している。

方法

1 156 人が 10ドルをもらって参加

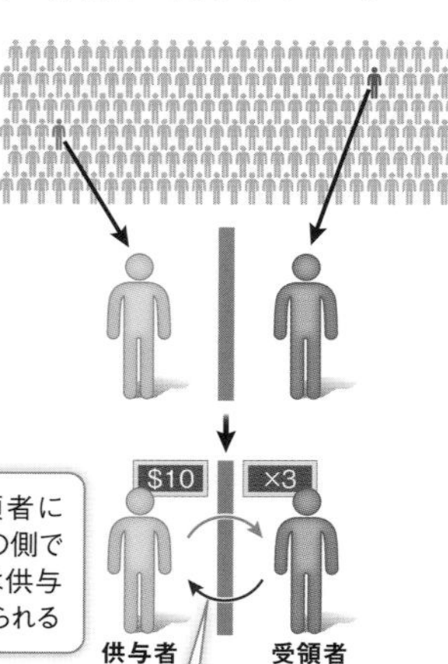

2 ランダムに選ばれてペアを作り、そのペアは互いに会わない

3 供与者と受領者は、「供与者は受領者に10ドルまで与えることができ、受領者の側ではもらったお金が3倍になり、受領者は供与者に御礼を与えることができる」と伝えられる

4 **信頼関係の樹立**：供与者は、受領者が3倍になったお金から供与者にもらった金額以上の御礼を返してくれることを期待する。もし受領者が供与者の寛大さを快く思って供与者に御礼をすれば、信頼関係が認められる

5 **対照群の設定**：対照群では、供与者は与える金額をランダムに指示され、受領者はこのことを知っている。であるから供与者は寛大である必要はない

6 供与者が受領者に与える金額を決めた直後に、実験群と対照群の供与者の血中オキシトシン濃度を測定する

結果

	実験群（供与者の意図あり）	対照群（供与者の意図なし）
供与者によって与えられた金額（平均）	$5.52	$5.63
受領者によって返された金額（平均）	$6.96	$3.53
供与者の血中オキシトシン濃度（pg/ml）	278	198

結論▶

1. 他の人（受領者、実験群）を信頼する人（供与者）は、そのような感情を持たない人よりもより相手に対する信頼感を持っている。
2. オキシトシン濃度は相手に対する信頼感を持っている人の方が高い。

データで考える

原著論文：Kosfeld, M., M. Heinrichs, P. Zak, U. Fischbacher and E. Fehr. 2005. Oxytocin increases trust in humans. *Nature* 435: 673-676.

ポール・ザックは信頼感を研究するために経済学的実験を行い、人は見知らぬ人が自分を信頼してお金を与えてくれたと感じたときに、お金を与えてくれた人にいくらかのお金を返すのみならず、細胞間信号分子であるオキシトシンの血中濃度が高くなることを見出した。多くの他の実験と同様に、これらのデータは何らかの関係を示唆するが、必ずしも因果関係を意味しない。であるからザックたちは直接的な実験を試みた。すなわち、対象者に実験前にオキシトシンを投与して、オキシトシンが信頼感を増加させるかどうか検証した。

質問▶

1. 実験では供与者は対照群と実験群に分けられ、受領者とペアを組んだ。全ての供与者はお金を12単位与えられ、ペアを組んだ受領者（見知らず、会うこともない）にお金を与えるよう指示される。供与者は与えた金額がどれほどであれ受領者側で３倍になること（最大36単位）を知っており、受領者がいくらかを寛大にも自分に返してくれることを信じている。実験群の供与者は実験の直前にオキシトシンを含んだ点鼻薬を投与された。対照群の供与者はオキシトシンを含まない点鼻薬を投与された。表に結果を示す。

	受領者に与えられた平均金額（単位）（括弧内は標準偏差）
実験群（オキシトシン点鼻薬投与）	9.6（2.8）
対照群（オキシトシン点鼻薬非投与）	8.1（3.1）

これらのデータから供与者におけるオキシトシンと信頼感についてどのような結論を下すか？　2つの平均が有意に異なるということを示すためにどのような統計検定を用いるか？

2. 質問1で記載した実験を繰り返したが、今度は実験群及び対照群の供与者は受領者に渡す金額を正確に伝えられた。結果を表に示す。

	受領者に与えられた平均金額（単位）（括弧内は標準偏差）
実験群（オキシトシン点鼻薬投与）	7.5（3.3）
対照群（オキシトシン点鼻薬非投与）	7.5（3.4）

この場合のオキシトシンの効果についてどのような結論を下すか？　そしてこの結果は信頼関係についてどのようなことを示唆するか？

信号はDNA転写を開始することができる

キーコンセプト4.1で、遺伝物質であるDNAがRNAに転写され、DNAの塩基配列に基づいたアミノ酸配列を持つタンパク質がRNAから翻訳されることを既に学んだ。タンパク質は全ての細胞機能において重要であり、細胞内の特定の機能を制御するためにはどのタンパク質が作られるか、すなわちどのDNA配列が転写されるかを制御するのが非常に重要である。

*信号伝達はどのDNA配列が転写されるかの決定において重要な役割を果たす。信号伝達の一般的な標的は転写因子と呼

ばれるタンパク質であり、転写因子は細胞核の特定のDNA配列に結合し近傍のDNA領域の転写を活性化あるいは不活化する。例えば、ras信号伝達系は核で終わる（図7.10）。ras信号伝達カスケードの最終プロテインキナーゼであるMAPK（マイトジェン活性化プロテインキナーゼ、マイトジェンは細胞分裂を促進する信号のこと）は核に入り、細胞増殖に関与するいくつかの遺伝子の発現を促進するタンパク質をリン酸化する。

ここまで細胞の環境からの信号が細胞にどのような影響を及ぼすかを見てきた。しかし多細胞生物の細胞の環境は細胞外溶液だけではない。近くの細胞もまた環境の一部なのである。次の節では、細胞間の特殊な結合がどのようにして１つの細胞から別の細胞へ信号を伝えるのかを見てみよう。

7.5 多細胞生物の隣り合う細胞は直接情報伝達できる

多細胞生物の特徴は、体の中に特殊化した機能を持つ一群の細胞集団を持つことができることである。これらの細胞群はどのようにして互いに情報伝達を行い、体全体のために機能することができるのだろうか？　**キーコンセプト7.1**で学んだように、細胞間信号の中には標的細胞に到達するために循環系を介するものがある。しかし細胞にはより直接的に情報伝達をする手段がある。組織の中で充填されている細胞は、隣り合う細胞と特殊化した細胞間結合を介して直接的に情報伝達することができる。動物におけるギャップ結合（図6.7）と植物における原形質連絡である。

学習の要点

- 動物細胞はギャップ結合を介して他の細胞と直接的に情報伝達することができる。
- 細胞間信号伝達が発達したおかげで、多細胞生物が進化することができた。

動物細胞はどのようにして直接的に信号伝達できるのだろうか？

ギャップ結合は多くの動物に存在する隣り合う細胞間のチャネルであり、細胞膜の面積の25%を占める（図7.16(A)）。ギャップ結合は**コネクソン**と呼ばれるチャネル構造によって、2つの隣り合う細胞の細胞膜間の狭い空間（“ギャップ”）を横切っている。コネクソンの壁は膜内在性タンパク質コネキシンという6つのサブユニットから構成されている。隣り合う細胞では、2つのコネクソンが一緒になってギャップ結合を形成し、それによって2つの細胞の細胞質がつながる。細胞間にはこれらのチャネルが数百存在することもある。チャネルの孔は直径およそ1.5 nmであり、高分子が通過するには狭すぎるが、低分子やイオンは通過することができる。

ギャップ結合が実際に機能している一例を紹介しよう。哺乳類の眼の水晶体では、表面の細胞の近くにしか栄養分と老廃物を十分に拡散させることができるだけの血管がない。しかし水晶体細胞は多数のギャップ結合で連結されているので、物質はそれらの細胞の間を迅速かつ効率的に拡散することができる。ホルモンとセカンドメッセンジャーはギャップ結合を通して移動することができる。しばしばある特定の信号に対する受容体を組織中の少数の細胞しか持っていない場合がある。そのような場合でも組織中の全ての細胞がギャップ結合によってその信

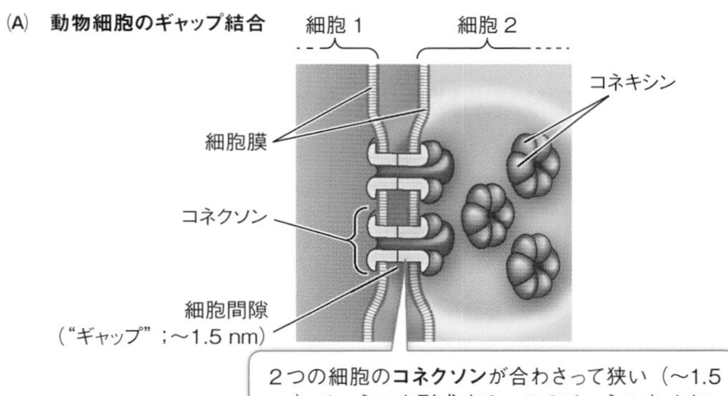

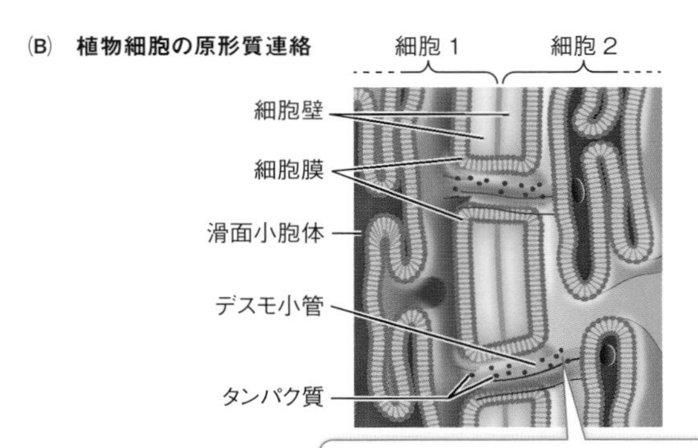

図7.16　**細胞間信号伝達結合**
(A)動物細胞は隣り合う細胞との間に数百に及ぶギャップ結合を持つことがある。ギャップ結合の孔を介して低分子が細胞間を移動することにより、重要な信号分子の濃度が隣り合う細胞間で等しくなり、細胞活動を協調させることが可能になる。
(B)原形質連絡が植物細胞をつないでいる。滑面小胞体由来のデスモ小管が原形質連絡内の空間のほとんどを占めているので、低分子量の代謝物やイオンが通過できるのはほんのわずかの空間だけである。

号に対して協調して応答することが可能となる。

植物細胞は原形質連絡を通して情報伝達する

ギャップ結合の代わりに、植物細胞は**原形質連絡**を持っている。原形質連絡は植物細胞を互いに隔てている厚い細胞壁を貫く、膜で裏打ちされたトンネルである。典型的な植物細胞は数千の原形質連絡を持っている。原形質連絡はギャップ結合と根本的に異なる点がある。隣り合う細胞膜の膜内在性タンパク質からチャネルの壁が構成されているギャップ結合とは異なり、原形質連絡は融合した細胞膜自体によって裏打ちされている。

原形質連絡の直径はおよそ6 nmであり、ギャップ結合のチャネルよりずっと大きい。しかし拡散に利用できる実際の空間はほぼ同じで1.5 nmである。原形質連絡の内部を走査型電子顕微鏡で観察すると、**デスモ小管**と呼ばれる小管が認められる。これはおそらく小胞体由来であり原形質連絡の開口部の大部分を占めている（図7.16(B)）。多くの場合、低分子量の代謝物やイオンしか植物細胞間を移動できない。

原形質連絡は植物にとって非常に重要である。植物の循環輸送系である脈管系は、多くの動物が全ての細胞にガスと栄養分を運ぶために持っている微小な管（毛細血管）を持っていないからである。例えば、細胞膜を通しての細胞から細胞への単純拡散は、植物ホルモンを産生部位から作用部位へと移動させるのには不十分である。その代わり、植物は組織中の全ての細胞がある信号に対して同時に応答するために、原形質連絡を介した、より迅速な拡散を利用する。大きな分子や粒子が原形質連絡を通って細胞間を移動する例もある。例えば、ウイルスの中には“移動タンパク質”の助けを借りて原形質連絡を通るものがある。

現代の生物は細胞間相互作用と多細胞性の進化について手がかりを与える

多細胞生物は本当に多細胞である。ヒトはおよそ60兆個の真核細胞とそれよりも多数の原核細胞（腸内細菌など）を持っている。しかしヒトやバラを構成しているのは単に細胞だけではない。一群の細胞が特殊化して組織を形成し、一群の組織が集まって器官（脳や花弁など）となり、特定の役割を果たす。胚における組織・器官の発生は数段階を経て起こる。

・細胞の移動による集団形成
・細胞の塊形成
・細胞の組織への特殊化
・細胞間の結合

単細胞生物は地球上で繁栄し続けているが、次第に複雑な多細胞生物が進化し、それとともに特殊化した細胞間で分業が始まった。単細胞生物から多細胞生物への移行は長時間を要した。実際、単細胞生物は地球誕生のおよそ５億〜10億年後に発生したが、真の多細胞生物の最初の証拠はそれより10億年以上後のものである。多細胞性はおそらく数回発生したと思われる。

多細胞性の進化的起源の研究は、大昔に起こったことなので非常に難しい。ほとんどの動物細胞や植物細胞の最も近縁の単細胞生物はおそらく数億年前に存在した。単細胞生物から多細胞生物への移行は数段階を経て起こったのだろう。

・細胞の凝集による塊形成
・塊の中の細胞間情報伝達

・塊の中のある細胞群の特殊化
・特殊化した細胞による集団（組織）形成
このリストに見覚えがあるだろうか？（上記、胚における器官の発生のリスト参照）

重要な出来事は細胞間情報伝達の進化だったろう。それが多細胞生物内での異なる細胞の活動を協調させるのに必要だからだ。

水生緑藻植物の“ボルボックス”系統を見ることによって、どのようにして多細胞性が進化したのかを可視化することができる。この植物は単細胞から分化した細胞塊を持つ複雑な多細胞生物まで様々である（**図7.17**）。この中には単細胞生物（クラミドモナス）、小さな細胞塊として存在する生物（ゴニウム）、より大きな細胞塊として存在する生物（パンドリナとユードリナ）、体細胞と生殖細胞の群体（プレオドリナ）、そしてもっと大きく体細胞と生殖細胞が別の組織に組織化されている1000個の細胞からなる藻類（ボルボックス）が含まれる。

クラミドモナスはこのグループの単細胞のメンバーである。それは2つの細胞相を持っている。細胞が鞭毛を持ち動き回る水泳相と鞭毛が再吸収（脱凝集）されて細胞が分裂（繁殖）する非水泳相である。これをボルボックスと比較してみよう。この多細胞で球形の生物の細胞のほとんどは表面に存在する。この生物は光に向かって泳ぐときに鞭毛の運動で回転運動をする。光のあるところで光合成をすることができる。しかしボルボックスの細胞の中にはもっと大きくて球体の内部に位置するものもある。これらの細胞は繁殖（生殖）のために特殊化したものであり、鞭毛を失い分裂して子孫を形成する。

ボルボックスの体細胞と生殖細胞が分離したのは、個体内で別々の組織の活動を協調させる重要な細胞間情報伝達機構が存在するからである。ボルボックスには外側の運動細胞によってタンパク質が作られる遺伝子があり、そのタンパク質が生殖細胞に達すると、その細胞は鞭毛を失い分裂する。この遺伝子はゴニウムやパンドリナでは活性がないので、これらの生物は細胞塊を作るが細胞の特殊化は起こらない。

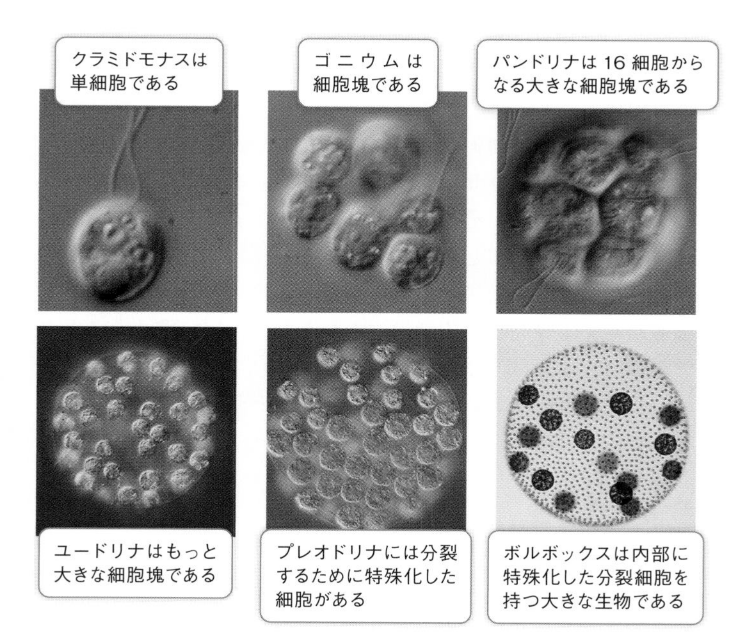

図7.17　多細胞性
多細胞生物における細胞間相互作用の進化は、これらの緑藻類から推測することができる。

Q：細胞間の直接的信号伝達の進化はどうして組織形成にとって重要だったのだろうか？

生命を研究する

QA オキシトシンは人の“信用”信号だろうか？

人と人の間のお金の受け渡しの際の信頼感にオキシトシンが関与していることを示したポール・ザックの実験は神経経済学と呼ばれる新たな研究領域を切り拓いた。1759年に哲学者のアダム・スミスは人と人の間の社会経済的関係は“仲間意識”によって動かされると書いた。250年後の今日、オキシトシンの研究はこれを実証し、それを細胞信号伝達の言葉に換えた。経済的寛大さ以外の何がオキシトシンを分泌させるだろうか？ザックたちは、マッサージや抱擁などの心地よい活動がオキシトシンを分泌させ、その結果としてポジティブな行動を引き起こすことを明らかにした。オキシトシンはヒトでは性的活動中に放出され、その結果としてハタネズミの場合と同様に絆行動をもたらす。今では米国ではオキシトシンは買い求めることができる。宣伝では「オキシトシン（経鼻）スプレーはあなたの社会生活を100％豊かなものにします。そうでなければ返金いたします」と謳っている。

今後の方向性

この章ではカフェインなどの天然物質が受容体に作用して細胞機能を変えることを見てきた。信号伝達経路は細胞分裂制御などの重要な過程について解き明かされてきたので、信号と細胞効果の間の経路の中間ステップを阻害することが可能となっている。細胞分裂を促進する信号系では、２つの重要なステップが大きな興味を集めている。１つは細胞膜でrasに結合しているGTPをGDPに変換するras GTPアーゼであり、癌細胞では不活性なことがある（**図7.9**）。このGTPアーゼを標的とする薬物はそれを活性化し、細胞内のrasを不活化するため、細胞分裂のための信号伝達経路は開始されない。もう１つ興味を集めているのはプロテインキナーゼmTORが関与するホスホリパーゼC経路の中間ステップである。mTORを標的とするいくつかの薬物はそれを不活化し、その結果、癌細胞や炎症に関与する細胞の分裂が抑制される。

▶ 学んだことを応用してみよう

まとめ
7.1　信号伝達経路には、信号、受容体、応答が含まれる。
7.3　信号伝達カスケードは細胞内で信号を伝達・増幅する。

原著論文：Forst, S., J. Delgado and M. Inouye. 1989. Phosphorylation of OmpR by the osmosensor EnvZ modulates expression of the *ompF* and *ompC* genes in *Escherichia coli. Proceedings of the National Academy of Sciences USA* 86: 6052–6056.
Cai, S. J. and M. Inouye. 2002. EnvZ-OmpR interaction and osmoregulation in *Escherichia coli*. *Journal of Biological Chemistry* 277: 24155–24161.

大腸菌（図A）はヒトの腸管に棲む細菌で、腸管内で食物分子を分解することにより消化を助けている。これらの細菌の環境は安定していると思うかもしれないが、彼らは定期的に脅威に直面する。腸管で消化が起こるときには、細菌周囲の溶質濃度が変動し、ときには細胞内溶質濃度を超えることもある。細胞はこの高張環境に応答し、水分喪失による乾燥を防がなければならない。

図A

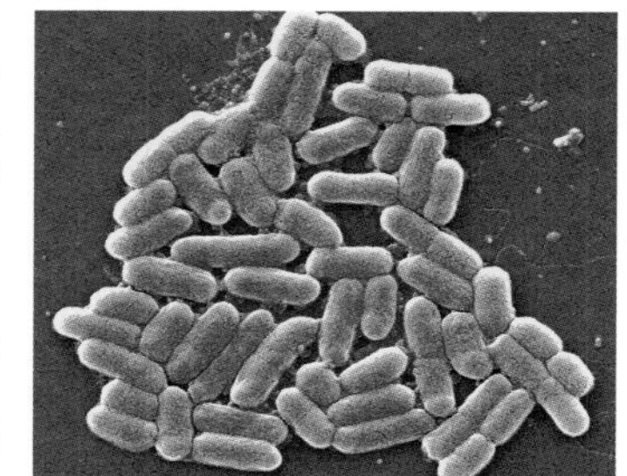

どのようにして大腸菌細胞がこの問題に対処するのかを調べるために、研究者は大腸菌を２つの溶液中で培養し

た。１つは高張溶液で、溶質濃度が細胞内よりも高かった。もう１つは等張溶液で、溶質濃度が細胞内と等しかった。研究者は細胞から膜タンパク質を単離し、ポリアクリルアミドゲル電気泳動を用い分子量に従ってそれらのタンパク質を分離した。ゲル中のタンパク質を染色した後で、膜タンパク質の１つであるOmpCが培養に用いた環境状態により発現量が変動することが明らかになった。図Bにこの結果を示す。染色量はゲル中のタンパク質量に比例する。

図B

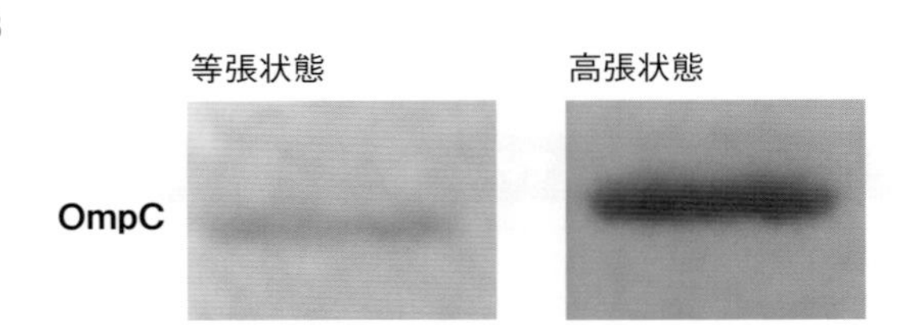

研究者は、大腸菌の高張環境に対する応答に信号伝達経路が関与しているのではないかと考えた。彼らはそのような経路の一部として、プロテインキナーゼによってリン酸化されるタンパク質があるかどうかを調べた。膜タンパク質（EnvZ）と細胞質タンパク質（OmpR）の２つのタンパク質に関して興味深い結果が得られた。大腸菌からEnvZとOmpRを精製した後で、それぞれのタンパク質を別々に^{32}Pで放射標識したATPで処理した。これはタンパク質のリン酸化を調べるために行ったのである。^{32}P-ATP存在下でリン酸化されるタンパク質は^{32}Pで標識される。表Aにこの実験の結果をまとめる。

表A

	EnvZ + ^{32}P-ATP	OmpR + ^{32}P-ATP
タンパク質に取り込まれた^{32}P標識	高	無

次に研究者は ^{32}P で放射標識されたEnvZをOmpRと混ぜ合わせる実験を行った。２つのタンパク質を混ぜ合わせた後、0, 2, 5, 10分後にサンプリングした。表Bに結果をまとめる。

表B

	^{32}P-EnvZ + OmpR混合後の時間（分）			
	0	2	5	10
EnvZ中の ^{32}P 標識	高	中	低	無
OmpR中の ^{32}P 標識	無	低	中	高

最後に、研究者は大腸菌を異なる条件で培養した後で、大腸菌のEnvZとOmpRの量を測った。表Cの値は細胞あたりの分子数である。

表C

	培養液（等張）	培養液＋20%スクロース（高張）
EnvZ	63	113
OmpR	2,043	3,525

質問

1. 環境の溶質濃度の変化に対して、細菌細胞が膜のタンパク質構成を変化させて応答することを示す証拠は何か？
2. 表A及び表Bのデータは、EnvZとOmpRの役割について何を示唆するか？　解答を示すために２つの等式を書け。
3. この信号伝達系において信号増幅が起こることを示唆する証拠は何か？
4. どのようにしてこの信号伝達経路が高張環境に応答するのか、可能な機構を図示せよ。この図は与えられたデータ全てを説明できるものでなければならない。

第1章　生命を学ぶ

図1.9（36ページの***Q***への解答）

A：この系統樹は真菌と動物の最終共通祖先が真菌と植物の最終共通祖先よりずっと新しいことを示している。したがって、真菌は植物よりも動物に近い。

データで考える （50ページの「**質問▶**」への解答）

1．

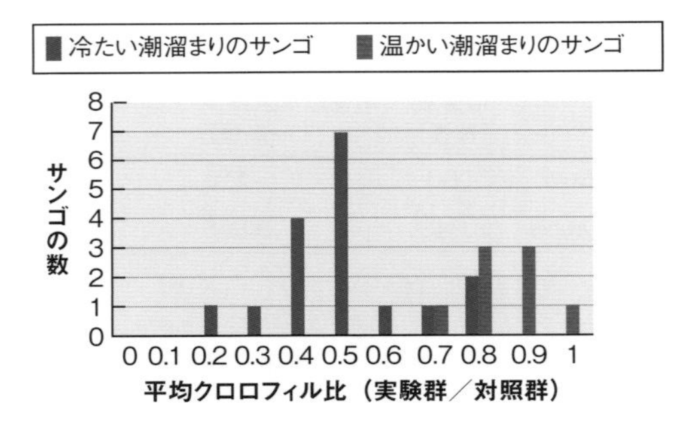

2．冷たい潮溜まりのサンゴにとって、帰無仮説（H_0）が成り立つ確率は$(0.5)^{17}=0.00000762939$だから、帰無仮説を棄却し高温ストレスはサンゴの白化に有意な効果を与えている（$P<0.00001$）と結論して間違いない。換言すれば、もし帰無仮説が正しく、高温ストレスがサンゴの白化に実質的な効果を及ぼさないとすれば、クロロフィル比が1.0未満のサンゴがこれほど多く現れる確率は10万分の１を下回ることになる。温かい潮溜まりのサンゴでは、観察値が<1のサンゴが7で、>1が１つもない。この場合、帰無仮

説が成り立つ確率は $(0.5)^7$=0.0078125である。したがって、ここでも帰無仮説を棄却し温かい潮溜まりのサンゴでも同じように高温ストレスは白化に有意な効果がある（この場合、P<0.01）と結論できる。

3．無作為な試行の結果はカードをどれだけシャッフルしたかや、どれだけ試行を繰り返して比較したかによって異なるが、完全にランダムな2つのグループからなるサンプルで0.35もの違い（観察値の違い）が見出される確率はきわめて小さい（P<0.001）。したがって、この場合も帰無仮説を棄却し、サンゴの白化への高温ストレスの効果は冷たい潮溜まりのサンゴのほうが温かい潮溜まりのサンゴより確かに大きいと結論できる。

4．冷たい潮溜まりと温かい潮溜まりのサンゴでクロロフィル比の分布が異なっていたことは、高温ストレスによってどちらの個体群も白化したが、冷たい潮溜まりの個体群がより感受性が高いことを示している。このことから、地球の温暖化が長期間続けば、温かい環境で育つサンゴが冷たい環境で育つサンゴを駆逐する可能性が示唆される。

図1.15（61ページの***Q***への解答）

A：このデータから、東側と西側の繁殖場のタイセイヨウクロマグロの個体群は大西洋中部の同じ索餌場を共有していることが明らかである。西側の繁殖個体群は境界線の東側でも広く見出されるので、境界の西側だけに漁獲制限を課しても西側の繁殖個体群の保護に効果的ではないだろう。

▶ 学んだことを応用してみよう（68ページの「質問」への解答）

1．この結果は、もし環境の悪化が急激であれば個体群は死滅する可能性が高く、その変化が緩やかであれば死滅する可能性が低いことを示している。環境の悪化が急速である種のほとんどの個体群を一掃する場合には、その種は完全に消失するだろう。たとえ少数の個体が生き延びたとしても、効果的な生殖により存続可能な個体群を維持するに十分ではないだろう。しかし、環境変化が緩やかであれば、個体群中で生き延びた個体が生殖を通じて生存能力を持つ個体の比率を高める時間的余裕が得られ、個体群が変化に適応できるようになるだろう。

2．この研究は生物個体群が変化する環境に応じてどのように進化するかを示しており、個体群に作用して進化をもたらす自然選択の過程をモデル化している。環境変化と自然選択は地球の生命史を通じて生物の特徴を形づくる上で一役買ってきた。

3．地球上の全ての生物は共通の祖先に由来し、特定の特徴を共有している。例えば、全ての生物は世代から世代へ伝わる情報をコードするDNAを持つ。DNAは突然変異を起こし、個体群中に変動をもたらす。全ての生物は自然選択の影響も受け、個体群や種は時間とともに適応する。全ての生物はDNAを持ち自然選択の影響を受けるから、この研究結果は生物に広く適応可能だと予測できる。

4．異なる１つの条件を除き、全ての細胞が同一の処理を施されている（全ての変数が制御されている）からこの実験は対照試験であった。異なる条件は培地に加えるリファンピシン量である。(比較研究の例) ある比較研究では、ダムやその他の人工建造物によって2つに分けられた魚 (あるいは他の種) の個体群の特徴に見られる変化を追跡することができた。このような場合には、ダムによってもとの個体群が互いに隔てられ異なる環境条件に曝された結果、明瞭に異なる個体群に分かれることが示されるに違いない。研究では次に、分かれた魚個体群の特徴を一定時間の後に比較し、それぞれの環境に応じて個体群がどのように変化したかを観察できる。

5. 可能である。研究機関は、どんな細菌個体群にもある程度の抗生物質耐性に繋がる遺伝的変異を持つ個体が一定の割合で存在することを示す一例として、この研究結果を利用することができるだろう。時間とともに、抵抗性の選択は、その個体群中で抗生物質の存在下でも生育できる細菌の割合を増加させることになる。したがって、細菌個体群で抗生物質耐性が進化するにつれて、細菌を死滅させるのに有効な抗生物質も時間とともにその効果を維持できなくなる。これは、細菌が抗生物質に対する耐性を進化させたために効果を失った古い抗生物質に代わる新たな抗生物質の開発が定期的に必要なことを意味する。以上の論拠から、研究機関は抗生物質耐性菌の問題に対処するためには新たな抗生物質の継続的な補給が必要なことを示せるだろう。

第2章　生命を作る低分子とその化学

図2.3（78ページの***Q***への解答）

A：この技術は治療をモニターするために利用できる。治療が進み患者が改善するにつれて、関与する脳の領域の活動性が高まると予想される。

データで考える　（86ページの「**質問▶**」への解答）

1．国ごとの平均値は全世界の平均値とは異なる。2つの平均値の違いが有意であるという仮説を検証するには、カイ二乗検定を用いる。カイ二乗検定では26ヵ国中、11ヵ国のデータに有意な差がある。

2．データのグラフは、赤道から緯度が離れるにつれて$^{13}C:^{12}C$比が増大することを示している。この事実は、異なる地域では異なる植物が生育していることを暗示する。各地域で利用される動物の餌はその地域で生育する植物である傾向が強い。

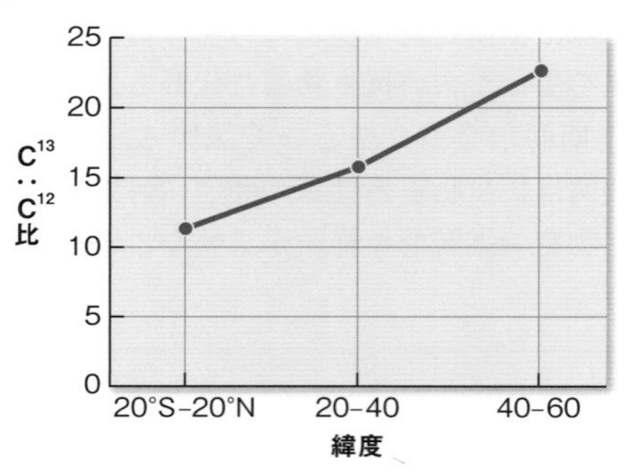

図2.6（90ページのQへの解答）

A：

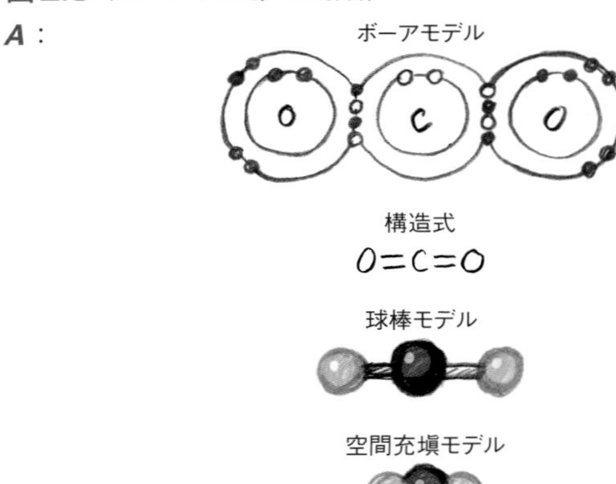

図2.8（96ページのQへの解答）

A：Ca（原子番号20）は2つの価電子（原子価電子）を、Cl（原子番号17）は7つの価電子を持つ。両原子が結合するときには、1個のCa原子から2個の電子が失われて2個のCl原子に移り$CaCl_2$ができる。

図2.9（98ページのQへの解答）

A：化学的レベルでは、蒸発によりイオンの水和に必要な水が取り除かれるからイオンは分離した状態ではなくなる。物理的レベルでは、塩はもはや溶解しておらず結晶が生じる。

図2.10（99ページのQへの解答）

A：熱は水素結合を壊す。水素結合は、分子の異なる部位に存在する化学基間の相互作用に影響を与えるので、分子の三次元構造が変化する。

▶ 学んだことを応用してみよう　（123ページの「質問」への解答）

1.

$$\underset{\substack{\|\\ O}}{H_3C-C}-CH_2-\underset{\substack{\|\\ O}}{C}-\overset{\text{酸性水素}\downarrow}{OH} \longrightarrow H_3C-\underset{\substack{\|\\ O}}{C}-CH_2-\underset{\substack{\|\\ O}}{C}-O^- + H^+$$

2.

$$HCO_3^- + H^+ \rightleftharpoons H_2CO_3$$

pHは変化しない。アセト酢酸のイオン化でH^+が増加するから、上記反応の平衡は下に示すように右に向かう。

$$HCO_3^- + H^+ \longrightarrow H_2CO_3$$

増加した H^+はHCO_3^-（重炭酸イオン）と反応して平衡を右に向かわせる。

すなわち、重炭酸イオンが増加したH^+と結合するから全体として自由H^+は変化しない。

3. 重炭酸緩衝系はやがて緩衝能力を失い、血中に溜まっていく余分なH^+を吸収して、炭酸を作り出すことがもはやできなくなる。こうなると、H^+が蓄積し血液pHの低下を招くだろう。体は一定のpHを維持できず、細胞は血液の正常より低いpHに曝されることになる。この場合、細胞は異常な環境に曝されて正常な細胞機能が混乱させられるから、患者は重症になる。

4. アセトンは酸性水素を含まないから、血中のどんな酸性あるいは塩基性の緩衝系にも影響を与えないと予想される。

5．想定される血液検査は以下の４つ。インスリンレベル（正常値以下）、血中グルコースレベル（上昇）、血液pH（正常値以下）と重炭酸レベル（正常値以下）。

第3章　タンパク質、糖質、脂質

データで考える　（136ページの「質問▶」への解答）

1．遺伝子操作した蚕は野生のクモよりも強力な糸を作り出した。その糸は野生のクモの糸より太く、分断するにはより大きな力を必要とし、張力によく耐えた。

2．線維の太さは線維の強さの目安となるので測定された。

3．t検定が相応しい。

4．合成クモの糸はケブラーや鋼線よりも強く軽い。

図3.7（147ページの***Q***への解答）

A：一次構造は影響を受けないだろう。強力な共有結合でできているからである。

図3.9（152ページの***Q***への解答）

A：リゾチームの外側（水）環境に面している領域は親水性であり、内向きの部分は概して疎水性である。

データで考える　（156ページの「質問▶」への解答）

1．ジスルフィド結合形成は再酸化が始まるのとほとんど同時に始まった。酵素活性は再酸化が始まってから100分後に現れ始めた。ジスルフィド結合形成開始と酵素活性の再出現の間に時間差が生じるのには2つの理由がある。第一に、このタンパク質には4つのジスルフィド結合があり、それらが全て再形成されて初めて酵素活性は回復するからである。言い換えると、最初のジスルフィド結合が形成されただけでは酵素活性は回復しないので、酵素活性が再出現するまで時間差があるのである。第二に、ジスルフィド結合形成によりタンパク質が折りたたまれた後で生じ、酵素活性のために必要な、水素結合や疎水効果のような他の化学的相互作用が存在するからである。

2. 未変性のタンパク質の吸収ピークはおよそ278nmであった。変性（還元）タンパク質の吸収ピークはおよそ275nmであった。再酸化により元の吸収ピークに戻った。この実験の変性条件では、RNase Aの一次構造が保たれる限り、環境条件が適切であれば変性タンパク質は元の立体構造を回復し機能も完全に回復する。

図3.12（158ページの***Q***への解答）

A：分子内あるいは分子間の弱い相互作用は比較的小さなエネルギーで引き離すことができるからである。

図3.14（162ページの***Q***への解答）

A：ヒートショックタンパク質は、細胞のタンパク質が変性、場合によっては分解するのを防ぐからである。これはタンパク質が熱に曝されたときのみならず、その構造が変化するときなどのいかなる化学条件（例えばpH変化の際など）でも、起こりうる。

▶ 学んだことを応用してみよう （189ページの「質問」への解答）

1．関与している力は非共有結合的なものであり、主として疎水性相互作用とファンデルワールス力である。R基は概して疎水基（Val、Ile、Phe、Gly）だからである。これらのアミノ酸のR基はインスリンポリペプチドの骨格から突き出ており、標的タンパク質と相互作用して非共有結合性の相互作用をする。

2．これらのアミノ酸は表に示した全ての脊椎動物種で不変であり、これらがインスリンの生物活性を維持するのに必須であることを示唆している。

3．タンパク質の三次構造全体が大きく変わらない限り、ある程度のアミノ酸変異は許されうる。どの部位においても、構造と性質が同様なアミノ酸のみが同様に機能することができる。

4．システイン残基はジスルフィド結合を作り、2つのポリペプチド鎖をつなぎ合わせタンパク質の三次構造を安定化するので重要である。他のいかなるアミノ酸もこの役割を果たすことはできない。ここに示された脊椎動物種のアミノ酸を比較して、システインの位置に他のアミノ酸を持つものがあるかどうかを見てみることにより、この仮説を検証できる。

第4章　核酸と生命の起源

図4.3（200ページの*Q*への解答）

A：折りたたまれたRNA分子を加熱した場合、RNA中の塩基間の水素結合は壊され、分子はランダムな形となり、その特異的な形を失うであろう。

図4.4（202ページの*Q*への解答）

A：水素結合。

図4.5（204ページの*Q*への解答）

A：転写を指令するDNA配列に特別な情報が存在するに違いない。これらの特別な配列が転写に関与するタンパク質に結合しているのであろう。

データで考える（221ページの「質問▶」への解答）

1．データのグラフを以下に示す。非加熱の土壌を対象とした２つの実験では、^{14}Cで標識されたガスが、大きくはないが時間依存的に増加した。これらのデータは生物が存在して供給された分子をガスに変換したことと矛盾しない。産生されたガスの量は、実験室でのデータと比較すると小さい。平均放射活性は10,000 cpmで、最大可能量は257,000 cpmであった。ガスの産生効率は10,000/257,000 ≒ 0.038 = 4%であった。

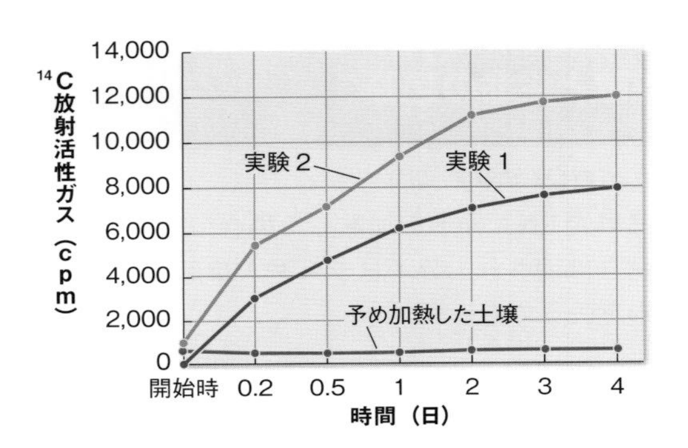

2．データのグラフでは^{14}Cガスの増加は認められない。熱はタンパク質や核酸中の水素結合を破壊する。これらのデータもまた生物がいて^{14}Cガスを産生したことと矛盾しない。

3．赤鉄鉱のデータは火星の土壌のデータと類似している。であるから、火星の土壌のデータは生命の存在と矛盾しないが、非生物の土壌成分とも矛盾しない。

▶ 学んだことを応用してみよう（236ページの「質問」への解答）

1．プリン（A + G）とピリミジン（C + T）の比は常に1：1である。このパターンが観察されるのは、二重らせん構造と二重らせんを作っている２本の鎖間の塩基対合のためである。常に一方の鎖にはプリンが存在し他方の相補鎖上のピリミジンと対合する。

DNA	アデニン（A）	グアニン（G）	プリン	シトシン（C）	チミン（T）	ピリミジン	プリン：ピリミジン比
ニシンの白子	27.8	22.2	50	22.6	27.5	50.1	1.00
ラットの骨髄	28.6	21.4	50	21.5	28.4	49.9	1.00
ヒトの精子	30.7	19.3	50	18.8	31.2	50	1.00
大腸菌	26	24.9	50.9	25.2	23.9	49.1	1.04
酵母	31.3	18.7	50	17.1	32.9	50	1.00

2．プリン（A + G）とピリミジン（C + T）の比は0.87～1.24に及び、データ間に大きな差異が存在する。であるから、RNAではこの比に多くの生物種で一定のパターンは存在しない。これは、一本鎖であるRNA鎖中ではプリンとピリミジンの数は多様であることを示している。

RNA	アデニン（A）	グアニン（G）	プリン	シトシン（C）	ウラシル（U）	ピリミジン	プリン：ピリミジン比
ラットの肝臓	19.2	28.5	47.7	27.5	24.8	52.3	0.91
コイの筋肉	16.4	34.4	50.8	31.1	18.1	49.2	1.03
酵母	25.1	30.2	55.3	20.1	24.6	44.7	1.24
ウサギの肝臓	19.7	26.8	46.5	25.8	27.6	53.4	0.87
ネコの脳	21.6	31.8	53.4	26.0	20.6	46.6	1.15

3．種間のDNAとRNAのプリン：ピリミジン比の差異は、

DNAが二本鎖であり、RNAが一本鎖であることを反映している。プリンとピリミジンが1：1で対合するので、二本鎖構造でのみ、プリンとピリミジンの比は一定なのである。一本鎖RNA中ではプリンとピリミジンは対合する必要はないので、それらの含量の多様性はRNA鎖の塩基配列の差異を反映している。

4．大腸菌のみがAT含量とGC含量がほぼ等しい。ヒトの精子と酵母はAT含量の方がGC含量よりも多く、ラットの骨髄とニシンの白子でもAT含量の方がGC含量よりも多い。

DNA	アデニン（A）	グアニン（G）	シトシン（C）	チミン（T）	アデニン＋チミン（A＋T）	グアニン＋シトシン（G＋C）
ニシンの白子	27.8	22.2	22.6	27.5	55.3	44.8
ラットの骨髄	28.6	21.4	21.5	28.4	57	42.9
ヒトの精子	30.7	19.3	18.8	31.2	61.9	38.1
大腸菌	26.0	24.9	25.2	23.9	49.9	50.1
酵母	31.3	18.7	17.1	32.9	64.2	35.8

5．ニシンの白子とラットの骨髄細胞は、類似のAT含量とGC含量を持っている。それらの遺伝子構成はDNA中の塩基配列によって決定される。であるから、全体としての塩基含量が似ていたとしても、それぞれのDNA中で遺伝子をコードするA、T、G、Cという4つの塩基に関して独自の配列を持っている。

第5章　細胞：生命の機能単位

図5.9（267ページの***Q***への解答）

A：核膜からのER組み立て、ゴルジ装置の扁平嚢間の輸送、ERからゴルジ装置への輸送、エンドサイトーシス、エキソサイトーシス、ゴルジ装置から細胞膜への輸送。

図5.11（275ページの***Q***への解答）

A：筋肉細胞のような高エネルギーを必要とする細胞には多数のミトコンドリアが存在するだろう。

データで考える（284ページの「**質問▶**」への解答）

1．タンニンはまず葉緑体のチラコイドに出現し、タンニンを含む小胞によって液胞に輸送される。

2．クロロフィル染色とタンニン染色により同じ場所が染色される。クロロフィルは葉緑体に存在するので、これは葉緑体がタンニン誕生の場所であることと矛盾しない。これは質問「1.」への答え通りである。

3．染色と化学分析の両方の結果が、タンニンとクロロフィルの両者が細胞分画の下の分画に含まれることを示した。であるからこの下の分画が多分タンニンを含む葉緑体分画であろう。

図5.18（294ページの***Q***への解答）

A：ネキシンによる連結により、微小管ダブレットが互いに滑り合おうとするときに線毛と鞭毛が曲がる。ネキシンがないと、線毛と鞭毛の機能は低下するだろう。これは線毛不動症候群と呼ばれる。

データで考える（299ページの「**質問▶**」への解答）

1．これらの実験を行った理由は以下の通りである。もしマイクロフィラメントが細胞運動にとって不可欠であるならば、サイトカラシンBがあるときには細胞運動は起こらないだろう。もし微小管が細胞運動にとって不可欠であるならば、コルヒチンがあるときには細胞運動は起こらないだろう。細胞運動にタンパク質の新規合成が必要ならば、シクロヘキシミドがあるときには細胞運動は起こらないだろう。細胞運動にエネルギーが必要ならば、ジニトロフェノールがあるときには細胞運動は起こらないだろう。後の３つの実験はそれら３つの過程が関与していることを除外するための重要な対照実験であった。「シクロヘキシミド＋サイトカラシンB」対照実験と「ジニトロフェノール＋サイトカラシンB」対照実験から、これらの薬物は細胞に対して独立に効果をもたらすことが示された。

2．サイトカラシンBを用いた実験から細胞運動にマイクロフィラメントが関与していることが示唆された。コルヒチンを用いた実験から微小管の関与は除外された。シクロヘキシミドを用いた実験から細胞運動にタンパク質の新規合成は必要でないことが示された。ジニトロフェノールを用いた実験から細胞運動にエネルギーの新規入力は必要でないことが示された。

▶ 学んだことを応用してみよう（311〜312ページの「質問」への解答）

1．結果からこのタンパク質はERからその経路が始まりゴルジ装置を経て細胞膜にいたることが分かる。

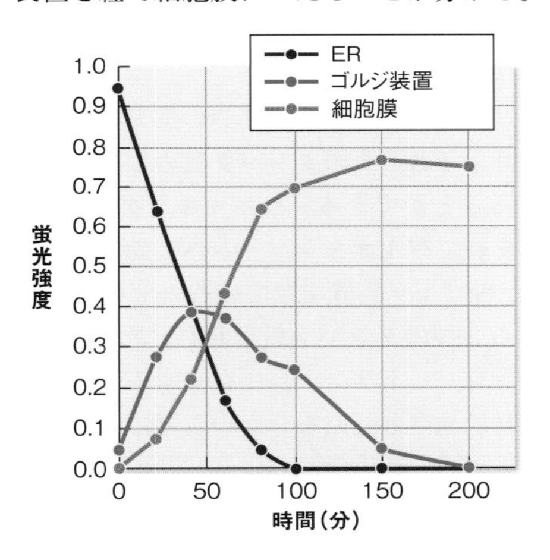

2．タンパク質合成阻害剤により融合タンパク質の合成は阻害されるだろう。あったとしてもごく少量の蛍光しか観察されないだろう。ゴルジ装置や細胞膜に向かって動く蛍光は観察されないだろう。

3．研究者たちは何も新しいことは学ばなかっただろう。細胞分画法は蛍光の細胞内局在の時間変化に関して同じ情報しかもたらさないからである。しかしながら、細胞分画法による結果は顕微鏡を用いて得られた結果を追認してくれただろう。そのことにより、そのタンパク質の経路に関する主張への証拠の重みがさらに増すであろう。

4．研究者は両タンパク質を識別できるように異なる色（例えば緑と赤）を発する２つの異なる蛍光標識を用いなければならなかっただろう。それから装置をそれぞれの色に合わせて調整し、それぞれの色のデータを同時に収集すればよかった。

5．異なるタンパク質に付けられた２つの蛍光標識が互いに識別可能な限り、それぞれのタンパク質の細胞内の異なる経路を追跡することができる。ペルオキシダーゼはERからゴルジ装置を経てペルオキシソームへと動き、分泌タンパク質はERからゴルジ装置を経て細胞外液中へと動くであろう。これら２つのタンパク質はERとゴルジ装置では同一の区画（コンパートメント）に存在するが、それ以降は異なる最終目的地へと経路を分かつことになる。

	ペルオキシダーゼ				分泌タンパク質			
時間(分)	ER	ゴルジ装置	ペルオキシソーム	細胞外液	ER	ゴルジ装置	ペルオキシソーム	細胞外液
0	1.0	0.0	0.0	0.0	1.0	0.0	0.0	0.0
10	0.6	0.3	0.1	0.0	0.6	0.3	0.0	0.1
20	0.4	0.4	0.2	0.0	0.4	0.4	0.0	0.2
50	0.2	0.3	0.5	0.0	0.2	0.3	0.0	0.5
100	0.1	0.2	0.7	0.0	0.1	0.2	0.0	0.7
200	0.0	0.0	1.0	0.0	0.0	0.0	0.0	1.0

第6章　細胞膜

図6.1（317ページの***Q***への解答）

A：タンパク質のあるものは疎水性相互作用により膜中に埋め込まれ、あるものはイオン引力により表面にとどまる。

図6.10（343ページの***Q***への解答）

A：肥料を与えすぎると土壌水が植物の根細胞の内部に対して高張になる。水は浸透により植物の根から高張液の方へと移動する。植物器官の水分もまた根へと移動し、そこから浸透で植物外へ移動する。細胞の水分は膨圧の維持にとって重要なので、肥料のやり過ぎによる水分喪失は植物をしおれさせる。

データで考える（352～353ページの「**質問▶**」への解答）

1．mRNAを注入した卵母細胞は、水が浸透してくるために膨らむ。4分後には、mRNAを注入した細胞は多くの水を取り込んで破裂する。対照の細胞は過剰な水を取り込まないため無傷のままである。

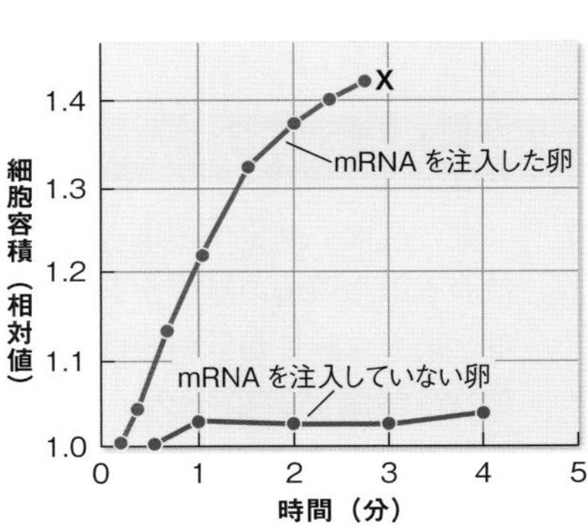

2. 水の透過性は、より多くのmRNAを注入すればするほど増大する。mRNAが多ければ多いほど膜のアクアポリンが多いからである。両者の関連は線形回帰法で統計的に評価できる。

3. mRNAを注入した卵母細胞を塩化水銀（Ⅱ）のみで処理した場合のデータは、水の透過性が減少することを示しており、タンパク質が関与していることを示唆する。メルカプトエタノールを投与することにより水の透過性は回復した。mRNAを注入しなかった対照群では水の透過性は高くなく、塩化水銀（Ⅱ）もメルカプトエタノールも影響を与えなかった。

図6.15（359ページの***Q***への解答）

A：Na^+-K^+ポンプを阻害すると、細胞の内外でNa^+濃度が等しくなる。一般的に、このことによって細胞内Na^+濃度が増加する。Na^+濃度勾配が無くなるということは、グルコース取り込みを駆動するエネルギー源が無くなることを意味し、グルコース濃度は低下するだろう。

▶ 学んだことを応用してみよう（370ページの「質問」への解答）

1. 一定の温度で測定する場合、細胞膜の流動性は、その動物種の本来の環境の温度が低ければ低いほど、高い傾向がある。最も流動性が低い膜は、最も高い温度を経験している動物（体温が37℃のラット）のものである。34℃に生息する砂漠のカダヤシの細胞膜の流動性はそれより少し高く、25℃で飼育した金魚の細胞膜の流動性はさらに高い。

この流動性増大の傾向は５℃で飼育した金魚についても同様である。細胞膜の流動性が最も高いのは、極端な低温（０℃）で暮らすホッキョクカジカである。

2．データは、膜を構成するリン脂質における飽和脂肪酸の不飽和脂肪酸に対する比もまた膜の流動性に影響を与えることを示唆する。

3．飽和脂肪酸は不飽和脂肪酸に比べてより緊密に充填されうる。その結果膜の流動性は低下する。温度が低下するにしたがって、不飽和脂肪酸の割合を大きくするのが適当であろう。分子の動きは、温度が低下するにつれて減少するからである。極端な低温では、膜は緊密充填を減少させ流動性を維持するために、より多くの不飽和脂肪酸と必要とする。非常な高温では、分子の動きが大きいために、膜は緊密に充填された飽和脂肪酸でも大丈夫である。

4．蛍光強度の値からすると、グラフは、その動物の細胞膜はおよそ15℃という環境下にあったことを示している。この温度は５℃で育てた金魚と25℃で育てた金魚から得られたデータの間である。このことは、この動物の飽和脂肪酸の不飽和脂肪酸に対する比は、表に示されたデータに基づくと、0.66と0.82の間のどこかであろうということを意味し、多分0.70近辺であろう。

第7章　細胞の情報伝達と多細胞性

図7.3（381ページの***Q***への解答）

A：酵素が基質に結合する場合と同様に、カフェインやアデノシンの結合は非共有結合である。どちらの物質も、受容体の特定の部位にその形と疎水性相互作用（環状構造部分）により結合する。

図7.10（395ページの***Q***への解答）

A：raf活性は腎臓癌の細胞増殖を促進するプロテインキナーゼカスケード中の初期のイベントである。rafの阻害によりMEKのリン酸化やプロテインキナーゼカスケードのその後の全てのステップが阻害される。細胞分裂は減少し、癌は縮小する。

データで考える（411～412ページの「**質問▶**」への解答）

1．オキシトシン投与を受けた供与者の方が受けなかった供与者に比べて信頼度が高かった。その差はおよそ15%であった。*t*検定を用いれば統計的有意差があるかどうかを評価することができるだろう。

2．どのぐらい投資すべきかを正確に指定された場合には、オキシトシン投与群と非投与群で投資額に差は無かった。このことは、オキシトシンは単に人に大きなリスクを取ることを誘導するのではなく、最初の実験結果と併せて考えると、オキシトシンは人と人との間に信頼感が関与する社会的関係が存在するときにリスクを増大させることを示唆している。

図7.17（419ページの*Q*への解答）

A：細胞間の直接的信号伝達のおかげで、信号が集団中の１つの細胞から別の細胞へと伝わり、細胞どうしが迅速に信号を共有することが可能になる。このことにより、集団中の細胞が同じ活動を行うことが可能になり、このことが組織機能にとって重要である。

▶ 学んだことを応用してみよう （423ページの「質問」への解答）

1．図は環境の溶質濃度によって異なる量の膜タンパク質OmpCが産生され膜に挿入されることを示している。

2．膜タンパク質EnvZは自分自身をリン酸化するプロテインキナーゼであり、その後で細胞質のOmpRをリン酸化する。この順次のリン酸化がこの信号伝達系でどのように信号伝達が起こっているのかを説明してくれるだろう。

$$\mathrm{EnvZ + ATP \rightarrow EnvZ\text{-}P + ADP}$$
$$\mathrm{EnvZ\text{-}P + OmpR \rightarrow EnvZ + OmpR\text{-}P}$$

3．EnvZ分子の数は細胞質中のOmpR分子の数よりもはるかに少ない。このことは少数の膜タンパク質が細胞質中の多数のタンパク質を活性化し、この多数のタンパク質が信号伝達経路の次のポイントに信号を受け渡すことを示唆している。

4.

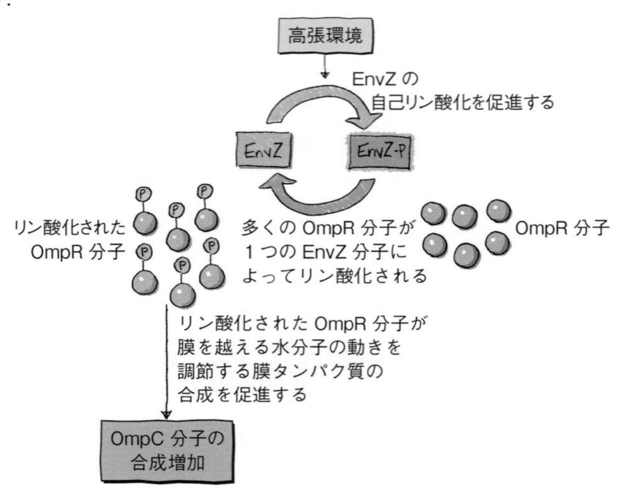

高張環境
EnvZ の
自己リン酸化を促進する
EnvZ
EnvZ-P
リン酸化された
OmpR 分子
多くの OmpR 分子が
1 つの EnvZ 分子に
よってリン酸化される
OmpR 分子
リン酸化された OmpR 分子が
膜を越える水分子の動きを
調節する膜タンパク質の
合成を促進する
OmpC 分子の
合成増加

著者／監訳・翻訳者略歴

著者略歴（『LIFE』eleventh editionより）

デイヴィッド・サダヴァ（David E. Sadava）

クレアモント大学ケック・サイエンス・センターで教鞭を執るプリツカー家財団記念教授・名誉教授。これまで生物学入門、バイオテクノロジー、生理化学、細胞生物学、分子生物学、植物生物学、癌生物学などの講座を担当し、優れた教育者に与えられるハントゥーン賞を２度受賞。著書多数。約20年にわたり、ヒト小細胞肺癌の抗癌薬多剤耐性の機序解明に注力し、臨床応用することを目指している。非常勤教授を務めるシティ・オブ・ホープ・メディカル・センターでは現在、植物由来の新たな抗癌剤の研究に取り組む。

デイヴィッド・M・ヒリス（David M. Hillis）

テキサス大学オースティン校で総合生物学を講じるアルフレッド・W・ローク百周年記念教授。同校では生物科学部長、計算生物学・バイオインフォマティクスセンター所長なども兼任する。これまでに生物学入門、遺伝学、進化学、系統分類学、生物多様性などの講座を担当。米国科学アカデミー、米国芸術科学アカデミーの会員に選出され、進化学会ならびに系統分類学会の会長も歴任。その研究は、ウイルス進化の実験的研究、天然分子の進化の実証研究、系統発生学応用、生物多様性分析、進化のモデリングなど進化生物学の多方面にわたる。

H・クレイグ・ヘラー（H. Craig Heller）

スタンフォード大学で生物科学と人体生物学の教鞭を執るロリー・I・ローキー／ビジネス・ワイア記念教授。1972年以来、同校で生物学の必修講座を担当し、人体生物学プログラムのディレクター、生物学主任、研究担当副学部長を歴任。科学雑誌『サイエンス』の発行元でもあるアメリカ科学振興協会の会員で、卓越した教育者に贈られるウォルター・J・ゴアズ賞などを受賞。専門分野は、睡眠・概日リズム、哺乳類の冬眠に関わる神経生物学、体温調節、ヒトの行動生理学など。学部生の学際的なアクティブラーニングの推進にも尽力している。

サリー・D・ハッカー（Sally D. Hacker）

オレゴン州立大学教授。2004年以来同校で教鞭を執り、これまでに生態学入門、群集生態学、外来種の侵入に関する生物学、フィールド生態学、海洋生物学などの講座を担当。米国生態学会が若手研究者の優れた発表を表彰するマレー・F・ビューエル賞や米国ナチュラリスト協会の若手研究者賞を受賞。種間の相互作用や地球規模の変化の様々な条件下における、自然および管理された生態系の構造や機能、貢献（人類に提供する効能）を追究する。近年は、気候変動による沿岸域の脆弱性緩和に資する砂丘生態系の保護機能の研究に注力している。

【監修・翻訳】

石崎 泰樹（いしざき　やすき）

1955年生まれ。東京大学医学部医学科卒業後、東京大学大学院医学系研究科を修了、医学博士。生理学研究所、東京医科歯科大学、英国ロンドン大学ユニヴァシティカレッジ、神戸大学を経て、現在は群馬大学医学部長・大学院医学系研究科長、医学系研究科教授（分子細胞生物学)。編著・訳書に『イラストレイテッド生化学　原書7版』（丸善、共監訳)、『症例ファイル　生化学』（丸善、共監訳)、『カラー図解 人体の細胞生物学』（日本医事新報社、共編集）など。

中村千春（なかむら　ちはる）

1947年生まれ。京都大学農学部卒業後、米国コロラド州立大学大学院博士課程修了（Ph.D)。神戸大学農学研究科教授、同研究科長、神戸大学副学長・理事を経て同名誉教授。専門は植物遺伝学。著書・訳書に『エッセンシャル遺伝学・ゲノム科学』（化学同人、共監訳)、『遺伝学、基礎テキストシリーズ』（化学同人、編著）など。

【翻訳】

小松佳代子（こまつ　かよこ）

翻訳家。早稲田大学法学部卒業。都市銀行勤務を経て、ビジネス・出版翻訳に携わる。訳書に『もうひとつの脳　ニューロンを支配する陰の主役「グリア細胞」』（講談社ブルーバックス、共訳)、『図書館巡礼 「限りなき知の館」への招待』（早川書房、翻訳)。

写真クレジット

第1章　【第1章扉写真】© amanaimages　【図1.1】© amanaimages　【図1.3】© amanaimages　【図1.4】© amanaimages　【図1.7】© amanaimages　【図1.8】© Shutterstock　【図1.11】© amanaimages　【図1.13】From Xu et al., 2006. *Nature* 442: 705. © Macmillan Publishers Ltd.　【図1.14】© amanaimages　【図1.15】Courtesy of Wayne Whippen　【図1.16】Courtesy of the U.S. Geological Survey　【図1.17】© amanaimages　【48ページ】© amanaimages

第2章　【第2章扉写真】© amanaimages　【図2.3】Used with permission of Mayo Foundation for Medical Education and Research, mayoclinic.com.　【図2.13】© Shutterstock　【図2.14（A）】© iStock　【図2.14（B）】© Shutterstock　【図2.14（C）】David McIntyre　【70ページ】© amanaimages　【84ページ】© amanaimages

第3章　【第3章扉写真】© amanaimages　【図3.9】Data from PDB 1IVM. T. Obita, T. Ueda, & T. Imoto, 2003. *Cell. Mol. Life Sci.* 60: 176.　【図3.11】Data from PDB 2HHB. G. Fermi et al., 1984. *J. Mol. Biol.* 175: 159.　【図3.18（C）】© amanaimages　【図3.19（B）耳】David McIntyre　【図3.19（C）昆虫】© Shutterstock　【134ページ（上）クモ】© amanaimages　【134ページ（下）蚕】© iStock　【179ページ】David McIntyre

第4章　【第4章扉写真】Courtesy of NASA/JPL-Caltech/MSSS.　【第4章扉囲み写真】Courtesy of NASA/JPL-Caltech/MSSS.　【図4.8】Courtesy of the Argonne National Laboratory　【図4.10（B）】Courtesy of Janet Iwasa, Szostak group, MGH/Harvard　【図4.11】© Stanley M. Awramik/Biological Photo Service　【図4.11囲み写真】© amanaimages　【220ページ】Courtesy of NASA/JPL-Caltech/University of Arizona.

第5章　【第5章扉写真】© amanaimages　【図5.1 タンパク質】Data from PDB 1IVM. T. Obita, T. Ueda, & T. Imoto, 2003. *Cell. Mol. Life Sci.* 60: 176　【図5.1 T4ファージ】© Dept. of Microbiology, Biozentrum/SPL/Science Source. 5.1　【図5.1 細菌】© Jim Biddle/ Centers for Disease Control　【図5.1 動植物細胞】© amanaimages　【図5.1 カエルの卵】David McIntyre　【図5.1 シマリス】© Shutterstock　【図5.1 ヒト（乳児）】Courtesy of Sebastian Grey Miller　【図5.3 光学顕微鏡】© Shutterstock　【図5.3 明視野顕微鏡】Courtesy of the IST Cell Bank, Genoa.　【図5.3 位相差顕微鏡】© Michael W. Davidson, Florida State U.　【図5.3 微分干渉顕微鏡】© Michael W. Davidson, Florida State U.　【図5.3 明視野顕微鏡（染色法）】© amanaimages　【図5.3 蛍光顕微鏡】© Michael W. Davidson, Florida State U.　【図5.3 共焦点顕微鏡】© amanaimages　【図5.3 透過型電子顕微鏡】© amanaimages　【図5.3 透過型電子顕微鏡（TEM）】© amanaimages　【図5.3 走査型電子顕微鏡（SEM）】© amanaimages　【図5.3 電子顕微鏡（凍結割断/フリーズフラクチャー法）】© amanaimages　【図5.4】© J. J. Cardamone Jr. & B. K. Pugashetti/Biological Photo Service　【図5.5（A）】© Dennis Kunkel Microscopy, Inc.　【5.5（B）】Courtesy of David DeRosier, Brandeis U.　【図5.6 核分画】Reproduced with permission from Y. Mizutani et al., 2001. *J. Cell Sci.* 114: 3727　【図5.6 ミトコンドリア分画】From L. Argued et al., 2004.

Cardiovasc. Res. 61: 115. 【図5.6 小胞体及びゴルジ装置分画】From Y. Mizutani et al., 2001. *J. Cell Sci.* 114: 3727. 【図5.7 ミトコンドリア】© amanaimages 【図5.7 核】© Richard Rodewald/ Biological Photo Service 【図5.7 細胞骨格】© amanaimages 【図5.7 中心小体】© Barry F. King/Biological Photo Service 【図5.7 細胞膜】Courtesy of J. David Robertson, Duke U. Medical Center 【図5.7 粗面小胞体(RER)】© amanaimages 【図5.7 細胞壁】© amanaimages 【図5.7 滑面小胞体】© amanaimages 【図5.7 リボソーム】From M. Boublik et al., 1990. *The Ribosome*, p. 177. Courtesy of American Society for Microbiology 【図5.7 ペルオキシソーム】© E. H. Newcomb & S. E. Frederick/ Biological Photo Service 【図5.7 葉緑体】© W. P. Wergin, E. H. Newcomb/Biological Photo Service 【図5.7 ゴルジ装置】Courtesy of L. Andrew Staehelin, U. Colorado 【図5.8(A)】© Barry King, U.California, Davis/ Biological Photo Service 【図5.8(B)】© amanaimages 【図5.8(C)】© amanaimages 【図5.9】© amanaimages 【図5.10】© Sanders/ Biological Photo Service 【図5.11】© amanaimages 【図5.12】© W. P. Wergin, E. H. Newcomb/Biological Photo Service 【図5.13】© amanaimages 【図5.14】Courtesy of Vic Small, Austrian Academy of Sciences, Salzburg, Austria 【図5.16】Courtesy of N. Hirokawa 【図5.17(A)左】© amanaimages 【図5.17(A)右】【図5.17(B)】© W. L. Dentler/Biological Photo Service. 【図5.19(B)】From N. Pollock et al., 1999. *J. Cell Biol.* 147: 493. Courtesy of R. D. Vale 【図5.20(A)】© iStock 【図5.21】© amanaimages 【図5.22 左】Courtesy of David Sadava. 【図5.22 右上】From J. A. Buckwalter & L. Rosenberg, 1983. *Coll. Rel. Res.* 3: 489. Courtesy of L. Rosenberg 【図5.22 右下】© amanaimages 【245ページ】Courtesy of Dr. Siobhan Marie O' Connor 【279ページ スイセン】© iStock 【279ページ クロモプラスト】From Gunning, B. E. S. *Plant Cell Biology on DVD: Information for students and a resource for teachers*. Springer, 2009 【279ページ ジャガイモ】© iStock 【279ページ ロイコプラスト】Courtesy of R. R. Dute. Page 【283ページ ブドウ】© Shutterstock 【283ページ 電子顕微鏡】© iStock 【283ページ 光学顕微鏡】© Shutterstock 【283ページ タンニン】From Brillouet et al., 2013. *Annals of Botany* 112: 1003 【284・285ページ図(A)(B)】From Brillouet et al., 2013. *Annals of Botany* 112: 1003 【311ページ 蛍光クラゲ】© amanaimages

第6章 【第6章扉写真】© amanaimages 【図6.4】© amanaimages 【図6.7(A)】Courtesy of D. S. Friend, U. California, San Francisco 【図6.7(B)】Courtesy of Darcy E. Kelly, U. Washington 【図6.7(C)】Courtesy of C. Peracchia 【図6.10(動物細胞)】© amanaimages 【図6.10(植物細胞)】© Getty Images 【図6.17】From M. M. Perry, 1979. *J. Cell Sci.* 39: 26 【351ページ】From G. M. Preston et al., 1992. *Science* 256: 385

第7章 【第7章扉写真】© amanaimages 【図7.3(A)】Data from PDB 3EML. V. P. Jaakola et al., 2008. *Science* 322: 1211 【7.3(B)】© iStock 【図7.12】© Stephen A. Stricker, courtesy of Molecular Probes, Inc. 【図7.17】Courtesy of David Kirk 【421ページ(A)】Courtesy of Janice Haney Carr/CDC. 【422ページ(B)】From Forst et al., 1989. *Proceedings of the National Academy of Sciences* 86: 6052.

さくいん

太字のページ番号は、本文中で強調表示している箇所
斜体のページ番号は、図表、および図表解説中に表示している箇所

【か行】

【さ行】

【た行】

【な行】

【は行】

【わ行】